电网设备材料检测技术

总主编　骆国防

电力行业超声检测技术及实例

主　编　骆国防
副主编　林光辉　宋　平　周谷亮　陈君平　缪泽军

上海交通大学出版社
SHANGHAI JIAO TONG UNIVERSITY PRESS

内容摘要

《电力行业超声检测技术及实例》一书共 3 篇 16 章,主要内容包括超声检测技术概述及电源侧设备、电网侧设备的超声检测实例。第一篇为理论基础,主要阐述电力行业常用的五种超声检测技术;第二篇电源侧设备共 8 章 81 个案例,包括锅炉、压力容器、压力管道、汽轮机(含燃气轮机)、发电机、钢结构、其他辅助设备(如卸船机、斗轮机、消防水管等)、水电站及新能源设备;第三篇电网侧设备共 7 章 40 个案例,包括变压器、开关设备、无功补偿设备、输电线路、电力电缆、调相机及包括管母线在内的其他设备等。本书涉及的超声检测技术及实例覆盖面广,通俗易懂,实用性强。本书可供电力系统从事超声检测的工程技术人员和管理人员学习及培训使用,也可供其他行业从事超声检测工作的相关人员、大专院校相关专业的广大师生阅读参考。

图书在版编目(CIP)数据

电力行业超声检测技术及实例/骆国防主编.
上海:上海交通大学出版社,2025.4.—(电网设备材料
检测技术系列).—ISBN 978-7-313-32435-1

Ⅰ.TM4

中国国家版本馆 CIP 数据核字第 2025WU6968 号

电力行业超声检测技术及实例
DIANLI HANGYE CHAOSHENG JIANCE JISHU JI SHILI

主　　编:	骆国防			
出版发行:	上海交通大学出版社	地　　址:	上海市番禺路 951 号	
邮政编码:	200030	电　　话:	021-64071208	
印　　制:	上海新艺印刷有限公司	经　　销:	全国新华书店	
开　　本:	710mm×1000mm　1/16	印　　张:	35.75	
字　　数:	699 千字			
版　　次:	2025 年 4 月第 1 版	印　　次:	2025 年 4 月第 1 次印刷	
书　　号:	ISBN 978-7-313-32435-1			
定　　价:	128.00 元			

本书编委会

主　编：骆国防

副主编：林光辉　宋　平　周谷亮　陈君平　缪泽军

编　委：汤志伟　张琪祁　陆启宇　王　驰　金　磊

　　　　孙明成　杜君莉　李志明　郑良栋　李　亮

　　　　李　军　陈本荣　叶建锋　罗宏建　叶　芳

　　　　潘英峰　王朝华　于金山　刘建屏　张　锐

　　　　司佳钧　张　杰　刘高飞　袁秀宁　李　喆

　　　　钟黎明　马延会　边美华　赵永峰　董　伟

前　　言

电力行业材料检测设备主要包括电网侧设备及电源侧设备。

对于电网侧设备材料检测技术，我们已组织电网系统内、外的权威专家，全专业、成体系、多角度架构和编写了系列书籍：《电网设备金属材料检测技术基础》《电网设备金属检测实用技术》《电网设备超声检测技术与应用》《电网设备射线检测技术与应用》《电网设备表面检测技术与应用》《电网设备厚度测量技术与应用》《电网设备太赫兹检测技术与应用》《电网设备理化检验技术与应用》及《电网设备腐蚀防护检测技术与应用》。其中，《电网设备金属材料检测技术基础》是系列书籍的理论基础，由上海交通大学出版社出版，全书共8章，包括电网设备概述、材料学基础、焊接技术、缺陷种类及形成、理化检验、无损检测、腐蚀检测及表面防护、失效分析等；《电网设备金属检测实用技术》则是《电网设备金属材料检测技术基础》中所讲解的"无损检测、理化检验、腐蚀检测及表面防护"等检测方法、检测技术总揽，由中国电力出版社出版，全书共15章，包括电网设备金属技术监督概述及光谱检测、金相检测、力学性能检测、硬度检测、射线检测、超声检测、磁粉检测、渗透检测、涡流检测、厚度测量、盐雾试验、晶间（剥层）腐蚀试验、应力腐蚀试验、涂层性能检测14大类金属材料检测实用技术。

对于电源侧设备材料检测技术，考虑到技术的通用性，以及电网侧与电源侧设备的差异性，在已编写《电网设备超声检测技术与应用》基础上，从另外一个角度编写了《电力行业超声检测技术及实例》。《电力行业超声检测技术及实例》共3篇16章，即理论基础篇、电源侧设备篇、电网侧设备篇。其中，理论基础篇包括超声检测技术概述；电源侧设备篇包括锅炉、压力容器、压力管道、汽轮机

（含燃气轮机）、发电机、钢结构、其他辅助设备（如卸船机、斗轮机、消防水管）、水电站及新能源设备等的超声检测案例；电网侧设备篇包括变压器、开关设备、无功补偿设备、输电线路、电力电缆、调相机及包括母线在内的其他设备超声检测案例。本书在概述讲解各种超声检测技术的基础上，着重点以实际典型案例进行讲解，进一步提高专业技术人员的实际操作水平和缺陷的判断、分析能力。

本书由国网上海市电力公司电力科学研究院骆国防担任主编并负责全书的编写、统稿、审核，武汉中科创新技术股份有限公司林光辉、国网上海市电力公司宋平及周谷亮、国网冀北电力有限公司电力科学研究院陈君平、深圳市福田区建设工程质量安全中心缪泽军等共同担任副主编。本书第1章超声检测技术概述，由无锡市毅恒工程检测有限公司金磊和本书主编骆国防共同编写；全书案例由国网上海市电力公司、国网冀北电力有限公司电力科学研究院、江苏方天电力技术有限公司、国网辽宁省电力有限公司电力科学研究院、国网河南省电力公司电力科学研究院、国网山东省电力公司电力科学研究院、福建中试所电力调整试验有限责任公司、国网四川综合能源服务有限公司、宁夏电力能源科技有限公司、国网甘肃省电力公司电力科学研究院、安徽新力电业科技有限责任公司、国网湖北省电力有限公司电力科学研究院、国网浙江省电力有限公司电力科学研究院、国网天津市电力公司电力科学研究院、国网青海省电力公司电力科学研究院、广西电网有限责任公司电力科学研究院、浙江盛达铁塔有限公司等提供。

本书在撰写过程中参考了大量文献及相关标准，在此对其作者表示衷心感谢！同时也感谢上海交通大学出版社和编者所在单位给予的大力支持！

限于时间和作者水平，书中尚存在不足之处，敬请各位同行和读者批评指正。

国网上海市电力公司电力科学研究院

华东电力试验研究院有限公司

骆国防

2024 年 02 月于上海

目　　录

第1篇　理论基础

第3篇 电网侧设备

第 1 篇　理论基础

第1章 超声检测技术概述

超声检测,是利用超声波能在弹性介质中传播,在界面上产生反射、折射、衍射等现象,通过对超声波受影响程度和状况的探测,来了解材料内部或表面缺陷的检测方法。超声检测方法分类众多,比如,按原理可分为脉冲反射法、衍射时差法、穿透法和共振法;按显示方式可分为 A 型显示、超声成像显示(B 型显示、C 型显示、D 型显示、S 型显示等);按超声波特性和波型种类可分为脉冲波、连续波,以及纵波法、横波法、表面波法、爬波法、兰姆波法和导波法等;按超声波的激励和接收特性可分为接触式、水浸式的压电超声和非接触式的空气耦合、激光超声、电磁超声等;按激励和接收方式可分为单晶片和多晶片,其中以多晶片阵列为换能器的相控阵超声技术成为近年来研究热点之一。

在电力行业超声检测中,应用比较广泛的超声检测技术有脉冲反射法超声检测技术、衍射时差法超声检测技术(time of flight diffraction,TOFD)、相控阵超声检测技术(phased array ultrasonic testing,PAUT)、电磁超声检测技术(electromagnetic ultrasonic testing,EMUT)、超声导波检测技术(guided wave ultrasonic testing,GWUT)等。

1.1 脉冲反射法超声检测技术

1.1.1 基础知识

1. 振动与波

超声是一种机械波,机械振动与波动是超声检测的物理基础。机械振动是物体(或物体的一部分)在平衡位置(物体静止时的位置)附近进行的往复运动。振动是自然界最普遍的现象之一,大至宇宙,小至亚原子粒子,都存在振动。各种形式的物理现象,包括声、光、热等都包含振动。波是振动状态在介质中传播的过程,也称为波动。机械波是机械振动在弹性介质中的传播过程。产生机械波有两个条件,即产生机械振动的波源和传播振动的介质。

描述机械波的主要参数有波长、频率和波速。波长 λ 是同一波线上相邻两个振动相位相同的质点间的距离。波源或介质中任意质点完成一次全振动,波前进的距离正好是一个波长,单位为米(m)。在超声检测中,大多数的超声波长都是毫米级。频率 f 是波动过程中任一给定点在 1 秒钟内所通过的完整波的个数,常用单位为赫兹(Hz)。在工业超声检测中,大多数的检测频率都是兆赫兹级。超声波波速 c 是波在单位时间内传播的距离,常用单位为米/秒(m/s)。

由上述定义可得波长、声波传播速度与振动频率之间的关系为

$$\lambda = c/f = c \cdot T$$

式中,λ 为波长,m;c 为声波传播的速度,m/s;f 为振动频率,Hz;T 为振动周期,s。

次声波、可闻声波和超声都是在弹性介质中传播的机械波,在同一介质中,同一类型的机械波传播速度相同,其区别主要在于频率不同。能引起人们听觉的机械波称为可闻声波,其频率在 20~20 000 Hz。频率低于 20 Hz 的机械波称为次声波,频率高于 20 000 Hz 的机械波称为超声。次声波、超声不可闻。

工业超声检测所用的频率一般在 0.5~20 MHz。对钢等金属材料的检验,常用的频率为 1~10 MHz。

超声的某些重要特性,使其能广泛用于无损检测。

(1)超声是频率很高、波长很短的机械波,在无损检测中使用的波长一般为毫米级。超声在固体中传播时具有良好的指向性,可以定向发射,易于发现和定位被检材料中的缺陷。

(2)由于超声的频率远高于可闻声波,且能量(声强)与频率的平方成正比,因此超声的能量远大于可闻声波的能量。

(3)当遇到异质界面时,超声能在界面上产生反射、折射、衍射和波型转换。利用其特点,可选择相应信号,实施不同检测技术。

(4)超声在大多数介质中传播时,能量损失小,传播距离大,穿透能力强,在一些金属材料中,其穿透能力可达数米。这是其他无损检测方法不可比拟的。

2. 超声的类型

1)按波的形状分类

波的形状是基于波阵面的形状区分的。根据不同的波阵面的形状,可以把不同波源发出的波分为平面波、柱面波和球面波。

(1)平面波。平面波的波阵面为相互平行的平面。刚性平面波源尺寸远大于波长,其在各向同性的均匀介质中的超声波可视为平面波,传播过程中,波幅不随距离变化。

（2）柱面波。柱面波的波阵面为同轴圆柱面。线状波源的尺寸远大于其波长，其在各向同性的均匀介质中的超声波可视为柱面波。传播过程中，波幅与距离的平方根成反比。

（3）球面波。球面波的波阵面为同心球面。点状声源尺寸远小于波长，其在各向同性的均匀介质中的超声波可视为球面波。球面波束呈球面向周围介质扩散。传播过程中，波幅与距离成反比。超声检测中，声源发出的超声在三倍近场区长度以外传播可以认为是球面波。

2）按振动的持续时间分类

根据不同的振动持续时间，可以把不同波源发出的波分为连续波和脉冲波。

（1）连续波。连续波是介质各质点振动持续时间为无穷的波动。连续波可以是单一频率的简谐波，也可以是频率变化的变频波。

（2）脉冲波。脉冲波是介质各质点振动持续时间有限的波动。根据傅里叶分析，非周期的振动都可认为是由无限多个频率连续变化的简谐波的合成，即可将脉冲波视为具有一定频率范围的连续频率的简谐波的合成。这个频率范围称为频谱宽度。脉冲持续时间越窄，其对应频谱越宽；脉冲持续时间越宽，其对应的频谱越窄。目前超声检测中广泛采用的就是脉冲波。

3）按波型分类

根据超声传播时介质质点的振动方向相对于波的传播方向的不同，可将超声分为纵波、横波、表面波和板波，如图 1-1 所示。

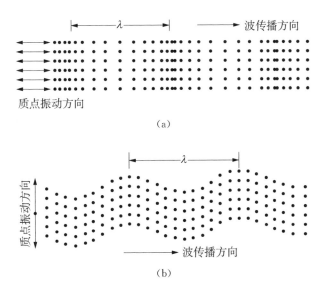

（a）

（b）

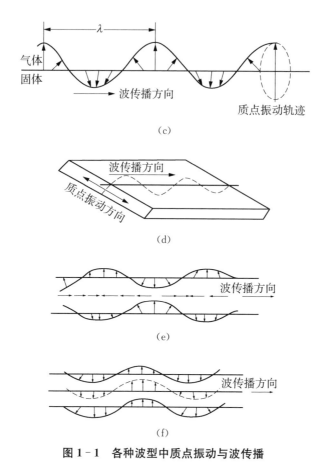

图 1-1　各种波型中质点振动与波传播

(a)纵波;(b)横波;(c)表面波;(d)SH波;(e)对称型兰姆波;(f)非对称型兰姆波

(1)纵波。纵波是介质中质点的振动方向与波的传播方向一致的波,用 L (longitudinal)表示。当介质质点受到交变拉压应力作用时,质点之间产生伸缩形变,从而形成纵波。凡能承受拉压应力的介质都可传播纵波。固体介质能承受拉压应力;液体和气体虽不能承受拉伸应力,但能承受压应力产生体积变化。因此,固体、液体和气体都能传播纵波。在同一介质中传播时,纵波速度大于其他波型的速度,穿透能力强,晶界反射或散射的敏感性较差,所以可检测的工件厚度是所有波型中最大的,而且可用于粗晶材料的检测。

(2)横波。横波是介质中质点的振动方向与波的传播方向互相垂直的波,用 S (shear)或 T(transverse)表示。当介质质点受到交变的剪切应力作用时,产生剪切形变,从而形成横波。只有固体介质才能承受剪切应力,因此横波只能在固体介质中传播,不能在液体和气体介质中传播。

（3）表面波。表面波是当固体半无限弹性介质表面受到交替变化的表面张力作用时，产生的沿介质表面传播的波，又称瑞利波，用 R(Rayleigh) 表示。表面波在介质表面传播时，介质表面质点作椭圆运动，椭圆长轴垂直于波的传播方向，短轴平行于波的传播方向。椭圆运动可视为纵向振动与横向振动的合成，即纵波与横波的合成，因此表面波只能在固体介质中传播，不能在液体和气体介质中传播。

（4）板波。板波是在板厚与波长相当的薄板中传播的波。根据质点的振动方向不同，可将板波分为 SH 波（水平剪切横波，又称水平偏振横波）和兰姆波。兰姆波可进一步分为对称型和非对称型。

3. 超声场的特征值

充满超声波的空间或超声振动所波及的部分介质，称为超声场。超声场具有一定的空间大小和形状，只有当缺陷位于超声场内时，才有可能被发现。描述超声场的特征值（物理量）主要有声压、声强和声阻抗。

（1）声压。

超声场中某一点在某一时刻所具有的压强与没有超声存在时的静态压强 P_0 之差，称为该点的压强 P，计算公式如下：

$$P = P_0 \sin(\overline{\omega} t - kx) = \rho c u$$

式中，P_0 为声压幅度，$P_0 = \rho c A \omega$；ρ 为介质密度；c 为介质声速；A 为质点的振幅；ω 为角频率；K 为波数；u 为质点的振动速度，且 $u = A\omega = 2\pi f A$。

（2）声强。

在垂直于声波传播方向的单位面积上，单位时间内通过的平均能量，称为声强度，简称声强，用符号 I 表示，计算公式如下：

$$I = \frac{P_0^2}{2\rho c}$$

声强与声压的平方成正比。在超声检测中，用声强级来表示声强的相对大小。通常规定引起听觉的最小声强 $I_1 = 10^{-16} W/cm^2$ 为声强的标准，某声强 I_2 与标准声强 I_1 之比的常用对数为声强级，单位为贝尔(B)，计算公式如下：

$$\Delta = \lg \frac{I_2}{I_1} (B)$$

单位 B 太大，常取其 1/10 作单位，即分贝(dB)，转换单位后公式如下：

$$\Delta = 10\lg \frac{I_2}{I_1} = 20\lg \frac{P_2}{P_1} (dB)$$

式中，P_1 为规定引起听觉的最小声强对应的声压；P_2 为某声强对应的声压。

在超声检测中,比较两个声波的强弱时,可用二者的波高之比 H_2/H_1 的常用对数的 20 倍表示,单位为 dB,对垂直线性良好的仪器,波高之比等于声压之比。

$$\Delta = 20\lg \frac{P_2}{P_1} = 20\lg \frac{H_2}{H_1}(\text{dB})$$

(3)声阻抗。

超声场中任意点的声压与该点振动速度之比称为声阻抗,常用 Z 表示,声阻抗的单位为 g/cm^2·s 或 kg/m^2·s,且

$$Z = P/u = \rho c u/u = \rho c$$

4. 波的特性

(1)声速。

声波在介质中传播的速度称为声速,又称波速。声速的大小取决于波型和传播介质特性。对同一固体材料,纵波的声速 c_L 大于横波声速 c_S,横波声速大于表面波声速 c_R,即 $c_L > c_S > c_R$。这一性质在超声检测中有其实际意义。超声检测中,声速影响到声压反射率、声压透射率、声强反射率、声强透射率,以及折射和反射角度的变化。

(2)波的叠加和独立性原理。

当几列波在同一介质中传播时,如果在空间某处相遇,则相遇处质点的振动是各列波引起振动的合成,在任意时刻该质点的位移是各列波引起位移的矢量和。几列波相遇后仍保持自己原有的频率、波长、振动方向等特性,并按原来的传播方向继续前进,好像在各自的途中没有遇到其他波一样,这就是波的叠加原理,又称波的独立性原理。

(3)波的干涉。

两列频率相同、振动方向相同、相位相同或相位差恒定的波相遇时,介质中某些地方的振动互相加强,而另一些地方的振动互相减弱或完全抵消的现象叫作波的干涉现象。在超声检测中,由于存在波的干涉,所以超声源附近会出现声压极大、极小值。两列振幅和频率都相同的相干波在同一直线上沿相反方向传播时,叠加而成的波称为驻波。驻波是波的干涉现象的特例。超声探头的激励就是利用了驻波现象。

(4)惠更斯原理。

介质中波动传播到的各点都可以看作是发射子波的波源,在其后任意时刻这些子波的包迹就决定了新的波阵面。惠更斯原理可用于解释波阵面的形成以及波的反射、衍射、透射和折射现象。

(5)波的反射和透射(包括折射)。

超声波从一种介质传播到另一种介质时,在两种介质的分界面上,一部分能量反

射回原介质内,称为波的反射。另一部分能量透过界面在另一种介质内传播,称为透射波。当倾斜入射时,波的传播方向发生改变,这种透射一般称为折射。当超声波倾斜入射时,除了产生同波型的反射和折射波外,在固体介质中还可能存在与入射波不同的波型,称为波型转换,如图 1-2 所示。

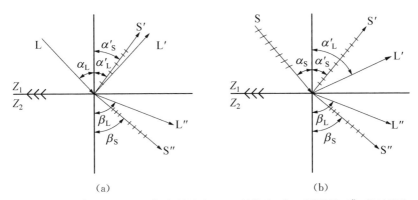

L—入射纵波;L′—反射纵波;L″—折射纵波;S—入射横波;S′—反射横波;S″—折射横波。

图 1-2　超声波倾斜入射到界面上的反射、折射和波型转换

(a)纵波入射;(b)横波入射

在两种介质的分界面上,声能(声压、声强)的分配和传播方向的变化都遵循一定的规律。

斯涅尔定律反映了倾斜入射时,波的传播方向发生改变的规律,涵盖了反射、折射和波型转换的角度变化。

$$纵波入射时：\frac{\sin\alpha_L}{c_{L1}}=\frac{\sin\beta_L}{c_{L2}}=\frac{\sin\beta_S}{c_{S2}}$$

$$横波入射时：\frac{\sin\alpha_S}{c_{S1}}=\frac{\sin\beta_L}{c_{L2}}=\frac{\sin\beta_S}{c_{S2}}$$

式中,β_L 为纵波折射角,β_S 为横波折射角,c_{L2} 为介质 2 的纵波声速,c_{S2} 为介质 2 的横波声速。

由此衍生了临界角的概念,超声检测中经常遇到三个临界角。

第一临界角,纵波入射,纵波折射角等于 90°时所对应的纵波入射角。

第二临界角,纵波入射,横波折射角等于 90°时所对应的纵波入射角。

第三临界角,横波入射,纵波反射角等于 90°时所对应的横波入射角。

当入射纵波介于第一和第二临界角之间时,第二介质中只有折射横波,没有折射纵波,这是横波探头的制作原理。第三临界角保证了在检测中只有纯横波的传播。

(6)波的衍射(绕射)。

波在传播过程中遇到与波长相当的障碍物时,能绕过障碍物边缘、改变方向继续前进的现象,称为波的衍射或波的绕射。波的衍射对检测既有利又不利。由于波的绕射,超声能够绕过晶粒,顺利地在介质中传播,这对检测有利;但同时由于波的绕射,一些小缺陷回波显著下降,造成漏检,这对检测不利。一般超声检测灵敏度约为超声波长的一半。同时衍射信号可用于缺陷高度的测量(如 TOFD 检测)。

(7)波的衰减。

超声波在介质中传播时,随着距离增加,超声能量逐渐减弱的现象叫作超声波衰减。引起超声波衰减的主要原因是波束扩散、晶粒散射和介质吸收。

扩散衰减,是超声在传播过程中,由于波束的扩散,超声的能量随距离增加而逐渐减弱的现象。超声的扩散衰减仅取决于波阵面的形状,与介质的性质无关。在远离声源的声场中,平面波无扩散衰减,球面波的声压 P 与至声源距离 a 成反比($P \propto 1/a$),而柱面波的声压 P 与至声源距离 a 的平方根成反比($P \propto 1/\sqrt{a}$)。

散射衰减,是超声在介质中传播时,遇到声阻抗不同的界面产生散乱反射引起的衰减。散射衰减与材质的晶粒密切相关,当材质晶粒粗大时,散射衰减严重,被散射的超声沿着复杂的路径传播到探头,在显示屏上引起林状回波(又叫草波),降低了信噪比,严重时噪声会湮没缺陷波。

吸收衰减或黏滞衰减,是超声在介质中传播时,介质中质点间内摩擦(黏滞性)和热传导引起超声的衰减。

材质吸收和散射衰减与超声频率有关,频率越高,衰减越严重。特别是对粗晶材料进行检测时,应合理选用较低的检测频率。

5. 超声发射声场

超声发射声场,即超声探头发射的超声场,其具有特殊的结构,只有当缺陷位于超声场内时,才有可能被发现。

(1)理想圆盘波源辐射的纵波声场。

理想纵波声场是指介质中超声声压可以进行线性叠加,波源做活塞振动,辐射连续波等理想状态下的声场。在研究理想声场时,常以超声在液体介质中传播为例。理想纵波声场中,波源轴线上的声压分布存在近场区和远场区。

超声场的近场区是波源附近由于波的干涉而出现一系列声压极大、极小值的区域。近场区声压分布不均,是由于波源各点至声压轴线上某点的距离不同,存在波程差,互相叠加时存在相位差而互相干涉,使某些地方声压互相加强,另一些地方声压互相减弱,于是就出现声压极大、极小值的点。波源声压轴线上最后一个声压极大值至波源的距离称为近场区长度,用 N 表示。

$$N = \frac{D^2 - \lambda^2}{4\lambda}$$

式中,D 为探头晶片的直径;λ 为超声波在介质中的波长。

当 $D \gg \lambda$ 时,可得用于工程实际中计算近场长度的简化公式:

$$N = \frac{D^2}{4\lambda}$$

远场区是波源声压轴线上至波源的距离 $x > N$ 的区域。远场区声压轴线上的声压随距离增加单调减小。当 $x > 3N$ 时,声压与距离成反比,近似球面波的规律。远场区无声压极大或极小值。

(2) 波束指向性。

波束指向性是指以确定的扩散角向固定的方向辐射超声的特性。超声场中至波源充分远处同一横截面上各点的声压是不同的,以声轴上的声压为最高。超声的能量主要集中在半扩散角 θ_0 以内,$2\theta_0$ 以内的波束称为主声束。指向角 θ_0 为

$$\theta_0 = \text{arc sin}\left(1.22\frac{\lambda}{D}\right)$$

指向角 θ_0 越小,主声束越窄,声能量越集中,则检测灵敏度就越高,方向性越好,从而可以提高对缺陷的分辨力并准确判断缺陷的位置。指向角小的缺点在于声场覆盖小,因此大面积检测时效率低。

(3) 实际圆盘波源辐射的纵波声场。

理想声场中的声波为单频连续波,即简谐波,波源均匀激发,针对液体介质,可线性叠加。实际声场使用包含一定频带的脉冲波,检测对象以固体为主,不能线性叠加,因此实际声场与理想声场存在一定区别。特别在近场区内,实际声场与理想声场存在明显区别。实际声场轴线上声压虽也存在极大极小值,但波动幅度小,极值点的数量也明显减少。当大于三倍近场距离以外,实际声场与理想声场在声压轴线上的声压分布基本一致。

(4) 横波声场。

横波探头一般通过纵波斜入射到楔块界面上的波型转换来实现横波检测,当入射角在第一和第二临界角之间时,纵波全反射,第二介质中只有折射横波。

横波声场同纵波声场一样存在近场区和远场区,当 $x \geqslant 3N$ 时,波束轴线上的声压类似纵波声场。横波声场的扩散角与纵波声场不同,对于圆盘源,在入射平面内,两个指向角并不对称,而是上指向角大于下指向角,即 $\theta_上 > \theta_下$。

1.1.2 设备及器材

超声检测设备及器材(也叫超声检测系统),主要包括超声检测仪、探头、试块、探头线和耦合剂。

1. 超声检测仪

超声检测仪是超声检测中的主体设备,它的作用是用电脉冲激发探头产生超声,探头将接收的超声信号转化成电信号,超声检测仪对电信号进行放大,以 A 扫描的方式显示出来,从而得到被检对象内部结构和缺陷存在与否、缺陷位置和大小等有用信息。脉冲反射技术使用脉冲反射式超声检测仪,周期性地发射电脉冲,以激发探头产生超声。以前的仪器都是模拟机,现在基本都被数字机所替代。数字化超声检测仪是计算机技术和超声检测技术相结合的产物。这种仪器以高精度的运算、控制逻辑判断功能来替代人的大部分体力和脑力劳动,减少了人为因素造成的误差,提高了检测的可靠性,很好地解决了记录存档问题。数字式超声检测仪均为增益型仪器,其特点是仪器的增益读数越大,仪器显示屏显示的波幅越高。

2. 探头

探头的作用是实现超声的发射和接收。探头的核心是晶片,利用了压电效应。某些晶体材料在交变拉压应力作用下产生交变电场的效应,称为正压电效应。反之,晶体材料在交变电场作用下产生伸缩变形的效应,称为逆压电效应。正、逆压电效应统称压电效应。发射超声时,发生逆压电效应。接收超声时,发生正压电效应。

探头有不同种类或结构,常见的有直探头、斜探头及双晶探头等。

(1) 直探头,多用于发射和接收纵波,主要用于检测与探头放置表面平行的缺陷,多用于板材、铸件和锻件等的检测。

(2) 斜探头,可分为纵波斜探头、横波斜探头和表面波斜探头等,其中最常用的是横波斜探头。横波斜探头主要用于检测与探头放置表面垂直或成一定角度的缺陷,多用于焊缝和管材的检测;表面波斜探头用于检测表面或近表面缺陷;纵波斜探头有小角度纵波斜探头和大角度纵波斜探头,小角度纵波斜探头一般用于螺栓螺纹根部等的检测,大角度纵波斜探头一般用于粗晶焊缝的检测。

(3) 双晶探头,有两块独立压电晶片,一块用于发射超声,另一块用于接收超声,中间用隔声层隔开。双晶探头主要检测靠近探头放置表面的缺陷。双晶探头可分为双晶纵波直探头、双晶纵波斜探头和双晶横波探头。双晶探头灵敏度高、杂波少、盲区小且在工件中近场区长度小。但是双晶探头的有效检测范围较小,为了实现整个工件的整体覆盖,可能需要多个探头的组合。

3. 试块

超声检测试块主要用于测试仪器和探头的性能、调整扫描范围、确定检测灵敏度和评判缺陷的大小。

试块分为标准试块、参考试块和演示/验证试块。标准试块是按照权威机构的标准制定的试块,主要用于仪器和探头性能的测试;参考试块主要用于检测任务前的调节,包括扫描范围和灵敏度,以及用于评定缺陷的大小;演示/验证试块用于对检测规程工艺参数的演示以及对检测人员能力的验证。

在试块上加工有不同的规则人工反射体来代表各种工件中的典型缺陷,如大平底、平底孔、短横孔、长横孔、竖通孔和槽等,以适应不同加工过程的检测需求。

4.探头线

探头线主要用于连接探头和仪器。探头线的阻抗应匹配仪器和探头,同时应注意探头线的接口匹配性。

5.耦合剂

在探头与工件表面之间施加的一层透声介质就叫耦合剂。耦合剂的作用主要包括排除探头与工件表面之间的空气、使超声有效地传入工件和减少摩擦。

1.1.3　缺陷评定

脉冲反射法超声检测技术的 A 扫描显示以横坐标代表声波的传播时间,以纵坐标表示回波信号的幅度。对于同一均匀介质,脉冲波的传播时间与声程成正比,因此可由回波信号出现的位置来确定缺陷位置。示波屏上显示的波幅与缺陷的回波声压 P 成正比,因此可以通过回波幅度来判断缺陷的当量大小。

1.非缺陷回波的识别

在脉冲反射技术检测过程中,除始波、底波和缺陷波外,还会出现其他的非缺陷回波。因此在发现有回波时,首先应确定其是否为非缺陷回波。常见的非缺陷回波有侧壁干扰波、61°反射波、45°反射波、三角形反射波和结构回波等。超声检测评定的对象是缺陷引起的回波或回波变化。

2.缺陷评定方法

根据不同的评定方法,脉冲反射技术可以进一步分为缺陷回波法、底波高度法和多次底波法。

根据仪器示波屏上显示的缺陷回波进行判断的方法,称为缺陷回波法。该方法是脉冲反射技术的基本方法。

依据底面回波的高度变化判断试件缺陷情况的探伤方法,称为底波高度法。底波高度法适合于有或无缺陷回波,但底波下降的情况。

依据底面回波次数来判断试件有无缺陷的方法,即为多次底波法。多次底波法主要用于厚度不大、形状简单、探测面与底面平行的工件检测,缺陷检出的灵敏度低于缺陷回波法。

3.缺陷定位及定位误差

在实际检测中,一般认为缺陷最高回波对应的位置就是缺陷的位置。直探头发现的缺陷就在探头中心正下方距探测面 A 扫描对应声程(深度)的位置;斜探头发现的缺陷一般使用三角定位的方式以确定声程、水平距离和深度三个参数。表面波检测定位与纵波定位基本类似,只是缺陷位于工件表面,缺陷波在屏幕上的数值(读数)是缺陷至探头在水平方向的距离。

影响缺陷定位的因素如下:仪器水平线性和水平刻度的精度的影响;探头的影响(探头的指向性、声束偏离、探头双峰、斜探头磨损造成折射角的改变);工件的影响(工件表面粗糙造成的声束分叉、工件中应力改变声速造成的角度偏离、曲面工件检测时入射点和折射角的变化、工件边界侧壁干扰造成的声束轴线偏离、工件中缺陷方向与声轴线不垂直等);环境温度造成的声速和折射角的改变和操作人员的影响(仪器调试时零点、角度等参数存在误差或定位方法不当等)。

4. 缺陷定量及定量误差

当缺陷尺寸小于声束直径时,通常采用规则人工反射体的尺寸来定量缺陷的尺寸,称为当量法。在相同探测条件下,缺陷的反射波与规则人工反射体回波高度相等时,所对应的规则反射体的尺寸,称为"缺陷当量尺寸"。当量法可进一步分为试块法、计算法和 AVG 法。

(1) 试块法是将工件中的自然缺陷回波与试块上的人工缺陷回波进行比较来定量缺陷当量尺寸的方法。

(2) 计算法是当缺陷的声程大于等于三倍近场时,根据测得的缺陷波高与基准(大底面或已知平底孔)波高的 dB 差值,利用简化的声压公式进行计算来确定缺陷当量尺寸的定量方法。

(3) AVG 法是利用通用 AVG 图或实用 AVG 图来确定工件中缺陷的当量尺寸的方法。

当缺陷尺寸小于声束直径时,还可使用底波高度法(针对类似疏松的缺陷)。底波高度法还可进一步分为缺陷回波/缺陷处底波、缺陷处底波/无缺陷处底波和缺陷回波/无缺陷处底波。

当缺陷的尺寸大于声束截面时,则不能用当量法来定量缺陷的尺寸。这种情况下,要测量缺陷的长度或缺陷的平面尺寸,就需要测长或测面积。测长或测面积的方法有多种,其中包括绝对灵敏度法和相对灵敏度法。相对灵敏度法包括 6 dB 法、端点6 dB 法、20 dB 法和端点峰值法等。

影响缺陷定量的因素很多,常见的有仪器的垂直线性和衰减器精度;探头的性能(频率、晶片尺寸和折射角变化等);耦合剂的声阻抗和耦合层的厚度;工件的影响(工件底面形状、工件上下表面平行度、底面的光洁度和侧壁干扰);缺陷的影响(缺陷形状、缺陷方位、缺陷的指向性、缺陷表面粗糙度、缺陷性质和缺陷位置等);操作人员的影响(灵敏度调节方法、定量方法不当等)。

5. 缺陷的定性分析

缺陷定性是超声检测的一个难题,目前大多数脉冲反射技术只提供 A 扫描图形,即只有回波的时间和幅度两个信息。检测人员根据这两个信息来判定缺陷的性质是非常困难的。目前的超声检测的标准中很多对缺陷定性问题未作硬性规定,但不同性质的缺陷危害程度不同,因此,对超声检测的缺陷定性问题也需给予必要的关注。实际检测中,常常是根据经验结合工件的加工工艺可能产生的缺陷种类、缺陷的位置和尺寸特征、缺陷的静态和动态波形,以及底波起伏情况来综合分析缺陷的性质。

1.2　衍射时差法超声检测技术

衍射是指波在传播过程中与界面作用产生的不同于反射的一种物理现象。任何波都会产生衍射现象,如光波和水波,反射和衍射现象均可用惠更斯原理解释。

常规脉冲反射超声检测技术和相控阵超声技术主要基于声波的反射。声波从探头发射,在缺陷处反射,再返回到探头。当声波垂直于缺陷主要尺寸所在的平面时,可以得到最大幅值响应。但工件中的缺陷方向存在多向化,很难保证声波每次都垂直入射,导致反射波幅值降低,从而产生漏检。

当声波入射到障碍物的边缘,就产生了衍射。衍射使原来沿单一方向传播的能量在大角度范围内发生散射,与反射波相比,衍射波的一个重要特点是没有明显的方向性。衍射使能量重新分配,因此沿反射方向传播的超声波能量降低。与反射的超声波强度相比,衍射波的能量要弱得多,一般要低 20～30 dB。衍射时差法(time of flight diffraction, TOFD)超声检测技术的名字就是从衍射现象中得来的,依据缺陷尖端衍射出的低振幅信号检测和定量,是 TOFD 检测的基础。虽然脉冲反射技术也有利用衍射信号来测量缺陷高度,但这是一种向前散射的结果,所以不认为其是一种TOFD 技术。

TOFD 技术是利用试件中不连续的衍射信号的声时进行检测的技术,是基于向后散射的。通过采用一发一收两个相同的独立探头相向的串列装置来实现,避免了镜面反射信号掩盖衍射信号,从而能很好地接收端点衍射波信号。

TOFD 技术的优势在于对缺陷的深度和高度的定量。脉冲反射超声检测技术一般不测量缺陷的高度,主要原因在于声束的扩散性,高度测量结果误差不能满足断裂力学分析的要求。TOFD 基于时间测量得出的高度误差较小,可以满足断裂力学分析的要求。

1.2.1　基础知识

1. 衍射信号及其特点

当超声波与一定长度的缺陷发生作用时,在缺陷两尖端位置会发生衍射现象。如图 1-3 所示,缺陷端点越尖锐,则衍射现象越明显,反之,端点越圆滑,衍射现象越

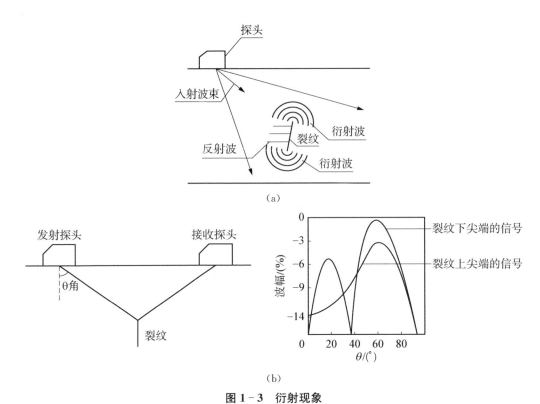

图 1-3　衍射现象

(a)裂纹尖端衍射;(b)衍射波随角度变化

不明显。衍射信号的强度要远远弱于反射波信号,一般要低 20~30 dB,要求接收系统的接收灵敏度高。衍射信号向四周传播,没有明显的方向性,接收探头能够在较大范围内接收衍射波。将 TOFD 探头对的两个探头相向放置在垂直于试件表面的裂纹两侧,一发一收,探头有足够大的扩散角,接收来自缺陷上端点和下端点的衍射信号。实验结果表明,当纵波折射角度为 60°左右时,上下尖端的衍射信号波幅均为最大。但下尖端信号在 38°时,波幅下降很大。在 45°~80°,上下尖端衍射信号波幅均成规律性变化,而且下尖端衍射信号要略高于上尖端信号,但是变化幅度不超过 6 dB。因此,TOFD 技术中探头声束角度通常在 45°~70°,避开了 38°这一不利角度。

　　TOFD 技术使用衍射波检测裂纹类缺陷时,如果裂纹走向与探头对中心线不垂直,或与检测面不垂直,衍射信号幅值变化就不明显,因此对声束入射方向和角度的要求并不像脉冲反射法那么严格。裂纹偏离探头对中心或裂纹相对检测面不垂直,即发生倾斜时,衍射信号幅值的变化也不明显。

2. 探头的布置与信号

探头的布置与信号如图 1-4 所示。

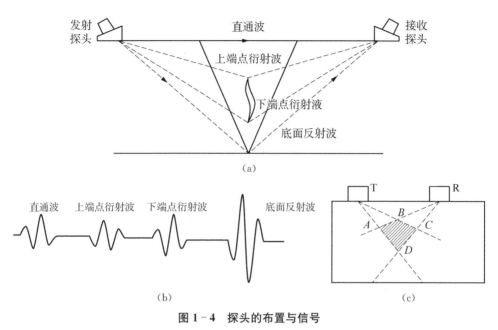

图 1-4　探头的布置与信号

(a)探头布置；(b)典型信号；(c)可检区域

1) 探头布置

TOFD 技术使用相向放置的两个探头组成一发一收的双探头检测系统,可以避免高幅值镜面反射信号对低幅值衍射波信号的干扰,从而在任何情况下都能很好地接收缺陷端点的衍射波信号。使用的探头一般是小晶片探头,扩散角大,容易实现大范围的扫描,快速接收大量的信号。双探头扫描系统可以说是 TOFD 技术的基本配置和特征之一。探头是窄脉冲和宽频带,以得到最佳的定量精度和时间分辨力。

2) 使用波型

在常规超声反射技术和相控阵超声技术中,对于碳钢焊缝的检测一般使用横波。TOFD 技术,通过计算声波的传输时间来确定缺陷的深度和高度,通常使用的波型是纵波。TOFD 技术主要采用纵波,是为了避免纵波和横波同时存在而导致回波信号难以识别。在碳钢材料中,纵波传播的速度几乎是横波的两倍,从而能够最先到达接收探头。通过纵波速度计算出缺陷的深度,得到的结果是唯一的。TOFD 检测使用纵波斜探头,晶片发射纵波。纵波通过楔块后,将在工件中生成需要的纵波,同时有部分声能转化为横波。因此,在 TOFD 检测的工件中同时存在纵波和横波,同一缺陷的横波信号在纵波信号之后。

在工件中传播的任意一种波型都可能通过折射或衍射转换成为其他的波型。因此在进行 TOFD 检测时,被测工件中会存在多种波。首先是发射探头发射出的纵波和横波;其次,波在传播过程中遇到一些缺陷或者底面时,也会发生波型转换,即由纵波转换出横波或由横波转换出纵波。因此,接收探头得到的信号包括探头发出的纵波和横波,以及波型转换后的纵波和横波。

在 TOFD 声场中,不同区域的声场强度是不一样的,同样的缺陷在不同区域的衍射波信号幅值存在差异。主声束范围(声束扩散角)内的声场能量较强,可激发幅值较高的缺陷端部衍射波,该区域为可检区域;而超出主声束以外的区域,声场能量很弱、衍射波微弱,以至于接收探头无法接收到。

3)典型信号

TOFD 扫查时的 A 扫描信号通常包括直通波信号、缺陷信号、底面反射波信号及各种波型转换信号、底面横波信号等。

(1)直通波信号。直通波是指被检测工件表面下的纵波,沿发射探头和接收探头之间最短的路径传播。对于表面有覆盖层的材料,其直通波基本上都在覆盖层下的材料中传播,覆盖层本身对直通波并没有太大影响。TOFD 使用窄脉冲宽频带探头,包含一定频带宽度。低频扩散角大,高频扩散角小,从而导致直通波的频率往往比中心声束处的频率低。当探头间距较大时,直通波可能非常微弱,甚至不能识别。

(2)缺陷信号。若被测工件中存在一个裂纹缺陷,则缺陷的上下尖端可能产生衍射信号。这两个信号在直通波和底面反射波之间出现。这些信号比底面反射信号要弱得多,但一般比直通波信号强。若缺陷高度较小,则会导致两个信号发生重叠。为了提高上尖端信号和下尖端信号的分辨能力,通常采取高频窄脉冲探头。由于衍射信号比较弱,在 A 扫描中往往难以清晰分辨。对于缺陷信号的识别,首先利用清晰显示衍射信号的 B 扫描/D 扫描视图。TOFD 检测过程中,同样存在各类噪声,可以通过信号平均来提高信噪比,但这种方式不适合粗晶材料。

应当注意,并不是所有缺陷的信号都是衍射信号。层间未熔合的信号是典型的反射信号,其幅值较高。

(3)底面反射波信号。底面信号是反射信号,所以幅值较高。底面反射波的传播距离较大,所以出现在直通波和缺陷信号之后。

(4)各种波型转换信号以及底面横波信号。在底面纵波反射信号之后,还会出现很多信号。其中一种是幅值较高的底面横波反射信号。在底面纵波反射信号与底面横波反射信号之间还会产生由于缺陷波型转换后形成的各种波型,这些信号到达接收探头需要较长的时间。在此区域中的信号通常很有价值,因为经过较长的时间后,真正的缺陷会重现,而且经过横波的转换后,近表面的缺陷信号变得更加清晰,也就意味着可以根据此区间的信号来对缺陷进行确认。

4）A 扫描信号的相位关系

在常规超声反射技术和相控阵技术检测中,一般使用 A 扫描检波信号。在常规超声反射技术中,声压反射率 $r = (Z_2 - Z_1)/(Z_2 + Z_1)$,其中,$Z_1$ 是第一种介质的声阻抗;Z_2 是第二种介质的声阻抗。当声束从声密物质入射至声疏物质界面时,声压反射率为负值,发生了相位反转。这意味着如果到达界面之前 A 扫描波型以正循环开始,在到达界面之后它将以负循环开始。常规超声检测中,不需要测量高度,因此相位信息并不是很重要。对于 TOFD 技术而言,要识别缺陷及缺陷的上下尖端,相位信息必不可少,因此 TOFD 需要使用射频(未检波)信号。TOFD 检测中 A 扫描信号相位如图 1-4(b)所示:直通波从正向周期开始;上尖端的信号与底面反射信号一样,相位变化了 180°,从负向周期开始;下尖端的信号是波束从缺陷底部环绕,因此相位不发生改变,其相位与直通波信号相同,都是从正向周期开始。在 TOFD 检测中,如果在直通波与底波之间发现两个衍射信号的相位相反,那么它们可能是一个缺陷的上下尖端衍射信号;如果两个信号的相位相同,则可判定为两个缺陷。因此,相位识别非常重要,识别了相位变化才能识别缺陷,从而进一步分析信号并算出缺陷高度。正因为相位信息如此重要,所以 TOFD 技术需要采集原始的射频信号信息。信号的相位往往难以识别,有两个原因:一种是信号幅值低时,第一个半周期信号与噪声混淆,将噪声当成信号;另一种是信号饱和导致无法测出其相位,常见于底面反射波。

1.2.2　检测设置

1. 仪器与探头的基本要求

1）仪器

TOFD 检测仪是由计算机控制的,能满足 TOFD 检测工艺过程特殊要求的数字化超声波检测仪。TOFD 检测信号包含了幅值、相位、频率等丰富的有用信息,仪器需要记录能重建 A 扫描的足够信息,这就要求 TOFD 检测的数据采集系统必须是一个较为先进复杂的数字化系统,在接收放大系统频带宽度、数字化频率、信号处理速度、信息储存等方面都达到较高水平。

由于 TOFD 技术使用的衍射信号幅值较低,所以其仪器与常规超声反射技术和超声相控阵技术的仪器稍有区别。为了减小各种噪声对微弱衍射信号的影响,通常使用与超声探头频谱适配的滤波器来限制放大后信号的频带宽度。虽然滤波也减小了衍射信号的幅值,但改善了信噪比,因此滤波器能有效提高信噪比。如果 TOFD 信号很弱或者探头距离主放大器较远,那么一般在接近接收探头的位置上使用一个分立的前置放大器。这种前置放大器将信号增益 30 dB 或 40 dB,通常采用电池供电,减少电噪声的影响。常规超声一般使用检波信号,但 TOFD 检测需要识别相位,因此 TOFD 仪器的 A 扫描显示为射频信号。

2）探头

常规脉冲反射技术使用的超声探头需要小的扩散角和好的声束指向性，但TOFD检测的需求恰恰相反。TOFD检测中一般使用小尺寸的晶片，以获得较大的扩散角，使声束能覆盖更大的体积，提高检测效率。特别是在初始扫查阶段，采用的波型大多是纵波（在工件中纵波和横波同时存在），特殊情况也可以使用横波。声束扩散的计算过程如下：

（1）根据 Snell 定律和楔块角度计算入射角

$$\sin\theta_p = \sin\theta_L \cdot C_p/C_L$$

式中，θ_p 为楔块中纵波入射角；θ_L 为钢中纵波折射角；C_p 为楔块中纵波声速；C_L 为被检工件中纵波声速。

（2）计算圆形晶片声束半扩散角

$$\sin\gamma = F \cdot \lambda/D$$

式中，γ 为楔块中纵波的声束扩散角；F 为扩散因子；λ 为被检工件中的波长；D 为晶片直径。

（3）计算楔块中纵波的声束上下边界角

$$\gamma_{上} = \theta_p + \gamma$$
$$\gamma_{下} = \theta_p - \gamma$$

式中，$\gamma_{上}$ 为楔块中纵波的声束上边界角；$\gamma_{下}$ 为楔块中纵波的声束下边界角。

（4）计算钢中纵波声束的上下边界角

$$\sin\gamma_{L上} = \sin\gamma_{上} \cdot C_L/C_P$$
$$\sin\gamma_{L下} = \sin\gamma_{下} \cdot C_L/C_P$$

式中，$\gamma_{L上}$ 为钢中纵波声束的上边界角；$\gamma_{L下}$ 为钢中纵波的声束下边界角。其中，上边界角大于下边界角。

由此可得工件中声束的体积覆盖范围。要想得到更大的声束覆盖范围，需使用低频、小尺寸的晶片。但是在发现缺陷后，对缺陷进行精确评估，就需要更多考虑分辨力等因素，采用小的声束覆盖范围。

TOFD探头采用复合材料晶片，产生宽带窄脉冲信号，信号持续时间一般在1.5个周期以内。波束中包含不同频率分量的超声波，高频分量的−12 dB边界角小，集中在波束中心的附近；低频分量的边界角大，分散范围大，在直通波和底波附近的声波频率较低。

2. 探头参数选择的考虑

TOFD检测中,使用一对同型号的探头,探头参数的选择对检测结果有很大的影响。TOFD探头晶片尺寸相对较小,声束扩散较大,这产生了范围很大的体积覆盖。

直通波与底面反射波之间是记录缺陷信号的区域。由于缺陷信号脉冲有一定宽度,一般在2个周期左右,要分辨相邻缺陷,必须有足够的时间间隔。直通波和底面反射波之间的周期数目越多,深度分辨率越高,约30个周期就可以获得较好的分辨率。实际应用中,折中的方案最少也要达到20个周期。

1）探头角度的选择

探头角度选择时,需考虑以下因素:

(1) 衍射的最佳角度在60°～70°。

(2) 厚工件使用大角度,探头中心距大,导致衰减大,信号幅值低,难以辨识。

(3) 探头角度小,直通波与底面反射波的时间差大,有更多的信号周期数,深度测量精确。

(4) 大角度波束扩散角大,检测覆盖范围大。

2）探头频率的选择

探头频率选择过高,则会出现以下三种情况:

(1) 在直通波和底面反射波之间的信号周期数越多,缺陷分辨率则越好。

(2) 波束扩散角减小,波束覆盖范围小。

(3) 晶粒噪声增大,衰减再放大,穿透能力降低。

3）探头晶片尺寸的选择

探头晶片尺寸选择过大,则会出现以下三种情况:

(1) 波束扩散角度减小,波束覆盖范围小。

(2) 激发能量增大,穿透能力增强。

(3) 与工件接触面积增加,对耦合要求增加。

3. 探头中心距(probes center separation, PCS)设置

一般情况下,非平行扫查的设置应使用$\frac{2}{3}$T法则,将收发声束汇聚点设置在关注区域的2/3厚度,以获得较好的衍射信号。然而,在平行扫查或者扫查特定区域(如焊缝根部或缺陷区域)时,PCS也要相应调整。可以把PCS设置为某一数值,使焦点位于指定深度。假设深度是d,探头角度是θ,则

$$PCS = 2s = 2d\tan\theta$$

4. 时间窗口设置

对于单次扫查就能全体积覆盖的检测而言,设置很简单,在被检工件本体上完

成,时间窗口至少在直通波的起始前 $1\,\mu s$ 和波形转换波之后 $1\,\mu s$。利用直通波和底面反射波信号的到达时间进行校准,深度测量误差将大大减小。若使用多次扫查,时间窗口的设置应保证相邻检测区域有 10% 深度范围的重叠。此时需在被检工件上和对比试块上验证时间窗口的范围。利用已知深度的一系列横孔或槽信号到达时间进行校准,深度测量误差也将大大减小。

5. 灵敏度设置

TOFD 技术的高度定量依据是时间差,并不依据信号幅值。幅值在 TOFD 检测中有三种用途:①识别缺陷;②分析判定缺陷性质;③核查系统灵敏度。

在 TOFD 技术中,灵敏度设置的重要性不如常规超声检测,TOFD 检测的灵敏度设置可以使用工件本体和对比试块。在工件本体上有三种设置方式:

(1) 直通波的幅值设置在全屏高度(full screen height,FSH)的 40%~80%。

(2) 如果直通波不可用(如表面条件,使用较小角度),使用底面反射波设置,先将其满屏,然后再提高 18~30 dB。

(3) 若直通波和底面反射波均不可用,将材料的晶粒噪声设定为满屏高度的 5%~10% 作为灵敏度。如使用对比试块,利用加工的反射体的幅值设置灵敏度,通常利用尖角槽的衍射波和横孔的反射波。

6. 对比试块的使用

在常规超声反射技术和超声相控阵技术中,试块起了很大的作用。但是到了 TOFD 技术中,试块的作用有所削弱。仪器和探头性能可以用标准试块测试,与常规超声检测无异。但是对比试块在某些 TOFD 检测中可以不使用,特别是单次扫查就能全体积覆盖时,可以用被检工件进行灵敏度、时间窗口等参数的设置。TOFD 技术中的时间窗口设置类似于常规超声检测中的检测范围设置,对于只需单次扫查就能全体积覆盖的检测而言,一般是在工件本体上完成,此时的灵敏度设置也是在工件本体上完成的。对于多次分区扫查的工件,可以使用对比试块设置时间窗口和灵敏度。对比试块一般采用与被测工件声学性能相同或者相似的材料制成,其外形应能代表工件的特征尺寸,能满足扫查装置的要求。试块厚度有最大厚度和最小厚度的要求,最大厚度应保证探头入射点到试块底面的连线与试块底面法线间的夹角不小于 $40°$,以避开 $38°$ 下尖端信号的低幅值。试块的最小厚度应保证声束的交点处于试块内。

7. 扫查方式

TOFD 扫查一般采用全自动扫查或半自动扫查,常用的三种扫查方式为非平行扫查、平行扫查和偏置非平行扫查,每种扫查方式用于不同目的,如图 1-5 所示。

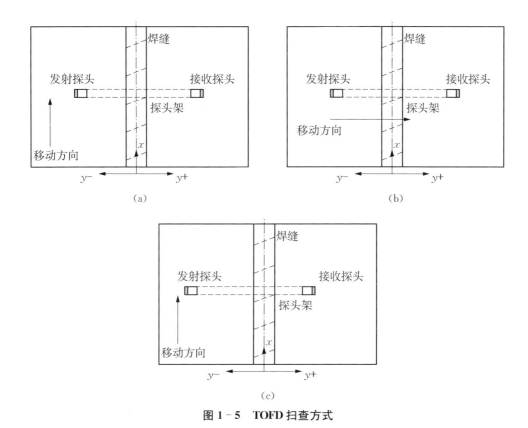

图 1 - 5　TOFD 扫查方式

(a)非平行扫查；(b)平行扫查；(c)偏置非平行扫查

　　(1) 非平行扫查。探头对的中心与焊缝轴线重合,其移动方向平行于焊缝轴线,垂直于声束发射接收的方向。这种扫查方式主要用于初始的大扩散角扫查,快速发现缺陷。非平行扫查的结果显示沿着焊缝轴的纵截面。两个探头对称置于焊缝的两侧,焊缝余高不影响扫查。

　　(2) 平行扫查。探头对的移动方向平行于声束的方向。平行扫查时,将探头放置在指定的 X 位置,通常探头对的移动路径垂直于焊缝中心线。平行扫查结果是跨越焊缝的横截面。在平行扫查中,焊缝的余高会阻碍探头的移动,因此大多数情况下都将焊缝的余高磨平之后再进行扫查。这种扫查方式的目的是得到缺陷在焊缝 Y 轴的确切位置以及真实的深度。

　　(3) 偏置非平行扫查。探头对在焊缝两边不对称放置,其移动方向平行于焊缝轴线,垂直于声束发射接收的方向。偏置非平行扫查用于减小轴偏离底面盲区,同时提高缺陷高度测量的精度,改进缺陷定位。

8. 扫查次数的选择

对于 TOFD 检测来说,扫查次数取决于待检测工件的厚度和需要覆盖的范围。显然,用一组探头进行一次扫查效率最高。但对于厚工件,有时需要多对探头分区扫查;对于宽焊缝,有时需要多次扫查;为了减少盲区的影响,有时也需要增加扫查次数。

9. 信号测量

在 TOFD 技术中,采用十字指针和弧形指针对信号时间进行测量。十字指针用于测量 A 扫描信号中的数据;弧形指针用于 B 扫描/D 扫描视图中的测量。信号位置通常包括三个参数:距检测面的深度(Z)、平行焊缝方向上距离扫查起点的水平位置(X),以及偏离焊缝中心线的横向距离(Y)。为保证测量的准确性,在非平行扫查中,需要确定扫查的起始点和扫查的基准线。使用非平行扫查无法得到信号的横向距离 Y,当需要时,应进行平行扫查。

1)水平位置和长度的测量

使用一个弧形指针与缺陷两端的弧形进行拟合,缺陷的每一端可接受的拟合点之间的距离作为缺陷的长度。每一端可接受的拟合点是缺陷的两端水平位置。对于点状缺陷,由于弧形指针与点状缺陷的形状相似,所以无法测量长度。

2)横向距离测量

使用一对探头进行非平行扫查时,无法给出横向位置参数。如果需要得到参数 Y,则需进行平行扫查。进行平行扫查时首先要确定扫查的基准点,以扫查前探头对的中心点为位置零点,扫查过程中使用编码器记录下探头移动过程中每一个 A 扫描信号相对起始点的位置。在平行扫查的数据中,衍射信号声程最小处对应的位置是缺陷的横向距离 Y,即此时探头对中心点的正下方。

3)深度测量

深度参数 Z 主要用来确定衍射信号距离检测面的深度和缺陷高度。首先应使 B 扫描视图时间轴的深度线性化。将十字指针置于 A 扫描直通波的起始位置,设为深度 0 mm。然后将指针置于底面波的起始位置,设为被检工件厚度,完成自校准。再将指针放在相应的缺陷位置测量,测量时应在 A 扫描上选择合适的测量点。测量点可以是图 1-6 中 A 扫描上的任意时间点,需要考虑相位关系。第一个是测量信号前沿的传播时间;第二个是测量第一峰值的传播时间;第三个是测量最大幅度的传播时间;第四个是测量信号的第一个零值穿越信号的传播时间。图 1-6 所示为代表测量点的位置。

4)深度的计算

常规脉冲反射技术中,通过最高幅值回波在 A 扫描的显示位置计算反射体的深度。TOFD 技术与之不同,其根据信号到达时间,利用简单的三角函数关系来计算衍

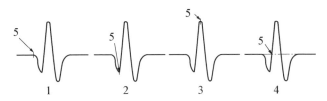

图 1－6　A 扫描上测量点选择

射端点的深度。在计算时做了如下假设：产生衍射信号的缺陷或结构位于两探头连线中点的正下方。需要注意的是，这个假设不一定正确。在 TOFD 检测中，深度和时间非线性关系，而是平方关系。在进行原始数据分析时，近表面区域的信号在时间上的微小变化转化成深度，可能变化较大，远表面区域的信号在时间上的微小变化转化成深度，可能变化较小。可以通过软件进行线性化计算得出 B 扫描/D 扫描的线性深度图，如图 1－7 所示。

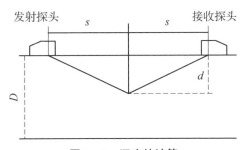

图 1－7　深度的计算

　　两探头入射点之间的距离又称为探头中心距，用符号 PCS（PCS＝2s）表示，通常采用 2/3T 法则来计算 PCS 值。由于两个探头相对于衍射端点是对称的，所以衍射信号传播距离 L 可以用下式计算：

$$L = 2\sqrt{s^2 + d^2}$$

式中，s 为两探头中心距的一半，mm；d 为反射体的深度，mm。

　　超声信号传播时间 t 为

$$t = L/C = 2\sqrt{s^2 + d^2}/c$$

式中，c 为波的传播速度，mm/μs。

　　通过对时间 t 的测量，可以计算出深度 d 为

$$d = \sqrt{(ct/2)^2 - s^2}$$

　　若反射体不在两个探头中心点的位置上，采用上述公式计算得到的深度值将会

存在误差,称为轴偏离误差。对于宽度不大的单"V"型焊缝,深度计算误差可以忽略,如果是"X"型焊缝,深度计算误差则不可以忽略。

TOFD检测技术的典型深度测量误差为±1mm,在监测裂纹生长情况时使用同一探头和设备,其重复检查的典型误差减至±0.3mm。

1.2.3 盲区与误差

TOFD检测对缺陷的检出率较高,但它也有局限性,最大的局限性就是检测盲区的存在和测量误差的影响。

1. 上表面盲区

TOFD技术对于靠近扫查面的近表面缺陷检测是不可靠的。由于直通波有一定脉冲宽度,导致近表面缺陷的信号隐藏在直通波信号之下,从而形成直通波盲区。通过以下措施,可以减小直通波盲区的影响,提高测量精度:①减小PCS;②增加数字化频率;③使用高频探头;④使用短脉冲宽频带的探头。

2. 底面盲区

TOFD技术虽然是以衍射原理为基础,但底面是反射波,幅值大。底面盲区可分为焊缝中心底面盲区和轴偏离底面盲区。靠近探头对中心的底面衍射信号,虽然其时间先于底波,但信号弱,有可能埋藏在底面反射波中,形成焊缝中心底面盲区。偏离探头对中心的底面衍射信号,其时间落后于底波,且信号弱,隐藏在底面反射波中,形成轴偏离底面盲区,对检测影响较大的底面盲区主要是指轴偏离底面盲区。

3. 空间分辨力

分辨力是指能够识别的2个信号到达的时间间隔,分辨力决定了TOFD系统所能分辨缺陷高度尺寸的极限。超声脉冲的宽度限制了空间分辨率。TOFD检测中,由于时间与深度不是线性关系,所以不同深度的空间分辨率不一样。随着深度的增加,空间分辨率增加,可以通过减少探头中心距、使用高频短脉冲宽频带的探头或用底波以后的信号来观察近表面缺陷信号来改善空间分辨力。

4. 轴偏离误差

TOFD检测在深度定量时,假设缺陷位于探头对中心的正下方,但这不一定正确,从而导致深度测量出现误差。TOFD检测中声时计算的轨迹是一个椭圆(又称恒时轨迹),两个探头位于椭圆的焦点。由于非平行扫查中信号左右位置具有不确定性,所以在推导深度时会产生误差,这就是轴偏离误差。由缺陷位置偏离引起的深度测量误差大小与缺陷深度、PCS和探头特性有关。虽然轴偏离误差导致的深度测量的绝对误差可达几毫米,但缺陷上下尖端的误差可以互相抵消,因此缺陷高度测量误差不大。使用平行扫查,可以对缺陷的横向距离精确测量,消除轴偏离误差。

5. 其他误差

（1）耦合剂厚度变化。耦合剂中的声速小于在金属中的声速，如果深度测量按照缺陷信号到达裂缝的绝对时间测量，则这个深度将大于缺陷真实深度。时间检测中，如测量的时间起点是直通波的时间，此误差会很小。

（2）表面轮廓不平。检测时被检工件表面轮廓不平导致探头位置高度变化，产生深度测量误差。

（3）声速误差。工件中的声速如果与预设声速不同，深度计算就会出现误差。若采用直通波和底面反射波进行自校准，校准后的声速误差就会减小。

（4）入射点偏移误差。深度计算公式中，假设超声波是从一个固定点进入工件中的，实际检测中会发生改变。对靠近上表面的缺陷，容易被探头楔块前端发出的声束检测到；而对靠近底面的缺陷，容易被探头楔块后端发出的声束检测到。若 PCS> 2 倍被检工件厚度，则入射点偏移影响相对较小。

（5）粗晶材料。粗晶材料各向异性导致声速变化，进而导致深度测量产生误差。

（6）时间误差。时间误差是数字化采样间隔的一半，在扫查表面附近误差较大。随着深度的增加，误差逐渐变小。可以通过提高采样频率和使用高频探头来减少时间误差。

对于所有误差的总值，在上表面最大。随着深度增加到 10 mm 左右，总误差值降到最小。此后随着深度的增加，总误差逐渐增大。

1.2.4　信号处理

TOFD 超声检测也是数字式超声检测技术，模拟超声信号采集后，经过 A/D 转换，可进行数字化处理。

1. 灰度成像

TOFD 技术的显示除了 A 扫描射频信号显示外，还有独特的非平行/偏置非平行扫查的灰度 B 扫描（纵剖面）成像和平行扫查的灰度 D 扫描（横剖面）成像。数字化重建的 A 扫描射频信号纵坐标表示幅度，横坐标表示超声信号传播时间。在 A 扫描视图中使用十字指针进行时间测量。连续的 A 扫描信号的堆积形成 D 扫描或者 B 扫描图像，在图像中每个独立的 A 扫描信号成为图像中很窄的一行。使用 B 扫描或者 D 扫描图像的优点是能够快速准确地发现缺陷。TOFD 检测的图像显示与相控阵技术不同，相控阵图像显示一般使用颜色代表幅值，TOFD 的 B 扫描/D 扫描显示一般会用灰度代表幅值，原因是大脑似乎更容易接受灰度等级而非颜色。在灰度等级中，幅值的范围从纯白色到纯黑色，其中纯白色表示＋100%FSH、中间灰色表示 0% 的位置，纯黑色表示－100%FSH。

2. 信号平均

相控阵检测中也提及信号平均,信号平均能有效降低噪声,提高信噪比,相控阵可以采用自平均的方式。但对于 TOFD 检测,由于衍射信号本身较弱,必须通过多次数据采集,设置合理的平均值,从而达到提高信噪比的目的。通过信号平均方法来提高信噪比取决于两个重要前提:①多次获得有用信号基本一致;②噪声信号没有规律性。

3. 信号拉直

TOFD 现场检测过程中,由于工件表面不平整、耦合层厚度变化等原因,经常会出现信号弯曲的现象。为了方便分析,需要对图像进行拉直处理,使时间基准一致,方便对缺陷信号的识别以及对缺陷深度和高度的测量等。"拉直"是数字信号处理的一种简单方式,有直通波或底波拉直,选择无缺陷处 A 扫描信号作为参照,使弯曲的图像变直。

4. 直通波幅值均一化

直通波去除时的一个假设是,整个关注区长度上,具有相同的直通波形状和幅值,且直通波中无缺陷。实际检测中,存在耦合差,导致关注区域的直通波幅值发生变化。如果此时直接进行直通波去除,就会造成过度补偿,影响评定。有些软件在直通波拉直和直通波去除之间增加一步,即直通波幅值均一化。通过比较参考信号和所有后续处理的 A 扫描中的直通波幅值,计算其他直通波波幅达到参考直通波幅值所需的软件增益,应用软件增益修正,将其他直通波波幅调至参考直通波的幅值,并据此绘制整个 A 扫描的每个点。

5. 直通波去除

经过直通波拉直和直通波幅值均一化后,近表面缺陷信号可能隐藏在直通波信号之下而无法识别,这就需要通过图像处理来解决。选取无缺陷的 A 扫描信号为参考信号,在关注区域使用反转波形矢量叠加,去除此区域的直通波,露出隐藏在直通波信号之下的近表面缺陷信号。

6. 对比度增强

使用对比度增强来提高信号振幅,简单的灰度增强方法是在一个小的灰度范围内使用全灰度等级(−100%~+100%),使灰度从全黑色变为全白色,从而实现对比度增强。这样可以使信号的微小变化很容易被察觉。使用对比度增强有利于小信号的观察和识别,其缺点是对超灰度范围的信号无法观察其变化。

7. 弧形指针

在 TOFD 扫查结果中,不管是 B 扫描还是 D 扫描视图,缺陷的识别都比在 A 扫描中容易得多。TOFD 扫查点状缺陷时,探头由远处而来,经过点状缺陷再离去。衍射信号的传输时间先是逐渐减小,直到一个最小值,此时点状缺陷位于发射和接收探头连线中点的下方。继续扫查时,时间再次增加,这样在 TOFD 图像中,点状缺陷显示呈现出一种特殊的弧形,弧形凸起的最高点对应的是衍射信号声程(时间)的最小位置。在 TOFD 扫查过程中,缺陷衍射信号的传输时间随着探头位置的变化而变化,缺陷的端点都会形成一个 TOFD 技术特有的、向下弯曲的特征弧形显示。

由于 TOFD 图像中缺陷显示为一种特殊弧线,通过肉眼或用十字指针都无法判定信号的端点。需要采用一种特殊的工具——弧形指针,才能对 TOFD 图像中的缺陷进行定位和定量测量。

弧形指针是 TOFD 仪器提供的一种测量工具,该指针可以灵活地来回移动。弧形指针在不同深度上给出不同曲率的弧线,以便与缺陷的特征弧相拟合,从而得到缺陷准确的端点位置。由于缺陷端点发生的向下弯曲的特征弧的形状与缺陷深度、探头间距和探头移动的方向有关,因此可以通过数学公式计算出弧的形状。靠近表面的弧形指针开口较窄,容易拟合定位。随着深度增加,开口变宽,拟合定位困难。

8. 数据评定

TOFD 检测数据的评定类似于相控阵检测,其数据评定步骤如下。

1) 数据本身有效性的评估

只有本身质量合格的数据才可以进一步评估。数据本身的合格性评估包括:①耦合状态;②合理的时间窗口设置,单次扫查时应包含直通波、底面反射波和底面变形波;③合理的灵敏度设定;④信噪比;⑤数据丢失;⑥数据数量;⑦声束覆盖与检测分区;⑧扫查步进;⑨扫查过程平稳,即直通波没有被干扰痕迹。

TOFD 图像质量评价要求评定人员有足够技能和丰富的经验。对于无效数据,应重新进行检测。

2) 相关指示的识别

TOFD 能够对焊缝中的缺陷以及检测对象的几何特征进行成像。为了识别几何特征的 TOFD 指示,需要详细了解被检工件。由被检工件的预期或实际形状引起的那些 TOFD 指示被认为是非相关的。

3) 按相关技术规范要求对相关指示分类

按照一般的分类,TOFD 相关指示可以分为表面开口不连续或埋藏不连续。

(1) 表面开口不连续分为三种,即扫查面表面不连续、底表面不连续和穿壁不连续。

(2) 埋藏不连续分为三种,即点状不连续、无可测高度的条状不连续和可测高度的条状不连续。

4) 确定相关指示的定位信息

(1) X 轴位置。优先使用弧形指针。点状缺陷的弧形与弧形指针吻合,容易确定。条状缺陷左端点与弧形指针的左半弧拟合,缺陷右端点与弧形指针的右半弧拟合。如果是条状弯曲表面开口缺陷,可以使用 1/3 拟合法。条状指示左端在厚度方向时间的 1/3 处与弧形指针的左半弧拟合,条状指示右端在厚度方向时间的 1/3 处与弧形指针的右半弧拟合。

(2)Y 轴位置。一般不要求,如要求,需进行平行扫查确定。

(3)Z 轴位置。优先使用十字指针。信号位置测量在 A 扫描信号上进行,也可在 TOFD 图像上进行。使用十字指针时,为了得到最准确的深度值,必须在检测信号上仔细选择测量信号到达时间的基准点,并注意对应的相位关系。

5)长度和高度的确定

由于点状不连续形状与弧形指针形状相同,所以点状不连续无法使用 TOFD 技术测出其尺寸。条形缺陷的长度由条形不连续的左右端点在 X 轴的差值决定。可测高度的条形缺陷的高度由上下尖端在 Z 轴的差值决定。

6)按照验收标准对不连续进行评估

现行标准对 TOFD 指示的验收基于长度和高度,这种验收标准的结果对于断裂力学分析非常重要。

1.3 相控阵超声检测技术

相控阵超声技术使用相控阵仪器和阵列探头,可用电子的方式控制波束的发射和接收,以产生电子波束偏转和/或聚焦,从而使波束成形。相控阵超声技术起源于常规超声脉冲反射技术,因此其基本原理和应用与超声脉冲反射技术没有实质区别,只是在脉冲反射超声技术上的发展。"阵"是阵列,使用规则排列多晶片的探头是相控阵超声的特点,即通过多晶片的排列组合来得到更大的检测覆盖范围和更多声束变化的可能。"相控"是通过对阵列探头每个晶片的激发/接收时间(相位)和激发/接收次序的变化,来控制最终合成声束的方向和聚焦等特性。控制每个晶片的激发/接收时间(相位)和激发/接收次序的变化是相控阵技术的核心。相控阵超声技术虽然可以实现声束的偏转和聚焦等相控阵特有的性能,但应根据检测需求合理设置。

从应用上讲,只要脉冲反射法超声技术可以进行的检测,相控阵超声都可以检测。然而,相控阵超声可以检测的,脉冲反射法超声不一定能检测。

近些年,随着计算机工业和晶片材料制作工艺的快速发展,相控阵超声检测技术也得到了快速发展。

1.3.1 基础知识

1. 晶片发射和接收

晶片的发射和接受过程如图 1-8 所示。

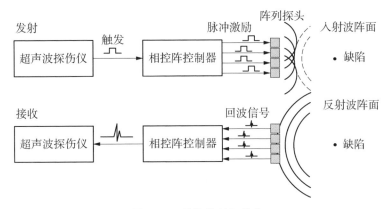

图 1-8　晶片发射和接收

相控阵超声检测使用多晶片探头。在发射过程中,仪器将触发信号传送至相控阵控制器。相控阵控制器将信号转化为特定的高压电脉冲,脉冲宽度根据检测频率预先设定,一般是探头频率的半周期。每个晶片只接收一个电脉冲信号,每个晶片独立产生柱面波或球面波。这些波频率相同,为产生相长干涉的声束,使用有微小时差(纳秒级)的电脉冲分别激励阵列探头各个晶片。晶片的时间延迟在延迟法则中确定,这些单独晶片产生的超声波经过合成后形成特定方向进行发射。

来自材料中某一点(如缺陷/结构等)的回波以不同的时间到达每一个接收晶片,晶片将其转化为电脉冲信号,时间差可以通过延迟法则计算。相控阵控制器按计算的接收延迟法则变换时间,并将这些电脉冲信号汇合在一个时间点,形成一个脉冲信号,传送至仪器。

2. 相控阵超声探头

1) 压电复合材料晶片

常规超声检测中使用的压电材料有单晶材料和多晶材料,但每种材料的综合性能不是很理想。为进一步提高压电晶片的各项性能,消除其他干扰模式,研发了压电复合材料晶片。压电复合材料是由压电陶瓷材料和高分子聚合物等材料通过复合工艺制成的一种多相材料,其压电效应不仅取决于构成这种材料各组分的性能,还与各组分的连通方式有关。相控阵超声探头所用的 1—3 型复合材料,其含义是压电陶瓷材料一维连通,高分子材料三维连通。

2) 探头阵列类型

按照相控阵探头晶片的规则排列形式,相控阵探头可以分为一维线性阵列、一维曲面阵列、一维圆周阵列、一维自聚焦阵列、二维矩阵、环形阵列、扇环形阵列和菊花阵列等。

检测前,应根据产品特点和检测需求,选择合适的阵列类型。其中最常用的是一维线性阵列,如图 1-9 所示。其中,$A = ne + g(n-1)$;$p = e + g$。

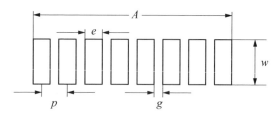

A—激活孔径;w—晶片高度;e—晶片宽度;g—相邻晶片间隙;p—相邻晶片中心距。

图 1-9　一维线性阵列

3) 阵列中晶片的技术要求

超声检测使用脉冲波,脉冲波本身有一定频带宽度,包含中心频率以外的低频和高频成分。通过对晶片频率进行频谱分析,可以对射频信号进行傅里叶变换得到频域信号。一个相控阵探头内包含很多晶片,各晶片的中心频率与平均中心频率之间的误差不大于 $\pm 10\%$,且平均中心频率与探头标称频率之间的误差不大于 $\pm 10\%$。对 -6 dB 相对带宽而言,一般推荐相控阵探头各晶片的平均 -6 dB 相对带宽不小于 70%。相对带宽较小的窄带探头,其信号持续时间长,分辨力差;相对带宽较大的宽带探头,其信号持续时间短,分辨力好。

相控阵探头各个晶片的灵敏度应尽可能保持一致,以确保声束合成以后声场的均匀性。对于一维线性阵列中的每一个晶片而言,其灵敏度偏差应在 3 dB 以内。

相控阵超声探头中,由于晶片间间隙很小,如相互屏蔽不好,极易产生相邻晶片间的串扰,从而产生噪声。一般要求相邻晶片之间的串扰不大于 25 dB。

4) 探头结构

相控阵超声探头的结构类似于常规超声探头,差异在于晶片以及同轴电缆。相控阵超声探头包含很多晶片,每一个晶片的上下表面都需要有很细的同轴电缆与之相连。相控阵探头同轴电缆末端的接口直接和相控阵主机连接,这就使得同轴电缆成了相控阵探头最脆弱的环节,电缆损坏造成的相控阵探头损坏很难维修。同轴电缆线的衰减作用必须尽可能低,尤其是高频探头。电缆线的电阻抗应与探头电阻抗以及电子特性相匹配。

5) 楔块

虽然相控阵具有实现偏转的功能,但在相控阵检测中,由于偏转能力受晶片宽度的影响,所以仍然会使用到楔块,以达到预偏转和增大偏转范围的目的。相控阵探头和探头中的楔块如图 1-10 所示。

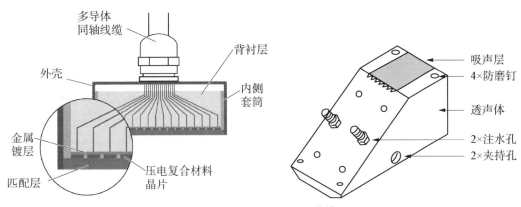

图 1-10　相控阵探头和楔块

相控阵探头的楔块除了实现斜入射、波型转换、适应检测曲面、保护探头等作用外,还可以辅助生成较大的偏转角度。相控阵探头能实现的最大偏转角度受到波长与晶片宽度比值的限制,不能过大。

直波束检测时,使用楔块的目的是保护探头和减小始脉冲对检测的影响;斜波束检测中使用楔块主要是为了实现波型转换和声束预偏转,以使工作声束处于最优的偏转范围之内。此外楔块中一般还会设计用于连接耦合用水的注水孔,以及用于减小楔块磨损的硬质合金防磨钉。

在常规脉冲超声检测中,斜探头的出射点和折射角的测量非常重要。但对于相控阵超声检测,由于检测设置的灵活性,每一个声束的出射点都会变,折射角的测量其实并不是很重要。

6）声场

常规脉冲超声检测中,声场包含主瓣和旁瓣,旁瓣能量小于主瓣。相控阵超声检测的声场除了包含主瓣和旁瓣外,还可能由于晶片规则排列而形成栅瓣。栅瓣的能量可能很大,甚至超过主瓣,危害性比旁瓣更严重。栅瓣是阵列探头的特有现象,设计和使用阵列探头时要着重考虑。无论是常规探头还是阵列探头,旁瓣都是固有特征,不能消除;但栅瓣可以通过仔细设计探头频率、晶片间距和偏转角度加以去除或减弱。

常规脉冲超声检测中,在近场存在极大、极小值区域,一般不推荐在此区域进行检测定量。近场是常规探头的自然焦点,聚焦都在近场区内。相控阵超声检测技术能够通过电子方式将声束聚焦在关注区域,最大焦距不超过晶片组的近场距离。当设置远场聚焦点时(其实此时已不能称为聚焦),由于声束间干涉作用,声束质量得到明显改善,具有类似于聚焦的效果。

3. 延迟法则

延迟法则是用于控制发射和/或接收的一组延迟设置,以形成声束,包括偏转延迟法则、扭转延迟法则和聚焦延迟法则等。延迟法则的设置是相控阵超声检测的核心,不正确的设置将生成不正确的声束,从而导致检测失败。延迟法则是针对特定的检测对象,选用合适的相控阵超声检测探头和楔块,根据检测需求,确定生成声束所需的晶片组,给出晶片激发的次序、延时、电压等。通过延迟法则的设置,相控超声检测可以实现波束偏转、波束聚焦以及波束偏转+聚焦的功能,如图 1-11 所示。

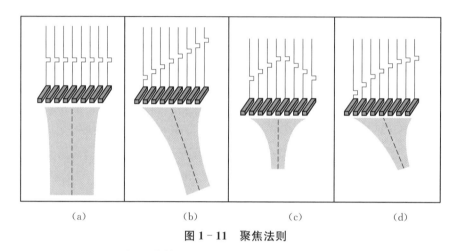

图 1-11 聚焦法则

(a)未设置偏转和聚焦;(b)偏转;(c)聚焦;(d)偏转+聚焦

(1)波束偏转通过控制晶片的延时来改变波束的偏转角度,从而使用单一的探头进行多个角度的检测。使用一维线性阵列时,仅能在一个平面上进行波束控制,施加一个线性延时到一个晶片组,则能生成一个偏转角度。延时差越大,生成偏转角度越大。

(2)波束聚焦通过控制晶片的延时将波束能量聚集在一点。使用一维线性阵列,当聚焦在晶片组正下方时,须采用对称的延迟法则。延时差越大,焦距越小,能量越集中。

(3)波束偏转+聚焦通过控制晶片的延时使波束在偏转的同时产生聚焦。

(4)聚焦方式。相控阵检测设置中有 5 种聚焦方式,即投影聚焦、真实深度聚焦、声程聚焦、平面聚焦和不聚焦。聚焦方式的选用与检测的需求相关,不正确的聚焦方式不能得到正确的检测结果。

4. 相控阵超声检测仪

相控阵超声主机是超声相控阵检测系统核心中的核心,其功能及性能直接决定了检测效果。由于相控阵超声系统需要复杂的数字控制与数字化处理,故所有相控阵超声设备均为数字式设备。与常规的数字式 A 超仪器相比,相控阵仪器的功能和设计制造要更复杂一些,但基本功能却是一致的。典型的相控阵超声主机由核心计算单元、脉冲发生器、多路复用转换器、接收放大器、增益器、数字化与存储单元、其他外接接口和设备软件组成。

相控阵仪器与常规超声仪器相比,具有以下特点:①串行或并行的多通道仪器,可根据需求选择发射/接收通道;②利用延迟法则,可精确控制晶片的发射和/或接收的声束合成;③图形化的操作界面;④数据快速传输和多视图实时显示;⑤海量检测数据存储;⑥编码器/时钟的触发采集,实现可记录数据的超声现场检测。

1) 相控阵仪器的通道

通道数是相控阵超声仪器的重要参数之一。一般以 XX/YYY 的方式描述相控阵仪器的通道数。其中 XX 是指仪器的最大物理通道数,即仪器单次同时可以激发的最多晶片数量;YYY 指系统的最大扩展通道数,即仪器最大能连接的晶片数。如 32∶128 仪器,虽然仪器最多能连接 128 个晶片,但每次只能最多选择其中的 32 个晶片进行激发。检测人员必须根据仪器的能力来选择合适的相控阵超声探头。例如,对于一个最大扩展通道数为 64 的设备,选用 128 晶片的探头是一种浪费。然而,对于一个最大物理通道数是 16 的设备,设置 32 个晶片同时工作也无法实现。

全并行系统的相控阵超声仪器的最大物理通道数和最大扩展通道数是相同的,如 32∶32 仪器;多路复用系统的最大物理通道数和最大扩展通道数是不相同的,如 32∶128 仪器,该系统中有 32 个独立的激发/接收通道,但是通过多路复用器,可以将这 32 个通道分时分配至 128 个扩展通道中,从而驱动一个 128 晶片的探头。

同时激发的晶片数量越多,就相当于常规超声检测中晶片尺寸变大,扫查覆盖区域变大,能量越强,聚焦能力越强,穿透能力越强。但应注意,对于聚焦而言,聚焦区能量强,在非聚焦区的声束扩散也非常严重。

2) 异步系统与同步系统

在相控阵超声检测中,有异步系统和同步系统。在晶片激励时基于仪器脉冲重复频率的系统被称为异步系统。激励单元在内部时钟的控制下,始终以一定频率重复激励探头,采集单元也在不停地工作。

同步系统中,激励单元等候外部位置记录装置(编码器)给出的信号,然后系统将以脉冲重复频率依次激励各个物理通道,发出超声信号。然后激励单元又开始进入等候状态,直至位置记录装置的下一次指令。同步系统的功耗比异步系统要小,同时减少了晶片激励的次数,延长了探头寿命。

3) 模数 A/D 转换器

相控阵仪器都是数字式仪器,但是在仪器中的电源部分及超声信号都是模拟信号。

模拟量是指在一定范围连续变化的变量,也就是在一定范围内可以取任意值的量,例如时间、电压和超声波等。数字量是离散量,其变化在时间上是不连续的,总是发生在一系列离散的瞬间,能分散开来的、不存在中间值的量。

(1)模拟量的特点。

模拟量优点:①精度高,能够捕捉到极细微的变化;②信号处理简单,通常只需放大和滤波等;③表达更具自然性,能够更好地抓住信号的特点和含义。

模拟量缺点:①易受噪声和衰减等干扰影响,信号质量下降;②远距离传输受到信号衰减的限制;③存储成本高。

(2)数字量的特点。

数字量的优点:①抗干扰能力强;②具有可压缩性,能有效减小数据量;③有多种信号处理方法,灵活性高。

数字量的缺点:①采样和量化过程中会产生量化误差,导致信号失真;②处理过程复杂;③响应速度相对较慢,影响实时性。

当采集到超声模拟信号后,将进入模数转换器进行数字化。A/D转换电路将连续变化的超声模拟信号转化为离散时间和离散幅度的数字超声信号,实现超声信号在时间轴和幅度轴的采样和编码,这些数字化的超声信号,可用于后续的数字信号处理和相控声束合成计算等。

4)软件

由于相控阵技术的复杂性,需要不同的软件支持。仿真软件用于根据不同工件模拟计算不同工艺条件下的阵列探头辐射声场覆盖以及缺陷响应;仪器自身软件用于检测设置、数据采集和数据显示分析;离线分析软件用于对采集后的数据进行集中分析。

各设备厂商的数据与数据分析软件之间不能互相兼容。

5.扫描方式

相控阵超声检测的一个优点是使用电子扫描。电子扫描是用于连续移动和/或改变超声波束而不移动阵列探头的技术。相控阵超声检测中常用的电子扫描包括线扫描、扇扫描、复合扫描和动态深度聚焦,如图1-12所示。

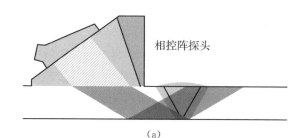

(a)

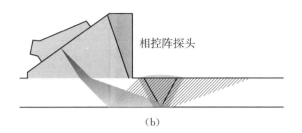

(b)

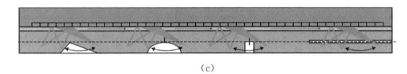

(c)

接收动态调节延时

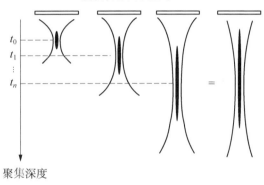

聚集深度

(d)

图 1 - 12　扫描方式

(a)线扫描；(b)扇扫描；(c)复合扫描；(d)动态深度聚焦

（1）线扫描。通过沿阵列探头主动轴方向移动激活孔径，对每个激活孔径施加相同的聚焦法则，以生成一系列同角度的超声波束序列。

（2）扇扫描。使用阵列探头主动轴方向上某个激活孔径，对此激活孔径施加不同的聚焦法则，以生成在定义的扇形区域内不同角度的波束序列。

（3）复合扫描。通过沿阵列探头主动轴方向移动激活孔径，同时对每个激活孔径定义一个扇形区域来改变波束角度，将电子线扫描和扇扫描相结合。

（4）动态深度聚焦。接收信号时在声轴上不同深度范围施加不同的接收聚焦法则，以实现在较大声程范围内的聚焦。

1.3.2　数字化及数字处理技术

超声信号最基本的显示方式是 A 扫描显示。在常规超声和相控阵超声检测中，一般都使用检波信号。这种检波信号是模拟信号,而相控阵仪器是数字式仪器。为了实现数据的存储和处理,数字化是数据处理的必经过程。模拟信号生成后,将进入模数转换器进行数字化。A扫描显示有时间轴和波幅轴,A扫描信号数字化也是从两个维度来进行的。

1. 时间轴的采样

时间轴的采样用模数转换率来表示,有时也称作采样频率或数字化频率,即单位时间内的采样次数,单位为赫兹(Hz)。采样频率影响幅值误差和定位误差。

采样频率应遵循奈奎斯特-香农采样定理。在进行模拟信号数字化的过程中,当采样频率大于信号中最高频率分量的 2 倍时,采样之后的数字信号才能够保证重建数字信号的频率不失真。相控阵超声检测使用的是大带宽探头,因此包含的频率成分较多,在检测设置采样频率时,不能够按照标称频率的 2 倍进行设置,否则就会造成高频信号被截止,缺陷信息丢失。当按照奈奎斯特极限设置最低采样频率时,此时的采样不能重建出一个理想的信号。通过增加采样频率,重建出的波形就会精确得多。当采样频率不小于探头频率的 4 倍时,可以保证数字化的幅值与原模拟信号之间误差小于 3 dB;而当采样频率不小于 5 倍的探头频率时,可以保证数字化的幅值与原模拟信号之间误差小于 1 dB。

在时间轴采样时,某信号的到达时间会被记录在其最近的采样点,所以时间轴的数字化也会影响到信号的位置测量,这就导致了信号数字化以后的位置误差。采样频率越高,位置误差越小。但在实际应用中,采样频率不能太高。采样频率过高会导致数据采集量过大,仪器来不及处理,进而导致数据丢失或降低检测速度。

2. 幅度轴的采样

在信号数字化时,采样频率对信号时间轴进行了数字化,垂直轴上的信号幅度也需要数字化。信号幅度是超声检测中评估缺陷的重要信息,幅度轴的采样精度影响到最终缺陷的评定。信号幅度的数字化使用采样位数 bits 来表示,有时也称为位深或比特率。这个位数也就是存储二进制数 0 或 1 的个数。位数越高,幅度轴上可记录的等级数越多,转换的幅值也就越精确。另一方面它也决定了仪器所能记录的最小幅值和最大幅值之间的范围。n 位的采样位数代表幅度轴上有 2^n 个等级来记录幅值。对于一个采样位数是 8 位的仪器而言,代表其在进行 A 扫描数字化时,幅度轴上的记录等级为 256 个。如采用检波信号显示,设备的满屏高设置在第 255 级,那么意味着每个级别之间的波幅差异为 $1/256 \approx 0.4\%$,也就是说,该系统幅度轴数字化的误差在 0.2% 以内。如果仪器采样位数是 10 位,则 A 扫描数字化时幅度轴上的记录等级为 1 024 个,如采用检波显示,每个级别之间的波幅差异为 $1/1\,024 \approx 0.1\%$,幅值精度极大提高。实际上,对一个信号进行数字化时,数字化后的幅值信息不仅受到数字化频率的影响,同时也受到采样位数的影响,其误差要比单纯采样位数影响稍大一些。

当所采集的信号超过系统采样位数所能记录的最高值时，系统将无法记录信号的最高幅值信息，此时达到信号饱和。饱和信号无精确的最高幅值信息，对评定是不利的。

采样位数会影响仪器的动态范围。以 8 位采样位数的仪器为例，使用检波信号，则可记录的波幅最低为第 1 阶，最高为第 255 阶，此时仪器所能记录数据的动态范围：$R=20\lg(256/1)=48\,dB$；如果是射频信号，最高为第 128 阶，此时仪器所能记录数据的动态范围：$R=20\lg(128/1)=42\,dB$。如果仪器采样位数是 10 位，使用检波信号，仪器所能记录数据的动态范围：$R=20\lg(1024/1)=60\,dB$。实际检测的信号都有一定的噪声，噪声会导致数字化信号的动态范围减小。噪声越大，动态范围越小。通常将信号幅度保持在满屏高度的 50%～80%，以充分利用 A/D 转换器的量化能力，减少数字化误差。

3. 数字化处理技术

数字化系统的特征之一是能够对已存储数据进行数据后处理。采集信号中包含多种噪声源，如传感器本身、仪器、散射的伪回波信号、几何和波形转换信号、周围电噪声等。通过数字信号处理可提高有用信号成分并抑制噪声干扰。在相控阵超声检测中，经常使用的数字信号处理方法有以下 6 种。

(1) 数字滤波。通过对数字信号进行采样、转换和处理，可以实现对信号的数字滤波。数字滤波具有高度集成、可编程、精度高、稳定性好和灵活性强等特点。数字频率响应曲线是由离散的采样点组成的。

(2) 信号平均。缺陷信号是前后一致的，噪声是随机的。当前后一致重复的信号本身相加 n 次，信号将以 n 倍增加；而噪声本身相加 n 次，噪声将以 $\sqrt{n}$ 倍增加。所以在 n 次重复后，平均后波形的信噪比提高了 $\sqrt{n}$ 倍。信号平均增加采样，会降低检测速度。

(3) 合成孔径聚焦技术(synthetic aperture focusing technique，SAFT)。超声波束在传播中到达某点时，探头位置和目标深度之间存在双曲线函数关系，利用已知的双曲线函数方程来实现 A 扫描信号时间移位并进行叠加。当缺陷出现时，超声波信号相长干涉后信号增大，当无缺陷出现时，干涉是削减性的，使信号变小。这种 SAFT 可用于二维或三维数字信号处理中，但三维 SAFT 需要较长的处理时间。

(4) 压缩。按照预定的压缩比例，取相应压缩点中幅值最高的点，重建信号图形。重建信号后，最高幅值未丢失，可有效减小文件尺寸，但不影响缺陷检测结果。对于相控阵超声仪器，每个通道的信号采集后，需要波束合成，延迟法则越多，叠加后的数据量就越大，通过压缩，可以减少数据量。

（5）裂谱降噪法。裂谱降噪法是一种特殊的滤波方法。通过对时域宽带信号进行傅里叶变换，让变换后的频域信号通过一个窄带滤波器阵列，最后再通过逆傅里叶变换与信号合成算法重建时域信号，这样可以有效降低晶粒散射带来的噪声信号，提高粗晶材料超声检测时的信噪比，解决信号平均对粗晶材料无法处理的问题。

（6）软增益。软增益是一种软件增益，一种模拟了不同波高与 dB 值之间关系的软件算法，可在数据分析时改变整体增益值。对采集到的数据进行软增益处理时，所有信号将按照相应的比例缩小或放大，与增加或减小硬件增益的效果相同。但需要注意的是，小于采集阈值的信号已经被忽略，而高于采集上限的信号无法处理。

1.3.3　校准与扫查

1. 检测校准

相控阵超声检测和常规超声检测一样，在检测前应完成校准。由于相控阵超声检测使用多声束，因此其校准过程不同于常规超声检测，相对比较复杂，并有其特殊性。校准中同样使用到不同的标准试块和参考试块。参考试块在制作时要充分考虑参考反射体的形状和尺寸（符合标准要求）、参考反射体的布置（不能互相干扰）和参考试块的尺寸（满足扫查架的放置要求和避免端角的影响）。

1）晶片一致性校准

使用仪器自带软件对阵列探头的每个晶片进行逐一激发，从而测试有无晶片失效，并对晶片之间的灵敏度差异进行校准补偿。

2）声速校准

首先应选择一条声束，然后校准，过程与常规超声检测的声速校准基本相同。

3）楔块延时校准

用以补偿不同的声束在楔块中传播时差，从而将楔块与工件的接触面定义为零深度。

4）角度增益修正（angle corrected gain，ACG）

角度增益修正主要来源于扇扫描，但实际上线扫描也存在该问题。角度增益修正的目的是获得与波束角度无关且从某个特定目标反射体的回波具有相同的幅度水平。

不同波束能量存在差异的原因：①声束形成时，由于角度不同，叠加能量不同；②波束在楔块中的声程不同；③波束在楔块/工件界面上的声压往复透射率不同。

ACG 是针对所有的波束的校准。

5）时间增益修正（time corrected gain，TCG）

TCG 类似于常规超声检测中的距离波幅曲线（distance amplitude curve，DAC）。随着声程的增加，DAC 波幅逐渐降低，TCG 则通过对同一反射体（形状和尺寸相同)不同声程处的 A 扫描施加不同的增益,使不同的声程 A 扫描具有相同的波幅。

每一条 A 扫描信号均有单独的 TCG 曲线,故 TCG 曲线实际上是一组曲线簇。

2. 扫查架

常规超声检测技术以手工超声为主,相控阵超声检测很少使用手动模式,较多采用自动化或半自动化检测,需要使用配备编码器的扫查架。扫查架用于固定和定位探头,驱动探头沿预定的路径进行扫查。扫查架一般由探头夹持部分、驱动部分和导向部分组成。探头夹持部分调整和设置探头位置,扫查时保持探头相对距离和角度不变。驱动可以采用马达驱动或手工推进。导向用以保证扫查时探头运动轨迹与预设轨迹一致。全自动扫查装置可靠性高,检测效率高,但价格高且调试时间长,一般只适合单一规格大量检测的使用。半自动扫查架一般手工推进,目前在现场应用最为广泛。当进行特定检测时,如遇到检测位置受限、操作空间受限或结构复杂等情况,需要专门设计针对具体对象的扫查架。

3. 编码器

在相控阵超声检测中,编码器有两个作用:①用于提供扫查架或探头移动的位置信息,以便实现仪器数据与检测位置的对应;②在同步系统中控制脉冲激发。

编码器的分辨率是编码器的固有参数,它决定了能够设置的最小扫查分辨率,此数值一般会标注在编码器外壳上,但由于编码器的使用过程中会产生磨损,所以需要定期对编码器分辨率进行校准。

编码器的类型有拉线式、光电式、磁感应式、激光定位式和声定位式等,最常用的是光电式编码器。

4. 扫查方式

扫查与扫描不同。扫描是电子的方式,探头不移动,声束移动;扫查是机械的方式,通过探头移动,使声束移动。扫查架的移动和相控阵波束方向的结合形成了相控阵超声检测中特定的扫查方式。应根据工件形状和检测需求,选择合适的扫查方式来检测缺陷并对其进行评定。相控阵超声检测中常见的扫查方式有双向扫查、单向扫查、沿线扫查、扭转扫查、螺旋扫查以及周向扫查 6 种。

(1) 双向扫查。探头沿着扫查轴向前和向后移动,在两个方向上都进行数据采集。然后沿步进轴移动一段距离,继续扫查。此种方式适合于板材、铸锻件等检测质量要求较高的扫查。

(2) 单向扫查。探头沿着扫查轴移动,只对一个方向进行数据采集。然后沿步进轴移动一段距离,继续扫查。此种方式同样适合于板材、铸锻件等检测质量要求较低的扫查。

(3) 沿线扫查。探头只沿着扫查轴进行一维扫查。这是目前焊缝检测中使用最多的扫查模式。

（4）扭转扫查。采用一定扭转角度的扫查，是双向扫查的一种变形。其扫查轴和步进轴方向与双向扫查的扫查轴和步进轴呈一定的角度。扭转角度可通过电子声束偏转或探头扭转的方式实现。此种方式适合于齿轮等不规则件的扫查。

（5）螺旋扫查。扫查时，一个编码器控制扫查方向沿圆周方向进行数据采集，另一个编码器控制扫查方向沿圆柱的径向进行数据采集。两个扫查方向的结合形成了螺旋扫查。此种方式适用于检测圆柱形圆周表面。

（6）周向扫查。周向扫查用于外形呈饼状的端面检测。扫查时，一个编码器控制扫查旋转的角度，另一个编码器控制扫查的半径。

1.3.4　成像与分析

1. 视图

与常规超声检测只有 A 扫显示不同，在相控阵超声检测成像中，有多种显示，包括俯视图（C扫）、前视图（D扫）、侧视图（B扫）和扇扫描（S）视图。其中，扇扫描（S）视图是相控阵检测所特有的视图。图 1−13 给出了各个视图的意义。值得指出的是，美国标准的 B/D 视图与 ISO 国际标准是相反的。

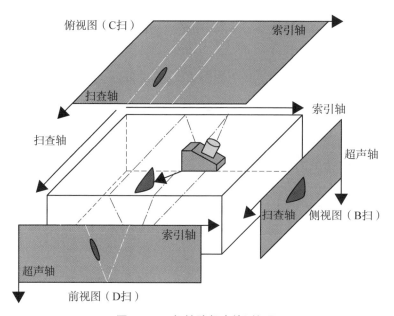

图 1−13　相控阵超声检测视图

（1）A 型显示表示探头接收的超声脉冲幅度或波形与超声传播时间（声程）的关系，可为射频（不检波）信号或检波信号显示。

（2）B 型显示是工件检测区在 $X-O-Z$ 平面投影图显示，即侧视图（纵剖面），图像中横坐标表示沿线扫查移动的距离，纵坐标表示深度。

（3）C 型显示是工件检测区在 $X-O-Y$ 平面投影图显示，即俯视图，图像中横坐标表示沿线扫查移动的距离，纵坐标表示步进轴的距离。

（4）D 型显示是工件检测区在 $Y-O-Z$ 平面投影图显示，即端视图（横剖面），图像中横坐标表示步进轴的宽度，纵坐标表示深度。

（5）S 型显示是由扇扫描声束组成的扇形图像区域显示，图像中横坐标表示离开探头前沿的位置，纵坐标表示深度，沿扇面弧线方向的坐标表示角度。焊缝检测时，S 型显示的是探头前方焊缝的横剖面信息。

2. 调色板

常规超声 A 扫描显示中，幅值显示于垂直轴。但在相控阵超声检测中，采集了大量的 A 扫描，评定时不可能关注每一个 A 扫描幅值。相控阵超声使用图像化检测，A 扫描的幅值被压缩成一个点，使用不同颜色块进行编码，不同颜色代表不同的幅值大小，此时 DAC 曲线就显得不合适，因此大多数相控阵超声检测选用 TCG 的方法来实现对幅值的评估，一些系统甚至允许操作者建立调色板，对不同的应用进行定制化显示。

3. 检测对象模型导入

相控阵超声成像与实际结构一一对应，因此在分析相控阵超声数据时，可以将检测对象模型导入图像中，作为判断信号位置的参考。在使用工件模型导入功能时，一定要确保仪器设置与操作的一致性，否则辅助视图将不能代表正确的参考位置。

4. 数据融合与视图融合

在实际检测中，经常需要对同一个结构进行多次扫查，如对焊缝进行检测时需要从焊缝双侧扫查，这会造成同一个结构有多条检测数据。为了对多条数据同时进行分析，有些设备开发出了数据融合功能。应注意，当扫查位置设置错误时，同一缺陷在两次扫查中的水平位置会产生偏差。

在实际检测中，有时会同时使用多个聚焦法则，需要同时分析多个视图。在多个聚焦法则之间一般有一定的体积相互覆盖，导致一个反射体出现在多个视图中，给信号分析人员带来不便。视图融合功能可以将多个视图按照探头坐标系进行融合显示，达到在一个视图上显示多个视图信息的效果，此时同一反射体产生的多个信号将被融合到同一个位置。需要注意的是，任何坐标系及坐标位置的设置错误都将导致伪像出现。

5. 数据分析过程

相控阵数据分析过程类似于射线检测中的底片评定过程，其主要步骤如下：

（1）数据本身的合格性评估。只有本身质量合格的数据才可以进一步评估。数据本身的合格性评估包括的内容：①耦合状态；②时基范围设定和显示范围；③灵敏度设定；④信噪比；⑤饱和指示；⑥数据丢失；⑦数据数量；⑧扫描步进及采样步进。相控阵图像质量评估要求评定人员有足够技能和丰富的经验。

（2）相关指示鉴别。相控阵超声检测发现的指示并不都是缺陷造成的，但评估的是由缺陷造成的相关指示，所以评估完数据本身质量后，就应该把相关指示从图像中找出。确定相关指示后，一般应按相关技术规范要求对相关指示分类。数据分析时，一般将检测对象模型导入图像中，辅以各个视图中指示的位置和形状来识别相关指示，确定其性质。

（3）确定相关指示的位置和尺寸信息。这些可以从不同的视图得到：①A扫描得到声程和最高幅值信息；②B扫描得到探头沿扫查轴移动距离和深度信息；③C扫描得到平面位置信息；④D扫描/扇扫可以得到偏离中心线距离和深度信息。

（4）按照标准的验收要求对相关指示做出合格与否的评定。

1.4 电磁超声检测技术

超声的产生主要有三种方式，常规超声主要使用压电效应。电磁超声是以电磁声换能器（electromagnetic acoustic transducer，EMAT）作为超声波激励和接收核心器件的超声检测。该技术利用电磁耦合的方法激励和接收超声波，电磁超声主要利用磁致伸缩效应和洛伦兹力效应。

常规超声无论使用接触法还是液浸法，都需要使用耦合剂，耦合剂能保证声波从探头进入工件。同时对于接触法检测，需要对工件表面进行修磨。对于在役工件的检测，如高温管道的不停机检测和埋地管道的检测，接触就存在一定困难。在这种情况下，电磁超声检测的优势就体现出来了。

高频线圈通以高频激励电流时产生交变磁场，处于其中的金属导体将产生感应涡流，感应涡流在外加磁场的作用下会受到洛伦兹力的作用，而金属导体在交变应力的作用下将产生应力波，频率在超声波范围内的应力波即超声波。同样，强大的电脉冲会向外辐射一个脉冲磁场，在脉冲磁场和外加磁场的复合作用下产生磁致伸缩效应，磁致伸缩力的作用也会产生不同波型的超声。与此相反，由于这两种效应的可逆性，返回声压使质点的振动在磁场作用下也会产生电脉冲，因此可以通过接收装置进行接收并放大显示。用这种方法激励和接收超声的技术称为电磁超声检测。洛伦兹力效应适用于导电材料，磁致伸缩力效应适用于铁磁性材料。在铁磁性材料中，同时存在洛伦兹力和磁致伸缩力两种效应。具体是哪种效应起主要作用，主要取决于外加磁场的大小和激励电流的频率。

1.4.1 基础知识

在电磁超声检测中,利用电磁声探头的磁致伸缩效应或洛伦兹力效应在材料中产生超声波,这种方法适用于导电或磁性材料。

1. 非磁性导电材料

对于非磁性导电材料,电磁超声激发过程是将检测线圈置于被检材料上方,通以瞬态交变电脉冲信号,在电磁感应作用下,被检材料表层产生感应涡流。在涡流区域施加偏置磁场,材料受洛伦兹力作用产生振动,从而产生超声波。电磁超声接收过程是其逆过程。偏置磁场内材料的超声振动切割磁力线,产生感生电流,被线圈探测到,形成电信号。

2. 磁性材料

对于磁性导电材料,在材料上方放置线圈,通以瞬态交变电脉冲以产生交变磁场,导致处于偏置磁场中的材料表层磁感应强度发生变化,产生磁致伸缩力和磁化力。交变磁化区域材料在磁致伸缩力和磁化力的共同作用下产生振动,进而产生超声波。这是电磁超声激发过程。电磁超声接收过程是其逆过程,磁性材料中的超声振动产生形变,从而引起材料表面磁场动态变化,在线圈中感应出电脉冲信号。由于磁性材料一般都是导电材料,因此材料也受到洛伦兹力的作用。所以,对于磁性导电材料,电磁超声是由洛伦兹力、磁致伸缩力和磁化力共同作用产生的。虽然从理论上分析磁致伸缩力很复杂,但与单独由洛伦兹力产生的信号相比,磁致伸缩力可大幅提高信号的强度。当材料达到磁饱和后,洛伦兹力成为唯一因素。

3. 提离

电磁超声是一种非接触超声检测技术,信号的幅值随提离值呈指数规律衰减,较大的提离导致信号幅值大大降低。检测中探头和被检工件应尽可能保持接近,也可接触。保持提离的恒定对信号的分析和可重复性很重要,因此往往通过在线圈与工件之间加薄层材料来实现,薄层材料可以是厚度小于趋肤深度的高电阻金属片,也可以是陶瓷或碳纤维增强塑料。

4. 电磁超声检测的影响因素

(1)被检工件。被检工件的材质、形状和温度等。

(2)探头。探头类型、产生超声的类型(横波、纵波、导波等)、超声入射方式(直入射、斜入射、聚焦等)、超声声场和提离距离等。

(3)检测仪器。激励特性(发射功率、信号波形、频带等)、传输特性(线缆、阻抗匹配等)、接收特性(增益、信号处理等)。

1.4.2 电磁超声仪器

电磁超声仪器是检测系统的主要部分,包含硬件和分析软件。电磁超声仪器硬件一般有发射器、双工器、阻抗匹配器、前置放大器、信号放大器、信号采集器和信息处理器等模块,如图 1-14 所示。

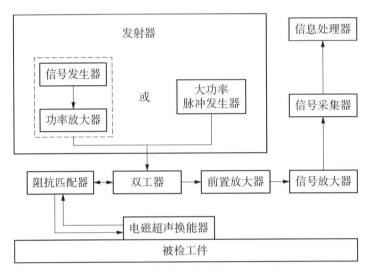

图 1-14　电磁超声仪器组成系统图

1. 发射器

发射器用于输出瞬态大功率脉冲信号,以有效激发电磁声探头产生检测需要的超声波。电磁超声(electromagnetic acoustic transducer,EMAT)换能器一般是电感性负载,而压电换能器是电容性负载,因此,电磁超声发射器与常规超声明显不同。

2. 双工器

双工器将激励和接收通道隔离,以防止发射器对接收电路的冲击。

3. 阻抗匹配器

阻抗匹配器可以使发射器的能量较好地传输到电磁声探头。

4. 前置放大器

电磁超声换能器能量转换效率低,声能损失大,输出信号较弱,需要使用高信噪比的微弱信号放大器对线圈接收信号进行前置放大。在脉冲回波检测系统中,前置放大器应能承受加到电磁超声换能器上的峰值电压,还能足够迅速地恢复以检测缺陷信号。

5. 信号放大器

信号放大器用于对前置放大器的输出信号进一步进行放大和处理。电磁超声检测中,实际获得的检测信号复杂,噪声和干扰相对较强,有用信号和噪声信号的幅度相差不大,从而导致信噪比较差,分辨率也较低。通过硬件电路,如多级放大电路、衰减电路以及滤波电路,对信号进行处理,可以去除信号中一部分噪声信号,能够提高信噪比。

6. 信号采集器

信号采集器用于将信号放大器输出的信号进行模数(A/D)转换,采样频率和采样精度的选择应保证重建波形不失真。

7. 信息处理器

信息处理器用于数字信号的分析处理、存储和显示。数据处理与分析系统是电磁超声技术的关键部分,通过时域分析、频域分析、小波变换等方法来提取和分析超声信号中的有用信息,如缺陷位置、形状、大小等。使用软件对经过数字化的信号进行处理,如利用滤波和阈值降噪,进一步提高分辨率和降低噪声。

另外,还有图像显示和分析系统,用于将电磁超声获取的数据转化为可视化的图像,并根据图像对被检工件进行分析和评价。图像显示和分析系统通常包括图像采集、处理与显示功能。通过图像显示和分析系统,可实现对材料内部缺陷的直观显示和评估。

1.4.3　电磁超声探头

电磁超声探头是在磁场中进行电能-声能转换的装置,其主要由电磁声换能器(磁铁和线圈)、线圈保护层、信号接头和外壳封装而成,如图 1-15 所示。高温电磁超声探头还需要有阻热层,以保护探头内部的磁铁、线圈及导线。与常规超声不同的是,电磁超声的声波产生于工件表层,而非探头。

1. 分类

与常规超声相似,电磁超声探头也有多种分类方式。

(1)按波型分。电磁超声探头可分为纵波探头、横波探头、表面波探头和导波探头。

图 1-15　电磁超声探头

(2)按束形式分。电磁超声探头可分为直探头、斜探头和聚焦探头。

(3)按适用温度分。电磁超声探头可分为常温探头(≤200℃)、高温探头(200~450℃)和超高温探头(>450℃)。

（4）按照探头中换能器单元数目分。电磁超声探头可分为单探头和阵列探头。

2. 磁铁

在电磁超声探头中,磁铁的目的是产生偏置磁场。磁铁种类有永磁体、电磁铁和脉冲型电磁铁。永磁铁的好处在于磁铁体积小,使探头结构紧凑,但其磁场强度不可控。电磁铁可控制磁场强度,使用交流磁化时,其磁场有趋肤效应。

磁铁布置方式是产生不同超声波波型的重要因素。磁铁布置方式一般有垂直偏置、水平偏置和周期性偏置。偏置磁场为被检工件提供不同的静态磁场,为电磁超声波的激发奠定基础。

3. 线圈

线圈是电磁超声换能器中用于辐射和接收电磁波的元件。在电磁超声激励时,线圈用于产生交变电磁场,在接收时,用于感应电磁场的变化从而感生电流。线圈结构是产生不同超声波波型的重要因素,同时线圈的阻抗影响检测灵敏度。常见的线圈结构形式有饼形线圈、环形线圈、跑道形线圈、蝶形线圈、回折线圈和聚焦线圈等,如图 1-16 所示。

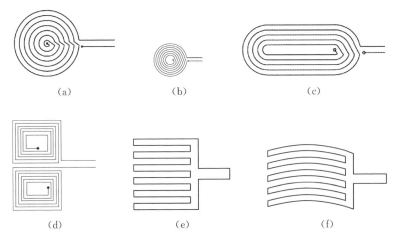

图 1-16　电磁超声换能器中常见线圈类型

(a)饼形线圈;(b)环形线圈;(c)跑道形线圈;(d)蝶形线圈;(e)回折线圈;(f)聚焦线圈

不同线圈结构产生不同入射方向和波型。入射方向有直射和斜射。直射纵波或横波可由饼形线圈、环形线圈、跑道形线圈、蝶形线圈产生;斜射声波可由回折线圈产生,直接利用回折线圈产生的斜入射声波入射角一般小于 40°。

4. 不同波型的产生

通过磁铁和线圈的适当组合,探头可以产生纵波、横波和导波(表面波、兰姆波和水平偏振横波等)。超声波的波型取决于外加磁场的方向、线圈的形状以及电磁场的频率。

（1）纵波。外加的稳恒磁场方向平行于表面，洛伦兹力方向和电子移动方向垂直于导体表面，产生纵波，但纵波的产生效率很低。

（2）横波。外加的稳恒磁场方向垂直于表面，洛伦兹力方向和电子位移方向均平行于导体表面。与常规超声不同，电磁超声能产生水平偏振横波（SH）和垂直偏振横波（SV），如图 1－17 所示。

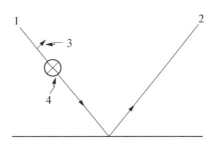

1—入射波；2—反射波；3—垂直偏振（SV）；4—水平偏振（SH）（指向页内）。

图 1－17　横波的产生

（3）表面波。表面波的产生与斜射横波相同。施加的稳恒磁场方向应与导体表面垂直。频率取决于回折线圈的折线间距，通过选择合适的频率，可以激发出纯表面波。如果材料的厚度大于声波波长的五倍，就可以产生表面波。

（4）兰姆波。各种模式的兰姆波（对称型和反对称型）可用类似于表面波的方式产生。兰姆波回折线圈的频率由兰姆波模式和材料厚度决定。

5. 入射声束方向

（1）垂直入射声束。由于直射纵波的产生效率较低，因此电磁超声探头产生的垂直入射声束主要是直射横波，这与常规超声不同。采用螺旋扁平线圈，外加方向垂直于线圈平面的稳恒磁场，产生直射的径向偏振的横波。

（2）斜入射声束。采用回折线圈激发斜入射声束超声，外加稳恒磁场的方向垂直于线圈平面。当线圈导线间距（L）与表面法线的夹角（θ）在所选的纵波或横波模式满足式 $n\lambda = 2L\sin\theta$ 时，即可实现纵波或横波的激发，其中 n 为阶数，λ 为波长。斜入射纵波或横波的角度可由电磁场的频率控制，此原理与常规超声不同。对于表面波和兰姆波，采用回折线圈激发斜入射声束超声，外加稳恒磁场的方向垂直于线圈平面。当线圈导线间距（L）在所选的声波模式满足式 $n\lambda = 2L$ 时，即可实现表面波或兰姆波的激发。对于需要灵活选择波型的应用场合，电磁超声技术具有明显的优势。电磁超声探头可高效地产生表面波，且比常规压电超声探头更容易产生水平偏振横波（SH 波）。

6. 探头的选择

由于不同探头的用途、参数和缺陷检测精度不同,选择探头时,应考虑如下因素。

(1) 被检工件的材料物理特性,如导电性、导磁性、声速和声衰减。

(2) 检测目的,如测厚、缺陷(包括种类和尺寸)检测和应力测量等。

(3) 被检工件的工况,如工作介质、温度和承载状态等。

(4) 被检对象与尺寸,如焊缝、板材、管材、棒材、线材和构件厚度等。

(5) 被检工件表面状况,如防锈漆层、曲面、有锈蚀和氧化皮等。

1.4.4　应用场景

电磁超声技术的独特之处在于超声波的发射和接收。除此之外,常规超声检测技术和相控阵超声技术均适用于电磁超声。电磁超声可用于原材料生产、设备制造和在役产品的检测和监测。同时由于电磁超声检测的非接触式特性,其可用于自动检测、高速检测、动态检测、远距离或危险环境下的检测、高温状态下的检测及粗糙表面的检测。

1. 测厚

超声波传入材料后在底面反射回表面,在声速已知情况下,通过测量声波传播的时间来计算材料的厚度。对于已知材料,也可以标准厚度试块的传播时间为基准外推材料的厚度值。可用于测厚的超声波有体波和 SV 波,常规压电探头的测厚精度易受耦合介质的影响,电磁超声测厚的波模纯、声束窄、脉冲窄。由于电磁超声换能器采用垂直入射的横波,故其纵向分辨力要比使用纵波的压电换能器高出一倍。横波在材料中的传播速度较慢,对于较薄材料的测量更精确。在高温场合,常规探头将受到居里温度影响,而电磁超声探头则得到很好应用。

2. 表面检测

利用表面波可检测表面和近表面不连续。表面波的产生可以使用以下技术。

(1) 利用脉冲反射或一发一收技术探测反射的表面波。

(2) 利用一发一收技术探测透射的表面波衰减。

(3) 利用聚焦回折线圈的表面波衍射技术。如钢棒表面检测中,采用脉冲磁场和回折线圈激发 2 MHz 表面波沿钢棒表面周向传播,能检出数十微米的裂缝和折叠。

3. 内部检测

与表面检测相似,内部检测也是通过不连续界面的反射波或透射波衰减来检测不连续的。根据对象不同可选择合适的波型进行检测。常见的有板材、棒材、焊缝、复合板、钢轨和地埋管线等。

(1) 钢板。采用永久磁铁和回折线圈的电磁超声探头激发 2.5 MHz 横波垂直钢板表面传播,能有效检出板材内部的气孔和夹杂等。

（2）钢棒。使用电磁超声探头激发纵向模态导波检测棒材内部缺陷。

（3）复合钢板。在铁素体基体与奥氏体复合钢板的检测中，利用电磁超声 SH 波在两层之间的反射和透射特性来检测复合层界面。

（4）焊缝。电磁超声系统使用多种换能器（表面波和垂直偏振横波）沿焊缝轴线扫查，可同时实现对焊缝及其两侧区域的表面和内部缺陷的检测。电磁超声传感器装在管道爬行器上对焊缝进行自动检测，超声波的辐射主要集中在裂纹扩展比较严重的焊缝根部和余高区域，该系统由计算机控制扫描、数据采集、显示和结果记录。钢带对接电阻焊焊缝，用水平偏振横波在电阻焊工序完成后检测焊缝。真空电阻焊焊缝，使用电磁超声换能器激发斜声束横波，直接在真空容器中对刚焊接过的工件进行检测，由于电磁超声换能器在真空条件下能够实现耦合，所以它能在焊接后的高温下工作。

（5）钢轨。钢轨上有时使用润滑剂降低磨损。电磁超声换能器可以通过润滑剂层激发和接收超声波。使用垂直入射横波和具有一发一收及脉冲反射功能的电磁超声进行实际的钢轨探伤，还能对重载下润滑钢轨的磨损率进行测量。

（6）地埋管线。电磁超声换能器通过磁致伸缩效应产生低频导波（$4 \sim 250\,kHz$），导波沿管线传播，能实现管道的长距离检测，能在高温下工作。

4. 材料加工性能评价

自动电磁超声设备可用于评估金属板材拉拔性能。这种设备通过测量 S_0 模式兰姆波与板材轧制方向成 $0°$、$45°$ 和 $90°$ 夹角的传播时间，计算在每个方向上的声速和杨氏模量，从而得到表征金属板材轧制结构和拉拔性能的参数。

5. 应力测量

超声法可通过波速或传播时间判断金属材料上施加的外力或残余应力。电磁超声应力检测仪测量原理基于双横波法，即在试件中产生两束偏振方向相互垂直的横波，根据应力与声波的传播特性之间的关系来检测应力。

1.5　超声导波检测技术

在超声检测中，导波是相对于体波而言的。

不受边界的限制，在无限均匀介质中传播的超声波称为体波，非多孔的各向同性介质中超声体波有两种：一种是纵波（或称疏密波、压缩波、P 波），另一种是横波（或称剪切波、S 波），它们以各自的声速在各向同性均匀介质中传播。在两种介质界面处，超声波产生反射、透射及波型转换现象。随后，反射波和透射波以各自波速传播，而波速只与介质材料密度、弹性性质和纵波或横波的波型相关。

实际中，弹性介质都是有边界限制的，如板、管和杆等。波导是定向引导特定频率超声波的结构件,如细棒材、管材、薄板、多层结构、半无限大空间上的涂层等结构。当壁厚与波长接近时,纵波和横波受边界条件的影响,声波在结构内多次往复反射后叠加干涉、几何弥散,不能按原来的模式传播,而是按照特定的形式传播,这种情况下传播的超声波称为超声导波。超声导波是一种以超声频率在波导中平行于边界传播的弹性波,与常规超声检测纵波或横波的恒定波速相比,超声导波检测中,波速会随着波的频率和构件几何尺寸变化发生显著变化。

体波与导波的区别:①体波和导波虽然都满足波动方程,但导波的产生受到边界条件的制约,需要满足一定的边界条件;②体波包括横波和纵波,而导波包含兰姆波、表面波、纵向波以及周向导波等,同时导波还含有不同的模态;③导波具有频散特性,相速度随着频率的变化而变化。

1.5.1 基础知识

1. 检测原理

导波是由于声波在介质中界面间产生多次往复反射和折射,并进一步产生复杂的干涉和波型转换而形成的,如图 1-18 所示。导波分为圆柱体中的导波以及板中的 SH 波、SV 波和兰姆波。导波的实质是一种以超声频率在波导中(如管、板、棒等)平行于边界传播的弹性波,是一系列谐波的叠加。

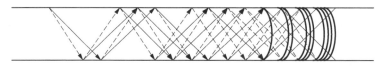

图 1-18 导波的形成

在超声导波检测前,需根据被检构件的特征,采用一定的方式在构件中激励出沿构件传播的导波。当该导波遇到缺陷时,会产生反射回波。采用接收传感器接收该回波信号,通过分析回波信号特征和传播时间,即可实现对缺陷位置和大小的判别。

1)频散

频散是超声导波的固有特性,即波速随频率而变化的现象,主要表现为相速度与群速度的不一致性。但应注意,不是所有导波都有频散特性,如表面波。所谓相速度,是指单一频率波的传播速度,即相同相位点扰动传播的速度。而群速度是由不同频率的波组成的波群传播能量的速度,即由一系列的频率不同的超声波叠加而成的合成波的速度。由于各个子波在介质中传播的相速度各不相同,则合成波的波形随时间变化,其振幅最大部分的运动速度就是群速度,即不同频率的波叠加形成合成波时,合成波的波峰传播的速度。

　　检测前,需考虑导波在被检构件截面上的波结构,然后根据频散曲线和波结构选择合适的导波模态和正确的检测频率,才能够保证检测的正确实施。由于不同频率的导波波长不同,对不同损伤有不同的灵敏度,导波检测过程中一般采用多种频率或扫频的方式。扫频是指超声导波激励输出的正弦信号的频率随着时间变化,频带涵盖了起始频率至终止频率。

　　在导波检测中,首先要得到被检测对象的频散曲线。频散曲线是通过求解频散方程得到的。频散方程是根据特定边界条件,满足弹性动力学方程的解。频散曲线是波速与频率的关系曲线,其横坐标表示波的频率、波长或周期,纵坐标表示群速度或相速度。导波声速除了与材料性质和波型有关外,还与频厚积有关,即导波频率与波导材料厚度的乘积。

　　对于频散曲线的求取,需按照以下步骤进行。首先建立被检工件的波动方程,求出波在被检工件中传播的位移和应力表达式,然后根据被检工件的位移应力等边界条件建立频散方程,该方程为超声波频率(f)与波传播速度(v)的函数,求解频散方程即得到 f 关于 v 的曲线,即频散曲线。计算超声导波在构件中传播时的频散曲线时应考虑以下条件:①材料密度;②材料弹性模量;③材料泊松比;④管材构件的内径和外径、棒材直径或板材壁厚。

　　典型管材和板材的频散曲线如图 1-19 所示。对于管材,常用 L(纵波模态)或 T(扭转波模态)导波。L(0,1)模态在频率区域 1 内是非频散的,L(0,2)模态在频率区域 2 是非频散的,T(0,1)模态,在整个频率区间是非频散的。对于板材,有对称型(S)兰姆波、非对称型(A)兰姆波和水平剪切波(SH 波)。

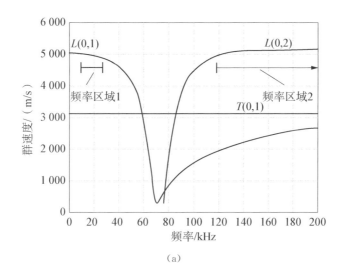

（a）

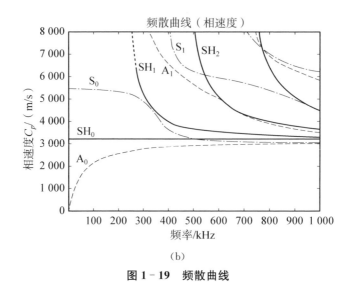

图 1－19　频散曲线

(a)典型的管材频散曲线；(b)典型的板材频散曲线

2）导波种类

（1）板中的导波。

a. 表面波（Rayleigh 波），是一种常见的界面波，是沿半无限弹性介质自由表面传播的超声波。在波长和材料的厚度相比很小的情况下，厚壁的材料可视为一个半无限大空间，声场在表面形成表面波。在表层附近，质点的运动轨迹为椭圆。表面波是一种非频散波，在固体表面附近传播，随着深度的增加，幅度呈指数减小。一般认为，表面波检测只能发现距工件表面两倍波长深度范围内的缺陷。

b. 兰姆波（lamb 波），是在均匀各向同性自由边界板中的导波，可视为由纵波和垂直剪切横波（SV 波）充分叠加而形成。板的上下界面应力为零，依据振动形式不同分为对称型和非对称型。对称型又称为"压缩波"，非对称型又称为"弯曲波"。在板的某点上激发超声波，由于激发区域的超声波传播到板的上下界面时会发生波型转换（纵波变为横波，或相反），经过在板内一段时间的传播之后，因叠加而产生"波包"，即通常所说的板中导波模式。

c. 板中水平剪切横波（SH 波），只有平行于平板波导界面方向的位移，用于检测垂直于截面伸展的缺陷。SH 导波可以视为由在板内不断反射的 SH 体波充分叠加而成。板中 SH 导波的振动模式比较简单，其中 SH_0 模式不存在频散现象，利用此特点可进行缺陷检测。

（2）管中的导波。

a. 轴向导波。根据质点在管中运动方向的可能性，轴向导波可能包含纵波和扭转波。纵波质点主要在 r 和/或 z 轴方向运动，而扭转波质点主要在 θ 方向做扭转运动。根据能量在周向上的分布，导波包括轴对称模态和非轴对称模态（弯曲模态）。为方便起见，纵波模态表示为 $L(m, n)$，扭转波模态表示为 $T(m, n)$，其中 m 代表模态的周向阶数，n 代表模态的组阶数。对称型模态的周向阶数 $m=0$。纵波模态与扭转波模态的超声导波常用于管道的导波检测。

b. 周向导波。周向导波是在圆管中沿着周向传播的导波，周向导波分为周向兰姆波和周向 SH 波两种。在管中周向和平面结构中的导波传播存在差别。

与平板兰姆波和平板 SH 波不同，周向兰姆波和周向 SH 波不存在对称型和非对称型的区别。

从频散曲线的形状看，管道周向兰姆波的 $Clamb_0$、$Clamb_1$ 和 $Clamb_2$ 模式分别与平板兰姆波的 A_0、S_0 和 A_1 模式相似，而且随着内外径比值的增大，管道周向兰姆波的频散曲线逐渐趋近平板兰姆波的情况。

周向 SH 波频散曲线的 CSH_0、CSH_1 和 CSH_2 模式分别与平板 SH 波的 SH_0、SH_1 和 SH_2 模式相似，而且随着内外径比值的增大，管道周向 SH 波的频散曲线逐渐趋近平板 SH 波的情况。

（3）层状结构的界面导波。

很多工程材料是层状结构，如带涂层的板材、机械压合材料、黏合材料、多层复合材料和结冰的飞机蒙皮等。层状板结构中的波传播可分为两种模型。当材料厚度远大于选定的波长时，可采用半空间模型来近似该层厚度。当两个厚度较大的材料结合时，界面波传播可以用两个半无限空间模型来模拟，如斯通莱（Stoneley）波和肖特（Scholte）波。当有薄层在厚基底上时，厚层可以用半无限空间来模拟，在薄层与厚层界面附近产生导波，如乐甫（Love）波。当所有材料层的厚度都与波长相当时，需要采用多层模型。

a. 斯通莱波是固-固界面波，虽然相速度和频率无关，但斯通莱波的波结构是随着频率变化的。斯通莱波的激发与表面波、兰姆波的激发类似。

b. 肖特波是固-液界面波，用液体的材料代替斯通莱波的上半空间，波在界面处具有最大强度，并在远离界面进入液体和固体介质时呈指数衰减。

c. 乐甫波是在弹性介质界面上存在一层低波速弹性覆盖层时，在该覆盖层内部和界面上可能出现的介质所有质点沿水平方向振动的横波，有频散现象。长波长乐甫波的波速接近于下层介质中横波的波速；短波长乐甫波的波速接近于上层低波速覆盖层中横波的波速。

2. 超声导波的产生

超声导波的激励方式有很多种，有压电晶片、压电薄膜和电磁超声等技术。

（1）压电晶片。

常规压电晶片使用透声斜楔块，纵波斜入射在工件中激发导波时，根据频厚积，选择合适的导波模式及其相应的声速,通过斯涅尔定理计算入射角,从而在工件中产生导波。为了易于激起导波,要求晶片尺寸大,激励脉冲长,仪器放大器的带宽窄。

(2)压电薄膜。

压电薄膜(polyvinylidene fluoride, PVDF),即聚偏氟乙烯压电薄膜,具有极强的压电效应,如图1-20所示。PVDF薄膜主要有两种晶体类型,即 α 型和 β 型。α 型晶体不具有压电性,但PVDF膜经滚延拉伸后,原来薄膜中的 α 型晶体变成 β 型晶体结构。拉伸后的PVDF薄膜经极化后,在承受一定方向的外力或变形时,材料的极化面就会产生一定的电荷,从而产生压电效应。

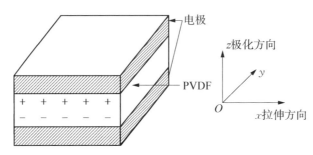

图1-20 PVDF压电薄膜示意图

压电薄膜特点:①质量轻,弹性柔顺性高,可以加工成特定形状,与任意被测表面完全贴合;②高电压输出,输出电压比压电陶瓷高10倍;③高介电强度,可以耐受强电场的作用(75 V/μm);④声阻抗低,与水接近;⑤频带响应宽,且振动模式单纯。

(3)电磁超声。

电磁超声适用于导电或磁性材料,主要利用磁致伸缩效应或洛伦兹力效应。具体内容详见本书1.4节。

(4)激光超声。

激光超声利用激光来激发和探测超声,这种方式可以克服常规超声换能器的大部分缺点。激光超声是一种非接触超声,被检工件的表层相当于超声的晶片,类似于电磁超声。激光激发超声是将激光能量转化成热能,再转化成机械能的一个过程。

激光超声主要有两种机制,即热弹机制和融蚀机制。当一束脉冲激光入射固体表面时,部分激光能量被固体吸收并转化成热能,辐照区域附近产生局部迅速的温升,导致局部快速的热膨胀从而产生超声,这是热弹机制激发超声。如果入射激光功率较高,有可能在固体表面引起熔融、气化、等离子体等现象,而材料的融蚀、喷溅等会引起对材料表面的反冲力,从而激发超声,这是融蚀机制。热弹机制主要产生超声剪切波和瑞利波;融蚀机制主要产生纵波。

激光超声采用连续或长脉宽激光入射样品表面,散射或者反射的光携带了超声信息,再由干涉型或非干涉型的光学接收器收集后进行信号解调分析处理。

激光超声特点:①激光直接照射工件产生,非接触式,适用于高温高压及辐射等恶劣环境下的检测;②能一次同时在样品中激发出多种模式的超声波,在材料中激发出体波、表面波和头波,在板中激发出板波;③激光超声技术检测的时间和空间分辨率高,能实现微米级的空间分辨率,有利于对缺陷的精确定位及尺寸度量;④激光声源十分灵活,声源的形状、大小取决于光学元件及系统;⑤价格贵,激发效率低,对强激光需要注意安全防护;⑥非接触式检测,灵敏度低。

1.5.2　超声导波仪器

超声导波检测系统包含传感器、激励单元、信号处理单元、计算机和相关软件,如图 1-21 所示。在正式检测前,需根据被检工件参数,工件的类型(板、管或棒等)和频散曲线,选择合适的导波模态和相应的激励信号频率,导波检测过程中可以采用多种频率或扫频的方式。然后,计算机控制信号发生单元,产生所需频率的信号源,经功率放大单元放大后驱动传感器产生所需模态的导波,导波在被检工件内传播。当导波在构件内传播遇到缺陷或结构时,会产生反射回波,被传感器接收。前置放大器对传感器接收到的微弱信号进行放大和滤波等处理,转换成低阻抗信号,便于信号传输。主放大器是将来自前置放大的信号再次放大,同时采用带通滤波器去除干扰噪声。A/D 转换器是将来自主放大器的模拟信号转换成数字信号,输入计算机。A/D 转换器的采样频率应至少大于激励频率的 10 倍。计算机进行信号分析处理后,得到检测信号波形及结果。

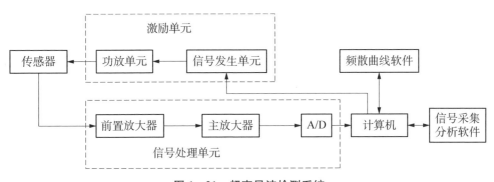

图 1-21　超声导波检测系统

超声导波信号采集分析软件应至少包含以下功能:①频散曲线的计算;②信号采集;③信号存储;④信号分析;⑤距离-波幅(DAC)曲线的绘制;⑥频率距离-波幅图的

绘制;⑦信号回放;⑧信号定位;⑨对于 B 扫描检测方式,还需包含 B 扫描信号成像功能。

1.5.3 导波信号处理

超声导波与体波不同,具有频散和多模态的特性,导致超声导波信号复杂,增大了特征识别的困难。

1. 数值分析方法

数值分析方法是用于研究连续问题的算法。导波检测中,不同模态的导波可以使用数值分析方法进行计算机模拟,通过对其特性的研究,有利于减少模态选择的盲目性。导波与不同种类缺陷的相互作用,如反射、折射、导波位移和能量等,可用数值分析方法模拟。超声导波检测中常用的两种数值分析方法是有限元法和边界元法。

(1) 有限元法。有限元法本质上是一种微分方程的数值求解方法,其应用领域从最初的固体力学领域扩展到其他需要求解微分方程的领域,如流体力学、传热学、电磁学、声学等。其优点是可以处理非均匀的各向异性材料,但它要求研究区域是有界的,而且计算量很大。

(2) 边界元法。边界元法是继有限元法之后发展起来的一种新的数值分析方法,与有限元法在连续域内划分单元的基本思想不同,边界元法只在定义域的边界上划分单元,用满足控制方程的函数去逼近边界条件。所以,边界元法与有限元法相比,具有单元个数少、数据准备简单、需要较少的计算时间与存储空间等优点,但其对非线性问题求解困难。

2. 信号处理方法

介质中传播的导波在边界处与缺陷或结构发生作用,产生的回波信号非常复杂,包括多种不同模式的导波和噪声,需要合理运用各种信号处理方法来分离出有效信号,以提高信噪比。目前采用的信号处理技术主要是快速傅里叶变换(fast fourier transform,FFT)、二维快速傅里叶变换(2D-FFT)、短时傅里叶变换(short time fourier transform,STFT)和小波变换(wavelet transform,WT)。

(1) 快速傅里叶变换。傅里叶变换是时域-频域变换分析的基本方法之一,在数字信号处理领域应用的离散傅里叶变换(discrete fourier transform,DFT)是许多数字信号处理方法的基础,但离散傅里叶变换的计算量较大。FFT 是离散傅里叶变换的快速算法,可以将一个信号从时域变换到频域。有些信号在时域上很难看出其特征,但是变换到频域之后,就很容易看出。同时,FFT 可以将一个信号的频谱提取出来,用于频谱分析。

(2) 二维快速傅里叶变换。二维快速傅里叶变换是对二维信号进行频域分析的一种方法。它利用了快速傅里叶变换算法的优势，将计算复杂度降低，使得计算速度大大提高。在图像处理中，通过二维快速傅里叶变换对图像进行频域滤波、图像增强、图像压缩等操作。

（3）短时傅里叶变换。傅里叶变换只适合处理平稳信号，对于非平稳信号，时域信息就相当重要，利用短时傅里叶变换来确定时变信号其局部区域正弦波的频率与相位。选择一个时频局部化的窗函数，假定分析窗函数 $g(t)$ 在一个短时间间隔内是平稳（伪平稳）的，移动窗函数，使 $f(t)g(t)$ 在不同的有限时间宽度内是平稳信号，从而计算出各个不同时刻的功率谱。对于非平稳信号，当信号变化剧烈时，要求窗函数有较高的时间分辨率；而波形变化比较平缓的时刻，主要是低频信号，则要求窗函数有较高的频率分辨率。短时傅里叶变换不能兼顾频率与时间分辨率的需求。

（4）小波变换。傅里叶变换针对全局性的变化，有一定的局限性。小波变换继承和发展了短时傅里叶变换局部化的思想，通过空间（时间）和频率进行局部变换，能够提供一个随频率改变的"时间-频率"窗口，是进行信号时频分析和处理的理想工具。它的主要特点是通过变换能够充分突出问题某些方面的特征，能对时间（空间）频率进行局部化分析，通过伸缩平移运算对信号（函数）逐步进行多尺度细化，最终能实现高频处时间细分，低频处频率细分的目标，能自动适应时频信号分析的要求，从而可聚焦到信号的任意细节。

1.5.4　应用场景

超声导波技术在无损检测及结构健康监测领域有着广泛的应用。在无损检测领域，导波检测应用于管道、铁轨、钢材、船舶和飞机等的检测。超声导波也可应用于检测埋地管线、水下结构、涂层结构、保温层结构工件等。

1. 板类的超声导波检测

板类的超声导波一般采用 SH 波或兰姆波进行检测。SH 模态的导波一般采用电磁导波换能器进行激励，兰姆波一般采用压电式换能器进行激励，如图 1-22 所示。工字钢、槽钢及方形梁等构件的超声导波检测可采用板类的超声导波检测方法。

压电超声导波换能器

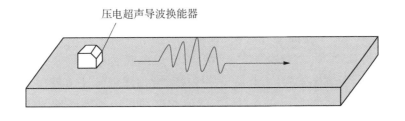

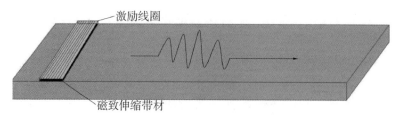

图1-22 板类的超声导波检测

检测时,可根据被检工件厚度和频厚积来选择超声导波的检测频率。根据频散曲线选择合适的模态。板类检测时的导波模态一般为 SH_0、A_0、S_0 波,然后根据波结构分析超声导波在板厚方向的位移分布情况。整个板厚度方向的位移分布差异不超过20%,对于宽度大于300mm的板,可采用超声导波B扫描的检测方式。

2. 管类的超声导波检测

管类工件是中空型圆柱体结构,一般采用电磁导波或压电式超声导波进行检测。电磁导波一般采用扭转波模态进行检测,压电式超声导波一般采用纵波模态进行检测,如图1-23所示。

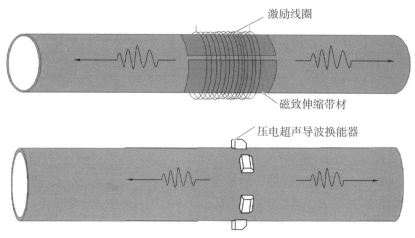

图1-23 管类的超声导波检测

由于大多数管类导波检测是钢管检测,电磁导波是基于磁致伸缩效应在磁致伸缩带上产生机械振动,通过干耦合或胶耦合的方式将振动从磁致伸缩带传递到被检工件上形成导波,实现导波激励,并通过相同的耦合方式将导波从被检工件传递回磁致伸缩带,基于逆磁致伸缩效应实现导波接收。这种方法的超声导波传感器包括线圈和磁致伸缩带两部分,磁致伸缩带需要在使用前进行预磁化。

压电式超声导波基于逆压电效应在压电材料上产生机械振动,通过干耦合或胶耦合的方式将振动从压电晶片传递到被检工件上形成导波,实现导波激励。通过相同的耦合方式将导波从被检工件传递回压电晶片,并基于正压电效应实现导波的接收。压电式超声导波管件检测通常由圆周均布的阵列化压电探头组成。

对于不同管直径和工况的构件,可选择不同形式的超声导波:①对于充液的管件,采用扭转模态的导波检测;②公称直径 DN20～DN100 的管件,采用 T(0,1)、L(0,1)、L(0,2)模态的导波检测,采用 A 扫描方式;③公称直径 DN100～DN800 的管件,采用 T(0,1)、L(0,1)、L(0,2)以及 T(n,1)模态的导波检测,采用 A 扫描和/或 B 扫描方式;④公称直径>DN800 的管件,宜采用 T(n,1)模态的导波检测,采用 B 扫描方式。

3. 杆、索、绳的超声导波检测

杆、索、绳类工件是小直径实心件,横截面外轮廓曲率很小,一般的超声导波换能器难以安装在被检工件的长外表面,此类工件使用磁致伸缩探头的磁致伸缩效应激励纵波模态的导波进行检测。传感器由激励线圈、检测线圈和磁化器三部分组成,如图 1-24 所示。磁化器提供磁致伸缩效应的偏置磁场,可采用电磁或永磁的方式加载,检测方式可采用收发分离的脉冲反射式。

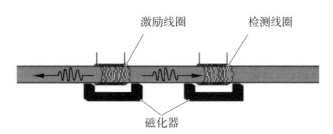

图 1-24　杆、索、绳类的超声导波检测

纵向模态导波的轴向振动位移远大于径向振动位移,且在构件的截面分布均匀,适合作为此类工件的检测模态。

第 2 篇　电源侧设备

第 2 章 锅 炉

锅炉是利用燃料燃烧时产生的热能或其他能源的热能把工质加热到一定温度和压力的热能转换设备。锅炉分"锅"和"炉"两部分。"锅"是容纳工质(水、蒸汽等)的受压部件,对工质进行加热、汽化和分离;"炉"是进行燃料燃烧或其他热能放热的场所,有燃烧设备和燃烧室炉膛及放热烟道等。按工质种类及其输出状态,锅炉可以分为蒸汽锅炉、热水锅炉、特种工质锅炉等。

电站锅炉是火力发电厂用来发电的锅炉,具有容量大、参数高、技术新、要求严等特点。目前电站锅炉的主力机组为 600 MW,较先进的超超临界锅炉容量可达 1 000 MW,主要由锅筒、汽水分离器及储水箱、锅壳、联箱(集箱)、下降管、受热面管子、省煤器、过热器、减温器、再热器及相关附件、锅炉范围内管道和主要连接管道等组成。锅筒、锅壳构成了锅炉的主体结构,承载着加热和储水的功能;联箱(集箱)起到集中和分配水或蒸汽的作用,确保热能均匀、高效地传递;下降管负责将冷却的水从联箱输送回锅炉底部,以维持水循环;受热面管子是热能交换的主要场所,燃料燃烧产生的热量经由它传递给工质;省煤器通过预热进入锅炉的给水,有效回收烟气中的余热,提高整体热效率;过热器将饱和蒸汽加热成过热蒸汽,提升蒸汽的品质和做功能力;减温器用于调控蒸汽的温度,以满足不同工艺流程的需求;再热器是针对高压以上的蒸汽进行再次加热,以提高热效率。

电站锅炉的各部分结构中的工质处于高温高压状态,对金属材料的制造、焊接工艺要求较高,且需要结合定期检修对各部件进行检测,避免发生安全事故。对于电力行业电源侧锅炉设备或部件的超声检测,主要检测对象有汽包本体、下降管、安全阀、省煤器、过热器、减温器等设备的焊缝、弯头等。

2.1 汽包本体对接焊缝脉冲反射法超声检测

锅炉汽包是自然循环锅炉中重要的受压元件,是锅炉加热、汽化、过热三个过程的连接枢纽,起着承上启下的作用。汽包直径在 1 600～1 800 mm,壁厚一般在 100～200 mm。中压汽包常用钢材料有 20G、16Mn 钢或有相似化学成分和机械性能的国外钢,比如 19Mn6 钢、19Mn5 钢,以及 15MnV 钢、14MnMoV 钢、13MnNiMoNb 钢;高压锅炉汽包常用钢材材料有 HG‑220/9.8、HG‑410/9.8、22G、SG‑400/13.7、15MnMoVNi、DG‑670/13.7 及 18MnMoNb 钢。汽包筒体焊接方法种类较多,筒体焊缝一般采用手工电弧焊打底,埋弧自动焊盖面,或者采用电渣焊一次成型。因为焊接方法不同,所以坡口形状和产生的缺陷存在差异。

1. 某火力发电厂 600MW 机组筒体纵、环焊缝脉冲反射法超声检测

某火力发电厂 600MW 机组大修期间需要对汽包进行定期检验。该汽包筒体由纵、环焊缝连接,筒体规格为 $\Phi1828.8\text{mm}\times190.5\text{mm}$,材质为 13MnNiMo54,汽包焊缝分布如图 2‑1 所示,要求采用 A 型脉冲反射法超声对该汽包的纵、环焊缝进行检测。检测依据为《承压设备无损检测 第 3 部分:超声检测》(NB/T 47013.3—2015),检测等级 B 级,验收等级为 I 级合格。

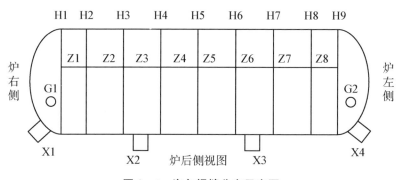

图 2‑1 汽包焊缝分布示意图

具体操作及检测过程如下。

1)编制工艺卡

根据要求编制某火力发电厂 600MW 机组锅炉汽包的纵、环焊缝脉冲反射法超声检测工艺卡,如表 2‑1 所示。

表 2‑1 某火力发电厂 600MW 机组锅炉汽包的纵、环焊缝脉冲反射法超声检测工艺卡

工件	部件名称	汽包对接焊缝	厚度	190.5 mm
	材料牌号	13MnNiMo54	检测时机	检修期间
	检测项目	对接纵、环焊缝	坡口型式	X 型
	表面状态	打磨,表面粗糙度 $Ra\leqslant25\,\mu m$	焊接方法	埋弧焊

（续表）

仪器探头参数	仪器型号	CTS‑1008	仪器编号	MD13081
	探头型号	2.5P13×13K1；2.5P13×13K2	标准试块	CSK‑ⅠA
	检测面	单侧双面	扫查方式	锯齿形扫查
	耦合剂	化学浆糊	表面耦合	4 dB
	灵敏度设定	Ø2×60－10 dB	参考试块	CSK‑ⅡA‑3
	检测依据	NB/T 47013.3—2015	检测比例	100%
	检测等级	B 级	验收等级	Ⅰ 级

检测位置示意图及缺陷评定：

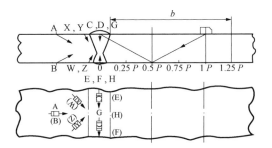

其中，A、C、D、G、X、Y 为探头位置；b 为探头移动区宽度；P 为 1 个全跨距。

编制/资格	×××	审核/资格	×××
日期	×××	日期	×××

2）检测设备与器材

（1）设备：汕头超声 CTS‑1008 型数字式超声波检测仪。

（2）探头：2.5P13×13K1、2.5P13×13K2 横波斜探头。

（3）辅助器材：耦合剂、钢直尺等。

3）试块

（1）标准试块：CSK‑ⅠA（钢）试块，其规格尺寸如图 2‑2 所示，单位为 mm。

（2）对比试块：CSK‑ⅡA‑3（钢）试块，其规格尺寸如图 2‑3 所示，单位为 mm。

4）检测准备

（1）资料收集。检测前了解汽包材质、尺寸等信息，查阅制造厂出厂和安装时有关质量资料；查阅检修记录。

（2）表面状态确认。检测前对检测面进行机械打磨，露出金属光泽，表面粗糙度 $Ra \leqslant 25\ \mu m$，且表面应无影响检测的焊接飞溅、异物等。

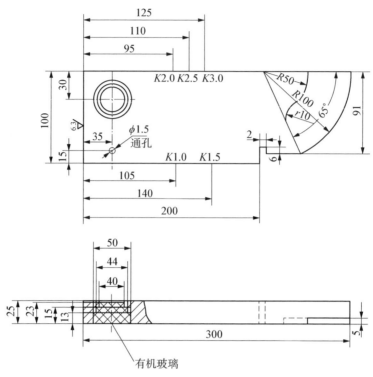

图 2-2　CSK-ⅠA(钢)试块

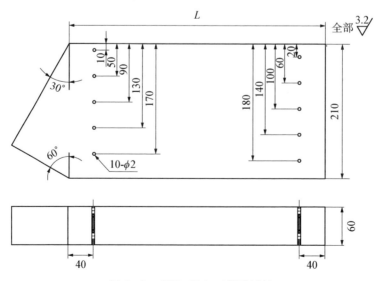

图 2-3　CSK-ⅡA-3(钢)试块

5）仪器调整

（1）时基线调整。用标准试块 CSK-ⅠA（钢）校验探头的时基线、K 值、入射点等，依据检测汽包筒体的材质声速、厚度以及探头的相关技术参数对仪器进行设定。

（2）DAC 曲线制作。选择 CSK-ⅡA-3 试块上不同深度的横孔制作距离-波幅曲线（DAC 曲线），由于汽包筒体的厚度约 190 mm，建议选择点为 10 mm、50 mm、90 mm、130 mm、170 mm、190 mm，制作的曲线应圆滑。检测灵敏度设置如表 2-2 所示。

表 2-2　检测灵敏度设置

试块型式	工件厚度 t/mm	评定线	定量线	判废线
CSK-ⅡA-3	190	Ø2×60−10 dB	Ø2×60−4 dB	Ø2×60+6 dB

（3）DAC 曲线验证。应对制作好的曲线进行验证。验证过程：将探头放置在 CSK-ⅡA-3 试块上，选择深度 50 mm、130 mm、170 mm 的横孔进行检测，3 个位置的扫描线上的偏移量不应超过扫描线该点读数的 2%。距离-波幅曲线在 3 个位置的回波幅度相差应小于 4 dB。

（4）扫查灵敏度。扫查灵敏度应不低于评定线灵敏度，并保证在检测范围内最大声程处评定线高度不低于显示屏满刻度的 20%，其灵敏度评定线为 Ø2×60−10 dB。

检测和评定横向缺陷时，应将各曲线灵敏度均提高 6 dB。

6）检测实施

检测焊接接头纵向缺陷时，斜探头应垂直于焊缝中心线放置在检测面上，作锯齿形扫查。探头前后移动的范围应保证扫查到全部焊接接头截面及其热影响区，在保持探头垂直焊缝前后移动的同时，还应作前后、左右、转角、环绕四种基本扫查方式进行扫查，以排除伪信号，确定实际缺陷的位置、方向和形状，如图 2-4 所示。

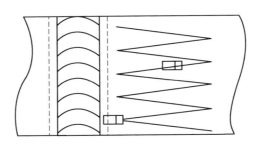

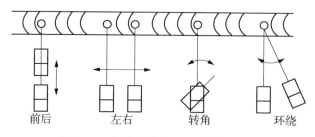

图 2-4　锯齿形扫查及四种基本扫查

前后　　　　左右　　　　转角　　　　环绕

检测焊接接头横向缺陷时,可在焊接接头两侧边缘使斜探头与焊接接头中心线成不大于 $10°$ 作两个方向斜平行扫查。如焊接接头余高磨平,探头应放在焊接接头及热影响区上,作两个方向上的平行扫查,具体扫查方法如图 2-5 和图 2-6 所示。

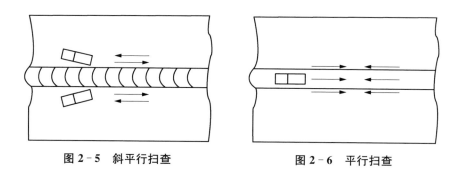

图 2-5　斜平行扫查　　　　　　　　　　**图 2-6　平行扫查**

7) 检测结果

经现场对该汽包筒体环向对接焊缝 H1～H9、纵向焊缝 Z3 及 Z7 分别进行单面双侧超声波探伤检测,其检测结果如下。

(1) 环焊缝。H3 存在 1 处应记录缺陷;H4 存在 1 处超标缺陷、1 处应记录缺陷;H9 存在 3 处应记录缺陷。

(2) 纵焊缝。Z3、Z7 各有 1 处应记录缺陷。

(3) 其余焊缝。其余焊缝位置均未发现应记录缺陷。该汽包焊缝存在缺陷具体信息如表 2-3 所示。

表 2-3　缺陷信息

焊缝编号	缺陷编号	K 值	探测位置	定位参考线	缺陷位置/mm	深度/mm	指示长度/mm	波幅(SL±dB)	评定级别
H3	01	K1	炉右	正上方	+100～+170	118	70	−1	I
H4	01	K1	炉左	正上方	−1430～−1370	168	60	+9	II

（续表）

焊缝编号	缺陷编号	K值	探测位置	定位参考线	缺陷位置/mm	深度/mm	指示长度/mm	波幅（SL±dB)	评定级别
	02	K1	炉左	正上方	＋140	154	10	＋1	Ⅰ
H9	01	K1	炉右	正上方	＋2 470～＋2 500	160	30	＋8	Ⅰ
	02	K1	炉右	正上方	＋2 800	160	10	＋6	Ⅰ
Z3	01	K1	下侧	H4	0	87	10	＋7	Ⅰ
Z7	01	K1	上侧	H8	－1 090～－1 080	136	10	＋2	Ⅰ

8）检测记录与报告

根据相关技术标准要求，做好原始记录及检测报告的编制、审批、签发等。

2. 某电厂 1♯机组锅炉汽包环焊缝脉冲反射法超声检测

某电厂 1♯机组在检修期间，根据相关标准要求，需要对锅炉汽包环焊缝 H1 和 H2(BHW35、Φ1 600 mm×92 mm)进行 A 型脉冲反射超声波局部抽查检测，现场检测位置如图 2-7 所示。检测标准为 NB/T 47013.3—2015,检测技术等级为 B 级，验收标准为《锅炉安全技术规程》(TSG 11—2020)。

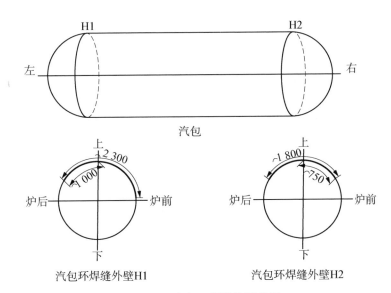

图 2-7　汽包环焊缝检测位置

具体操作及检测过程如下。

1）仪器与探头

（1）仪器：武汉中科汉威 HS700 型数字式超声波探伤仪。

（2）探头：2.5P13×13K1,2.5P13×13K2。

2）试块、耦合剂及其他器材

（1）标准试块：CSK-ⅠA（碳钢）试块。

（2）对比试块：CSK-ⅡA-2（碳钢）试块，其规格尺寸如图 2-8 所示，单位为 mm。

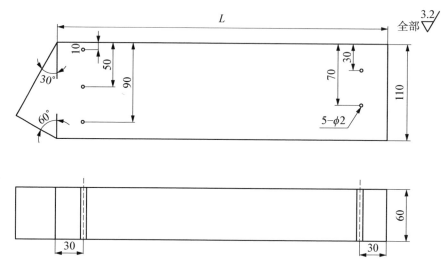

图 2-8　CSK-ⅡA-2 试块（碳钢）

（3）耦合剂：化学浆糊或机油。

（4）其他器材：钢板尺。

3）参数测量与仪器设定

用标准试块 CSK-ⅠA（碳钢）校验探头的入射点、K 值，校正零偏、声速，依据检测汽包筒体的材质声速、厚度以及探头的相关技术参数对仪器进行设定。

4）距离-波幅曲线的绘制

利用 CSK-ⅡA-2（碳钢）对比试块（Ø2 横通孔）绘制距离-波幅曲线，工件厚度 t 为 92 mm，检测技术等级为 B 级。检测灵敏度等级如表 2-4 所示。

表 2-4　斜探头距离-波幅曲线的灵敏度

试块型式	工件厚度 t/mm	评定线	定量线	判废线
CSK-ⅡA-2（碳钢）	92	Ø2×60－14 dB	Ø2×60－8 dB	Ø2×60＋2 dB

距离-波幅曲线如图 2-9 所示。

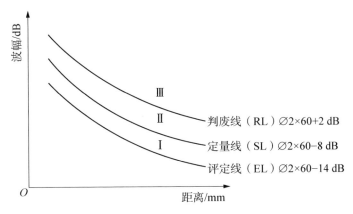

图 2-9　距离-波幅曲线

5）扫查灵敏度设定

扫查灵敏度应不低于评定线灵敏度，并保证在检测范围内最大声程处评定线高度不低于显示屏满刻度的 20%，其灵敏度评定线为 $\varnothing 2 \times 60 - 14\ dB$。

检测和评定横向缺陷时，应将各曲线灵敏度均提高 6 dB。

6）检测实施

（1）纵向缺陷检测。因无法进入汽包内部，故以锯齿型扫查方式在汽包外壁单面双侧扫查检测。扫查过程中探头前后移动范围应保证扫查到全部焊接接头截面。保持探头垂直焊缝作前后移动的同时，还应作 $10° \sim 15°$ 的左右转动。发现可疑反射波幅信号后，再辅以前后、左右、转角、环绕四种基本扫查方式对其进一步确认，以确定缺陷的位置、方向和形状。

（2）横向缺陷检测。依据标准 NB/T 47013.3—2015 第 6.3.9.1.2 条"检测焊接接头横向缺陷时，可在焊接接头两侧边缘使探头与焊接接头中心线成不大于 10°作两个方向斜平行扫查。如焊接接头余高磨平，探头应在焊接接头及热影响区上作两个方向的平行扫查。"

7）缺陷定量

对波幅达到或超过评定线的缺陷，应确定其位置、波幅和指示长度等。

当使用不同折射角（K 值）的探头或从不同检测面（侧）检测同一缺陷时，以获得的最高波幅为缺陷波幅。

当缺陷反射波只有一个高点，且位于Ⅱ区或Ⅱ区以上时，用 6 dB 法测量其指示长度。

当缺陷反射波峰值起伏变化，有多个高点，且均位于 Ⅱ 区或 Ⅱ 区以上时，应以端点 6 dB 法测量其指示长度。

8）缺陷评定

（1）缺陷评定标准内容。

超过评定线的信号应注意其是否具有裂纹、未熔合、未焊透等类型缺陷特征,如有怀疑时,应改变探头折射角(K值)、增加检测面、观察动态波形,并结合结构工艺特征判断。

沿缺陷长度方向相邻的两缺陷,其长度方向间距小于较小的缺陷长度且两缺陷在与缺陷长度相垂直方向的间距小于 5 mm 时,应作为一条缺陷处理,以两缺陷长度之和作为其指示长度(间距计入)。如果两缺陷在长度方向投影有重叠,则以两缺陷在长度方向上投影的左、右端点间距离作为其指示长度。缺陷的质量分级如表 2-5 所示。

表 2-5　锅炉、压力容器本体焊接接头超声检测质量分级(单位:mm)

等级	反射波幅所在区域	允许的单个缺陷指示长度	多个缺陷累计长度最大允许值
Ⅰ	Ⅰ	≤50	—
	Ⅱ	≤$t/3$,最小可为 10,最大不超过 30	在任意 $9t$ 焊缝长度范围内 L' 不超过 t
Ⅱ	Ⅰ	≤60	—
	Ⅱ	≤$2t/3$,最小可为 12,最大不超过 40	在任意 $4.5t$ 焊缝长度范围内 L' 不超过 t
Ⅲ	Ⅱ	超过Ⅱ级者	
	Ⅲ	所有缺陷(任何缺陷指示长度)	
	Ⅰ	超过Ⅱ级者	

注:1. 当焊缝长度不足 $9t$(Ⅰ级)或 $4.5t$(Ⅱ级)时,可按比例折算。当折算后的多个缺陷累计长度允许值小于该级别允许的单个缺陷指示长度时,以允许的单个缺陷指示长度作为缺陷累计长度允许值。
2. 用缺陷定量测量方法,使声速垂直于缺陷的主要方向移动探头测得缺陷长度。

(2)检测结果评定。

本次超声波检测中焊缝 H1、H2 上未发现可记录缺陷,焊缝 H1、H2 评定为合格焊缝。

9)检测记录与报告

根据相关技术标准要求,做好原始记录及检测报告的编制、审批、签发等。

2.2　汽包集中下降管管座角焊缝脉冲反射法超声检测

电站锅炉汽包集中下降管又称大直径下降管,主要作用是把汽包中的水连续不断地送到水冷壁下联箱中,以便维持锅炉正常的水循环。集中下降管管座角焊缝由于几何形状的特殊性和多变性,管接头角焊缝四周相贯线曲率变化比较大,整圈焊缝呈马鞍形,"两高两低"。大口径厚壁下降管管接头在锅筒上刚性拘束度较大,易产生冷裂纹和层状撕裂,因此,对下降管角焊缝进行可靠的超声波检测是保证锅炉安全运行的重要措施。

1. 骑座式下降管管接头角焊缝脉冲反射法超声检测

某 300 MW 电站锅炉汽包分散型下降管(共 17 根),规格为 $\Phi556.4\times121$ mm,材质为 SA-106B,汽包下降管分布如图 2-10 所示,焊缝为骑座式,焊缝坡口型式如图 2-11 所示。要求采用 A 型脉冲反射法超声对该焊缝进行检测。检测依据为 NB/T 47013.3—2015,B 级检测,验收等级为 Ⅰ 级合格,下降管管壁厚度按照 121 mm 计算。

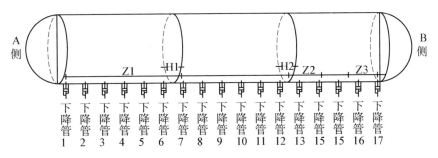

图 2-10　汽包下降管分布示意图

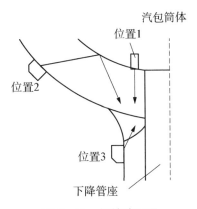

图 2-11　焊缝坡口图

具体操作及检测过程如下。

1) 编制工艺卡

根据要求编制某 300 MW 电站锅炉汽包分散下降管角焊缝脉冲反射法超声检测工艺卡,如表 2-6 所示。

表 2－6　某 300 MW 电站锅炉汽包分散型下降管角焊缝脉冲反射法超声检测工艺卡

工件	部件名称	汽包下降管	厚度	121 mm
	材料牌号	SA106C	检测时机	停炉定期检验
	检测项目	角焊缝	坡口型式	V 型
	表面状态	打磨见金属光泽	焊接方法	氩弧焊打底手工焊盖面
仪器探头参数	仪器型号	HS700	仪器编号	—
	探头型号	2.5P13×13K1、2.5P13×13K2	试块种类	CSK-ⅠA
	检测面	见扫查示意图	扫查方式	锯齿形扫查
	耦合剂	机油	表面耦合	4 dB
	灵敏度设定	Ø2×60－10 dB	参考试块	CSK-ⅡA-3
	合同要求	NB/T 47013.3—2015	检测比例	100%
	检测等级	NB/T 47013.3—2015 B 级	验收等级	NB/T 47013.3—2015 Ⅰ级

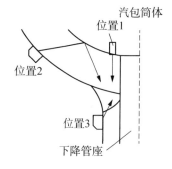

检测位置示意图及缺陷评定：

1. 由于汽包内壁焊接了一层约 7 mm 厚的防腐蚀层钢板,钢板与汽包内壁之间存在间隙,因此,检测位置 1 无法实施。由于汽包筒体壁厚为 174 mm,检测位置 2 采用 2 次波检测时移动距离至少为 348 mm,由于该范围内有汽水联通管阻挡,因此,检测位置 2 无法实施。最终采用检测位置 3。

2. 缺陷指示长度测量按照端点 6 dB 法或 6 dB 法。

3. 沿缺陷长度方向相邻的两缺陷,其长度方向间距小于其中较小的缺陷长度且两缺陷在与缺陷长度相垂直方向的间距小于 5 mm 时,应作为一条缺陷处理,以两缺陷长度之和作为其指示长度(间距计入)。如果两缺陷在长度方向投影有重叠,则以两缺陷在长度方向上投影的左、右端点间距离作为其指示长度。

质量分级表

等级	反射波所在区域	允许的单个缺陷指示长度	多个缺陷累计长度最大允许值 L'
Ⅰ	Ⅰ	≤75 mm	—
	Ⅱ	≤$t/3$,最大不超过 50	在任意 $9t$ 焊缝长度范围内 L' 不超过 t
Ⅱ	Ⅰ	≤90 mm	—
	Ⅱ	≤$2t/3$,最大不超过 75	在任意 $4.5t$ 焊缝长度范围内 L' 不超过 t
Ⅲ	Ⅱ	超过Ⅱ级者	
	Ⅲ	所有缺陷(任何缺陷指示长度)	
	Ⅰ	超过Ⅱ级者	

(续表)

编制/资格	×××	审核/资格	×××
日期	×××	日期	×××

2）仪器与探头

（1）仪器:武汉中科 HS700 型数字式超声探伤仪。

（2）探头:2.5P13×13K1、2.5P13×13K2 斜探头。

3）试块与耦合剂

（1）标准试块:CSK-ⅠA 试块。

（2）对比试块:CSK-ⅡA-3 试块。

（3）耦合剂:机油。

4）参数测量与仪器设定

用标准试块 CSK-ⅠA 校验探头的入射点、K 值,校正时间轴,修正原点,依据检测该下降管的材质声速、厚度以及探头的相关技术参数对仪器进行设定。实测 2.5P13×13K1 探头 K 值为 0.98,前沿为 15 mm;2.5P13×13K2 探头 K 值为 2.01,前沿为 14 mm。

5）距离-波幅曲线的绘制

利用 CSK-ⅡA-3 对比试块（Ø2 横通孔）绘制距离-波幅曲线,下降管壁厚 t 为 121 mm,距离-波幅曲线的灵敏度如表 2-7 所示。

表 2-7　距离-波幅曲线灵敏度

试块型式	管壁厚度 t/mm	评定线	定量线	判废线
CSK-ⅡA-3	121	Ø2×60-10 dB	Ø2×60-4 dB	Ø2×60+6 dB

6）扫查灵敏度设定

扫查灵敏度应不低于评定线灵敏度,并保证在检测范围内最大声程处评定线高度不低于显示屏满刻度的 20%。扫查灵敏度为 Ø2×60-10 dB（耦合补偿 4 dB）。

7）检测实施

以锯齿形扫查方式在检测位置示意图的位置进行初探,发现可疑缺陷信号后,再辅以前后、左右、转角、环绕四种基本扫查方式对其进行确定。

8）缺陷定位

检测中发现,A 侧向 B 侧数第 1～16 根角焊缝存在缺陷,缺陷从 3 个方向进行定位,分别为①距离检测面的深度 H;②距离下降管侧熔合线的距离 L;③缺陷最大回波在下降管圆周的方向 S,如 S:炉前→A 侧 80 mm,表示缺陷最大回波位于炉前侧向 A 侧移动 80 mm 处,如图 2-12 所示。

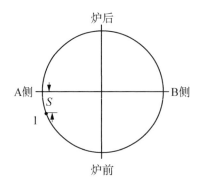

下降管角焊缝以 A 侧、B 侧、炉前和炉后 4 个点为基准,"A 侧→炉前:100 mm"代表以 A 侧为基准,向炉前移动 $S=100$ mm 距离处发现缺陷,以此类推。

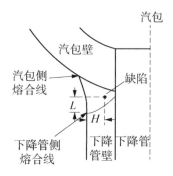

角焊缝"H"代表"缺陷距离探测面的深度"
"L"代表"缺陷在探测面上的投影点距离下降管侧熔合线的距离"

注:角焊缝熔池表面宽度从 60 mm 至 110 mm 之间,在 A 侧、B 侧处为 60 mm、在炉前,炉后处为 110 mm。

图 2-12 缺陷定位

9)缺陷定量

缺陷定量采用 2 个数据,一是缺陷指示长度,二是缺陷回波高度,如图 2-13 所示为典型缺陷回波。

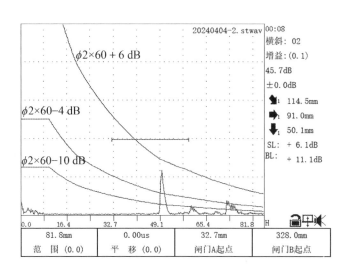

图 2-13 某 300 MW 电站锅炉汽包分散型下降管角焊缝缺陷波形

10）缺陷评定

（1）检测结果。经现场超声检测，该 300 MW 电站锅炉汽包分散型下降管角焊缝存在 51 条缺陷，缺陷汇总情况如表 2－8 所示。

表 2－8 300 MW 电站锅炉汽包分散型下降管角焊缝缺陷信息汇总表

1. A 侧→B 侧数第 1 根下降管：发现 6 处评定线以上缺陷，质量等级为 Ⅰ 级，合格，结果如下。

缺陷序号	缺陷定位 1（在整条焊缝中的相对位置）	缺陷定位 2（在发现缺陷处焊缝截面上的相对位置）	缺陷当量	指示长度	评级	发现缺陷探头 K 值
1	S：B 侧→炉前 50 mm	H：50 mm，L：25 mm	SL＋6 dB	20 mm	Ⅰ	2
2	S：炉后→A 侧 185 mm	H：57 mm，L：75 mm	SL－1.9 dB	10 mm	Ⅰ	2
3	S：A 侧→炉后 90 mm	H：52 mm，L：60 mm	SL＋0 dB	20 mm	Ⅰ	2
4	S：A 侧→炉后 25 mm	H：70 mm，L：30 mm	SL＋3 dB	30 mm	Ⅰ	2
5	S：A 侧→炉前 90 mm	H：47 mm，L：60 mm	SL＋3 dB	10 mm	Ⅰ	2
6	S：B 侧→炉前 30 mm	H：72 mm，L：65 mm	SL＋6 dB	30 mm	Ⅰ	2

2. A 侧→B 侧数第 2 根下降管：发现 5 处评定线以上缺陷，质量等级Ⅰ级，合格，结果如下。

缺陷序号	缺陷定位 1（在整条焊缝中的相对位置）	缺陷定位 2（在发现缺陷处焊缝截面上的相对位置）	缺陷当量	指示长度	评级	发现缺陷探头 K 值
1	S：B 侧→炉前 10 mm	H：61 mm，L：60 mm	SL＋6 dB	30 mm	Ⅰ	2
2	S：A 侧→炉后 70 mm	H：75 mm，L：35 mm	SL＋4.5 dB	35 mm	Ⅰ	2
3	S：A 侧→炉后 100 mm	H：74 mm，L：60 mm	SL＋6 dB	10 mm	Ⅰ	2
4	S：A 侧→炉前 20 mm	H：39 mm，L：60 mm	SL＋2 dB	20 mm	Ⅰ	2
5	S：B 侧→炉前 190 mm	H：68 mm，L：70 mm	SL＋0 dB	30 mm	Ⅰ	2

3. A 侧→B 侧数第 3 根下降管：发现 3 处评定线以上缺陷，质量等级Ⅰ级，合格，结果如下。

缺陷序号	缺陷定位 1（在整条焊缝中的相对位置）	缺陷定位 2（在发现缺陷处焊缝截面上的相对位置）	缺陷当量	指示长度	评级	发现缺陷探头 K 值
1	S：A 侧→炉前 10 mm	H：85 mm，L：55 mm	SL＋1 dB	20 mm	Ⅰ	2
2	S：B 侧→炉后 120 mm	H：76 mm，L：40 mm	SL＋3 dB	10 mm	Ⅰ	1
3	S：炉前→A 侧 15 mm	H：70 mm，L：80 mm	SL＋3 dB	10 mm	Ⅰ	1

4. A侧→B侧数第4根下降管：发现2处评定线以上缺陷，质量等级Ⅰ级，合格，结果如下。

缺陷序号	缺陷定位1（在整条焊缝中的相对位置）	缺陷定位2（在发现缺陷处焊缝截面上的相对位置）	缺陷当量	指示长度	评级	发现缺陷探头K值
1	S：炉前→A侧10 mm	H：100～105 mm，L：55 mm	SL−3 dB	15 mm	Ⅰ	1
2	S：A侧→炉前50 mm	H：57 mm，L：55 mm	SL+6 dB	15 mm	Ⅰ	1

5. A侧→B侧数第5根下降管：发现2处评定线以上缺陷，质量等级Ⅰ级，合格。

缺陷序号	缺陷定位1（在整条焊缝中的相对位置）	缺陷定位2（在发现缺陷处焊缝截面上的相对位置）	缺陷当量	指示长度	评级	发现缺陷探头K值
1	S：B侧→炉前100 mm	H：33 mm，L：10 mm	SL+0 dB	5 mm	Ⅰ	2
2	S：A侧→炉前200 mm	H：73 mm，L：15 mm	SL+3.2 dB	15 mm	Ⅰ	2

6. A侧→B侧数第6根下降管：发现4处评定线以上缺陷，质量等级Ⅱ级，不合格，结果如下。

缺陷序号	缺陷定位1（在整条焊缝中的相对位置）	缺陷定位2（在发现缺陷处焊缝截面上的相对位置）	缺陷当量	指示长度	评级	发现缺陷探头K值
1	S：炉前→A侧40 mm	H：75 mm，L：30 mm	SL+2 dB	10 mm	Ⅰ	2
2	S：A侧→炉前10 mm	H：49 mm，L：60 mm	SL+4 dB	50 mm	Ⅱ	2
3	S：B侧→炉前170 mm	H：72 mm，L：30 mm	SL+1 dB	10 mm	Ⅰ	1
4	S：炉前→A侧15 mm	H：95～105 mm，L：55 mm	SL+3 dB	35 mm	Ⅰ	1

7. A侧→B侧数第7根下降管：发现2处评定线以上缺陷，质量等级Ⅰ级，合格，结果如下。

缺陷序号	缺陷定位1（在整条焊缝中的相对位置）	缺陷定位2（在发现缺陷处焊缝截面上的相对位置）	缺陷当量	指示长度	评级	发现缺陷探头K值
1	S：B侧→炉后20 mm	H：28 mm，L：10 mm	SL+3 dB	10 mm	Ⅰ	2
2	S：炉前→A侧100 mm	H：80 mm，L：65 mm	SL+1 dB	20 mm	Ⅰ	2

8. A侧→B侧数第8根下降管：发现2处评定线以上缺陷，质量等级Ⅰ级，合格，结果如下。

缺陷序号	缺陷定位1（在整条焊缝中的相对位置）	缺陷定位2（在发现缺陷处焊缝截面上的相对位置）	缺陷当量	指示长度	评级	发现缺陷探头K值
1	S：炉前→A侧30 mm	H：80 mm，L：60 mm	SL+2.2 dB	10 mm	Ⅰ	1
2	S：A侧→炉前140 mm	H：103 mm，L：60 mm	SL+1 dB	10 mm	Ⅰ	1

(续表)

9. A侧→B侧数第9根下降管:发现1评定线以上缺陷,质量等级Ⅰ级,合格,结果如下。

缺陷序号	缺陷定位1(在整条焊缝中的相对位置)	缺陷定位2(在发现缺陷处焊缝截面上的相对位置)	缺陷当量	指示长度	评级	发现缺陷探头K值
1	S:A侧→炉前100 mm	H:48 mm,L:65 mm	SL+3.5 dB	15 mm	Ⅰ	2

10. A侧→B侧数第10根下降管:发现1处评定线以上缺陷,质量等级Ⅱ级,不合格,结果如下。

缺陷序号	缺陷定位1(在整条焊缝中的相对位置)	缺陷定位2(在发现缺陷处焊缝截面上的相对位置)	缺陷当量	指示长度	评级	发现缺陷探头K值
1	S:A侧→炉后10 mm	H:55～65 mm,L:55 mm	SL+6 dB	45 mm	Ⅱ	2

11. A侧→B侧数第11根下降管:发现2处评定线以上缺陷,质量等级Ⅱ级,不合格,结果如下。

缺陷序号	缺陷定位1(在整条焊缝中的相对位置)	缺陷定位2(在发现缺陷处焊缝截面上的相对位置)	缺陷当量	指示长度	评级	发现缺陷探头K值
1	S:A侧→炉后20 mm	H:75～80 mm,L:30 mm	SL+4 dB	10 mm	Ⅰ	2
2	S:B侧→炉后50 mm	H:58 mm,L:40 mm	SL−3 dB	80 mm	Ⅱ	1

12. A侧→B侧数第12根下降管:发现1处评定线以上缺陷,质量等级Ⅱ级,不合格,结果如下。

缺陷序号	缺陷定位1(在整条焊缝中的相对位置)	缺陷定位2(在发现缺陷处焊缝截面上的相对位置)	缺陷当量	指示长度	评级	发现缺陷探头K值
1	S:炉后→B侧20 mm	H:92 mm,L:45 mm	SL+4 dB	60 mm	Ⅱ	1

13. A侧→B侧数第13根下降管:发现8处评定线以上缺陷,质量等级Ⅲ级,不合格,结果如下。

缺陷序号	缺陷定位1(在整条焊缝中的相对位置)	缺陷定位2(在发现缺陷处焊缝截面上的相对位置)	缺陷当量	指示长度	评级	发现缺陷探头K值
1	S:炉前→A侧50 mm	H:43 mm,L:70 mm	SL−1 dB	10 mm	Ⅰ	2
2	S:A侧→炉前0 mm	H:35～45 mm,L:60 mm	SL+3 dB	330 mm	Ⅲ	2
3	S:A侧→炉前0 mm	H:21 mm,L:28 mm	SL−1.5 dB	10 mm	Ⅰ	2
4	S:炉后→A侧20 mm	H:80 mm,L:67 mm	SL+3 dB	10 mm	Ⅰ	1
5	S:炉后→B侧50 mm	H:75 mm,L:63 mm	SL+0.5 dB	10 mm	Ⅰ	2
6	S:炉后→B侧50 mm	H:60 mm,L:35 mm	SL+5 dB	5 mm	Ⅰ	2
7	S:炉后→B侧200 mm	H:59 mm,L:70 mm	SL−2 dB	10 mm	Ⅰ	2
8	S:炉后→B侧450 mm	H:58 mm,L:45 mm	SL+4 dB	130 mm	Ⅲ	2

（续表）

14. A侧→B侧数第14根下降管:发现7处评定线以上缺陷,质量等级Ⅲ级,不合格,结果如下。

缺陷序号	缺陷定位1(在整条焊缝中的相对位置)	缺陷定位2(在发现缺陷处焊缝截面上的相对位置)	缺陷当量	指示长度	评级	发现缺陷探头K值
1	S:炉后→A侧 460 mm	H:40～50 mm,L:55 mm	SL+8 dB	200 mm	Ⅲ	2
2	S:B侧→炉后 0 mm	H:80～85 mm,L:60 mm	SL+3 dB	100 mm	Ⅲ	2
3	S:B侧→炉后 80 mm	H:50～60 mm,L:40 mm	SL+5.5 dB	10 mm	Ⅰ	2
4	S:B侧→炉前 250 mm	H:85 mm,L:35 mm	SL+2 dB	5 mm	Ⅰ	1
5	S:B侧→炉前 260 mm	H:80 mm,L:45 mm	SL+5 dB	20 mm	Ⅰ	1
6	S:炉后→B侧 20 mm	H:102 mm,L:60 mm	SL+2 dB	10 mm	Ⅰ	1
7	S:炉后→A侧 25 mm	H:105～110 mm,L:65 mm	SL+4.5 dB	40 mm	Ⅰ	1

15. A侧→B侧数第15根下降管:发现4处评定线以上缺陷,质量等级Ⅱ级,不合格,结果如下。

缺陷序号	缺陷定位1(在整条焊缝中的相对位置)	缺陷定位2(在发现缺陷处焊缝截面上的相对位置)	缺陷当量	指示长度	评级	发现缺陷探头K值
1	S:B侧→炉前 80 mm	H:80 mm,L:40 mm	SL+3 dB	10 mm	Ⅰ	1
2	S:A侧→炉前 90 mm	H:78 mm,L:40 mm	SL+6 dB	40 mm	Ⅰ	2
3	S:炉后→A侧 10 mm	H:80～100 mm,L:60 mm	SL+3 dB	20 mm	Ⅰ	2
4	S:A侧→炉后 20 mm	H:48 mm,L:55 mm	SL+5 dB	74 mm	Ⅱ	2

16. A侧→B侧数第16根下降管:发现1处评定线以上缺陷,质量等级Ⅰ级,合格,结果如下。

缺陷序号	缺陷定位1(在整条焊缝中的相对位置)	缺陷定位2(在发现缺陷处焊缝截面上的相对位置)	缺陷当量	指示长度	评级	发现缺陷探头K值
1	S:炉前→A侧 80 mm	H:90 mm,L:48 mm	SL+0 dB	10 mm	Ⅰ	1

17. A侧→B侧数第17根下降管:未发现评定线以上缺陷,质量等级Ⅰ级,合格。

（2）缺陷评定。依据标准 NB/T 47013.3—2015 对表2-8中各焊缝缺陷进行评定。A侧数第6、10、11、12、15根下降管角焊缝质量等级为Ⅱ级,第13、14根下降管角焊缝质量等级为Ⅲ级,不合格,其余下降管角焊缝均为Ⅰ级,合格。

2. 插入式下降管管接头角焊缝脉冲反射法超声检测

某电厂3#锅炉为600 MW亚临界控制循环锅炉,在锅炉内部检验中,要求对集中下降管管座角焊缝进行超声波检测。汽包筒体规格为 Φ1 778×198.4/166.7 mm,材质为SA299;集中下降管管座角焊缝规格为 Φ580×128 mm,材质为SA299。目前

300 MW/600 MW 电站锅炉集中下降管管接头角焊缝,常用插入式 V 形坡口,如图 2-14 所示。对插入式接管马鞍形角焊缝作全体积的超声波检测,一般采用纵波直探头和斜探头综合并用的检测方法。检测依据为 NB/T 47013.3—2015,检测技术等级为 B 级。

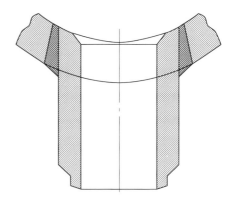

图 2-14　集中下降管管座坡口示意

具体操作及检测过程如下。

1) 仪器与探头

(1) 仪器:武汉中科汉威 HS611e 型数字式超声探伤仪。

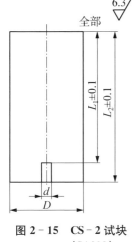

图 2-15　CS-2 试块（SA299）

(2) 探头:2.5P13×13K1 斜探头,探头前沿 12 mm;2.5P13×13K1.5 斜探头,探头前沿 12 mm;2.5PΦ14 单晶直探头。

2) 试块、耦合剂及其他器材

(1) 标准试块:CSK-ⅠA(碳钢)试块。

(2) 对比试块:CSK-ⅡA-3(碳钢)、CS-2 钢锻件试块。其中 CS-2 试块形状如图 2-15 所示。

(3) 耦合剂:化学浆糊或机油。

(4) 其他器材:钢板尺。

3) 参数测量与仪器设定

用 CSK-ⅠA(碳钢)标准试块校验探头的入射点、K 值、校正零偏及直探头零偏和扫描比例,依据检测下降管的材质声速、厚度以及探头的相关技术参数对仪器进行设定。

4) 距离-波幅曲线的绘制

对插入式接管马鞍形角焊缝作全体积的超声波检测,一般采用纵波直探头和斜探头综合并用的检测方法,探头位置和声束扫查路径如图 2-16 所示。

(1) 斜探头检测。汽包下部筒体厚度 t 为 198.4 mm,利用 CSK-ⅡA-3(碳钢)对比试块(Ø2 横通孔)分别绘制不同 K 值斜探头的距离-波幅曲线,检测技术等级为 B 级,依据 NB/T 47013.3—2015 标准的第 6.3.2.3.3 条 B 级检测 b)部分规定:"焊接接头一般应进行横向缺陷的检测"。其灵敏度评定线为 Ø2×60-10 dB,定量线为 Ø2×60-4 dB,判废线为 Ø2×60+6 dB。

(2) 直探头检测。对插入式下降管角焊缝超声波检测,直探头置于接管内壁时,易于检出靠近探头侧与筒体侧坡口面的未熔合缺陷。下降管角焊缝坡口面检测厚度是接管壁厚、角焊缝盖面宽度和焊缝两侧热影响区宽度(一般取 10 mm)三者之和。

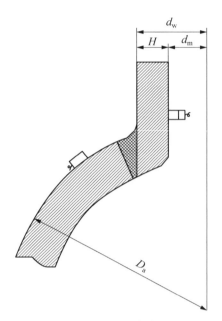

图 2‑16　探头位置和声束扫查路径

集中下降管管壁厚度为 128 mm，角焊缝盖面宽度约为 50 mm，热影响区宽度 10 mm，则坡口面检测厚度为 188 mm。利用 CS‑2 系列钢锻件对比试块依次测试一组不同检测距离的 Ø2 mm 平底孔（至少 3 个，可以选择 1 号、7 号、13 号、19 号试块，即孔深 25 mm、75 mm、125 mm、200 mm 的 CS‑2 对比试块），制作单晶直探头的距离‑波幅曲线，并以此作为基准灵敏度。当被检部位的厚度大于或等于探头的 3 倍近场区长度，也可以采用底波计算法确定基准灵敏度。

　　5）扫查灵敏度设定

　　斜探头检测时扫查灵敏度应不低于评定线灵敏度，并保证在检测范围内最大声程处评定线高度不低于显示屏满刻度的 20%。检测时，依据 NB/T 47013.3—2015 标准的第 6.3.8.4.6 条"检测和评定横向缺陷时，应将各曲线灵敏度均提高 6 dB。"

　　直探头检测扫查灵敏度一般应比基准灵敏度高 6 dB。可将探头修磨成与接管曲率相互吻合的凸曲面探头，这样既改善探头与接管内表面的耦合效果，又提高了对不连续性的检测灵敏度。

　　斜探头和直探头检测时耦合补偿为 2～4 dB。

　　6）检测实施

　　依据 NB/T 47013.3—2015 标准的规定对于插入式接管角接接头超声检测的要求如图 2‑17 所示。

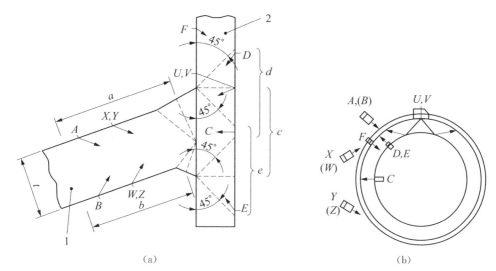

$A、B、C、D、E、F、U、V、W、X、Y、Z$—探头位置;$a、b、c、d、e$—探头移动区宽度;
t—工件厚度;1—筒体或封头;2—接管。

图 2-17　插入式接管角接接头超声检测的要求

(a)横截面;(b)俯视图

对插入式下降管角焊缝超声波检测,斜探头主要检测 A(或 B)和 D(或 E)位置,直射波只能扫查部分焊缝截面,无法覆盖整个焊缝区域。为了防止下降管向下联箱供水时带汽,还会在管内焊接十字挡板,这就造成探头摆放受到一定的限制,较难对管座角焊缝的焊趾裂纹和表面横向裂纹进行检测。

斜探头在汽包外壁检测:以锯齿形扫查方式在集箱对接焊缝的单面单侧进行初探,发现可疑缺陷信号后,再辅以前后、左右、转角、环绕四种基本扫查方式对其进行确定。

依据 NB/T 47013.3—2015 标准的第 6.3.9.1.2 条进行横向缺陷检测。

直探头检测:移动探头,从两个相互垂直的方向在下降管内壁相应部位作 100%纵向扫查。

7)缺陷定位

在筒体外侧表面上对下降管相贯线焊缝作斜探头检测时,缺陷定位要根据探头声束方向的工件曲率作相应修正。

设缺陷声程为 S,探头折射角为 β,筒体曲率半径为 R,则缺陷深度 H 和缺陷离入射点沿曲表面距离 L 可按式(2-1)和式(2-2)确定:

$$H = R - \sqrt{S^2 + R^2 - 2RS\cos\beta} \qquad (2-1)$$

$$L = \frac{\pi R}{180}\theta \qquad (2-2)$$

当斜探头置于筒体外表面时,在接管角焊缝马鞍形相贯线四周,由于工件截面曲率有平-曲-圆-曲-平的变化特点,对缺陷定位有 3 种情况:

(1) 对两最高点,可按平板检测对缺陷定位;

(2) 对两最低点,按圆面检测对缺陷定位;

(3) 对中间点,因工件截面曲率介于圆面与平面之间,缺陷定位可根据实际曲率作相应修正。

8) 缺陷波形识别

(1) 斜探头检测。

根据焊接工艺缺陷的几何形状和位置最大回波幅度、缺陷取向或回波方向性、静态回波波形和动态回波波形等参考因素进行综合分析判断。

a. 最大波幅。当缺陷定位在熔合线附近,或依据焊接工艺特征和坡口型式容易出现未焊透、裂纹的部位时,可采用更换不同角度探头方法进行复探,力求使声束尽可能垂直于缺陷反射面,以便获得最大反射回波。

b. 反射回波方向性。当发现缺陷有一定取向,且回波方向性较强时,可采用 2 种角度(K 值)斜探头(角度相差 15°以上,K 值相差 1 以上)作定量检测。

c. 静态波形。缺陷静态波形是探头声束指向缺陷静止不动时,缺陷回波的波形特征,包括回波形状、回波幅度及信号密集程度。它与缺陷内含物、缺陷类型和密集程度等因素有关。

d. 动态波形。缺陷动态波形是探头声束指向缺陷,探头在扫查面上作一定规律的移动过程中,显示屏回波信号变化轨迹或包络线形状。它主要与缺陷的形状、缺陷表面状态、缺陷取向和密集程度等因素有关。

(2) 直探头检测。

将直探头置于插入式接管内壁检测时,在焊缝金属边缘,相当于角焊缝盖面处,也会收到正常接管或筒体外壁的底面回波,若不注意分辨,有可能造成错判或漏检。为此,需要在移动探头的同时观察底波降低的情况来确定焊缝与母材侧的交界边界,使探头从接管侧向焊缝侧移动,当声束扫查到焊缝金属边缘处时,底波开始减小;当声束轴线触及焊缝边缘附近时,母材底波即降为一半。若此时底波依然很高,则有可能是接管侧或筒体侧有未熔合或未焊透缺陷的存在。

有时在探头侧接管中可能存在分层或层状撕裂,其缺陷回波也能被检出。分层或撕裂靠近焊缝时,与熔合面缺陷难于分辨。分层过大,也可能检测不到焊缝中的缺陷,在这种情况下,要重点参考在筒体上的横波斜探头检测结果。

9) 缺陷评定

(1) 检测结果。

采用 2.5P13×13K1、2.5P13×13K1.5 斜探头,2.5PΦ14 单晶直探头对 3♯炉汽

包集中下降管 6 个管座角焊缝进行内、外壁超声检测,未发现可记录性缺陷。

（2）缺陷评定。

依据标准 NB/T 47013.3—2015 进行评定。其中,横波斜探头检测依据锅炉、压力容器本体焊接接头超声检测质量分级进行评定,直探头检测依据锻件超声检测缺陷质量分级进行评定。

评定结果:该汽包集中下降管管座角焊缝均判定为合格。

10）检测记录与报告

根据相关技术标准要求,做好原始记录及检测报告的编制、审批、签发等。

2.3　汽包安全阀管座角焊缝脉冲反射法超声检测

汽包安全阀管座角焊缝在长期的交变应力作用下,容易产生缺陷或者在应力集中处产生裂纹,从而影响发电机组的安全运行,所以,定期对其内部质量进行超声检测尤为重要。

某火力发电厂 300 MW 循环流化床锅炉汽包材质为 13MnNiMo54,规格为 $\Phi1775\times128$ mm;安全阀管接头材质为 SA-106,规格为 $\Phi168\times45.5$ mm,汽包安全门角焊缝结构如图 2-18 所示,汽包两侧封头上部各 1 个安全门。角焊缝超声检测标准为 NB/T 47013.3—2015,验收标准为 TSG 11—2020,技术等级不低于 B 级,质量等级不低于 Ⅰ 级。

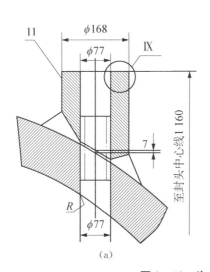

(a)　　　　　　　　　　　　　(b)

图 2-18　汽包安全门角焊缝

(a)结构图;(b)实物图

具体操作及检测过程如下。

1. 仪器与探头

（1）仪器：武汉中科 HS700 型数字式超声波检测仪。

（2）探头：探头折射角（K 值）及频率根据标准 NB/T 47013.3—2015 选择，具体如表 2-9 所示；探头数量、检测面及探头移动宽度的要求如表 2-10 所示；焊缝检测位置如图 2-19 所示。

表 2-9　推荐探头折射角(K 值)及频率选择

板厚 T/mm	K 值(折射角)	标称频率/MHz
6～25	71.6°～63.4°(3.0～2.0)	4～5
>25～40	68°～56°(2.5～1.5)	2～5
>40	63.4°～45°(2.0～1.0)	2～2.5

表 2-10　安放式角焊缝检测的具体要求

检测技术	工件厚度 t/mm	纵向缺陷检测					横向缺陷检测	
		斜探头检测			直探头检测		斜探头横向扫查	
等级要求		不同折射角探头数量	检测面	探头移动区宽度	探头位置	探头移动区宽度	不同折射角探头数量	检测面
B	40<t≤100	2	A 和(B 或 D)	1.25P 0.5P	C	c	1	X 和 Y

注：P 为跨距，且 $P=2Kt$，单位为 mm；K 为探头折射角的正切值。

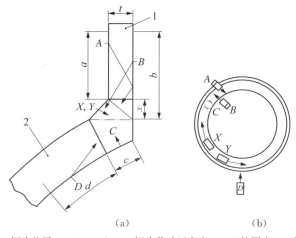

A、B、C、D、X、Y—探头位置；a、b、c、d、x—探头移动区宽度；t—工件厚度；1—接管；2—筒体或封头。

图 2-19　汽包安全门角焊缝检测位置

(a)横截面图；(b)俯视图

根据现场检测条件,选择探头型号为 2.5P13×13K1、2.5P13×13K2.5、2.5PΦ8L。

2. 试块及耦合剂

(1) 标准试块:CSK-ⅠA(钢)试块。

(2) 对比试块:RB-C(钢)试块,如图 2-20 所示。

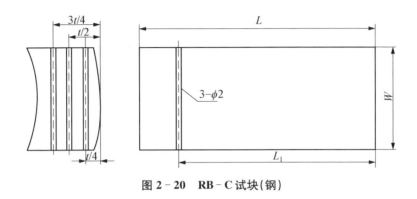

图 2-20　RB-C 试块(钢)

(3) 耦合剂:化学浆糊。

3. 扫查速度调节

扫查速度调节有声程法、水平法、深度法,本案例选择深度法,按照深度定位 1:1 扫描速度调节仪器。

4. 参数测量与仪器设定

用标准试块 CSK-ⅠA(钢)校验探头的入射点、K 值,依据检测工件的声速、厚度以及探头的相关技术参数对仪器进行设定。

5. 距离-波幅曲线的绘制

利用 RB-C(钢)对比试块(Ø2 横通孔)绘制距离-波幅曲线。距离-波幅曲线灵敏度如表 2-11 所示。

表 2-11　距离-波幅曲线的灵敏度

试块型式	工件厚度 t/mm	评定线	定量线	判废线
RB-C	45.5	Ø2×60-14 dB	Ø2×60-8 dB	Ø2×60+2 dB

6. 扫查灵敏度设定

扫查灵敏度应不低于评定线灵敏度,并保证在检测范围内最大声程处评定线高度不低于显示屏满刻度的 20%。扫查灵敏度为 Ø2×60-14 dB(耦合补偿 4 dB)。

检测和评定横向缺陷时,应将各曲线灵敏度均提高 6 dB。

7. 扫查方式

检测焊接接头纵向缺陷时，斜探头应垂直于焊缝中心线放置在检测面上，作锯齿型扫查。探头前后移动的范围应保证扫查到全部焊接接头截面及其热影响区，在保持探头垂直焊缝作前后移动的同时，还应作前后、左右、转角、环绕四种基本扫查方式进行扫查，以排除伪信号，确定实际缺陷的位置、方向和形状。

检测焊接接头横向缺陷时，可在焊接接头两侧边缘使斜探头与焊接接头中心线成不大于10°作两个方向斜平行扫查。如焊接接头余高磨平，探头应放在焊接接头及热影响区作两个方向的平行扫查。

8. 缺陷评定

1) 评定依据

根据 NB/T 47013.3—2015 标准的相关要求进行缺陷评定，具体要求如下。

(1) 焊接接头不允许存在裂纹、未熔合、未焊透缺陷。评定线以下的缺陷评定为Ⅰ级。

(2) 检测扫查中发现缺陷的回波幅度超过评定线时，应确定其位置、波幅、指示长度。

a. 缺陷的波幅：对于同一缺陷，应以最大反射波幅作为缺陷波幅。

b. 缺陷的位置：应以最大反射波幅的位置作为缺陷位置。

c. 缺陷的指示长度的测定：

a. 缺陷反射波只有一个最高点，且位于Ⅱ区以及以上时，用−6 dB 法测量其指示长度。缺陷反射波有多个高点，且均位于Ⅱ区以及以上时，应以端点−6 dB 法测量其指示长度。

b. 对于位于Ⅰ区的缺陷反射波，应用评定线绝对灵敏度法测量其指示长度。

c. 超过评定线的信号应注意其是否具有裂纹等危害性缺陷特征，如有怀疑时，应改变探头折射角（K 值）、增加检测面、观察动态波形并结合结构工艺特征作判定，如对波形不能判断时，应辅以其他检测方法作综合判定。

d. 沿缺陷长度方向相邻两缺陷，其长度方向间距小于其中较小的缺陷长度且两缺陷在与缺陷长度相垂直方向的间距小于 5 mm 时，应作为一条缺陷处理，以两缺陷长度之和作为其指示长度（间距计入缺陷长度）。如果两缺陷在长度方向投影有重叠，则以两缺陷在长度方向上投影的左右端点间距离作为其指示长度。

2) 结果评定

(1) 检测结果。经现场超声检测，该汽包安全阀管座角焊缝存在两处缺陷，缺陷的具体情况如表 2−12 所示。

表 2－12 汽包安全阀管座角焊缝缺陷信息表

炉左侧安全门角焊缝缺陷记录表						
序号	缺陷位置	L/mm	H/mm	SL/dB	$\pm q/mm$	评定级别
1	炉正前侧	8	23	4.5	接管侧熔合线	Ⅰ级
2	炉正前偏右30°	点状	26	3	焊缝中心	Ⅰ级

（2）结果评定。根据标准要求，两个安全门角焊缝质量等级评定为Ⅰ级，合格。

9. 检测记录与报告

根据相关技术标准要求，做好原始记录及检测报告的编制、审批、签发等。

2.4 汽包引出管弯头脉冲反射法超声检测

汽包引出管一般包括蒸汽引出管、下降管、安全阀、PVC阀等，其主要作用为汽水分离，向过热器输送蒸汽，向循环回路供水，防止汽包超压。汽包蒸汽引出管属于高温高压管道，在弯头等部位更是其薄弱处，需要进行重点监督检测，一般在弯头背部等位置容易出现微裂纹等缺陷，在运行过程中容易发展为裂纹缺陷甚至引起爆管事故。因此，在停电检修期间，常采用A型脉冲反射超声法对弯头类设备进行监督检测，掌握其质量状况，从而保障设备的安全稳定运行。

电站锅炉蒸汽管道弯头的成型工艺主要是热推成型，以无缝钢管为毛坯料，在专用弯头芯模上加热后，推进弯曲成型，无论是轧制钢管毛坯料还是弯头热推成型过程，其内外壁都容易产生折叠，而弯头背弧受力比较复杂，因而弯头也是每次检测的重点，尤其是弯头背弧位置处。

1. 某火力发电厂300MW循环流化床锅炉汽包饱和蒸汽引出管弯头脉冲反射法超声检测

某火力发电厂300MW循环流化床锅炉汽包饱和蒸汽引出管弯头材质为SA106-C，规格为$\Phi141.3\times14$mm。汽包饱和蒸汽引出管总共有12根，检测位置为每根引出管的第1个弯头。根据标准《电站钢制对焊管件》（DL/T 695—2014）的要求，管件本体超声波检测应按照NB/T 47013.3—2015进行，合格级别为Ⅰ级。汽包引出管弯头检测位置如图2－21(a)所示的阴影部位。

具体操作及检测过程如下。

1）仪器与探头

（1）仪器：武汉中科HS700型数字式超声波检测仪。

（2）探头：根据标准NB/T 47013.3—2015，选用5MHz9×9mmK1横波斜探头。

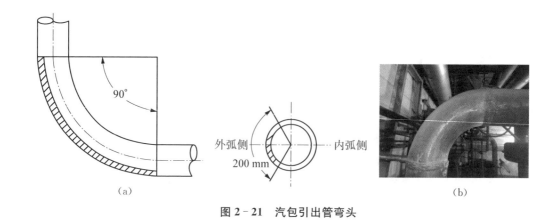

图 2 - 21 汽包引出管弯头

(a)弯头检测位置;(b)弯头实物

2)试块

(1)标准试块:CSK - ⅠA(钢)试块。

(2)对比试块:应选取与被检钢管规格相同,材质、热处理工艺和表面状况相同或相似的钢管制备。对比试块的长度应满足检测方法和检测设备要求。对比试块中人工反射体位置要求如下。

检测纵向缺陷和横向缺陷所用的人工反射体应分别为平行于管轴的纵向槽和垂直于管轴的横向槽,其断面形状均为60°V形,人工反射体如图 2 - 22 所示。

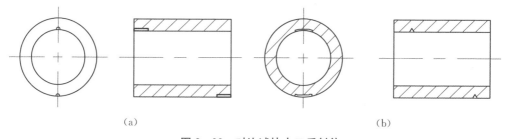

图 2 - 22 对比试块人工反射体

(a)纵向人工反射体;(b)横向人工反射体

纵向槽应在对比试块端部区域内、外表面处各加工一个 0.7 mm 深、40 mm 长的 V 形槽。横向槽应在试样的中部外表面和端部区域内、外表面处各加工一个 0.7 mm 深、40 mm 长的 V 形槽。

3)扫查速度调整

本案例选择深度法,按照深度定位 1∶1 扫描速度调节仪器。

4）参数测量与仪器设定

用标准试块 CSK-ⅠA（钢）校验探头的入射点、K 值，依据检测工件的材质声速、厚度以及探头的相关技术参数对仪器进行设定。

5）灵敏度的确定

在对比试块上将内壁人工反射体的回波幅度调到显示屏满刻度的 80%，再移动探头，找出外壁人工反射体的最高回波，连接两点即为距离-波幅曲线，该距离-波幅曲线作为检测时的基准灵敏度。

6）扫查灵敏度设定

保证在检测范围内最大声程处评定线高度不低于显示屏满刻度的 20%。扫查灵敏度比基准灵敏度高 6 dB。

7）扫查方式

检测纵向缺陷时声束在管壁内沿圆周方向传播，如图 2-23 所示；检测横向缺陷时声束在管壁内沿管轴方向传播，如图 2-24 所示。纵向、横向缺陷的检测均应在钢管的两个相反方向上进行。探头相对钢管螺旋进给的螺距应保证超声波束对钢管进行 100% 扫查时，有不小于 15% 的覆盖率。

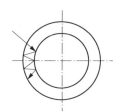 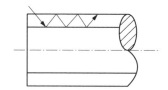

图 2-23　管壁内声束的周向传播　　图 2-24　管壁内声束的轴向传播

8）缺陷评定

（1）评定依据。

记录回波幅度大于或等于对比试块人工反射体距离-波幅曲线 50% 高度的缺陷。质量分级如表 2-13 所示。

表 2-13　弯头直接接触法超声检测质量分级

等级	允许缺陷回波幅度
Ⅰ	低于相应的对比试块人工反射体距离-波幅曲线的 50%，即 $H_d < 50\%DAC$
Ⅱ	低于相应的对比试块人工反射体距离-波幅曲线，即 $50\%DAC \leqslant H_d < DAC$
Ⅲ	大于等于相应的对比试块人工反射体距离-波幅曲线，即 $H_d \geqslant DAC$

注：H_d 代表回波波幅。

（2）结果评定。

经现场超声波检测，该弯头最大背弧处内壁存在长约 60mm 的反射波，缺陷波形如图 2-25 所示，缺陷参数如表 2-14 所示。

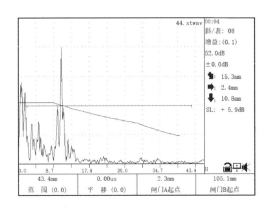

图 2-25　缺陷波形

表 2-14　弯头背弧缺陷信息表

炉左侧第一个汽包引出管弯头背弧缺陷				
序号	缺陷位置	L/mm	H/mm	SL/dB	评定级别
1	最大背弧处内表面	60	10 至内表面	5.9	Ⅱ级

根据标准要求，炉左侧第一个汽包引出管弯头背弧质量等级评定为Ⅱ级，不合格。其余弯头超声检测合格，质量等级评定为Ⅰ级。

9）检测记录与报告

根据相关技术标准要求，做好原始记录及检测报告的编制、审批、签发等。

2．某电厂#3 机组锅炉汽包蒸汽引出管弯头脉冲反射法超声检测

某电厂 3# 机组在检修期间，根据相关标准要求，需要对锅炉汽包蒸汽引出管弯头 W1、W2 进行超声波检测，弯头材质为 SA106-B，规格为 Φ159×20 mm，如图 2-26 所示。检测依据为《火力发电厂三通及弯头超声波检测》（DL/T 718—2014），验收标准为《火力发电厂金属技术监督规程》（DL/T 438—2016）。

具体操作及检测过程如下。

1）仪器与探头

（1）仪器：武汉中科汉威 HS700 型数字式超声波探伤仪。

（2）探头：2.5P8×8K0.8、2.5P8×8K0.7。

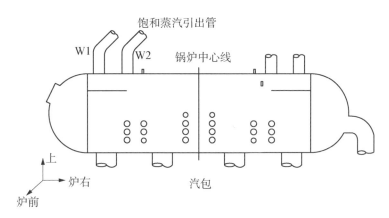

图 2 - 26　汽包蒸汽引出管检测位置

2）试块、耦合剂及其他器材

（1）标准试块：CSK - ⅠA（碳钢）试块。

（2）对比试块：SW - Ⅰ（碳钢）试块，其规格、尺寸如图 2 - 27 所示。

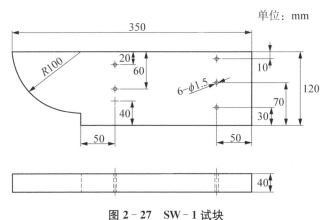

图 2 - 27　SW - 1 试块

注：图中规格尺寸的单位为 mm。

（3）耦合剂：化学浆糊或机油。

（4）其他器材：钢板尺。

3）参数测量与仪器设定

用标准试块 CSK - ⅠA（碳钢）校验探头的入射点、K 值，校正零偏、声速，依据检测弯头的材质声速、厚度以及探头的相关技术参数对仪器进行设定。

4）距离-波幅曲线的绘制

利用 SW - Ⅰ（碳钢）对比试块（Ø1.5 横通孔）绘制距离-波幅曲线，工件厚度 t 为

20 mm。检测灵敏度等级如表 2 - 15、表 2 - 16 所示。

表 2 - 15　DAC 曲线的灵敏度（周向检测时）

厚度 t/mm	20～50 mm
评定线 EL	Ø1.5×40＋6 dB
定量线 SL	Ø1.5×60＋10 dB
判废线 RL	Ø1.5×60＋16 dB

表 2 - 16　DAC 曲线的灵敏度（纵向检测时）

厚度 t/mm	20～50 mm
评定线 EL	Ø1.5×40＋12 dB
定量线 SL	Ø1.5×60＋16 dB
判废线 RL	Ø1.5×60＋22 dB

5）扫查灵敏度设定

扫查灵敏度应不低于最大声程处的评定线 EL 灵敏度。

6）检测实施

（1）检测时探头应与检测面吻合，扫查速度不应超过 100 mm/s。

（2）对于反射幅度超过定量线的缺陷，应确定其具体位置、最大反射波幅度及其所在区域和指示长度。

（3）移动探头至缺陷出现最大反射波波幅的位置，测出最大反射回波幅度并与 DAC 曲线比较，确定波幅所在区域。波幅测定的允许误差为 2 dB。

（4）最大反射波幅度与定量线的波幅差值 $\triangle$，缺陷当量应记为"SL±$\triangle$dB"。

7）缺陷定量

（1）对于波幅超过评定线 EL 的反射波或波幅虽然未超过评定线 EL，但有一定长度范围的反射回波，可根据缺陷反射波信号特征、部位，采用动态包络线波形分析法，改变检验方向或扫查方式，推断缺陷性质。

（2）最大反射波幅度位于Ⅱ区的缺陷，其指示长度小于 10 mm 时，应按 5 mm 计。

（3）相邻两缺陷各向间距小于 8 mm 时，两缺陷指示长度之和应作为单个缺陷的指示长度，缺陷指示长度测量应按端点 6 dB 法进行。

8）缺陷评定

（1）评定依据。

a. 记录：非裂纹缺陷反射波幅达到Ⅰ区时，如无特殊要求，可不做记录。

b. 非裂纹缺陷根据缺陷的性质、幅度、指示长度分为允许缺陷、记录缺陷和不允许缺陷三级,缺陷的等级分类如表 2 - 17 所示。

表 2 - 17　缺陷的等级分类

评定等级	20～160 mm
Ⅰ(允许缺陷)	非裂纹缺陷最大反射波幅位于Ⅰ区
Ⅱ(记录缺陷)	非裂纹缺陷最大反射波幅位于 RL 线或Ⅱ区,且指示长度不小于 t 时,应对该缺陷进行记录
Ⅲ(不允许缺陷)	非裂纹缺陷最大反射波幅位于 RL 线或Ⅲ区,且指示长度不小于 t 时

注:t 为主管管壁厚度,单位为 mm。

当缺陷性质为裂纹或龟裂时,缺陷等级应判为Ⅲ级,缺陷波高不受 DAC 曲线灵敏度的限制。

(2) 缺陷评定。

上述汽包饱和蒸汽引出管弯头 W1、W2 在检测过程中未发现可记录缺陷反射波幅,判定为合格。

9) 检测记录与报告

根据相关技术标准要求,做好原始记录及检测报告的编制、审批、签发等。

2.5　集箱小径管对接焊缝脉冲反射法超声检测

燃煤锅炉结构复杂,受热面管内的工质受热情况不同,不同的部位吸热量相差很多,通过安装集箱的方式,让各个管子里面的工质在集箱里混合,再分配到下一级各根管子里去,这样可以减少热偏差。集箱在制造阶段,为了避免安装时强制对口,方便现场的焊接施工,在集箱、管道与接管间均会加装小径管管座,安装时,管座和受热面管采用对接焊接方式。燃煤锅炉中集箱小径管的对接焊缝数量巨大,现场环境复杂,对接及焊接过程中容易出现各种质量问题,因此,需要定期对小径管对接焊缝进行检测,避免泄漏事故发生。

1. 某火力发电厂 660 MW 机组高过进口集箱小径管对接焊缝脉冲反射法超声检测

某火力发电厂 660 MW 机组检修期间需要对高过进口集箱小径管对接焊缝进行超声波探伤。高过进口集箱小径管现场实物如图 2 - 28 所示,该小径管规格为 $\Phi 51$ mm(外径)×8 mm,材质为 SA335P22,检测依据为《管道焊接接头超声波检测技术规程　第 2 部分:A 型脉冲反射法》(DL/T 820.2—2019)。

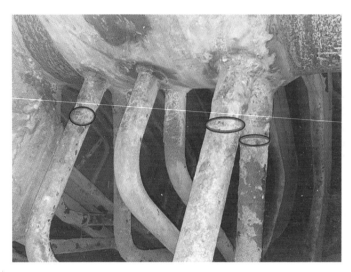

图 2 - 28　高过进口集箱小径管对接焊缝

具体操作及检测过程如下。

1) 编制工艺卡

根据要求编制某 660 MW 火力发电机组锅炉高过进口集箱小径管对接焊缝脉冲反射法超声检测工艺卡,如表 2 - 18 所示。

表 2 - 18　某 660 MW 火力发电机组锅炉高过进口集箱小径管对接焊缝脉冲反射法超声检测工艺卡

	部件名称	高过进口集箱小径管	厚度	8 mm
工件	材料牌号	SA335P22	检测时机	检修期间
	检测项目	对接环焊缝	坡口型式	V 型
	表面状态	打磨,表面粗糙度 $Ra \leqslant 25\ \mu m$	焊接方法	手工氩弧焊
仪器探头参数	仪器型号	武汉中科 HS700 型	仪器编号	—
	探头型号	5P6×6K2.5、5P6×6K3	标准试块	DL - 1 系列试块
	检测面	单侧双面	扫查方式	锯齿形扫查
	耦合剂	化学浆糊	表面耦合	4 dB
	灵敏度设定	Ø1×15—13 dB	参考试块	DL - 1 系列试块
	检测依据	DL/T 820.2—2019	检测比例	100%
	检测等级	—	验收等级	—

（续表）

检测位置示意图及缺陷评定：

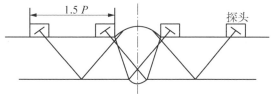

编制/资格	×××	审核/资格	×××
日期	×××	日期	×××

2）检测设备与器材

（1）设备：武汉中科 HS700 型数字式超声探伤仪。

（2）探头：5P6×6K2.5、5P6×6K3 横波斜探头。

（3）辅助器材：耦合剂、钢直尺等。

3）试块

DL-1 系列试块。DL-1 系列试块在标准 DL/T 820—2002 及 DL/T 820.2—2019 中的规格尺寸有所不同，主要体现在圆弧面的半径及 Ø1 mm 通孔的深度有区别，在本案例制作 DAC 曲线时采用的是 DL/T 820—2002 中规定的 DL-1 系列试块，规格尺寸示意及实物如图 2-29 所示，DL-1 系列试块适用范围如表 2-19 所示。

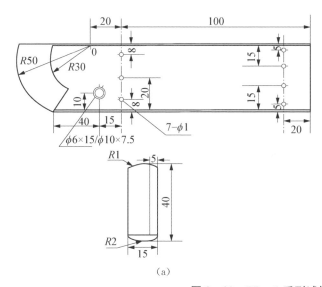

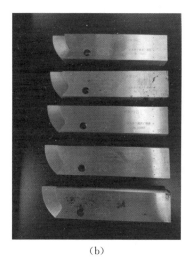

（a）　　　　　　　　　　　（b）

图 2-29　DL-1 系列试块

（a）规格尺寸；（b）实物图

注：尺寸公差±0.1，各边垂直度不大于 0.1，表面粗糙度不大于 6.3 μm，标准孔加工面的平行度不大于 0.05。

表 2-19 DL-1 系列试块适用范围

试块编号	$R1$/mm	适用管径 ϕ 的范围/mm	$R2$/mm	适用管径 ϕ 的范围/mm
1	16	32～35	17.5	35～38
2	19	38～41	20.5	41～44.5
3	22.5	44.5～48	24	48～60
4	30	60～76	38	76～79
5	50	90～133	70	133～159

4）检测准备

（1）资料收集。检测前了解集箱小径管材质、尺寸等信息，查阅制造厂出厂和安装时有关质量资料，查阅检修记录。

（2）表面状态确认。检测前对检测面进行机械打磨，露出金属光泽，表面粗糙度 $Ra \leqslant 25\,\mu m$，且表面应无影响检测的焊接飞溅、异物等。

5）仪器调整

（1）探头修磨。选用的探头和小径管表面接触间隙较大，在仪器调整前需要对探头楔块进行适当修磨。

（2）时基线调整。用标准试块 DL-1 试块上 R24 的曲面（适用管径 48～60 mm）校验探头的时基线、K 值、入射点等，依据检测小径管的材质声速、厚度以及探头的相关技术参数对仪器进行设定。

（3）DAC 曲线制作。选择 DL-1-3 试块上 R24 的曲面（适用管径 48～60 mm）制作 DAC 曲线，制作的曲线应圆滑。检测灵敏度设置如表 2-20 所示。

表 2-20 DAC 曲线检测灵敏度设置

试块型式	工件厚度 t/mm	评定线	定量线	判废线
DL-1-3	8	Ø1×15－13 dB	Ø1×15－10 dB	Ø1×15－6 dB

（4）扫查灵敏度。扫查灵敏度应不低于评定线灵敏度，并保证在检测范围内最大声程处评定线高度不低于显示屏满刻度的 20%。

6）工艺验证

针对小径管对接环焊缝检测，DL/T 820.2—2019 标准中对于探头折射角的规定如表 2-21 所示，对于 8 mm 厚的小径管，应采用折射角 70°～73°（K 值为 2.75～3.25）的探头进行检测，晶片尺寸推荐采用 6 mm×6 mm、8 mm×8 mm、7 mm×

9 mm。在扫查灵敏度条件下,探头的始脉冲宽度应尽可能小,一般小于或等于 2.5 mm(相当于钢中的深度)。

表 2 - 21　标准推荐使用的探头角度

管壁厚度 t/mm	探头折射角 β/(°)
$4{\leqslant}t{\leqslant}8$	$73\sim70$
$48{\leqslant}t{\leqslant}20$	$70\sim60$

现在有 5P6×6K2.5、5P6×6K3 两种规格探头,均按照前述步骤进行了探头修磨、校准和 DAC 曲线制作,DAC 曲线如图 2 - 30 所示,可以看出在 5 mm 深度,Ø1 mm 横通孔波幅在满屏 80% 左右时,5P6×6K3 探头的始脉冲宽度约 3 mm,5P6×6K2.5 探头的始脉冲宽度约 1.6 mm,因此选用 5P6×6K2.5 的探头实施检测更合适。

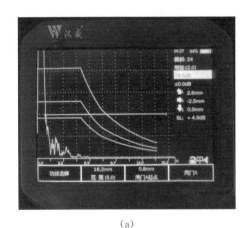　　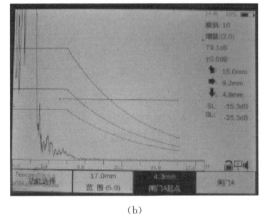

(a)　　　　　　　　　　　　　　　(b)

图 2 - 30　不同 K 值探头 DAC 曲线

(a)K2.5 探头;(b)K3 探头

在检测前采用带有缺陷的对比试样进行工艺验证,对比试样的实物和缺陷的射线图谱如图 2 - 31 所示,可以看出对比试样中有裂纹和未熔合两处缺陷。

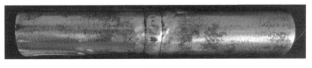

(a)

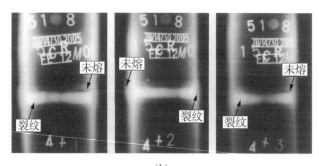

(b)

图 2 - 31　对比试样

(a)对比试样实物；(b)对比试样缺陷射线检测图谱

采用 5P6×6K2.5 的探头按照前述工艺设置对对比试样焊缝进行了检测，两处缺陷波形如图 2 - 32 所示，验证了检测工艺的可行性。

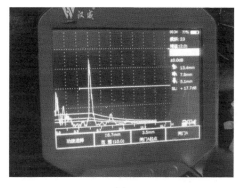
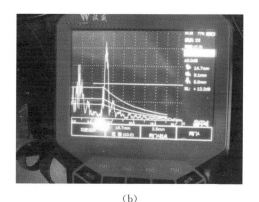

(a)　　　　　　　　　　　　　　　　　(b)

图 2 - 32　对比试样检测结果

(a)缺陷 1 波形；(b)缺陷 2 波形

7）检测实施

按照工艺卡检测要求，以锯齿形扫查方式在集箱小径管焊缝的单面双侧进行初探，发现可疑缺陷信号后，再辅以前后、左右、转角、环绕四种基本扫查方式对其进行确定。

8）检测结果

经现场超声检测，该火力发电厂 660 MW 机组检修期间抽检的 20 只高过进口集箱小径管对接焊缝均未发现超标缺陷，合格。

9）检测记录与报告

根据相关技术标准要求，做好原始记录及检测报告的编制、审批、签发等。

2. 某电厂 1♯机组锅炉一级过热器进口集箱与管屏对接焊缝脉冲反射法超声检测

某电厂 1♯机组在安装期间,根据标准规定及要求,需要对锅炉一级过热器进口集箱与管屏对接焊缝进行脉冲反射法超声波检测,其材质与规格尺寸为 12Cr1MoVG、$\Phi42\times6.5$ mm。检测标准为 DL/T 820.2—2019,验收标准为 DL/T 438—2016。实物如图 2-33 所示,对接焊缝检测位置如图 2-34 所示。

图 2-33　一级过热器进口集箱与管屏对接焊缝实物

具体操作及检测过程如下。

1) 仪器与探头

(1) 仪器:武汉中科汉威 HS610 型数字式超声波探伤仪。

(2) 探头:5P8×8K3(曲面专用探头)。

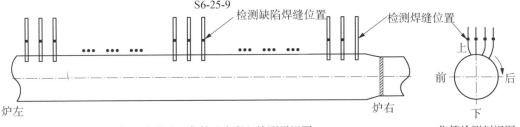

一级过热器进口集箱(右段)检测平视图　　　集箱检测剖视图

图 2-34　一级过热器进口集箱与管屏对接焊缝检测位置

2) 试块、耦合剂及其他器材

(1) 试块:DL-1-2♯(碳钢)型专用试块(R1)。

(2) 耦合剂:甲基纤维素糊状物、甘油为基本成分的耦合剂。

(3) 其他器材:钢板尺。

3) 参数测量与仪器设定

用 DL-1-2♯(碳钢)型专用试块校验探头的前沿、折射角、始脉冲占宽和探头分辨力,同时调节时基线。

4) 距离-波幅曲线的绘制

利用 DL-1-2♯(碳钢)型专用试块(R1)(Ø1 通孔)绘制距离-波幅曲线,管壁厚度 t 为 6.5 mm。检测灵敏度等级如表 2-22 所示。

表 2-22 DAC 曲线的灵敏度

试块型式	管壁厚度 t/mm	评定线	定量线	判废线
DL-1-2#	6.5	$\varnothing 1 \times 15-13\,dB$	$\varnothing 1 \times 15-10\,dB$	$\varnothing 1 \times 15-6\,dB$

5）扫查灵敏度设定

扫查灵敏度应不低于 DAC-13 dB，采用斜平行扫查检测横向缺陷时，应将各曲线的灵敏度再提高 6 dB。

6）检测实施

（1）检测时探头应与检测面吻合，扫查速度不应超过 100 mm/s。

（2）对于反射幅度超过 DAC-13 dB 的反射波，应注意其是否具有裂纹等危害性缺陷的特征。应根据缺陷反射波信号的特征、部位，采用动态包络线波形分析法，同时结合焊接工艺等进行综合分析来推断缺陷性质。

7）缺陷定量

（1）对在焊接接头检测扫查过程中被标记的缺陷部位进行检测，并确定具体位置、最大反射波幅度和指示长度。

（2）移动探头至缺陷出现最大反射波信号的位置，测出最大反射波幅度并与 DAC 曲线比较。波幅测定的允许误差为 2 dB。

（3）最大反射波幅度 A 与 DAC 的差值记为 $DAC \pm (A)\,dB$。

（4）在测长扫查过程中，当缺陷反射波信号起伏变化有多个高点，缺陷部反射波幅度位于 DAC 或以上时，则将缺陷两端反射波极大值之间探头的移动距离确定为缺陷的指示长度，即端点峰值法测长。

（5）缺陷指示长度的横向投影长度，可根据水平距离的变化测算。

（6）修正后的缺陷指示长度小于或等于 5 mm 的记为点状缺陷。

8）缺陷评定

（1）根据缺陷类型、缺陷波幅的大小以及缺陷修正后的指示长度，缺陷评定为允许存在和不允许存在两类。

（2）不允许存在的缺陷包括：

a. 性质判断为裂纹、坡口未熔合、层间未熔合、未焊透及密集性缺陷；

b. 壁厚小于等于 12 mm，单个缺陷回波幅度大于或等于 DAC-6 dB；

c. 壁厚小于等于 12 mm，单个缺陷回波幅度大于或等于 DAC-10 dB，且指示长度或它的横向投影长度大于 5 mm。

注：密集性缺陷指在定量线 SL 以上显示屏有效声程范围内同时有各向间距小于 10 mm 的 2 个或 2 个以上的缺陷反射信号。

（3）允许存在的缺陷如下：

壁厚小于等于 12 mm，单个缺陷回波幅度小于 DAC－6 dB，且指示长度小于或等于 5 mm。

在上述对接焊缝检测过程中发现焊缝 S6－25－9 存在 1 处缺陷，详情如表 2－23 所示。

表 2－23　缺陷数据（单位：mm）

缺陷编号	缺陷位置 S1	缺陷-焊缝中心距离	埋藏深度	指示长度	缺陷高度	dB 值	结果
S6－25－9	＋45	＋1	2～4	15	2	DAC＋8	不允许

（4）缺陷评定。

根据标准规定，经判定，焊缝 S6－25－9 中存在的缺陷为不允许缺陷，不合格。

9）解剖验证

对现场发现缺陷的焊缝进行割管带回实验室，在缺陷位置处进行解剖，解剖缺陷如图 2－35 所示，验证了现场超声检测的结果。

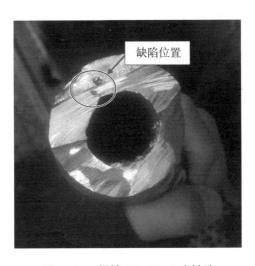

图 2－35　焊缝 S6－25－9 上缺陷

10）检测记录与报告

根据相关技术标准要求，做好原始记录及检测报告的编制、审批、签发等。

2.6　末过出口集箱小径管角焊缝脉冲反射法超声检测

某 600 MW 火力发电机组锅炉末过出口集箱小口径接管采用半插入式形式,接管规格为 $\Phi 51$ mm(外径)$\times 8$ mm,材质为 12Cr1MoV,实物如图 2-36 所示,角焊缝坡口型式如图 2-37 所示。要求采用 A 型脉冲反射超声对该焊缝进行检测,依据标准为《电站锅炉集箱小口径接管座角焊缝无损检测技术导则　第 2 部分:超声检测》(DL/T 1105.2—2020)。

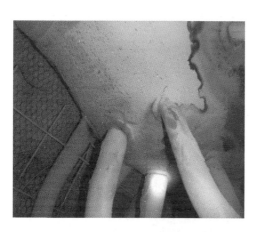

图 2-36　锅炉联箱小口径接管角焊缝

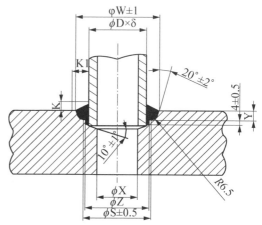

图 2-37　角焊缝坡口型式

具体操作及检测过程如下。

1. 编制工艺卡

根据要求编制某 600 MW 火力发电机组锅炉末过出口集箱小口径接管角焊缝脉冲反射法超声检测工艺卡,如表 2-24 所示。

表 2-24　某 600 MW 火力发电机组锅炉末过出口集箱小口径接管角焊缝脉冲反射法超声检测工艺卡

	部件名称	小口径接管角焊缝	规格	$\Phi 51$ mm$\times 8$ mm
	材料牌号	12Cr1MoV	检测时机	安装前
工件	检测项目	角焊缝	坡口型式	半插入式
	表面状态	打磨	焊接方法	手工焊

（续表）

仪器探头参数	仪器型号	EPOCH Ⅳ型	仪器编号	—
	探头型号	5P6×6β70°	试块种类	DL-1
	检测面	接管外壁	扫查方式	锯齿形扫查
	耦合剂	机油	表面耦合	3 dB
	灵敏度设定	评定线	参考试块	DL-1
	合同要求	DL/T 1105.2—2020	检测比例	100%

检测方法及缺陷评定：

1）扫描速度及敏度的调整

探伤仪扫描速度的调整，应保证声程最大的相关信号（包括结构反射信号和缺陷信号）在显示屏水平刻度的80%以内。DAC曲线应以所用的探伤仪和探头在 DL-1 型专用试块上实测的数据绘制。

2）扫查方式

以联箱短管外壁为检测面，采用超声波束经过短管内壁反射后所形成的二次波进行检测。为判别角焊缝中的相关信号以及反射回波的稳定性和重现性，探头可作前后、左右以及小角度的摆动扫查。

3）角焊缝相关反射信号识别

角焊缝中的相关信号包括结构信号【D1（下端角）、D2（上端角）】和缺陷信号【L（集箱侧未熔合）、W（焊缝内部缺陷）、N（接管侧未熔合）】等，具体如右图所示。

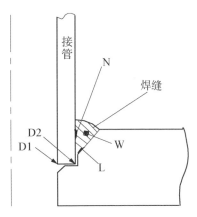

4）缺陷定位定量

缺陷位置以获得缺陷最大反射波信号的位置来表示，根据探头的相应位置和反射波在显示屏上的位置来确定如下位置参数：缺陷沿接管的周向位置；缺陷到检测面（接管外表面）的垂直距离（深度）；缺陷离开接管侧焊缝边缘的水平距离（水平位置）。

缺陷长度的测定按照 6 dB 法和端点峰值法进行。

5）缺陷评定

角焊缝的质量以每一个角焊缝为评定单位，根据缺陷性质、波幅、指示长度分为允许存在与不允许存在两类缺陷。

不允许存在的缺陷：单个缺陷反射波幅大于或等于判废线者；单个缺陷反射波幅大于或等于定量线且指示长度大于 5 mm 者；性质判定为裂纹（含 L 型缺陷）、坡口未熔合（含 L 型或 W 型缺陷）及密集性缺陷者。

编制/资格	×××	审核/资格	×××
日期	×××	日期	×××

2. 仪器与探头

（1）仪器：奥林巴斯 EPOCH Ⅳ型数字式超声探伤仪。

（2）探头：探头选择时，尽量选择弧面与被检测管道吻合的探头，本案例选择探头为 5P6×6β70°R25。

3. 试块与耦合剂

（1）标准试块、对比试块：DL-12#试块。

（2）耦合剂：机油。

4. 参数测量与仪器设定

用 DL-12# 试块校验探头的入射点、K 值，校正时间轴、修正原点，依据检测小口径管的材质声速、厚度以及探头的相关技术参数对仪器进行设定，并应保证声程最大的相关信号（包括结构反射信号和缺陷信号）在显示屏水平刻度的 80% 以内。

5. 距离-波幅曲线的绘制

利用 DL-2# 试块（Ø1 横通孔）绘制距离-波幅曲线（DAC 曲线），其灵敏度等级如表 2-25 所示。

表 2-25　灵敏度等级

试块型式	管壁厚度 t/mm	评定线	定量线	判废线
DL-1-2#	8	Ø1×15-13 dB	Ø1×15-10 dB	Ø1×15-6 dB

6. 扫查灵敏度设定

扫查灵敏度应不低于评定线灵敏度，并保证在检测范围内最大声程处评定线高度不低于显示屏满刻度的 20%。扫查灵敏度为 DAC-16 dB（耦合补偿 3 dB）。

7. 检测实施

以联箱短管外壁为检测面，采用超声波束经过短管内壁反射后所形成的二次波进行检测。为判别角焊缝中的相关信号以及反射回波的稳定性和重现性，探头可作前后、左右以及小角度的摆动扫查。

8. 缺陷定位定量

缺陷位置以获得缺陷最大反射波信号的位置来表示，根据探头的相应位置和反射波在显示屏上的位置来确定如下位置参数：缺陷沿接管的周向位置；缺陷到检测面（接管外表面）的垂直距离（深度）；缺陷离开接管侧焊缝边缘的水平距离（水平位置）。

缺陷长度的测定按照 6 dB 法和端点峰值法进行。

9. 缺陷评定及解剖

1）缺陷评定

经现场超声检测，发现该机组锅炉末过出口集箱半插入式角焊缝（Ø51 mm×8 mm）存在未熔合缺陷，现场超声波检测波形如图 2-38 所示。

根据标准规定评定该角焊缝为不合格，需要返修处理。

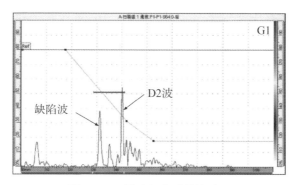

图 2‑38　缺陷超声反射波波形

2）缺陷解剖

发现缺陷后对其现场解剖,解剖结果如图 2‑39 所示。现场解剖后可见该缺陷是接管侧未熔合,验证了现场超声检测结果的可靠性和正确性。

图 2‑39　缺陷解剖(接管侧未熔合)

10. 检测记录与报告

根据相关技术标准要求,做好原始记录及检测报告的编制、审批、签发等。

2.7　低温过热器集箱小径管对接焊缝相控阵超声检测

小径管通常指管子外径小于 100 mm 的管材,根据壁厚和外径的比值来区分厚壁管和薄壁管,二者最大区别是横波是否可以达到管材内壁。一般将厚径比大于 0.2 的小径管称为厚壁小径管,厚径比小于 0.2 的称为薄壁小径管。火力发电厂锅炉受热面常用的小径管管径为 32～89 mm，管壁厚度为 4～12 mm，属于比较典型的薄壁小径管。

小径管由于曲率较大，其对接焊缝的相控阵超声检测一般选择横波扇扫形式，在满足能量穿透和分辨率的前提下，尽可能选择较小的激发孔径和高频探头。根据《承压设备无损检测　第 15 部分：相控阵超声检测》(NB/T 47013.15—2021)标准的相关规定，小径管对接焊缝属于 Ⅱ 型焊接接头，其探头选择参照表 2－26 所示推荐的值。

表 2－26　Ⅱ型焊接接头相控阵探头参数选择推荐表

管壁厚度/mm	激发孔径/mm	标称频率/MHz
3.5～15	6～10	7.5～10
>15～30	7～15	4～7.5

目前，各相控阵超声仪生产厂家均有专门用于小径管焊缝检测的自聚焦探头和扫查器，如图 2－40 所示。

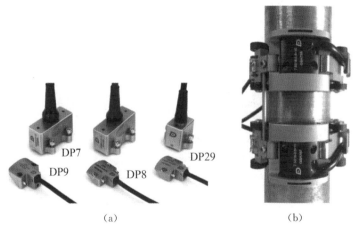

（a）　　　　　　　　　　　　　（b）

图 2－40　小径管相控阵检测探头及扫查器

（a）自聚焦探头；（b）小径管专用扫查器

根据电厂现场情况，需对其低温过热器中间混合集箱的管座和受热面小径管的对接接头进行相控阵超声检测，该批小径管规格为 Φ44.5 mm×6 mm，检测依据为 NB/T 47013.15—2021。

具体操作及检测过程如下。

1. 编制工艺卡

根据标准 NB/T 47013.15—2021 的规定,工艺验证可以采用超声仿真的方式替代,但所采用的仿真技术应经技术验证和现场试验符合实际检测要求。低温过热器集箱小径管对接焊缝相控阵超声检测工艺卡如表 2－27 所示。

表 2－27　低温过热器集箱小径管对接焊缝相控阵超声检测工艺卡

工件	部件名称	集箱小径管对接焊缝	规格	Φ44.5 mm×6 mm
	材料牌号	SA335－P91	检测时机	焊接冷却后
	检测项目	对接环焊缝	坡口型式	V 型
	表面状态	打磨	焊缝宽度	上表面 6 mm;下表面 2 mm
仪 器 探头参数	检测标准	NB/T 47013.15—2021	合格等级	Ⅰ 级
	仪器型号	Phascan Ⅱ	标准试块	CSK－ⅠA
	探头型号	7.5S16－0.5×10	对比试块	PGS－2
	编码器	链式编码器	扫查方式	单面双侧
	耦合剂	化学浆糊	检测等级	B 级
	检测方式	横波扇扫	工艺验证	模拟试块、CIVA 仿真
	灵敏度	Ø2—16 dB	耦合补偿	4 dB
	角度范围	35°～75°	角度步进	0.5°
	探头偏置	6.0 mm	聚焦方式	深度聚焦 15 mm

检测位置示意图及缺陷评定:

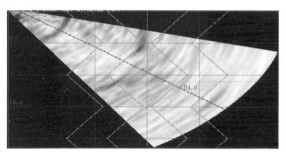

编制/资格	×××	审核/资格	×××
日期	×××	日期	×××

2. 检测设备与器材

(1) 仪器:多浦乐 Phascan Ⅱ 便携式相控阵超声检测仪,32/128 通道。

(2) 探头:7.5S16－0.5×10 自聚焦线阵探头。

（3）辅助器材：耦合剂、链式扫查器等。

3. 试块

（1）标准试块：CSK-ⅠA 试块。

（2）对比试块：PGS-2 试块，其形状及尺寸如图 2-41 所示。

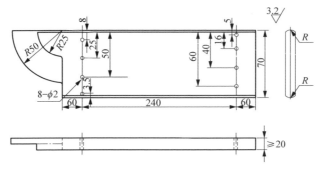

图 2-41　PGS-2 试块形状及尺寸

4. 检测准备

（1）资料收集。检测前了解小径管材质、尺寸等信息，查阅制造厂出厂和安装时有关质量资料；查阅检修记录。

（2）表面状态确认。检测前对检测面进行机械打磨，露出金属光泽，表面粗糙度 $Ra \leqslant 25\,\mu m$，且表面应无影响检测的焊接飞溅、异物等。

5. 仪器调整

在仪器中设置小口径管焊缝结构、探头参数、楔块参数、聚焦法则，并按说明书校准编码器。采用 PGS-2 对比试块进行 TCG 校准，灵敏度设置如表 2-28 所示。

表 2-28　小径管检测灵敏度

试块型式	管壁厚度 t/mm	评定线	定量线	判废线
PGS-2	6	Ø2-16 dB	Ø2-10 dB	Ø2-4 dB

6. 数据采集

根据设置好的工艺参数，对焊缝进行扫查，保存合格的检测图谱，如图 2-42 所示。

7. 检测结果及评定

1）检测结果

采用仪器配套的离线分析软件对检测数据进行评定，现场检测结果如表 2-29 所示。

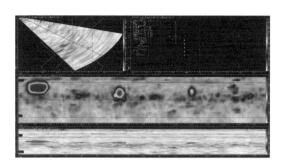

图 2-42　相控阵超声检测图谱

表 2-29　缺陷列表

序号	起始位置/mm	长度/mm	深度/mm	高度/mm	波幅/dB	等级评定
1	7.2	10.4	3.1	3.9	SL+16.8	Ⅲ
2	62.8	4.7	2.0	3.4	SL+12.6	Ⅲ
3	110.0	3.2	1.5	3.3	SL+6.7	Ⅲ

2）缺陷评定

经现场相控阵超声检测，发现该低温过热器集箱小径管对接焊缝存在 3 处超标缺陷。根据标准相关要求，均评为Ⅲ级，该焊缝质量不合格，需要进行返修处理。

8. 检测记录与报告

根据相关技术标准要求，做好原始记录及检测报告的编制、审批、签发等。

2.8　过热器入口集箱封头环焊缝脉冲反射法超声检测

根据锅炉安全技术监察规程要求，定期检验期间要对高温集箱封头焊缝进行超声检测。某 300 MW 火力发电厂后屏过热器入口集箱材质为 A335-P22，规格为 Φ356 mm × 50 mm。集箱封头外观如图 2-43 所示。检修期间需要对该厂后屏过热器入口集箱左侧封头进行超声检测，端头侧焊缝中心至封头端部距离为 120 mm。检测标准 NB/T 47013.3—2015，验收标准 TSG 11—2020，检测技术等级不低于 B 级，质量等级不低于Ⅰ级。

具体操作及检测过程如下。

图 2-43　集箱端部封头位置外观

1. 仪器与探头

（1）仪器：武汉中科 HS700 型数字式超声波检测仪。

（2）探头：探头折射角（K 值）及频率根据标准 NB/T 47013.3—2015 选择，具体如表 2-9 所示；探头数量根据表 2-30 平板对接焊缝检测的具体要求选择。

表 2-30　平板对接焊缝检测的具体要求

检测技术等级要求	工件厚度 t/mm	纵向缺陷检测			横向缺陷检测	
		斜探头检测			斜探头横向扫查	
		不同折射角探头数量	检测面	探头移动区宽度	不同折射角探头数量	检测面
B	$40 < t \leqslant 100$	1 或	双面双侧	1.25P	1	单面
		2	单面双侧			

注：P 为跨距，且 $P = 2Kt$，单位为 mm；K 为探头折射角的正切值。

根据现场检测条件，选择单面双侧检测，当选择 K2 探头时，探头移动范围为 290 mm，当选用 K1 探头时，探头移动范围为 145 mm。所以，检测此类焊缝应当将焊缝余高磨平，增加检测面宽度，减小漏检区域。因此，本焊缝检测选用探头型号为 2.5P13×13K1、5P9×9K3，保证最大限度检测到整个焊缝。

2. 试块及耦合剂

（1）标准试块：CSK-ⅠA（钢）试块。

（2）对比试块：RB-C-5（钢）试块，其形状如图 2-44 所示，试块尺寸如表 2-31 所示。

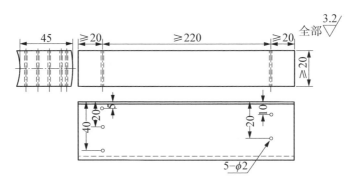

图 2-44　RB-C-5 试块

表 2 - 31 RB - C - 5 对比试块尺寸

工件厚度 t/mm	对比试块厚度 T/mm	横孔深度位置/mm	横孔直径/mm
>36～50	45	5、10、20、30、40	2

注:工件厚度 t 大于 50 mm 时,试块宽度 $b \geqslant 2\lambda s/D_0$,横孔深度位置最小可为 10 mm,深度间隔不超过 20 mm,试块厚度与工件厚度之差不超过工件厚度的 20%。式中,λ 为超声波波长,单位为 mm;s 为声程,单位为 mm;D_0 为声源有效直径,单位为 mm。

（3）耦合剂:化学浆糊。

3. 扫查速度调整

扫查速度调节有声程法、水平法、深度法,本案例选择深度法,按照深度定位 1:1 扫描速度调节仪器。

4. 参数测量与仪器设定

用标准试块 CSK - ⅠA(钢)校验探头的入射点、K 值,依据所检测集箱封头的材质声速、厚度以及探头的相关技术参数对仪器进行设定。

5. 距离-波幅曲线的绘制

利用 RB - C - 5(钢)对比试块(∅2 横通孔)绘制距离-波幅曲线,距离-波幅曲线灵敏度如表 2 - 32 所示。

表 2 - 32 距离-波幅曲线的灵敏度

试块型式	工件厚度 t/mm	评定线	定量线	判废线
RB - C - 5	50	∅2×60－14 dB	∅2×60－8 dB	∅2×60＋2 dB

6. 扫查灵敏度设定

扫查灵敏度应不低于评定线灵敏度,并保证在检测范围内最大声程处评定线高度不低于显示屏满刻度的 20%。扫查灵敏度为 ∅2×60－14 dB(耦合补偿 4 dB)。

检测和评定横向缺陷时,应将各曲线灵敏度均提高 6 dB。

7. 扫查方式

检测焊接接头纵向缺陷时,斜探头应垂直于焊缝中心线放置在检测面上,作锯齿形扫查。探头前后移动的范围应保证扫查到全部焊接接头截面及其热影响区,在保持探头垂直焊缝前后移动的同时,还应作前后、左右、转角、环绕四种基本扫查方式进行扫查,以排除伪信号,确定实际缺陷的位置、方向和形状。

检测焊接接头横向缺陷时,可在焊接接头两侧边缘使斜探头与焊接接头中心线成不大于 10°作两个方向斜平行扫查。如焊接接头余高磨平,探头应放在焊接接头及热影响区上作两个方向上的平行扫查。

8. 缺陷评定

1) 评定依据

缺陷评定依据为标准 NB/T 47013.3—2015,具体内容如下。

(1) 焊接接头不允许存在裂纹、未熔合、未焊透缺陷。评定线以下的缺陷评定为Ⅰ级。

(2) 探头扫查过程中发现缺陷的回波幅度超过评定线时,应确定其位置、波幅、指示长度。

a. 缺陷的波幅。对于同一缺陷,应以最大反射波幅作为缺陷的波幅。

b. 缺陷的位置。应以最大反射波幅的位置作为缺陷的位置。

c. 缺陷的指示长度的测定。

缺陷反射波只有一个最高点,且位于Ⅱ区以及以上时,用-6 dB 法测量其指示长度。缺陷反射波有多个高点,且均位于Ⅱ区以及以上时,应以端点-6 dB 法测量其指示长度。

对于位于Ⅰ区的缺陷反射波,应用评定线绝对灵敏度法测量其指示长度。

超过评定线的信号应注意其是否具有裂纹等危害性缺陷特征,如有怀疑时,应采取改变探头折射角(K 值)、增加检测面、观察动态波形并结合结构工艺特征作判定,如对波形不能判断,应辅以其他检测方法作综合判定。

沿缺陷长度方向相邻两缺陷,其长度方向间距小于其中较小的缺陷长度且两缺陷在与缺陷长度相垂直方向的间距小于 5 mm 时,应作为一条缺陷处理,以两缺陷长度之和作为其指示长度(间距计入缺陷长度)。如果两缺陷在长度方向投影有重叠,则以两缺陷在长度方向上投影的左右端点间距离作为其指示长度。

2) 缺陷评定

经现场超声波检测,发现该后屏过热器入口集箱左侧封头焊缝正下方存在一处未熔合缺陷,缺陷波形如图 2-45 所示,缺陷数据如表 2-33 所示。

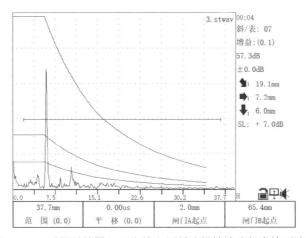

图 2-45 后屏过热器入口集箱左侧封头焊缝缺陷超声检测波形

表 2-33 封头焊缝缺陷信息表

序号	缺陷位置	L/mm	H/mm	SL/dB	$\pm q/mm$	评定级别
1	炉正前侧	15	6	7	筒体侧熔合线	不合格

根据标准规定及要求,该焊缝存在未熔合缺陷,不合格。

9. 检测记录与报告

根据相关技术标准要求,做好原始记录及检测报告的编制、审批、签发等。

2.9 P22 厚壁类联箱三通环焊缝横向裂纹脉冲反射法超声检测

电站锅炉因长期承受高温高压,并且工作环境恶劣,焊缝中存在横向裂纹,并且容易在运行中扩展,导致焊接接头失效,从而发生重大事故。因此,在检修期间,有必要采取有效的检测手段来对厚壁联箱焊接接头进行监督检测,以提高电站设备运行的可靠性。

某电厂 4# 锅炉型号为 600 MW 亚临界、一次中间再热、控制循环锅筒锅炉,最大连续蒸发量 2023 t/h,过热器出口压力 17.6 MPa。在进行锅炉定期检验时,根据相关规定及电厂要求,需要对末级过热器出口联箱的三通对接焊缝进行超声波检测。该末级过热器出口联箱规格为 $\Phi559\ mm \times 130\ mm$,材质为 SA-335-P22,数量为 2根。联箱结构如图 2-46 所示。要求采用 A 型脉冲反射法超声对该焊缝进行检测。检测依据为标准 NB/T 47013.3—2015,检测技术等级为 B 级。

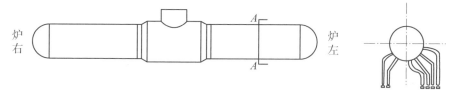

图 2-46 末级过热器出口联箱结构示意图

具体操作及检测过程如下。

1. 仪器与探头

(1) 仪器:武汉中科汉威 HS611e 型数字式超声探伤仪。

(2) 探头:2.5P13×13K1,前沿 12 mm。

2. 试块、耦合剂及其他器材

(1) 试块:CSK-ⅠA(碳钢)标准试块;CSK-ⅡA-3(碳钢)对比试块。

（2）耦合剂：化学浆糊或机油。

（3）其他器材：钢板尺。

3. 参数测量与仪器设定

用标准试块 CSK‑ⅠA（碳钢）校验探头的入射点、K 值，校正零偏，依据检测末级过热器出口联箱的材质声速、厚度以及探头的相关技术参数对仪器进行设定。

4. 距离‑波幅曲线的绘制

利用 CSK‑ⅡA‑3（碳钢）对比试块（Ø2 横通孔）绘制距离‑波幅曲线，末级过热器出口联箱管壁厚度 t 为 130 mm，检测技术等级为 B 级，检测依据为标准 NB/T 47013.3—2015 的第 6.3.2.3.3 条 B 级检测 b)部分规定"焊接接头一般应进行横向缺陷的检测"。

5. 扫查灵敏度设定

扫查灵敏度应不低于评定线灵敏度，并保证在检测范围内最大声程处评定线高度不低于显示屏满刻度的 20%。其灵敏度评定线为 Ø2×60−10 dB，定量线为 Ø2×60−4 dB，判废线为 Ø2×60+6 dB。

检测时，依据标准 NB/T 47013.3—2015 第 6.3.8.4.6 条"检测和评定横向缺陷时，应将各曲线灵敏度均提高 6 dB"，耦合补偿为 2~4 dB。

6. 检测实施

（1）常规检测。以锯齿形扫查方式在集箱对接焊缝的单面单侧进行初探，发现可疑缺陷信号后，再辅以前后、左右、转角、环绕四种基本扫查方式对其进行确定。

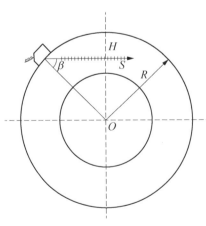

图 2‑47　斜探头最大探测距离

（2）横向缺陷检测：依据标准 NB/T 47013.3—2015 的第 6.3.9.1.2 条进行横向缺陷检测。

将探头置于焊缝上部进行周向扫查。将焊接接头余高打磨平整，探头在焊接接头及热影响区上作两个方向的平行扫查。

由于联箱管壁比较厚，筒身管径曲率半径比较小，超声波探伤在对横向缺陷的检查中，受曲面的影响，对于不同 K 值的探头，均有一个对应的最大探测厚度值，如图 2‑47 所示。因此，在探测厚壁类曲面管件时，管件壁厚往往大于 K 值探头的最大探测深度，会存在无法对焊缝根部进行扫查的情况。在检测前应通过计算来选取合适的探头 K 值,尽量减小无法扫查区。

不同 K 值的斜探头所能探测到的最大距离 H_{max} 可通过公式(2-3)计算得出。末级过热器出口联箱规格为 $\Phi559\,mm \times 130\,mm$,实测焊缝两侧壁厚为 115 mm。通过计算,可以得出,当采用标称 K 值为 K1、K1.5 和 K2 的探头进行环向扫查时,所能探测的最大深度 H 分别为 81.8 mm、46.9 mm 和 29.5 mm。由此可见,在这三种探头中,K1 可探测的最大距离最大,而 K1.5 和 K2 探头的最大探测范围较小,不能有效地扫查,因此,此次检测选择 K1 探头扫查较合适,此外,选择 K1 探头也便于在实际检测过程中的计算。

$$H_{max} = R - R\sin\beta = R(1 - \sin\beta) = R\left(1 - \frac{K}{\sqrt{1+K^2}}\right) \tag{2-3}$$

式中,H_{max} 表示探头最大的探测深度;R 表示联箱半径;K 表示探头 K 值;β 表示探头的折射角。

在焊缝上进行环向扫查时,若焊缝内部没有缺陷,则不会出现反射回波,相反,如果出现反射回波,则可以判定为缺陷的反射回波。缺陷回波波形特征:波形尖锐,波幅较窄;前后扫查时,峰值变化较快;探头稍微偏转,回波高度迅速降落,方向性较强。受联箱自身结构影响,联箱下半部与受热面管子连接,且管孔紧邻焊缝,应注意区分管座的结构反射回波与缺陷的反射回波。

7. 缺陷定位

由于受联箱曲面的影响,探头沿曲面探测时,数字式超声波仪器显示的水平距离和深度分别为曲面切线方向和与切线的垂直方向的水平距离和深度,不能从仪器上直观地反映出缺陷的真实位置,仅有声程 S 为实际声程。因此,在实际检测中,需要通过计算声程 S 来确定焊缝内埋藏缺陷的实际位置。缺陷定位如图 2-48 所示,缺陷距表面的深度 H 可通过式(2-4)计算,而探头入射点至缺陷的弧长 L 可通过式(2-5)来计算。

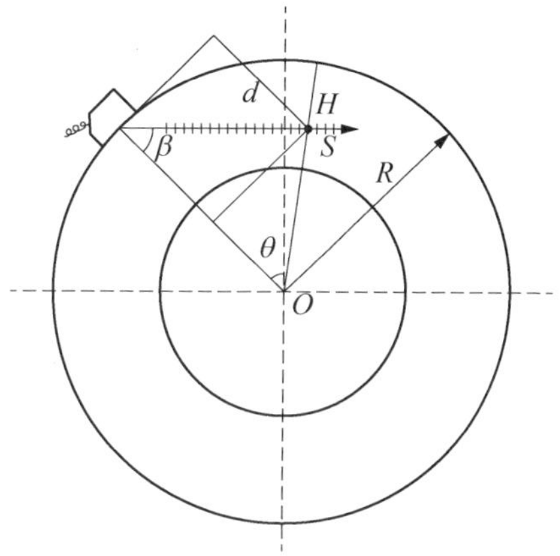

图 2-48 缺陷定位示意图

$$H = R - \sqrt{S^2 + R^2 - 2RS\cos\beta} \tag{2-4}$$

$$L = \frac{\pi R}{180°}\theta \tag{2-5}$$

式中,H 表示缺陷至联箱外表面的距离;L 表示探头入射点至缺陷的弧长;S 表示缺陷的声程;R 表示联箱半径;β 表示探头的折射角。

8. 缺陷定量

采用 2.5P13×13K1 探头对末级过热器出口联箱筒体与三通连接的 4 道焊缝进行了环向扫查。

经现场超声检测,共计发现存在 8 处横向裂纹缺陷,缺陷的当量大小及其他相关信息如表 2 - 34 所示。

表 2 - 34　缺陷当量大小

焊缝编号	缺陷序号	深度/mm	幅值/dB	距顶点位置/mm
H1	Q1	58	SL+8	300
H1	Q2	82	SL+10	200
H1	Q3	80	SL+13	183
H2	Q4	76	SL+8	335
H3	Q5	82	SL+14	47
H3	Q6	81	SL+13	50
H3	Q7	46	SL-3	13
H4	Q8	30	SL+10	137

9. 缺陷评定

依据标准 NB/T 47013.3—2015 对该缺陷进行评定。由于该缺陷均为横向缺陷,该联箱焊缝判定为不合格焊缝,需要进行处理。

10. 缺陷验证

对存在缺陷的焊缝 H1、H4 解剖后分别用渗透检测(penetrant testing,PT)及磁粉检测(magnetic particle testing,MT)进行验证,验证结果与现场超声检测的结果相符,证实了超声检测结果的可靠性和正确性。焊缝 H1、H4 缺陷渗透检测及磁粉检测验证照片如图 2 - 49 和图 2 - 50 所示。

11. 检测记录与报告

根据相关技术标准要求,做好原始记录及检测报告的编制、审批、签发等。

图 2-49　焊缝 H1 的 Q2 缺陷照片

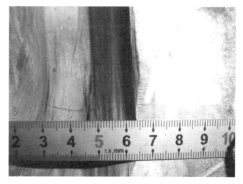

图 2-50　焊缝 H4 的 Q8 缺陷照片

2.10　过热器减温器集箱内壁疲劳裂纹脉冲反射法超声检测

减温器集箱在长期运行过程中,由于减温水雾化效果不佳以及温度调节频繁,使得集箱内部汽水混合不均,大量水滴飞溅到管道内壁,使内壁局部区域产生循环热应力,导致疲劳开裂。

某电厂 6♯机组检修期间,需要对过热器、再热器减温器集箱内壁进行超声检测,重点检测过热器二级减温器减温水管座周围的母材。其中,该过热器二级减温器集箱规格为 $\Phi 368\ \text{mm} \times 45\ \text{mm}$,材质为 12Cr1MoV。要求采用 A 型脉冲反射超声对该减温器减温水管座母材进行检测,参照执行标准 NB/T 47013.3—2015 中"5.8　承压设备用无缝钢管超声检测方法和质量分级"内容。

具体操作及检测过程如下。

1. 仪器与探头

(1) 仪器:武汉中科汉威 HS610 型数字式超声探伤仪。

(2) 探头:2.5P13×13K0.8,前沿 11 mm。

2. 试块、耦合剂及其他器材

(1) 试块:CSK-ⅠA(碳钢)标准试块;V 形槽钢管对比试块。

(2) 耦合剂:化学浆糊或机油。

(3) 其他器材:钢板尺。

3. 参数测量与仪器设定

用标准试块 CSK-ⅠA(碳钢)校验探头的入射点、K 值,校正零偏,依据检测减温器集箱的材质声速、厚度以及探头的相关技术参数对仪器进行设定。

4. 人工反射体

人工反射体可采用电蚀、机械或其他方法加工。人工反射体如图 2-51 所示。

检测纵向缺陷和横向缺陷所用的人工反射体应分别平行于管轴的纵向槽和垂直于管轴的横向槽,断面形状为 V 形,V 形槽的夹角为 60°。

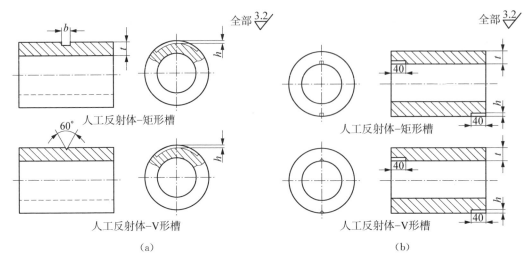

t—管壁厚度,mm;h—人工反射体深度,mm;b—人工反射体宽度,mm。

图 2‑51 人工反射体

(a)横向人工反射体;(b)纵向人工反射体

纵向槽应在对比试块的中部外表面和端部区域内、外表面处各加工一个,3 个槽的公称尺寸相同,当钢管内径小于 25 mm 时,可不加工内壁纵向槽。横向槽应在试样的中部外表面和端部区域内、外表面处各加工一个,3 个槽的名义尺寸相同,当内径小于 50 mm 时,可不加工内壁横向槽。

人工反射体尺寸如表 2‑35 所示,承压管道内壁一般按Ⅰ级合格验收。

利用 CSK‑ⅡA‑1(碳钢)对比试块(V 形槽)绘制距离‑波幅曲线,过热器二级减温器集箱壁厚 t 为 45 mm。

表 2‑35 人工反射体尺寸

级别	深度			宽度b/mm	长度	
	h/t/%	最小/mm	允许偏差		纵向/mm	横向/mm
Ⅰ	5	0.20	±15%	不大于深度的两倍,最大为 1.5	40	40 或周长的 50%(取小者)
Ⅱ	8	0.40	±15%			
Ⅲ	10	0.60	±15%			

注:人工反射体最大深度为 3.0。

5. 扫查灵敏度设定

依据检测要求,按照Ⅰ级合格验收要求,依据壁厚选择人工反射体的刻槽深度 h 为 $5\% \times 45\ mm = 2.25\ mm$ 的对比试块,在对比试块上将内壁人工反射体的回波幅度调到显示屏满刻度的 80% ,再移动探头,找出外壁人工反射体的最大回波,连接两点之间的连线,即距离-波幅曲线,作为检测的基准灵敏度。

扫查灵敏度一般比基准灵敏度提高 6 dB。

6. 检测实施

对减温器减联箱温水管座左侧套筒位置 500 mm 内筒体外壁进行打磨。采用 2.5P13×13,K0.8 探头对过热器、再热器减温器筒体内壁进行了超声检测。

以纵向和轴向扫查方式在筒体外表面进行两个方向的检测,发现可疑缺陷信号后,再辅以前后、左右、转角、环绕四种基本扫查方式对其进行定量和测长。

7. 检测结果及缺陷评定

1) 检测结果

经现场超声检测,发现过热器二级减温器减温水管座周围的母材存在超标缺陷 11 处,判定为内表面裂纹。缺陷检测结果如表 2 - 36 所示,缺陷位置如图 2 - 52 所示。

表 2 - 36　缺陷检测结果

缺陷序号	深度/mm	幅值/dB	缺陷位置/mm	缺陷长度/mm
1#	43.2	SL+8	$X=200, Y=150$	30
2#	42.7	SL+7	$X=220, Y=155$	40
3#	44.6	SL+10	$X=260, Y=210$	50
4#	43.5	SL+8	$X=270, Y=210$	65
5#	42.9	SL+11	$X=240, Y=300$	50
6#	43.8	SL+13	$X=290, Y=40$	70
7#	44.1	SL+8	$X=330, Y=140$	30
8#	42.6	SL+10	$X=440, Y=50$	30
9#	45.1	SL+7	$X=460, Y=110$	30
10#	43.5	SL+12	$X=500, Y=40$	90
11#	42.9	SL+11	$X=550, Y=170$	40

2) 缺陷评定

依据标准 NB/T 47013.3—2015 中"锅炉、压力容器本体无缝钢管超声检测质量

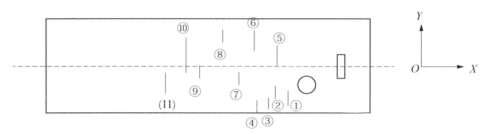

图 2-52　缺陷位置分布

分级"要求,对缺陷进行评定。

依据检测要求,按照Ⅰ级合格验收时,直接接触法缺陷波幅应低于相应的对比试块人工反射体距离-波幅曲线 50%,因二级减温器幅度均超过标准要求,且判定为内壁裂纹,故为不合格。

8. 解剖验证

鉴于该减温器存在严重缺陷,决定对其进行现场解剖、打磨,并进行渗透检测(PT),渗透检测结果显示,减温器内部存在大量疲劳裂纹,进一步验证了超声检测结果的正确性。渗透检测结果如图 2-53 所示。

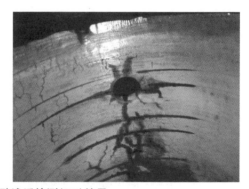

图 2-53　减温器内壁渗透检测(PT)结果

9. 检测记录与报告

根据相关技术标准要求,做好原始记录及检测报告的编制、审批、签发等。

2.11　省煤器联箱管座角焊缝相控阵超声检测

某电厂锅炉省煤器联箱管座角焊缝曾连续发生两起开裂失效导致泄漏事故,该类部件已服役近 10 年,经现场分析判断为焊缝内部缺陷扩展引起的开裂。如

图 2-54 所示,为开展存量排查,抽取部分锅炉省煤器联箱管座角焊缝,在磁粉检测合格的基础上,再增加相控阵超声检测,以检出其内部缺陷。对过热器侧炉后第一至第四个省煤器联箱、每个联箱左数第 66、72、73、74 根的管座角焊缝,共计 16 个管座角焊缝进行相控阵超声检测。以上管座角焊缝均为安放式,集箱规格为 $\Phi 273$ mm×50 mm,接管规格为 $\Phi 44.5$ mm×6 mm,沿母管轴线方向和接管轴线方向的焊缝宽度分别为 11 mm、8 mm,材质均为 SA210-C,焊缝结构如图 2-55 所示。检测标准参照《火力发电厂焊接接头相控阵超声检测技术规程》(DL/T 1718—2017)执行。

图 2-54 省煤器联箱管座
角焊缝实物

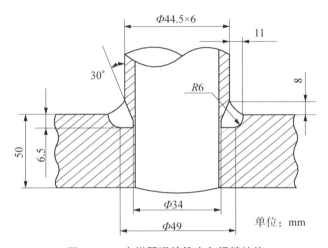

图 2-55 省煤器联箱管座角焊缝结构

具体操作及检测过程如下。

1. 仪器与探头

(1) 仪器:ISONIC2010 相控阵超声波检测仪,仪器具有 C 扫描成像及记录功能。

(2) 探头:根据被检管座角焊缝的接管直径和接管厚度选择探头的频率、晶片尺寸、探头弧面。探头移动时要求保持与检测面的良好耦合。因本案例中受检的管座角焊缝接管规格为 $\Phi 44.5$ mm×6 mm,参照 DL/T 1718—2017 中 II 型焊接接头的检测要求,使用频率为 7.5 MHz、晶片尺寸为 0.5 mm×10 mm 的 16 晶片自聚焦探头,即 7.5L16-0.5×10 自聚焦探头,并配用"AOD、55°、曲率 $\Phi 45$ mm"楔块。

2. 试块与耦合剂

(1) 标准试块:CSK-IA 试块;半圆试块,如图 2-56 所示;相控阵 A 型声束偏转评价试块,如图 2-57 所示;相控阵 B 型声束偏转评价试块,如图 2-58 所示;用于校准仪器及探头系统性能。

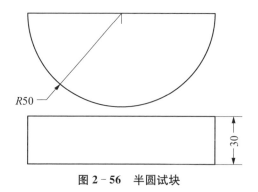

图 2-56　半圆试块

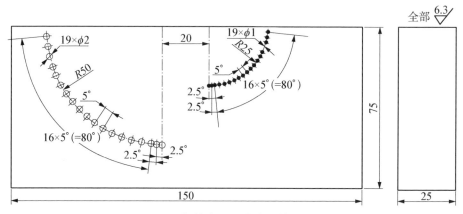

图 2-57　相控阵 A 型声束偏转评价试块

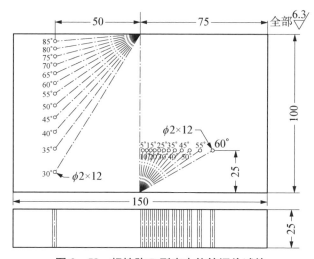

图 2-58　相控阵 B 型声束偏转评价试块

（2）参考试块：PGD 系列试块用于检测校准。PGD 试块形状和尺寸如图 2 - 59 所示，PGD 系列试块圆弧曲率半径如表 2 - 37 所示。

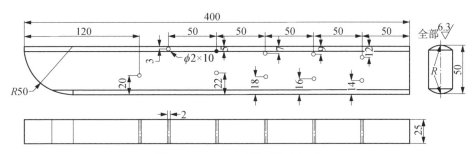

图 2 - 59　PGD 试块形状和尺寸

表 2 - 37　PGD 试块圆弧曲率半径

试块型号	试块圆弧曲率半径 R/mm	适用管外径范围/mm
PGD - 1	18	32～40
PGD - 2	22	40～48
PGD - 3	26	48～57
PGD - 4	32	57～72
PGD - 5	40	72～90

（3）耦合剂：机油。

3. 参数测量与仪器设定

用 CSK - ⅠA 试块和半圆试块对仪器进行线性测试、单个晶片或聚焦法则增益补偿测试及楔块衰减补偿的调试等；用声束偏转评价试块测试仪器的声束偏转。

4. 扫描时基线比例的调整

扫描时基线比例按深度定位法将时间轴（最大量程）至少调整为两倍接管壁厚与沿母管轴线方向的焊缝宽度之和，本案例将时间轴（最大量程）至少调整为 23 mm。

5. 基准角度与聚焦深度设定

基准角度为 55°，聚焦深度为两倍接管壁厚，即 12 mm。

6. 角度增益补偿

在 PGD - 2 试块上进行角度增益补偿。将入射角度调节为基准入射角度 55°，增益修正此时为 0，选取深度接近聚焦深度的横孔，再依次调节其他入射角度的增益修正。

7. 扫查灵敏度设定

采用PGD系列试块设定扫查灵敏度:在PGD-2试块上依次选取深度为3mm、5mm、7mm、9mm、12mm、14mm、16mm、18mm、22mm······的孔为记录点进行距离-波幅曲线制作,DAC曲线上最大深度至少调整为两倍接管壁厚与沿母管轴线方向的焊缝宽度之和。在检测范围内,距离-波幅曲线不得低于满屏刻度的15%,且A扫描信噪比大于等于12dB。距离-波幅曲线的灵敏度如表2-38所示。

表 2-38 距离-波幅曲线的灵敏度

试块型式	管壁厚度 t/mm	评定线	定量线	判废线
PGD-2	$4 \leqslant t \leqslant 15$	Ø2×25-10 dB		Ø2×25-6 dB
	$15 < t \leqslant 16$	Ø2×25-14 dB	Ø2×25-8 dB	Ø2×25-2 dB

本案例采用表2-38中的管壁厚度 $4 \leqslant t \leqslant 15$(mm)对应的扫查灵敏度。

8. 检测实施

(1)扫描方式。扇扫描,根据声束覆盖模拟结果,选择角度范围应使一次波与二次波覆盖整个焊缝,本案例中为35°~75°。

(2)扫查方式。如图2-60所示,应沿参考线进行手动周向线性扫查,同时保持探头位置与参考线位置的偏差不大于5%。

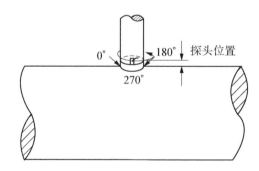

图 2-60 省煤器集箱管座角焊缝扫查方式示意图

扫查发现可疑缺陷信号后,需辅以前后、左右、转角、环绕四种基本扫查方式对其进行确定。

(3)设定参考线。根据声束覆盖模拟结果,调节探头位置,使声束对焊缝及边缘5mm区域实现全覆盖(探头位置代表探头距靠近探头侧焊缝熔合线的距离)。

(4)脉冲重复频率计算公式为

$$F_{PR} < c/2S$$

式中，F_{PR} 为脉冲重复频率，Hz；c 为声速，mm/s；S 为最大声程，mm。

本次检测中最大声程为 89 mm，根据上式计算，脉冲重复频率应小于 18 146 Hz，本案例中选择脉冲重复频率 1 200 kHz。

（5）扫查速度。根据标准中扫查速度公式得知：

$$v_{max} = F_{PR} \cdot \Delta X / (N \cdot M)$$

式中，v_{max} 为最大扫查速度，mm/s；ΔX 为设置的扫查步进，mm；N 为设置的信号平均次数；M 为扇扫描角度个数。

计算出最大扫查速度为 12 mm/s（当采用自动报警装置扫查时不受此限制）。本案例中扫查速度采用 5～10 mm/s。

9. 缺陷分析

（1）缺陷定位。标出缺陷的周向定位（如图 2 - 60 所示，沿气流的顺时针方向为＋）、与焊缝接管侧熔合线的距离（如图 2 - 61 所示的 y）以及缺陷深度（如图 2 - 61 所示的 d，缺陷在探头扫查面下方为正，在探头扫查面上方为负）的三向位置。

（2）缺陷定量。如图 2 - 62 所示为过热器侧炉后第一个省煤器联箱左数第 72 根存在的一典型缺陷波形，闸门锁定的回波显示有一深度 d 为 -1.0 mm（二次波）的缺陷，缺陷波幅为 SL＋11 dB，用绝对灵敏度法测定缺陷指示长度，将探头向左右两个方向移动，且均移至波高降到评定线上，两点之间距离即缺陷指示长度，周向定位为 $0° \sim 0° + 18$ mm，测出缺陷的指示长度为 18 mm。

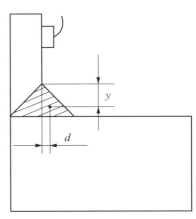

图 2 - 61　省煤器集箱管座角焊缝缺陷定位示意

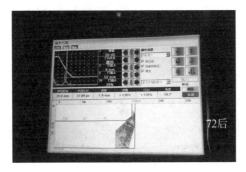

图 2 - 62　过热器侧炉后第一个省煤器联箱左数第 72 根缺陷波形图

（3）缺陷评定。参照标准 DL/T 1718—2017 中 II 型焊接接头对该省煤器联箱缺陷进行评定，如表 2-39 所示。

表 2-39　环向对接接头质量级

等级	反射波幅所在区域	单个缺陷指示长度/mm	缺陷的累计长度/mm
I	II	≤t/3，最小为 5	长度小于或等于焊缝周长的 10%，且小于 20
II	II	≤$2t$/3，最小为 10，最大为 16	长度小于或等于焊缝周长的 15%，且小于 30
III	II	超过 II 级者	

注：1. 缺陷长度按实测值计。
　　2. 母材厚度不同时，取薄侧厚度。

因缺陷指示长度为 18mm，按标准修正后缺陷长度为 18.8mm，最高波幅为 SL+11dB，位于 II 区，评为 III 级。因此，该焊缝为不合格焊缝，建议挖除并进行补焊处理。

10. 缺陷验证及处理

焊缝打磨相应深度后，发现多个砂眼沿周向连续成线，打磨后的缺陷形貌如图 2-63 所示，实际缺陷与超声检测结果一致。

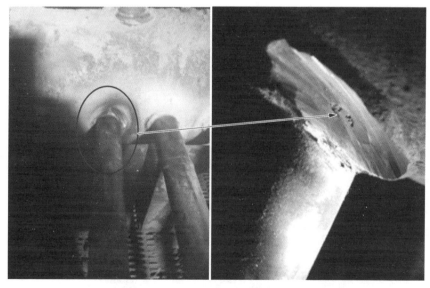

图 2-63　过热器侧炉后第一个省煤器联箱左数第 72 根实际缺陷图

11. 检测记录与报告

根据相关技术标准要求,做好原始记录及检测报告的编制、审批、签发等。

2.12　末级过热器出口侧异种钢对接接头相控阵超声检测

某 600 MW 火力发电厂末级过热器出口侧采用奥氏体异种钢对接接头,材质为
T91/SA‐213TP347H,规格为 $\Phi 44.5\ mm \times 9\ mm$,其分布部位如图 2‐64 所示。要
求采用相控阵超声检测方法对该焊缝进行质量检测。检测依据为 NB/T 47013.15—
2021,B 级检测,验收等级 Ⅱ 级合格。

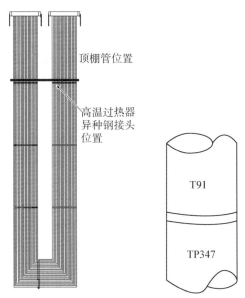

图 2‐64　出口侧异种钢分布位置

具体操作及检测过程如下。

1. 仪器设备及探头

(1) 仪器设备:以色列 Sonotron NDT 公司的 ISONIC2009 便携式多功能超声相
控阵仪器。软件为多项模式组合软件,焊缝精细化检测,能实现对 ≥2.8 mm 壁厚焊
缝的覆盖、多灵敏度、多角度检测设置。

(2) 探头:选用线性探头,频率 4 MHz,阵元数量 16,阵元宽度 0.5 mm,探头宽度
10 mm,使用扇形扫描方式进行检测,扇形角度范围为 $30° \sim 75°$。

探头楔块:厂家定制,曲率与现场高温过热器管($\Phi 44.5\ mm$)的表面匹配,实测与
管壁的间隙小于 0.5 mm,楔块声速为 2 337 m/s。

2. 试块与耦合剂

（1）标准试块：采用 CSK－ⅠA 试块，用于相控阵超声检测仪的角度增益修正补偿，以及扫描范围和探头基本参数的测定。

（2）对比试块：采用 PGS－2 试块，用于制作 TSG 曲线。

（3）模拟缺陷试块：试块实物如图 2－65 所示，规格尺寸如表 2－40 所示。模拟缺陷试块用于验证、调整。

图 2－65　模拟缺陷试块

表 2－40　模拟缺陷试块规格尺寸

编号	人工缺陷	缺陷尺寸/mm （长×宽×深）/（直径×深度×数量）	缺陷位置
1	短槽	2×1×0.5	内壁，T91 侧熔合线处
	短槽	2×1×1	外壁，T347 侧熔合线处
	短槽	2×1×2	内壁，焊缝中心处
	短槽	2×1×2	外壁，焊缝中心处
2	孔	Ø1×1×3	内壁，焊缝中心处
	孔	Ø1×1×3	外壁，焊缝中心处
	孔	Ø2×1×3	内壁，焊缝中心处
	孔	Ø2×1×3	外壁，焊缝中心处

（4）耦合剂：采用透声性好不损伤工件表面的机油。

3. 灵敏度设定

（1）利用 CSK－ⅠA 试块的 R50/R100 进行声速校准（波幅达到 80%）。

（2）利用 PGS－2 试块制作 TCG 曲线（TP347H 侧），以 TCG 曲线进行灵敏度设置。其中，Ø2－16 dB、Ø2－10 dB、Ø2－4 dB 分别为 TCG 曲线的判定线、定量线、判废线，如表 2－41 所示。

表 2 - 41　TCG 曲线灵敏度

试块型式	管壁厚度 t/mm	评定线	定量线	判废线
PGS - 2	9	$\varnothing 2 - 16\,\text{dB}$	$\varnothing 2 - 10\,\text{dB}$	$\varnothing 2 - 4\,\text{dB}$

（3）利用模拟试块人工缺陷进行验证调整。

4. 检测实施

根据管子壁厚、焊缝宽度、坡口型式设置声束覆盖范围。本次检测受高温过热器管排间距及顶棚位置影响，未使用扫查器，手动扇扫，通过调整探头距焊缝位置，控制声束覆盖区域。设置探头距焊缝 0 mm，确保一次波对根部全覆盖及焊缝中间部位覆盖，如图 2 - 66 所示；设置探头距焊缝 15 mm，确保二次波覆盖焊缝上表面，同时三次波也能扫查到焊缝根部区域，如图 2 - 67 所示，两个位置的设置，能尽可能地对焊缝、热影响区全覆盖，避免出现检测盲区。

5. 缺陷评定

1）缺陷评定标准规定

（1）不允许存在的缺陷：性质判定为裂纹、坡口未熔合、根部未焊透的缺陷显示；判废线（含判废线）以上的缺陷显示；大于 Ⅱ 级及以上的缺陷。

（2）允许存在的缺陷：单评定线（不含评定线）以下的缺陷显示。

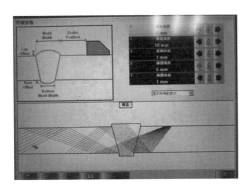

图 2 - 66　探头距焊缝 0 mm

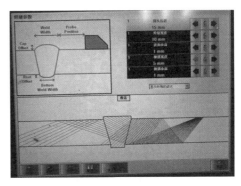

图 2 - 67　探头距焊缝 15 mm

2）缺陷评定

经现场相控阵超声检测，该末级过热器出口侧异种钢焊接接头在检测范围内不存在超标缺陷，该焊接接头合格。

6. 检测记录与报告

根据相关技术标准要求，做好原始记录及检测报告的编制、审批、签发等。

第 3 章　压力容器

从广义上来说,压力容器是指盛装气体或者液体,承载一定压力的密闭设备。根据其在生产工艺中的作用原理,分为反应压力容器、换热压力容器、分离压力容器及储存压力容器等。

电力行业的压力容器主要为换热类容器和储存类容器,其基本结构主要由筒体、封头(端盖)、法兰、开孔与接管、管板及支座等核心部件组成,并通过焊接工艺或者法兰连接在一起。然而,焊缝和弯头接管是整个压力容器最薄弱的位置。由于焊接过程中可能存在的各种因素,如焊接参数不当、焊接材料不匹配等,都可能导致在焊缝中出现缺陷;同时,在运行过程中,弯头接管处由于介质的流动和冲刷作用,也容易出现腐蚀和磨损,进而引发泄漏等安全问题。因此,根据相关规程、标准的要求,需要对压力容器进行定期检验,而超声检测就是其定期检验过程中主要采用的无损检测手段之一,它不仅可以快速准确地检测出焊缝中埋藏的缺陷、裂纹尖端处的脆性断裂、根部未熔合与未焊透等缺陷,还能够快速检测弯头接管内表面的腐蚀凹坑和介质泄漏等问题。对于电力行业电源侧压力容器设备或部件的超声检测,主要检测对象有高压加热器、低压加热器、除氧器等设备的筒体及主要管接头的对接焊缝、接管弯头等。

3.1　除氧器不锈钢内衬堆焊层脉冲反射法超声检测

不锈钢复合钢板是以碳素钢或低合金钢为基板,在其一面或两面整体、连续地包覆一定厚度的不锈钢复合材料。不锈钢复合钢板由于具有较强的耐磨性、耐腐蚀性、较高的机械性能,目前已在各个领域得到广泛应用。对于不锈钢复合钢板的成品,复合层中未结合的存在、大小及分布是主要检查的缺陷。复合层的未结合缺陷总是平行于钢板的轧制面,因此,可以采用垂直于轧制方向的超声纵波探伤方法进行检测。

某电厂 1♯ 机组除氧器采用双容器结构,即除氧器加水箱结构形式,除氧器采用不锈钢复合板,水箱采用碳钢,不锈钢复合板材质为 16MnR＋0Cr18Ni9,其规格为

(25+3)mm。除氧器结构如图3-1所示。根据相关规程要求,需要采用A型脉冲反射法超声对除氧器的板材复合层进行检测、验收。检测依据为《承压设备无损检测第3部分:超声检测》(NB/T 47013.3—2015)附录G《承压设备堆焊层超声检测方法和质量分级》,验收等级为Ⅰ级合格。

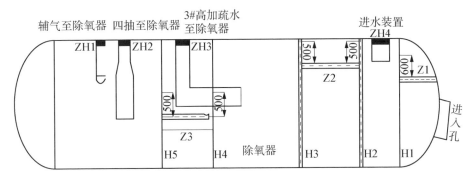

图 3-1 除氧器

具体操作及检测过程如下。

1. 仪器与探头

(1)仪器:武汉中科汉威 HS611e 型数字式超声探伤仪。

(2)探头:5PΦ10F20 双晶直探头。

2. 试块、耦合剂及其他器材

(1)试块:CSK-ⅠA(碳钢)标准试块,如图3-2所示;T1型对比试块,如图3-3所示。

(2)耦合剂:化学浆糊或机油。

(3)其他器材:钢板尺。

3. 参数测量与仪器设定

用标准试块 CSK-ⅠA(碳钢)对仪器和探头系统延时和扫描比例进行调节。将探头置于 CSK-ⅠA 试块 25 mm 厚度平面上,分别选择底面的一次和二次底波进行调校。使一次底波达到屏高的约80%,点击自动调校按钮,输入起始距离为25 mm,终止距离为50 mm,点击确定即可完成延时校准。

4. 检测准备

(1)检测时机选择在复合板成形、初步矫平后。

(2)检测表面粗糙度(Ra)宜不大于5 μm,否则,应对表面进行清理。

(3)探头应与检测面吻合良好,耦合剂采用机油。

其余 $\overset{3.2}{\triangledown}$

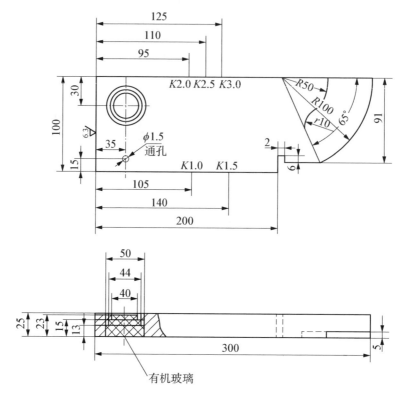

有机玻璃

图 3-2　CSK-ⅠA(碳钢)标准试块

注:尺寸误差不大于±0.05 mm。

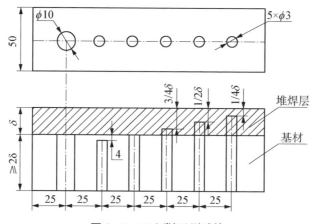

图 3-3　T1(碳钢)型试块

5. 灵敏度设定

当被检测复合板的复板厚度≤3 mm 时,为了使复合板底波与缺陷回波便于区分,应从复板一侧进行探伤。

依据标准 NB/T 47013.3—2015 的附录 G,采用 T1 型试块从复合层侧进行检测和校准,具体过程如下。

(1)检测堆焊层内缺陷时,将双晶直探头放在试块的堆焊层表面上,用试块上右侧 4 个 3 mm 平底孔绘制距离-波幅曲线,并以此曲线作为基准灵敏度;

(2)检测堆焊层层下缺陷时,将双晶直探头放在试块的堆焊层表面上,移动探头使其从试块上基材内 3 mm 平底孔获得最大波幅,调整衰减器使回波幅度为满刻度的80%,以此作为基准灵敏度;

(3)将双晶直探头放在试块的堆焊层表面上,移动探头使其从 10 mm 平底孔获得最大波幅,调整衰减器使回波幅度为满刻度的 80%,以此作为基准灵敏度。

扫查灵敏度是在探伤灵敏度的基础上再增益 6 dB。

6. 检测实施

检测范围包括堆焊层和堆焊层下 4 mm 以内的基材区域。

采用双晶直探头检测时,探头移动方向应垂直于堆焊方向。进行扫查时,应保证分隔压电元件的隔声层平行于堆焊方向。采用全面积的扫查方式,探头移动无间隙且每一次的移动必须有不低于 10% 的重叠。

7. 缺陷定量

缺陷当量尺寸一般应采用 −6 dB 法确定。

8. 典型缺陷波形识别

不锈钢复合钢板的碳钢和不锈钢的声阻抗相近,不锈钢和碳钢的声阻抗之比为0.099 3,其复合界面的声压反射率为 0.003 5。在复合质量良好区域基本上无复合界面回波,若存在未结合缺陷,则出现缺陷波。不锈钢复合钢板的检测主要是针对复合层的未结合缺陷,为了使复合层中的反射波波形清晰,检测时应使用高频探头。由于不锈钢复合钢板缺陷的特殊性,未结合缺陷波总是出现在显示屏扫描基线的固定位置上,因此,在缺陷波固定位置以外出现的回波,均视为基板或复板内的缺陷。当检测到母材缺陷的面积超过相应检测标准要求的级别时,应考虑对缺陷予以修复。

图 3-4～图 3-6 为使用双晶直探头直接接触法从复板侧检测时的几种常见的超声波波形图。

9. 缺陷的评定及验收

1)缺陷质量分级

缺陷的质量分级参照标准 NB/T 47013.3—2015 中附录 G 的 G.7 条进行评定。

(1)堆焊层质量分级。堆焊层超声检测质量分级如表 3-1 所示。

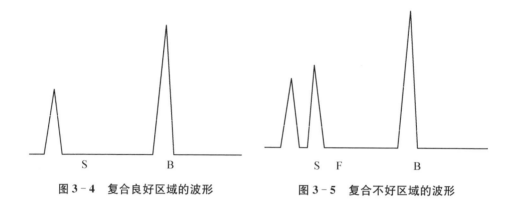

图 3－4　复合良好区域的波形　　　　图 3－5　复合不好区域的波形

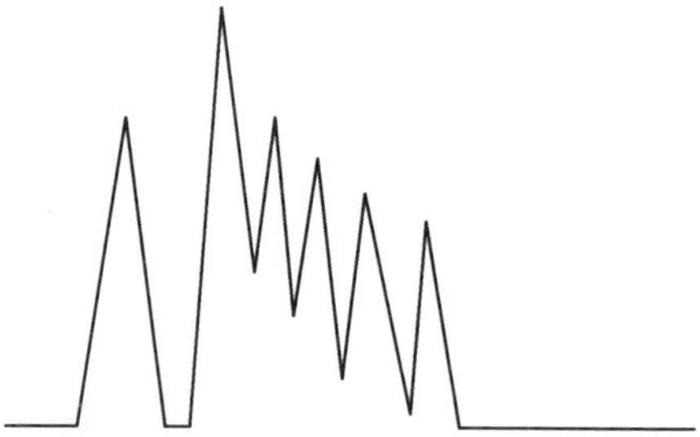

图 3－6　完全未复合区域的波形

表 3－1　堆焊层超声检测质量分级

缺陷等级	堆焊层内缺陷		堆焊层与基材未结合缺陷
	双晶直探头、直探头	纵波双晶斜探头、纵波斜探头	—
Ⅰ	当量＜Ø3 mm	当量＜Ø1.5－2 dB	缺陷长径小于等于 25 mm 的未结合区域
Ⅱ	当量≥Ø3～3＋6 dB，且长度≤30 mm	当量≥Ø1.5－2 dB～Ø1.5＋4 dB 且长度≤30 mm	缺陷长径小于等于 40 mm 的未结合区域
Ⅲ	缺陷当量或长度超过Ⅱ级或缺陷性质判为裂纹时		超过Ⅱ级

（2）除判断为基材原始非裂纹类缺陷外，堆焊层层下缺陷一般应定为Ⅲ级。

2）缺陷评定

经现场超声检测，该除氧器不锈钢内衬堆焊层未发现可疑超声波信号反射。经评定，该复合板合格。

10.检测记录与报告

根据相关技术标准要求,做好原始记录及检测报告的编制、审批、签发等。

3.2　高压加热器筒体焊缝脉冲反射法超声检测

高压加热器是利用汽轮机的部分抽气对给水进行加热的装置。作为一种热量转换装置,主要应用于大型火电机组的回热系统,其传热性能的优劣直接影响机组的经济性与安全性。

某火力发电厂高温加热器外形如图 3-7 所示,材质为 SA387Gr11CL2,规格为 Φ1 800 mm×85 mm×9 000 mm(外径×壁厚×长度)。根据设计图纸可知容器焊缝坡口为 X 形坡口,检测标准为 NB/T 47013.3—2015,验收标准为《压力容器》(GB 150—2011),检测技术等级不低于 B 级,质量等级不低于 Ⅰ 级。

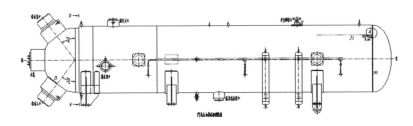

图 3-7　高温加热器结构

具体操作及检测过程如下。

1.仪器与探头

(1)仪器:武汉中科 HS700 型数字式超声波检测仪。

(2)探头:探头根据标准 NB/T 47013.3—2015 选择,具体如表 3-2 所示;探头数量根据表 3-3 所示平板对接焊缝检测的具体要求选择。

表 3-2　推荐探头折射角(K 值)及频率选择

板厚 t/mm	K 值(折射角)/(°)	标称频率/MHz
6～25	71.6～63.4(3.0～2.0)	4～5
>25～40	68～56(2.5～1.5)	2～5
>40	63.4～45(2.0～1.0)	2～2.5

表 3-3 平板对接焊缝检测的具体要求

检测技术等级要求	工件厚度 t/mm	纵向缺陷检测			横向缺陷检测	
		斜探头检测			斜探头横向扫查	
		不同折射角探头数量	检测面	探头移动区宽度	不同折射角探头数量	检测面
B	$40 < t \leqslant 100$	1 或	双面双侧	1.25P	1	单面
		2	单面双侧			

注：P 为跨距，且 $P = 2Kt$，单位为 mm；K 为探头折射角的正切值。

根据现场检测条件（检测面为加热器外表面，单面双侧检测），保证最大限度检测到整个焊缝，因此，本案例中的筒体焊缝检测选用探头型号为多浦乐探头 2.5P13×13K1，钢中前沿 15 mm；2.5P13×13K2.5，钢中前沿 14 mm。

2. 试块及耦合剂

（1）标准试块：CSK-ⅠA（钢）试块。

（2）对比试块：CSK-ⅡA-2（钢）试块。

（3）耦合剂：化学浆糊。

3. 扫查速度调整

本案例选择深度法，按照深度定位 1：1 扫描速度调节仪器。

4. 参数测量与仪器设定

用标准试块 CSK-ⅠA（钢）校验探头的入射点、K 值，依据检测高压加热器筒体的材质声速、厚度以及探头的相关技术参数对仪器进行设定。

5. 距离-波幅曲线的绘制

利用 CSK-ⅡA-2（钢）对比试块（Ø2 横通孔）绘制距离-波幅曲线，距离-波幅曲线灵敏度如表 3-4 所示。

表 3-4 距离-波幅曲线的灵敏度

试块型式	工件厚度 t/mm	评定线	定量线	判废线
CSK-ⅡA-2	85	Ø2×60-14 dB	Ø2×60-8 dB	Ø2×60+2 dB

6. 扫查灵敏度设定

扫查灵敏度应不低于评定线灵敏度，并保证在检测范围内最大声程处评定线高度不低于显示屏满刻度的 20%。扫查灵敏度为 Ø2×60-14 dB（耦合补偿 4 dB）。

检测和评定横向缺陷时，应将各曲线灵敏度均提高 6 dB。

7. 扫查方式

检测焊接接头纵向缺陷时,探头应放置于焊缝两侧垂直于焊缝中心线处,作锯齿型扫查。探头前后移动的范围应保证扫查到全部焊接接头截面及其热影响区,在保持探头垂直焊缝作前后移动的同时,还应作前后、左右、转角、环绕四种基本扫查方法进行扫查,以排除伪信号,确定实际缺陷的位置、方向和形状,如图 2-4 所示。

检测焊接接头横向缺陷时,探头在焊接接头两侧边缘使斜探头与焊接接头中心线成不大于 10°作两个方向斜平行扫查。如焊接接头余高磨平,探头应放在焊接接头及热影响区上作两个方向上的平行扫查,如图 2-5 和图 2-6 所示。

8. 缺陷评定

1)评定依据

缺陷评定依据标准 NB/T 47013.3—2015,具体内容如下。

(1)焊接接头不允许存在裂纹、未熔合、未焊透缺陷。评定线以下的缺陷评定为Ⅰ级。

(2)检测扫查中发现缺陷的回波幅度超过评定线时,应确定其位置、波幅、指示长度。

a. 缺陷的波幅。对于同一缺陷,应以最大反射波幅作为缺陷波幅。

b. 缺陷的位置。应以最大反射波幅的位置,作为缺陷位置。

c. 缺陷的指示长度的测定。

缺陷反射波只有一个最高点,且位于Ⅱ区以及以上时,用-6 dB 法测量其指示长度。缺陷反射波有多个高点,且均位于Ⅱ区以及以上时,应以端点-6 dB 法测量其指示长度。

对于位于Ⅰ区的缺陷反射波,应用评定线绝对灵敏度法测量其指示长度。

超过评定线的信号应注意其是否具有裂纹等危害性缺陷特征,如有怀疑时,应采取改变探头折射角(K 值)、增加检测面、观察动态波形等方法,并结合结构工艺特征作判定。当对波形不能判断时,应辅以其他检测方法作综合判定。

沿缺陷长度方向相邻两缺陷,其长度方向间距小于其中较小的缺陷长度且两缺陷在与缺陷长度相垂直方向的间距小于 5 mm 时,应作为一条缺陷处理,以两缺陷长度之和作为其指示长度(间距计入缺陷长度)。如果两缺陷在长度方向投影有重叠,则以两缺陷在长度方向上投影的左右端点间的距离作为其指示长度。

2)缺陷评定

经现场超声波检测,发现该高压加热器筒体焊缝存在 3 处记录缺陷。缺陷的具体信息如表 3-5 所示。

表 3-5   焊缝缺陷信息汇总表

序号	缺陷位置	L/mm	H/mm	SL/dB	$\pm q/mm$	评定级别
1	上偏南 300 mm 处	10	80	6	焊缝中心	Ⅰ级
2	正南偏下 10 mm 处	5	20	4	焊缝中心偏东 10 mm	Ⅰ级
3	上偏南 400 mm 丁字缝处	8	45	6	焊缝中心	Ⅰ级

根据标准 NB/T 47013.3—2015,该焊缝质量等级评定为Ⅰ级。根据标准 GB 150—2011 要求,焊接接头质量等级不低于Ⅰ级,因此,该高压加热器筒体焊缝为合格。

9. 检测记录与报告

根据相关技术标准要求,做好原始记录及检测报告的编制、审批、签发等。

3.3   高压加热器进水管弯头脉冲反射法超声检测

某火力发电厂高压加热器进水管弯头材质为 WB36,规格为 $\Phi355.6$ mm × 26 mm。根据《电站钢制对焊管件》(DL/T 695—2014)要求,管件本体超声波检测应按照标准 NB/T 47013.3—2015 采用直接接触法超声检测,合格级别为Ⅰ级。弯头超声检测位置如图 3-8 所示阴影部位。

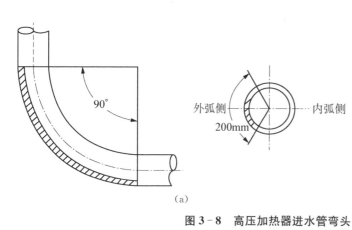

（a）   （b）

图 3-8   高压加热器进水管弯头

（a）检测位置范围；（b）弯头实物

具体操作及检测过程如下。

1. 仪器与探头

(1) 仪器:武汉中科 HS700 型数字式超声波检测仪。

(2) 探头:5 MHz 9×9 mm K1 横波斜探头。

2. 试块

(1) 标准试块:CSK－ⅠA(钢)试块。

(2) 对比试块:对比试块采用材质为 WB36 的 Φ355.6 mm×26 mm 的钢管制成。在钢管内外壁加工成平行于管轴的纵向槽和垂直于管轴的横向槽(均为 60°V 形槽),用来检测高压加热器进水管弯头纵向缺陷和横向缺陷,对比试块反射体如图 3－9 所示。纵向槽应在对比试块端部区域内、外表面处各加工一个 1.3 mm 深、40 mm 长的形槽。横向槽应在对比试块的中部外表面和端部区域内、外表面处各加工一个 1.3 mm 深、40 mm 长的 V 形槽。

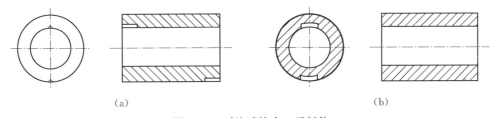

(a)   (b)

图 3－9　对比试块人工反射体

(a)纵向人工反射体;(b)横向人工反射体

3. 扫查速度调整

本案例选择深度法,按照深度定位 1∶1 扫描速度调节仪器。

4. 参数测量与仪器设定

用标准试块 CSK－ⅠA(钢)校验探头的入射点、K 值,依据检测工件的材质声速、厚度以及探头的相关技术参数对仪器进行设定。

5. 距离-波幅曲线的制作

检测纵向缺陷时,用平行于管轴的纵向槽制作曲线。在对比试块上将内壁人工反射体的回波幅度调到显示屏满刻度的 80%,再移动探头,找出外壁人工反射体的最大回波,连接两点即距离-波幅曲线,作为检测时的基准灵敏度。

检测横向缺陷时,用垂直于管轴的横向槽制作曲线。在对比试块上将内壁人工反射体的回波幅度调到显示屏满刻度的 80%,再移动探头,找出外壁人工反射体的最大回波,连接两点即距离-波幅曲线,作为检测时的基准灵敏度。

6. 扫查灵敏度设定

保证在检测范围内最大声程处评定线高度不低于显示屏满刻度的 20%。扫查灵敏度比基准灵敏度再提高 6 dB。

7. 扫查方式

检测纵向缺陷时声束在管壁内沿圆周方向传播,如图 3-10 所示;检测横向缺陷时声束在管壁内沿管轴方向传播,如图 3-11 所示。纵向、横向缺陷的检测均应在钢管的两个相反方向上进行。探头相对钢管螺旋进给的螺距应保证超声波束对钢管进行 100%扫查时,应有不小于 15%的覆盖率。

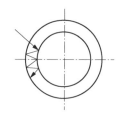 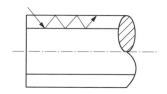

图 3-10　管壁内声束的周向传播　　　图 3-11　管壁内声束的轴向传播

8. 缺陷评定

1)评定依据

记录回波幅度大于或等于对比试块人工反射体距离-波幅曲线 50%高度的缺陷。弯头直接接触法超声检测质量分级如表 3-6 所示。

表 3-6　弯头直接接触法超声检测质量分级

等级	允许缺陷回波幅度
Ⅰ	低于相应的对比试块人工反射体距离-波幅曲线的 50%,即 $H_d < 50\%$DAC
Ⅱ	低于相应的对比试块人工反射体距离-波幅曲线,即 50%DAC$\leqslant H_d <$DAC
Ⅲ	大于等于相应的对比试块人工反射体距离-波幅曲线,即 $H_d \geqslant$DAC

注:H_d 代表回波波幅。

2)结果评定

经现场超声波检测,发现该高压加热器进水管弯头在检测范围内外表面存在断续长约 40 mm 的异常反射波,波幅 $H_d > 50\%$DAC,判定为裂纹类缺陷。根据标准相关规定及要求,该高压加热器进水管弯头不合格。

9. 解剖验证

经现场割管、打磨,并进行磁粉检测(MT)。磁粉检测结果为裂纹,裂纹形貌如图 3-12 所示。解剖验证结果进一步证明了超声检测结果的可靠性和正确性。

图 3 - 12　弯头背弧外壁异常反射处磁粉检测结果照片

10. 检测记录与报告

根据相关技术标准要求,做好原始记录及检测报告的编制、审批、签发等。

3.4　高加疏水至除氧器管道对接焊缝脉冲反射法超声检测

某火力发电厂高加疏水至除氧器管道,管道材质为 20G,管道规格为 $\Phi219\,mm\times10\,mm$。由于部分管道长期处于振动状态,电厂于停机期间对管道振动较大部位的对接焊缝进行脉冲反射法超声检测,具体检测位置如图 3 - 13 所示。检测标准为NB/T 47013.3—2015,检测技术等级为 B 级,质量等级为 I 级合格。

具体操作及检测过程如下。

1. 仪器与探头

(1) 仪器:武汉中科 HS700 数字式超声波检测仪。

(2) 探头:根据标准 NB/T 47013.3—2015,检测工作面为管道外表面单面双侧,但由于所检焊缝均为弯头与直管段连接的焊缝,部分位置不能实现单面双侧检测,故选用两种不同折射角探头,即多浦乐 5P9×9β72°斜探头,钢中前沿距离为 9 mm;5P9×9Kβ60°斜探头,钢中前沿距离为 10 mm。

2. 试块及耦合剂

(1) 标准试块:CSK - I A(钢)试块。

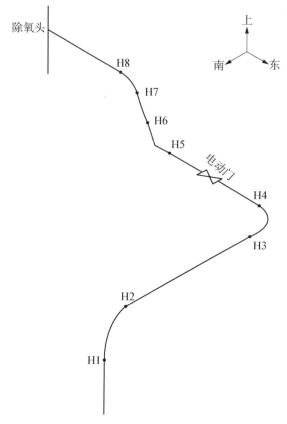

图 3-13 高加疏水至除氧器管道对接焊缝检测位置

注:1. 管道材质 20G;2. 管道规格 Ø219 mm×10 mm;3. Hx 为对接环焊缝编号。

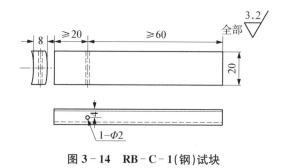

图 3-14 RB-C-1(钢)试块

（2）对比试块:RB-C-1(钢)试块,如图 3-14 所示。

（3）耦合剂:化学浆糊。

3. 参数测量与仪器设定

用标准试块 CSK-ⅠA(钢)按深度 1:1 调节仪器,校验探头的入射点、K 值,依据检测管道的材质声速、厚度以及探头的相关技术参数对仪器进行设定。

4. 距离-波幅曲线的绘制

探头 K 值与前沿测定好后,进行 DAC 曲线的绘制。

将超声检测仪屏幕界面声程设置为 2T,即 20 mm。

在 RB-C-1(钢)对比试块上前后移动探头,依次找出 4 mm、12 mm、20 mm 深

处 Ø2 横通孔最高反射回波,按确定键结束曲线的制作,此时形成的曲线为 DAC 基准曲线。

在仪器参数相应位置输入评定线灵敏度(-18 dB)、定量线灵敏度(-12 dB)、判废线灵敏度(-4 dB),此时在屏幕上形成三条曲线,如图 3-15 所示,将屏幕划分为Ⅰ、Ⅱ、Ⅲ三个区域。现场探伤时,操作者可根据反射体回波高度所在的区域、长度等特性对缺陷进行评定。

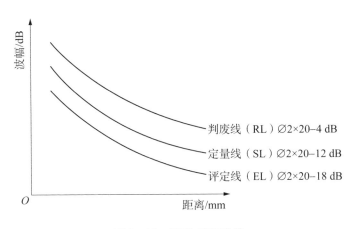

图 3-15　距离-波幅曲线

5. 扫查灵敏度设定

扫查灵敏度为 Ø2×20-18 dB(耦合补偿 4 dB),检查横向缺陷时灵敏度再提高 6 dB,并保证在检测范围内最大声程处评定线高度不低于显示屏满刻度的 20%。

6. 扫查方式

检测焊接接头纵向缺陷时,斜探头在焊缝两侧扫查,探头垂直于焊缝中心线放置在焊缝两侧作锯齿型扫查。探头前后移动的范围应保证扫查到全部焊接接头截面及其热影响区,单侧移动宽度为 1.25P(75 mm),在保持探头垂直焊缝作前后移动的同时,还应作前后、左右、转角、环绕等方向的扫查,排除伪信号,确定实际缺陷的位置、方向、形状。

检测横向缺陷时,可在焊接接头两侧边缘使斜探头与焊接接头中心线成不大于 10°角作两个方向斜平行扫查。

7. 缺陷指示长度的测定及评定依据

1) 缺指示长度的测定

(1) 缺陷反射波只有一个最高点,且位于Ⅱ区及以上时,用-6 dB 法测量其指示长度。缺陷反射波有多个高点,且均位于Ⅱ区及以上时,应以端点-6 dB 法测量其指示长度。

（2）对于位于Ⅰ区的缺陷反射波，应用评定线绝对灵敏度法测量其指示长度。

（3）超过评定线的信号应注意其是否具有裂纹等危害性缺陷特征，如有怀疑时，应采取改变探头折射角（K值）、增加检测面、观察动态波形的方法，并结合结构工艺特征作判定。当对波形不能判断时，应辅以其他检测方法作综合判定。

（4）沿缺陷长度方向相邻两缺陷，其长度方向间距小于其中较小的缺陷长度且两缺陷在与缺陷长度相垂直方向的间距小于5mm时，应作为一条缺陷处理，以两缺陷长度之和作为其指示长度（间距计入缺陷长度）。如果两缺陷在长度方向投影有重叠，则以两缺陷在长度方向上投影的左右端点间距离作为其指示长度。

2）缺陷评定依据

评定依据标准 NB/T 47013.3—2015，具体内容如下。

不允许存在裂纹、未熔合、未焊透缺陷。评定线以下的缺陷评定为Ⅰ级。检测扫查中发现缺陷的回波幅度超过评定线时，应确定其位置、波幅、指示长度。

8. 缺陷评定

1）检测结果

经现场超声检测，发现高加疏水至除氧器管道 H5、H6 焊缝存在超标缺陷，缺陷具体信息如表 3-7 所示。

表 3-7　管道焊缝缺陷信息表

高加疏水至除氧器管道对接焊缝缺陷记录表						
序号	焊缝编号	缺陷位置	L/mm	H/mm	SL/dB	$\pm q$/mm	评定级别
1	H5	焊缝根部	断续整周	6～10	9	焊缝中心	Ⅲ级
2	H6	焊缝正东根部	断续50	6～10	5	焊缝中心	Ⅲ级

2）缺陷评定

根据标准 NB/T 47013.3—2015 对缺陷进行评定。由于 H5、H6 焊缝缺陷等级为Ⅲ级，因此，该高加疏水至除氧器管道焊缝评定为不合格，需要扩大检测范围并对已发现缺陷的焊缝进行消缺处理。

9. 检测记录与报告

根据相关技术标准要求，做好原始记录及检测报告的编制、审批、签发等。

3.5　加热器管板对接焊缝脉冲反射法超声检测

在电力行业，高压加热器、低压加热器、热网加热器等管壳式换热器管板接头失效和管板开裂是生产运行中普遍存在的问题。管板对接焊缝部位坡口型式较为复杂,制造过程中根部容易形成未焊透缺陷,层间容易出现裂纹、未熔合、夹杂、气孔等缺陷。为了有效地防止压力容器等承压设备的爆破事故,必须严格按照国家和行业的要求,对其实施从设计、制造、安装、运行、检修到检验的全过程进行管理。在电站压力容器的定期检验中,常采用无损检测方法来及时了解并掌握管板对接焊缝的质量状况,从而保障电站锅炉的安全运行。

某电厂 2# 机组检修期间,根据相关规程及标准要求,需要对 2#、3# 热网加热器进行定期检验,尤其是对筒体 T 形接头部位纵、环焊缝等重点部位进行超声检测。检测要求采用 A 型脉冲反射法超声。检测依据为 NB/T 47013.3—2015,检测技术等级为 B 级。热网加热器规格为 Di2000×21/16 mm,材质为 Q345R;水室管板材质为 16Mn Ⅲ＋5 mm 材质为 022Cr17Ni12Mo2 不锈钢堆焊层。经查阅资料,发现该热网加热器管板焊缝采用标准《热交换器》(GB/T 151—2014)附录 I 管板与管箱、筒体的焊接连接中 L.2 中 a)$p \leqslant 4MPa$ 时的结构形式,如图 3-16 所示。

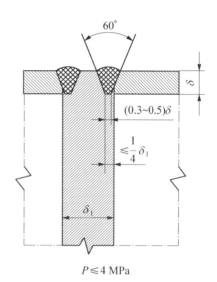

图 3-16　管板与水室对接焊缝结构形式

具体操作及检测过程如下。

1. 仪器与探头

(1) 仪器:武汉中科汉威 HS611e 型数字式超声探伤仪。

(2) 探头:2.5P13×13K2 斜探头,探头前沿 12 mm。

2. 试块与耦合剂

(1) 标准试块:CSK-ⅠA(碳钢)试块。

(2) 对比试块:CSK-ⅡA-1(碳钢)试块,如图 3-17 所示。

(3) 耦合剂:化学浆糊或机油。

(4) 其他器材:钢板尺。

3. 检测准备

(1) 检测前应查阅被检容器相关资料,主要包括容器的名称、规格、材质及管板部位特殊结构形式等,历次检验检测资料。

(2) 应打磨检测表面,其表面粗糙度应不大于 6.3 μm。

(3) 检测前,焊缝表面应经宏观检查合格。

4. 参数测量与仪器设定

用标准试块 CSK-ⅠA(碳钢)校验探头的入射点、K 值,校正零偏,依据检测管板

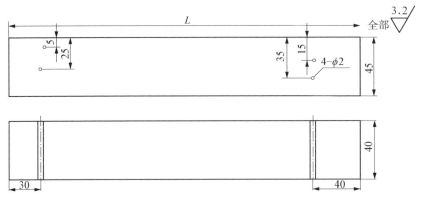

图 3-17　CSK-ⅡA-1(碳钢)试块

的材质声速、厚度以及探头的相关技术参数对仪器进行设定。

5. 距离-波幅曲线的绘制

利用 CSK-ⅡA-1(碳钢)对比试块(Ø2 横通孔)绘制距离-波幅曲线,管板水侧壳体厚度 t 为 21mm,检测技术等级为 B 级。其灵敏度选择如表 3-8 所示。

表 3-8　斜探头距离-波幅曲线的灵敏度

试块型式	工件厚度 t/mm	评定线	定量线	判废线
CSK-ⅡA-1（碳钢）	21	Ø2×40－18 dB	Ø2×40－12 dB	Ø2×40－4 dB

6. 扫查灵敏度设定

扫查灵敏度应不低于评定线灵敏度,并保证在检测范围内最大声程处评定线高度不低于显示屏满刻度的 20%,其灵敏度评定线为 Ø2×40－18 dB。

检测和评定横向缺陷时,应将各曲线灵敏度均再提高 6dB。

7. 检测实施

(1) 常规检测。以锯齿形扫查方式在 T 形接头焊缝的单面双侧进行初探,发现可疑缺陷信号后,再辅以前后、左右、转角、环绕四种基本扫查方式对其进行确定。

(2) 横向缺陷检测。检测焊接接头横向缺陷时,可在焊接接头两侧边缘使探头与焊接接头中心线成不大于 10°作两个方向斜平行扫查。如焊接接头余高磨平,探头应在焊接接头及热影响区上作两个方向的平行扫查。

8. 缺陷定量

采用 2.5P13×13K2 探头对 T 形接头对接焊口进行超声检测,分别在 2♯ 和 3♯ 热网加热器管板与水室环焊缝处发现存在一处超标缺陷 Q1 和断续整圈根部未焊透 Q2。所检测缺陷信息如表 3-9 所示。

表 3 - 9　缺陷信息

焊缝编号	缺陷序号	深度/mm	幅值/dB	距焊缝中心位置/mm	指示长度/mm	评定级别	缺陷位置
2♯热网	Q1	13	SL+17	0	40	Ⅲ	
2♯热网	Q2	21	SL+18	0	断续整圈	Ⅲ	根部未焊透
3♯热网	Q1	14	SL+13	−5	50	Ⅲ	
3♯热网	Q2	21	SL+17	0	断续整圈	Ⅲ	根部未焊透

9. 缺陷评定

依据标准 NB/T 47013.3—2015 相关规定及要求,对 2♯、3♯热网加热器管板与水室环焊缝处发现存在的缺陷进行评定。经评定,该两台热网加热器管板与水室环焊缝均为不合格焊缝,需要进行返修处理。

10. 解剖验证

对 2♯、3♯热网管板对接焊缝进行整体返修,解剖过程中发现该焊缝存在明显的层间裂纹及根部未焊透缺陷,并用渗透检测(PT)进行进一步验证,其结果证明了超声检测结果的正确性和可靠性。渗透检测缺陷情况如图 3 - 18 所示。

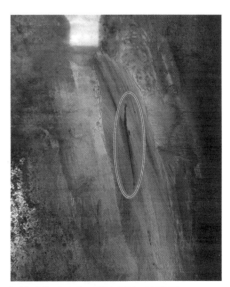

图 3 - 18　管板对接焊缝层间及根部缺陷解剖、渗透检测验证结果图

11. 检测记录与报告

根据相关技术标准要求,做好原始记录及检测报告的编制、审批、签发等。

第 4 章　压力管道

　　压力管道,是指利用一定的压力,用于输送气体或者液体的管状设备,主要由管子、管件、法兰、紧固件、阀门、膨胀节、波纹管、密封件及特种元件组成。其中,管件是将管道连接到一起的重要组成部分,主要起连接、分流、改变流向、减震等作用,主要包括弯头、三通、大小头等。在火力发电机组中,压力管道作为最重要组成部分之一,主要包括主蒸汽管道、高温再热蒸汽管道、低温再热蒸汽管道、给水管道,俗称"四大管道"。除此之外,还有高压旁路管道、低压旁路管道等。压力管道在服役过程中除了长期处于高温高压状态外,还要承受机组调峰启停过程中的温差和应力。为了电厂设备能安全、高效地运行,国家和相关政府职能部门都对压力管道的安全制定和颁布了相关法规、标准,尤其是对压力管道定期检验的时间周期、检验检测内容及比例、检测方法等都做了具体而详实的规定。对于电力行业电源侧压力管道设备或部件的超声检测,主要检测对象有四大管道及高压旁路管道的焊缝、弯头、三通等。

4.1　P91/P92 主蒸汽管道对接焊缝微裂纹脉冲反射法超声检测

　　P91 钢属于改良型 9Cr‐1Mo 高强度马氏体耐热钢,该钢具有较好的抗氧化性能和抗高温腐蚀性能,良好的冲击韧性、高而稳定的持久塑性及热强性能,优良的导热系数和较小的膨胀系数。

　　P92 钢是在 P91 耐热钢基础上经过改良而发展起来的新型耐热钢。1974 年,美国橡树岭国家实验室和燃烧工程公司联合改进已有的 9Cr1Mo 钢,通过添加适量的 V、Nb 和 C、N 结合形成细小的 MX 型析出相提高其高温强度。经过 100 多种成分调试,最终于 1980 年确定了一种改良型的钢种,即 T/P91 钢。相较于 2.25Cr‐1Mo 等低合金钢,T/P91 钢具有更高的蠕变强度和更好的热物理性能;相较于 300 系列奥氏体不锈钢,T/P91 钢具有较低的热膨胀系数和较高的热导率。因此,T/P91 钢在火电机组迅速得到广泛应用。但是,在 20 世纪 90 年代初,日本某研究机构发现,当温度超过 600℃时,T/P91 钢性能不能满足长期运行的要求,因此对 T/P91 钢进行了改进,具体措施是适当降低 Mo 增加 W(1.5%～2%)和 N,以提升固溶强化效果,加入

V、Nb和N形成MX型碳氮化物,以提升析出强化效果,加入微量B阻碍析出物粗化,降低杂质P、S等含量,以提升纯净度,从而开发出了T/P92钢。T/P92钢可以用于蒸汽温度600℃的火力发电机组中。

自1996年开始,国产300 MW、600 MW级以上亚临界机组和超临界机组开始大量采用P91钢作为主蒸汽、高温再热蒸汽管道及末级过热器、再热器集箱的用材。P91/P92钢不仅具有高的抗氧化性能和抗高温蒸汽腐蚀性能,还具有良好的冲击韧性和高而稳定的持久塑性及热强性能。在使用温度低于620℃时,其许用应力高于奥氏体不锈钢,已经成为超超临界机组高温管道的常用钢种之一。随着我国逐步实现600 MW、1 000 MW等大容量高参数机组的国产化,对P91/P92使用率也在增加。但是由于焊接过程控制不严等原因,导致P91/P92钢焊缝内存在大量原始缺陷。在对电力系统已安装机组运行检修过程中,超声波检测发现的缺陷主要以冷裂纹、热裂纹、未熔及细小夹渣等为主,尤其是以微小裂纹类缺陷为主的层间缺陷。由于P91钢添加了大量的合金元素,所以其声学性能与普通碳素钢有较大差异。因此,需要采用合理有效的超声波检测方法保证对该类缺陷的检出率,从而保障锅炉安全运行。

1. P92主蒸汽管道对接焊缝微裂纹脉冲反射法超声检测

某火力发电厂主蒸汽管道材料为SA335 - P92,管道规格为$\Phi550\,mm\times91\,mm$,主蒸汽出口压力为25 MPa,出口温度为600℃。检测标准为《承压设备无损检测　第3部分:超声检测》(NB/T 47013.3—2015),验收标准为《锅炉安全技术规程》(TSG 11—2020),检测技术等级不低于B级,质量等级不低于Ⅰ级。

具体操作及检测过程如下。

1) 仪器与探头

(1) 仪器:武汉中科HS700型数字式超声波检测仪。

(2) 探头:根据NB/T 47013.3—2015标准中附录N《不同类型焊接接头超声检测的具体要求》的相关规定要求选择,其中,探头折射角及频率的选择如表4-1所示,平板对接焊缝检测的具体要求如表4-2所示。

表4-1　推荐探头折射角(K值)及频率选择

板厚 T/mm	折射角(K值)/(°)	标称频率/MHz
6~25	71.6~63.4(3.0~2.0)	4~5
>25~40	68~56(2.5~1.5)	2~5
>40	63.4~45(2.0~1.0)	2~2.5

表 4 - 2　平板对接焊缝检测的具体要求

检测技术等级要求	工件厚度 t/mm	纵向缺陷检测			横向缺陷检测	
		斜探头检测			斜探头横向扫查	
		不同折射角探头数量	检测面	探头移动区宽度	不同折射角探头数量	检测面
B	$40 < t \leqslant 100$	1 或	双面双侧	$1.25P$	1	单面
		2	单面双侧			

根据现场检测条件,选择单面单侧检测,选择探头型号为 2.5P13×13K1、2.5P13×13K2.5。

2)试块与耦合剂

(1)试块。P91/P92 钢具体化学成分如表 4-3 所示,其合金成分明显高于 20♯ 钢、12Cr1MoV 钢等常用钢,由于 P91/P92 马氏体耐热钢合金元素含量大幅增加,导致材料声学性能发生变化,引起探头角度的变化。碳素钢平均横波声速为 3230m/s,P91 钢平均横波声速为 3310m/s,P92 钢平均横波声速为 3280m/s。实验表明,检测 P91/P92 类钢材,所选探头 K 值越大,角度偏差越大,这种变化影响缺陷定位定量,所以试块的选择对缺陷定位及定量尤为重要。

表 4 - 3　P91/P92 钢主要化学成分

标准	钢种	Cr	Mn	Ni	Nb	Mo	V	W
《高压锅炉用无缝钢管》(GB/T 5310—2017)	P91	8.00～9.50	0.30～0.60	≤0.40	0.06～0.10	0.85～1.05	0.18～0.25	—
	P92	8.50～9.50	0.30～0.60	≤0.40	0.04～0.09	0.30～0.60	0.15～0.25	1.5～2.0

标准指出,对比试块应与被检工件或材料的化学成分相似,且具有意义明确的参考反射体的试块。因此,按照标准要求,本部分所用试块:标准试块为 CSK-ⅠA (P92),用于调节斜探头入射角、折射角,如图 4-1 所示;对比试块为 CSK-ⅡA-2 (P92),用于制作距离-波幅曲线,如图 4-2 所示。

(2)耦合剂:化学浆糊。

3)扫查速度调整

对 P92 钢主蒸汽管道对接焊缝检测时,扫查速度调节有声程法、水平法、深度法,此处选择深度法,按照深度定位 1:1 扫描速度调节仪器。

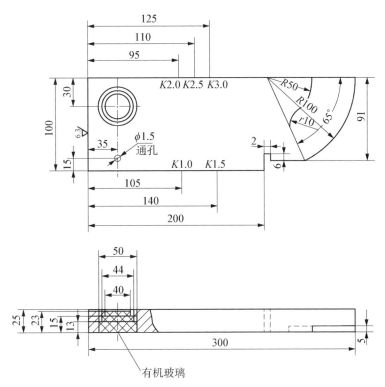

图 4 - 1　CSK - 1A(P92)试块

注:尺寸误差不大于±0.05mm。

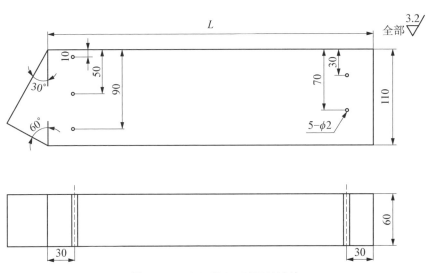

图 4 - 2　CSK - ⅡA - 2(P92)试块

4）检测灵敏度

按照标准 NB/T 47013.3—2015 要求,此次主蒸汽管道对接焊缝的距离-波幅曲线的灵敏度如表 4-4 所示。

表 4-4 距离-波幅曲线的灵敏度选择

试块型式	工件厚度 t/mm	评定线	定量线	判废线
CSK-ⅡA-2(P92)	91	$\varnothing 2 \times 60 - 14$ dB	$\varnothing 2 \times 60 - 8$ dB	$\varnothing 2 \times 60 + 2$ dB

检测时扫查灵敏度不应低于评定线灵敏度,且在检测范围内最大声程处的评定线高度不应低于满屏的 20%。

检测和评定横向缺陷时,应将各曲线灵敏度均提高 6 dB。

5）扫查方式

检测焊接接头纵向缺陷时,斜探头应垂直于焊缝中心线放置于检测面上,作锯齿型扫查。探头前后移动的范围应保证扫查到全部焊接接头截面及其热影响区,在保持探头垂直焊缝作前后移动的同时,还应作前后、左右、转角、环绕四种基本扫查方式进行扫查,以排除伪信号,确定实际缺陷的位置、方向和形状(见图 2-4)。

检测焊接接头横向缺陷时,可在焊接接头两侧边缘使斜探头与焊接接头中心线成不大于 10°作两个方向斜平行扫查。如焊接接头余高磨平,探头应放在焊接接头及热影响区上作两个方向上的平行扫查,具体扫查方法如图 2-5 和图 2-6 所示。

6）检测实施

检测扫查中发现缺陷的回波幅度超过评定线时,应确定其位置、波幅及指示长度。

(1) 缺陷的波幅。对于同一缺陷,应以最大反射波幅作为缺陷波幅。

(2) 缺陷的位置。应以最大反射波幅的位置作为缺陷位置。

(3) 缺陷的指示长度的测定。

缺陷反射波只有一个最高点,且位于Ⅱ区以及以上时,用 -6 dB 法测量其指示长度。缺陷反射波有多个高点,且均位于Ⅱ区以及以上时,应以端点 -6 dB 法测量其指示长度。

对于位于Ⅰ区的缺陷反射波,应用评定线绝对灵敏度法测量其指示长度。

超过评定线的信号应注意其是否具有裂纹等危害性缺陷特征,如有怀疑时,应采取改变探头折射角(K 值)、增加检测面、观察动态波形的方法,并结合结构工艺特征作判定,当对波形不能判断时,应辅以其他检测方法作综合判定。

　　沿缺陷长度方向相邻两缺陷,其长度方向间距小于其中较小的缺陷长度且两缺陷在与缺陷长度相垂直方向的间距小于 5 mm 时,应作为一条缺陷处理,以两缺陷长度之和作为其指示长度(间距计入缺陷长度)。如果两缺陷在长度方向投影有重叠,则以两缺陷在长度方向上投影的左右端点间距离作为其指示长度。

　　7) 缺陷波形识别

　　检测过程中发现的微裂纹缺陷普遍反射回波当量较低,对缺陷进行解剖后发现裂纹长度多在 3~5 mm,缺陷自身高度较小。如图 4 - 3 所示为 P92 钢焊缝中微裂纹的最高波波形及包络线。

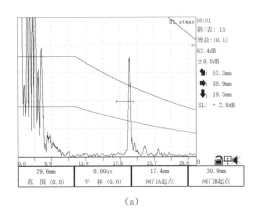 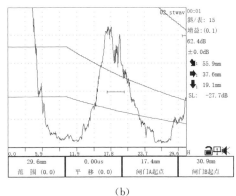

(a)　　　　　　　　　　　　　　　　(b)

图 4 - 3　P92 钢焊缝缺陷的最高波波形及包络线

(a)缺陷的最高波波形;(b)缺陷的包络线

　　对图 4 - 3 所示的缺陷最高回波波形和前后扫查动态波形进行分析,可以看出,该类缺陷的回波为一尖锐的锯齿状回波。当探头进行前后、左右扫查时,反射波包络线范围很小,较为尖锐,根部干净,探头与焊缝成一定的角度,具有裂纹的特征,左右转动探头时,反射波幅变化较快,会看到锯齿状的波峰交错变化。

图 4 - 4　P92 钢焊缝车削后渗透检测裂纹形貌图

　　8) 缺陷验证

　　经过对所发现的缺陷进行车削,并进行渗透检测(PT),渗透检测结果与超声检测时发现的裂纹波形相互验证,渗透检测结果如图 4 - 4 所示。

　　9) 缺陷评定

　　根据标准 NB/T 47013.3—2015 中的规定,对接焊接接头不允许存在裂纹、未熔合、未焊透缺陷;评定线以下的缺陷评定为Ⅰ级。

由于该 P92 主蒸汽管道对接焊缝存在裂纹,因此,检测结果为不合格,需要对该焊缝进行返修处理。

10) 检测记录与报告

根据相关技术标准要求,做好原始记录及检测报告的编制、审批、签发等。

2. P91 主汽管道对接焊缝微裂纹脉冲反射法超声检测

根据年度检修计划及相关标准规定,某发电厂决定在 1# 机组检修期间,对汽机侧 6.3 m 平台的部分主蒸汽管道进行超声波检测,以检测管道对接焊缝内部是否存在超标缺陷。要求采用 A 型脉冲反射法超声对该焊缝进行检测。检测标准为 NB/T 47013.3—2015,检测技术等级为 B 级。该主蒸汽管道材质为 SA335P91,规格为 $\Phi453$ mm×41.5 mm。

具体操作及检测过程如下。

1) 仪器与探头

(1) 仪器:武汉中科汉威 HS611e 型数字式超声探伤仪。

(2) 探头:2.5P13×13K1、K2 斜探头,探头前沿 12 mm。

2) 试块、耦合剂及其他器材

超声波探伤的扫描速度的调整、探头的 K 值测试均需在试块上完成,不同种类钢存在声速差,对于纯金属或合金,在不需要进行精确测定时,声速差在 5% 以内,可以忽略对声程的影响。由于 P91 钢与低合金钢的声速差异较大,普通碳钢试块与 P91 材料声速的差异过大,对探头的折射角改变和缺陷深度、水平位置定位均产生一定的偏差。因此,为了准确调整扫描速度、缺陷定位和定性,必须选用同材质或与 P91 声速相同的材料制作对比试块。

(1) 试块:CSK-ⅠA(SA335P91)标准试块;CSK-ⅡA-2(SA335P91)对比试块。

(2) 耦合剂:化学浆糊或机油。

(3) 其他器材:钢板尺。

3) 参数测量与仪器设定

用标准试块 CSK-ⅠA(SA335P91)校验探头的入射点、K 值,校正零偏,依据检测主蒸汽管的材质声速、厚度以及探头的相关技术参数对仪器进行设定。

4) P91 实际声速的测定

为了保证实际检测的准确性,可在与被检工件声学性能相近的 P91 试块上进行实际声速的测定。

测量方法:多次底波法测定,将探头置于 CSK-ⅠA 试块上的 $R=50$ mm、$R=100$ mm 两个圆弧面来进行。调节超声波探伤仪,获得 $R=50$ mm 和 $R=100$ mm 两处的最高反射波。在测定过程中,如果探伤仪可以显示传播时间,直接测出 1 次反射波和 2 次反射波的时间差 Δ_t ,则按式(4-1)可以计算出超声波横波声速 c 。

$$c = \frac{2d}{\Delta t} \tag{4-1}$$

式中, c 为钢中的横波声速; d 为钢中声程; Δt 为钢中横波传播时间。

在测定过程中,如果探伤仪只能显示声程,输入相近的声速 c' ,用仪器闸门测出反射波 B_1 和反射波 B_2 的声程 S_1 和 S_2 ,计算反射波 B_1 和反射波 B_2 的声程差 $\Delta s = S_2 - S_1$,该值与仪器的零偏值调节位置无关。声波的实际传播距离为 $2\Delta s$,则反射波 B_1 和反射波 B_2 的时间差为

$$\Delta t = \frac{2\Delta s}{c'} \tag{4-2}$$

将式(4-2)代入式(4-1),得声速 c 为

$$c = \frac{2d}{2\Delta s} \times c' = \frac{d}{\Delta s} c' \tag{4-3}$$

根据上述方法测量试块标准圆弧的 $R = 50 \text{ mm}$ 和 $R = 100 \text{ mm}$ 两处在预设声速下的最高反射波声程,计算得出 P91 声速结果。

能产生横波多次反射波的超声波试块有很多,如 CSK-ⅠA 试块、带刻槽的ⅡW试块、牛角试块、半圆试块等,理论上说,这些试块都可以用来测定材料的横波声速。

为了比较准确地测试材料的横波声速,选用半圆试块或者牛角试块,找到反射波的最高点后,固定探头不动,利用两个圆弧同时产生的多次反射波测量横波声速,此种方法精度最高。

5) 距离-波幅曲线的绘制

利用 CSK-ⅡA-2(SA335P91)对比试块(Ø2 横通孔)绘制距离-波幅曲线,该主蒸汽管管壁厚度 t 为 41.5 mm,检测技术等级为 B 级,其灵敏度选择如表 4-5 所示。

表 4-5　斜探头距离-波幅曲线的灵敏度

试块型式	工件厚度t/mm	评定线	定量线	判废线
CSK-ⅡA-2 (SA335P91)	41.5	Ø2×60-14 dB	Ø2×60-8 dB	Ø2×60+2 dB

6) 扫查灵敏度设定

扫查灵敏度应不低于评定线灵敏度,并保证在检测范围内最大声程处评定线高度不低于显示屏满刻度的 20%,其灵敏度评定线为 Ø2×60-14 dB。

检测和评定横向缺陷时,应将各线灵敏度均再提高 6 dB。

7) 检测实施

(1) 常规检测。因焊缝与弯头相连接,受到结构限制,以锯齿形扫查方式在钢管的单面单侧进行初探,发现可疑缺陷信号后,再辅以前后、左右、转角、环绕四种基本扫查方式对其进行确定。

(2) 横向缺陷检测。依据标准 NB/T 47013.3—2015 中第 6.3.9.1.2 条进行横向缺陷检测。

8) 缺陷定量

采用 2.5P13×13K1、2.5P13×13K2 斜探头对汽机侧 6.3 m 平台部分主蒸汽管道对接焊缝进行超声波检验。

经现场超声波检测,检测结果:机侧 H2～H8 焊口存在多处超标缺陷,缺陷深为 8～32 mm;缺陷幅度大于或接近于定量线,大部分缺陷单个指示长度 5～10 mm,缺陷分布断续整圈。依据标准 NB/T 47013.3—2015 要求采用−6 dB 法对缺陷指示长度进行测定。其中,机侧 H2 焊口缺陷记录如表 4−6 所示,具体检验部如图 4−5 所示。

表 4−6　汽机主蒸汽 H2 焊口超声波检测缺陷记录表

缺陷序号	缺陷深度/mm	距焊缝中心距离/mm	幅值/dB	缺陷指示长度/mm	缺陷位置（以时钟指示方向为准）
1	26	+2	SL+1	5	0:10
2	36	−1	SL+2.5	5	0:15
3	20	+3	SL−5	30	0:15
4	35	+2	SL+5	5	0:50
5	33	−3	SL+0	5	1:00
6	13	0	SL−6	5	1:10
7	32	+1	SL+3	15	1:20
8	21	+2	SL−6	5	1:30
9	26	−2	SL+3	5	1:50
10	33	−3	SL+0	15	2:00
11	27	−1	SL−1	5	2:30
12	20	+4	SL−3	5	2:30
13	28	0	SL−2	5	2:40

（续表）

缺陷序号	缺陷深度/mm	距焊缝中心距离/mm	幅值/dB	缺陷指示长度/mm	缺陷位置（以时钟指示方向为准）
14	30	−1	SL+1	5	2:50
15	23	0	SL−1	15	3:00
16	24	+2	SL−4	5	3:20
17	29	+1	SL+1	5	4:00
18	32	+2	SL+0	5	4:10
19	21	−1	SL−5	5	4:30
20	19	−3	SL−3	5	5:00
21	23	+2	SL−4	5	5:10
22	31	+3	SL−3	5	7:00
23	25	0	SL−5	5	7:10
24	32	−2	SL+1	5	7:30

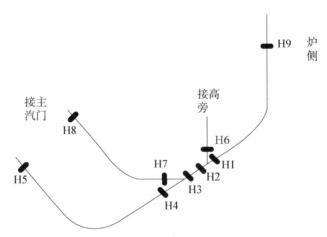

图4-5　汽机侧6.3 m平台主蒸汽管道超声检测位置

9）缺陷评定

依据标准 NB/T 47013.3—2015 6.5.1条中"锅炉、压力容器本体焊接接头质量分级"对缺陷进行评定：因对接焊缝 H2～H5 缺陷分布为断续整圈，判定为焊缝内部存在微小裂纹缺陷，H2～H5 焊缝均判定为不合格焊缝。P91 钢主汽焊缝缺陷超声检测缺陷波形及包络线如图4-6所示。

对于 P91/P92 钢，由于合金含量高，结晶温度区间范围变大，产生结晶裂纹的概率也变大。焊条电弧焊收弧时产生的弧坑裂纹和埋弧焊时产生的焊缝纵向裂纹均属热裂纹。对 P91/P92 钢焊缝中微小裂纹进行超声波检测时,其波形特征如下:在焊缝一定厚度范围内,缺陷反射波此起彼伏,缺陷较为密集;缺陷反射波幅不高,个别情况会出现反射波在Ⅱ区或者Ⅲ区以上,大多数缺陷反射波幅在Ⅰ区或者Ⅰ区以下;很多缺陷反射波与焊道存在一定夹角,探头稍一转动,缺陷波即刻消失;缺陷反射波在探头前后、左右移动过程中,反射波包络线范围很小;反射波多出现在探伤本侧,对单一缺陷从焊缝两侧检测时不能完全对应。

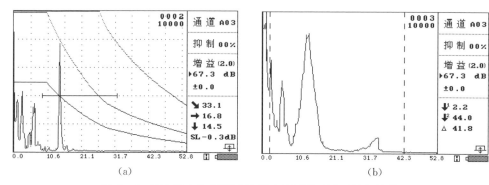

图 4-6 P91 钢主汽焊缝缺陷超声检测缺陷波形及包络线

(a)缺陷最高波波形;(b)缺陷包络线

10) 解剖验证

对 H2 主蒸汽管道焊缝采用切口机进行整体割除,并对表面进行打磨,然后进行磁粉检测(MT)。解剖过程中发现,在不同深度下均能发现微裂纹缺陷,长度为 3～5 mm,与现场超声检测结果相符合。解剖后的部分缺陷磁粉检测照片如图 4-7 所示。

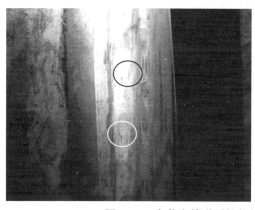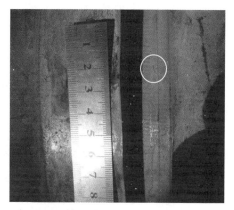

图 4-7 主蒸汽管道对接焊缝 H2 解剖磁粉检测缺陷图

11) 检测记录与报告

根据相关技术标准要求,做好原始记录及检测报告的编制、审批、签发等。

4.2　P91 再热蒸汽管道对接焊缝微裂纹脉冲反射法超声检测

根据年度检修计划,某电厂决定在 2♯ 机组检修期间,对再热热段管道对接焊缝进行超声波检验,以检测该管道对接焊缝内部是否存在超标缺陷。要求采用 A 型脉冲反射超声对该焊缝进行检测。检测依据为 NB/T 47013.3—2015,检测技术等级为B 级。该主蒸汽管道材质为 SA335P91,规格为 ID699 mm×26 mm。

具体操作及检测过程如下。

1. 仪器与探头

(1) 仪器:武汉中科汉威 HS611e 型数字式超声探伤仪。

(2) 探头:2.5P13×13K2 斜探头,探头前沿 12 mm。

2. 试块、耦合剂及其他器材

为了准确调整扫描速度、缺陷定位和定性,选用同材质或与 P91 声速相同的材料制作对比试块。在《管道焊接接头超声波检测技术规程　第 2 部分:A 型脉冲反射法》(DL/T 820.2—2019)标准中规定:对比试块应选用与被检测管材相同或声学性能相近的钢材制作。检测与牌号 20 钢材有较大声学差异的材料如 T(P)91/92 等焊接接头时,应使用同样牌号及状态的材料制作对比试块。

(1) 试块:CSK - ⅠA(SA335P91)标准试块;CSK - ⅡA - 1(SA335P91)对比试块,如图 4 - 8 所示。

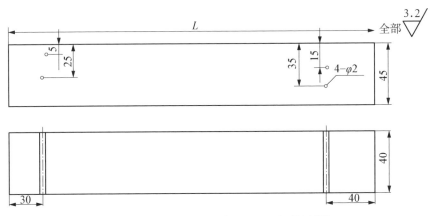

图 4 - 8　CSK - ⅡA - 1(SA335P91)对比试块

（2）耦合剂：化学浆糊或机油。

（3）其他器材：钢板尺。

3. 参数测量与仪器设定

用标准试块 CSK-ⅠA(SA335P91)校验探头的入射点、K 值，校正零偏，依据检测再热蒸汽管道的材质声速、厚度以及探头的相关技术参数对仪器进行设定。

4. P91 实际声速的测定

为了保证实际检测的准确性，对与被检工件声学性能相近的 P91 试块进行实际声速的测定。测定方法同 4.1 节"2. P91 主汽管道对接焊缝微裂纹脉冲反射法超声检测"中的"4）P91 实际声速的测定"，本部分不再重复。

5. 距离-波幅曲线的绘制

利用 CSK-ⅡA-1(SA335P91)对比试块（Ø2 横通孔）绘制距离-波幅曲线，再热蒸汽管道管壁厚度 T 为 26 mm，检测技术等级为 B 级。其灵敏度选择如表 4-7 所示。

表 4-7　斜探头距离-波幅曲线的灵敏度

试块型式	工件厚度 t/mm	评定线	定量线	判废线
CSK-ⅡA-1 (SA335P91)	26	Ø2×40-18 dB	Ø2×40-12 dB	Ø2×40-4 dB

6. 扫查灵敏度设定

扫查灵敏度应不低于评定线灵敏度，并保证在检测范围内最大声程处评定线高度不低于显示屏满刻度的 20%。其灵敏度评定线为 Ø2×40-18 dB。

检测和评定横向缺陷时，应将各曲线灵敏度均提高 6 dB。

7. 检测实施

（1）常规检测。以锯齿形扫查方式在管道对接焊缝的单面单侧进行初探，发现可疑缺陷信号后，再辅以前后、左右、转角、环绕四种基本扫查方式对其进行确定。

（2）横向缺陷检测。依据标准 NB/T 47013.3—2015 第 6.3.9.1.2 条进行横向缺陷检测。

8. 缺陷定量

采用 2.5P13×13K2 探头对再热热段管道对接焊缝进行超声波检测，检测发现焊接接头 H3 存在多处超标缺陷，缺陷记录如表 4-8 所示。典型缺陷超声检测波形如图 4-9 所示。

表 4-8　再热热段管道 H3 焊口超声波检测缺陷记录表

缺陷序号	缺陷深度/mm	距焊缝中心距离/mm	幅值/dB	缺陷指示长度/mm	缺陷位置（以时钟指示方向为准）
Q1	19.0	+3	SL+7	5	1:00 位
Q2	21.0	+6	SL+2	5	1:30 位
Q3	21.6	+5	SL+11	10	0:10 位
Q4	18.0	+4	SL+10	32	3:00 位
Q5	16.0	+5	SL+3	12	2:40 位
Q6	22.0	+4	SL+9	5	2:00 位
Q7	15.3	+7	SL+4	5	4:00 位
Q8	17.2	+9	SL+5	5	3:40 位
Q9	15.0	+6	SL+5	50	4:40 位

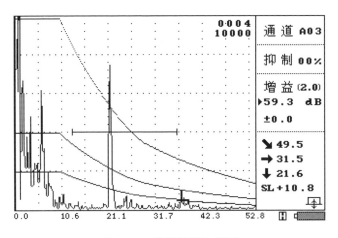

图 4-9　典型缺陷波形图

9. 缺陷评定

依据标准 NB/T 47013.3—2015 第 6.5.1 条中"锅炉、压力容器本体焊接接头质量分级"对缺陷进行评定。

因对接焊缝 H3 存在 9 处缺陷，其中缺陷 Q1～Q2、Q7～Q8 评定为Ⅰ级可记录性缺陷，缺陷 Q5 评定为Ⅱ级超标缺陷，缺陷 Q3～Q4、Q6、Q9 评定为Ⅲ级超标缺陷，经综合评定，H3 对接焊缝判定为不合格焊缝。

10. 解剖验证

对 H3 焊缝采用切口机进行整体割除，并对表面进行打磨，然后进行磁粉检测

（MT）。解剖过程中发现，在不同深度下均能发现微裂纹缺陷，长度为 3～5 mm，与现场超声检测结果相符合。解剖后的部分缺陷磁粉检测照片如图 4-10 所示。

图 4-10　再热热段管道对接焊缝 H3 解剖磁粉检测缺陷图

11. 检测记录与报告

根据相关技术标准要求，做好原始记录及检测报告的编制、审批、签发等。

4.3　高压旁路管道焊缝脉冲反射法超声检测

火电站四大管道系统是电站中用于连接锅炉与汽轮机之间输送水、气、蒸汽介质的管道系统，通常指主蒸汽管道、再热热段管道、再热冷段管道、主给水管道及高压、低压旁路管道。四大管道具有高温、高压、高流速等特性，需要承受较大的压力和温度变化，同时要求管道材料具有优良的耐腐蚀性、耐高温性能。四大管道长期在高温、高压状态下运行，易在焊缝部位产生内部缺陷，影响锅炉安全稳定运行。在电站金属技术监督中，应采用无损检测技术及时了解并掌握管道焊缝质量状况，从而保障电站锅炉安全运行。

根据年度检修计划，某电厂决定在 3♯ 机组检修期间，对高压旁路管道（ID610×31、A335P22）对接焊口 WH3、WH4 进行超声检测，以检测该管道对接焊口内部是否存在超标缺陷。要求采用 A 型脉冲反射超声对该焊缝进行检测。检测依据为 NB/T 47013.3—2015，检测技术等级为 B 级。

具体操作及检测过程如下。

1. 仪器与探头

（1）仪器：武汉中科汉威 HS611e 型数字式超声探伤仪。

（2）探头：2.5P13×13K2 斜探头，探头前沿 12 mm。

2. 试块、耦合剂及其他器材

(1) 试块：CSK-ⅠA(碳钢)标准试块；CSK-ⅡA-1(碳钢)对比试块。

(2) 耦合剂：化学浆糊或机油。

(3) 其他器材：钢板尺。

3. 参数测量与仪器设定

用标准试块 CSK-ⅠA(碳钢)校验探头的入射点、K 值，校正零偏，依据检测工件的材质声速、厚度以及探头的相关技术参数对仪器进行设定。

4. 距离-波幅曲线的绘制

利用 CSK-ⅡA-1(碳钢)对比试块(Ø2 横通孔)绘制距离-波幅曲线，高压旁路管道管壁厚度 T 为 31 mm，检测技术等级为 B 级。其灵敏度选择如表 4-9 所示。

表 4-9 斜探头距离-波幅曲线的灵敏度

试块型式	工件厚度 t/mm	评定线	定量线	判废线
CSK-ⅡA-Ⅰ（碳钢）	31	Ø2×40−18 dB	Ø2×40−12 dB	Ø2×40−4 dB

5. 扫查灵敏度设定

扫查灵敏度应不低于评定线灵敏度，并保证在检测范围内最大声程处评定线高度不低于显示屏满刻度的 20%。其灵敏度评定线为 Ø2×40−18 dB。

检测和评定横向缺陷时，应将各曲线灵敏度均再提高 6 dB。

6. 检测实施

(1) 常规检测。因焊缝与弯头相连接，受到结构限制，以锯齿形扫查方式在钢管的单面单侧进行初探，发现可疑缺陷信号后，再辅以前后、左右、转角、环绕四种基本扫查方式对其进行确定。

(2) 横向缺陷检测。依据标准 NB/T 47013.3—2015 第 6.3.9.1.2 条进行横向缺陷检测。

7. 缺陷定量

采用 2.5P13×13K2 斜探头对对接焊口 WH3、WH4 进行超声检测，发现超标及可记录缺陷，缺陷位置、深度、长度以及当量大小如表 4-10 所示，高压旁路管道超声检测位置如图 4-11 所示。

表4-10 缺陷信息

焊缝编号	缺陷序号	深度/mm	幅值/dB	距焊缝中心位置/mm	指示长度/mm	评定级别	缺陷位置（以时钟指示方向为准）	备注
WH3	Q1	20	SL+1	−3	10	Ⅰ	机侧3:30	
WH3	Q2	14	SL+1	−4	10	Ⅰ	机侧3:30+20 mm	
WH3	Q3	20	SL+9	−2	20	Ⅲ	机侧6:00	
WH4	Q1	25	SL+2	0	8	Ⅰ	机侧12:00+50 mm	
WH4	Q2	22	SL+5	−2	10	Ⅰ	机侧2:00−50 mm	
WH4	Q3	13	SL+10	−2	5	Ⅲ	机侧2:00	
WH4	Q4	21	SL+6	−2	40	Ⅲ	机侧11:00	

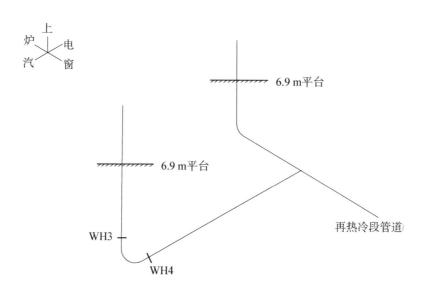

图4-11 高压旁路管道超声检测位置

8. 缺陷评定

依据标准NB/T 47013.3—2015中的第6.5条"锅炉、压力容器本体焊接接头质量分级"对缺陷进行评定。

因该高压旁路管道对接焊缝WH3存在一处超标缺陷，WH4存在两处超标缺陷，因此，WH3、WH4焊缝均判定为不合格焊缝，需要进行返修处理。

9. 检测记录与报告

根据相关技术标准要求，做好原始记录及检测报告的编制、审批、签发等。

4.4 高压给水管弯头脉冲反射法超声检测

某电厂 2♯ 机组检修期间,需要对高压给水管道(规格为 $\Phi273\,mm\times22\,mm$、材质为 WB36)弯头 W1~W6 背弧面进行超声检测,其中弯头 W4 发现一处内壁超标缺陷,判定为内表面裂纹。要求采用 A 型脉冲反射法超声对该弯头进行检测,检测依据为参照标准 NB/T 47013.3—2015 中的 5.8 部分"承压设备用无缝钢管超声检测方法和质量分级"。

具体操作及检测过程如下。

1. 仪器与探头

(1) 仪器:武汉中科汉威 HS616e 型数字式超声探伤仪。

(2) 探头:2.5P13×13K1 斜探头,探头前沿 12 mm。

2. 试块、耦合剂与其他器材

(1) 试块:CSK‐ⅠA(碳钢)标准试块;V 型槽钢管对比试块。

(2) 耦合剂:化学浆糊或机油。

(3) 其他器材:钢板尺。

3. 参数测量与仪器设定

用标准试块 CSK‐ⅠA(碳钢)校验探头的入射点、K 值,校正零偏,依据检测高压给水管的材质声速、厚度以及探头的相关技术参数对仪器进行设定。

4. 人工反射体

人工反射体可采用电蚀、机械或其他方法加工。人工反射体如图 4‐12 所示。检

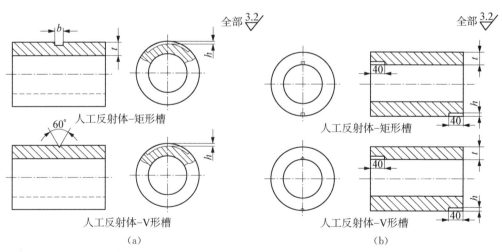

t—管壁厚度;h—人工反射体深度,mm;b—人工反射体宽度,mm。

图 4‐12 人工反射体

(a)横向人工反射体;(b)纵向人工反射体

测纵向缺陷和横向缺陷所用的人工反射体应分别平行于管轴的纵向槽和垂直于管轴的横向槽,断面形状为 V 形,V 型槽的夹角为 60°。

纵向槽应在对比试块的中部外表面和端部区域内、外表面处各加工一个,3 个槽的公称尺寸相同,当钢管内径小于 25 mm 时可不加工内壁纵向槽。

横向槽应在试样的中部外表面和端部区域内、外表面处各加工一个,3 个槽的名义尺寸相同,当内径小于 50 mm 时可不加工内壁横向槽。人工反射体尺寸如表 4-11 所示,承压管道弯头的验收一般按Ⅰ级合格验收。

表 4-11　人工反射体尺寸　（单位:mm）

级别	深度			宽度 b	长度	
	$h/t(\%)$	最小	允许偏差		纵向	横向
Ⅰ	5	0.20	±15%	不大于深度的两倍,最大为 1.5	40	40 或周长的 50%（取小者）
Ⅱ	8	0.40	±15%			
Ⅲ	10	0.60	±15%			

注:人工反射体最大深度为 3.0 mm。

利用对比试块(V 型槽)绘制距离-波幅曲线,高压给水管管壁厚度 T 为 22 mm。

5. 扫查灵敏度设定

依据检测要求,按照Ⅰ级合格验收要求,依据壁厚选择人工反射体的刻槽深度 h 为 5% × 22 mm＝1.1 mm 的对比试块,在对比试块上将内壁人工反射体的回波幅度调到显示屏满刻度的 80%,再移动探头,找出外壁人工反射体的最大回波,连接两点即距离-波幅曲线,作为检测的基准灵敏度。

扫查灵敏度一般比基准灵敏度再提高 6 dB。

6. 检测实施

以纵向和轴向扫查方式在弯管背弧面进行两个方向的检测,发现可疑缺陷信号后,再辅以前后、左右、转角、环绕四种基本扫查方式对其进行确定。

7. 缺陷定量

采用 2.5P13×13K1 探头对弯头背弧进行超声检测,弯头 W4 发现一处内壁超标缺陷,深度 h＝26.7 mm(弯头背弧实测厚度为 27.2 mm),幅度为 SL＋7 dB,长度 L＝15 mm。弯头内壁缺陷超声检测波形如图 4-13 所示。

8. 缺陷评定

依据标准 NB/T 47013.3—2015 的“5.8　承压设备用无缝钢管超声检测方法和质量分级”对缺陷进行评定。

依据“5.8.8　质量分级”,按照Ⅰ级合格验收时,直接接触法缺陷波幅应低于相

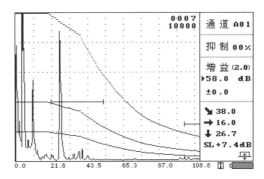

图 4 - 13　弯头内壁缺陷超声检测波形图

应的对比试块人工反射体距离-波幅曲线 50%,因弯头 W4 幅度为 SL+7 dB。判定 W4 发现一处内壁超标缺陷,为不合格,需对该弯头进行更换处理。

9. 解剖验证

将超声检测发现不合格的 W4 弯头切下,如图 4 - 14 所示,对弯头内壁进行打磨,并对内壁进行磁粉检测(MT),磁粉检测结果与现场超声检测结果相符合。磁粉检测 W4 弯头内壁裂纹如图 4 - 15 所示。

图 4 - 14　给水管道弯头

图 4 - 15　W4 弯头内壁缺陷磁粉检测验证结果

10. 检测记录与报告

根据相关技术标准要求,做好原始记录及检测报告的编制、审批、签发等。

4.5　高压旁路管道异形结构焊缝相控阵超声检测

火电机组压力管道对接接头内部质量按国家和行业标准要求可采用常规超声即

图 4-16　存在外斜台的异形结构焊缝

脉冲反射法超声检测实施,但因制造和现场安装原因,超(超)临界机组四大管道中的三通、弯头、大小头等管件和直管连接及其相互连接的对接接头有时候存在内外斜台不规则等特殊结构,如图 4-16 所示,使得现行针对规则管道焊接接头的相关标准不适用于此类异形结构焊接接头,而此类结构焊接接头难以正常检测的问题往往造成压力管道因内部存在缺陷未检出而造成失效,给机组的安全运行带来极大的安全隐患。

近年来,相控阵超声检测技术在硬件、软件方面都得到了迅速发展,可以实现焊接接头的成像检测,具有较高的检测分辨率、信噪比和灵敏度。同时相控阵超声检测具有良好的声束可达性,在不移动探头的前提下就能对复杂几何形状的工件进行检测。因此,相控阵超声检测技术可以有效解决火电机组压力管道异形结构焊接接头常规超声检测无法实施的难题。

相控阵超声检测技术用于火电机组异形结构焊缝检测时,需要了解焊缝的结构尺寸,从而制定相应的检测工艺。为了方便检测工艺的制定,江苏方天电力技术有限公司开发了异形管件接头 PAUT 工艺设计软件,软件界面如图 4-17 所示,在给定参数设置下,PAUT 工艺设计软件可以通过声线覆盖显示指导探头入射点的选择,还可以定量反馈设置扇扫角度对应的有效聚焦深度。此外,还提供了干扰信号预判功能,提前让检测人员对检测过程中可能出现的结构回波进行排除。

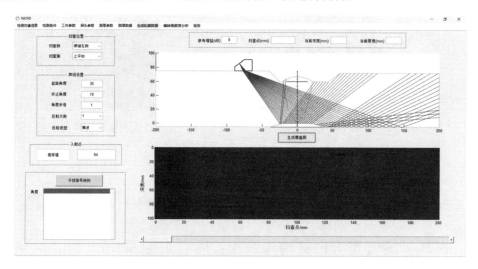

图 4-17　PAUT 工艺设计软件主界面

某火电厂660 MW超(超)临界机组高压旁路管道三通与弯头连接焊缝存在异形结构,如图4-18所示,为实现焊缝质量检测,需要采用相控阵超声检测技术对其进行检测。

（a） （b）

图4-18 高压旁路管道相控阵超声检测现场

(a)三通-弯头焊缝;(b)相控阵探头放置位置

具体操作及检测过程如下。

1. 仪器设备及器材

(1) 相控阵检测系统:多浦乐Phascan型相控阵超声检测仪。

(2) 探头:5L16-0.5×10,楔块型号为SD1-N55S。

(3) 扫查器:自研柔性扫查装置。

(4) 耦合剂:化学浆糊或机油。

2. 试块

标准试块:CSK-ⅠA、CSK-ⅡA系列试块、相控阵A型和B型试块等。其中,相控阵A型和相控阵B型试块如图4-19所示。

3. 检测工艺参数

根据焊缝坡口结构图纸,采用自研PAUT工艺设计软件确定声束不受外斜台遮挡的临界入射点位置,如图4-20(a)所示,此时探头前端距离外斜台上端点为86 mm。现场检测时为验证外斜台对声束传播的影响,选取入射点小于86 mm某一位置,如探头前端距离外斜台上端点为20 mm。利用声线模型确定此时声束覆盖情况,如图4-20(b)所示,外斜台对扫查角度为69°～80°范围内声线产生了遮挡,剩余36°～68°范围内声线则不受外斜台影响。69°～80°范围内声线经外斜台反射后会在管道内壁形成结构反射回波,该内壁回波出现在相控阵扇扫结果图中会造成误判,需

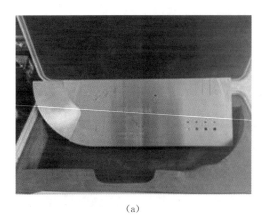 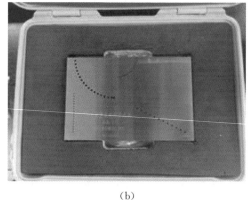

(a)   (b)

图 4‐19　相控阵试块

(a)相控阵 A 型试块；(b)相控阵 B 型试块

在信号识别中加以甄别；36°～68°范围内声线虽然不受外斜台影响，但应注意到 36°附近声线恰好与内斜台形成良好入射关系，会在内斜台处产生干扰回波信号。

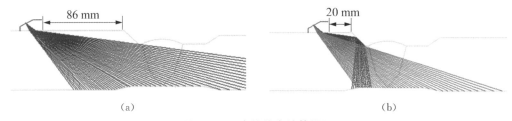

(a)   (b)

图 4‐20　声线仿真计算结果

(a)探头前沿距外斜台 86 mm；(b)探头前沿距外斜台 20 mm

4. 仪器校准

使用 CSK‐ⅠA 试块校准声速、时基线等参数。

根据声线仿真计算确定的参数，设置探头前端距离外斜台上端点 20 mm，扇扫角度分别为 36°～80°、36°～65°来计算聚焦法则。

检测灵敏度参考《管道焊接接头超声波检验技术规程》(DL/T 820—2002)，采用 CSK‐ⅡA 系列试块 Ø2 mm 横通孔制作 DAC 曲线。

5. 检测实施

在焊缝上台阶处打磨去除表面氧化皮，露出基体金属光泽，表面粗糙度 $Ra \leqslant 25\,\mu m$，且表面应无影响检测的焊接飞溅、异物等。

根据设定好的检测工艺，布置柔性扫查装置和探头，对该异形结构焊缝实施相控阵超声检测并采集数据。

6. 检测结果

图 4-21 为检测得到的扇扫图像,其中图 4-21(a)中扫查角度为 36°~80°,可以看到明显的内壁结构反射回波,该回波对应角度范围为 69°~80°,同时在 36°扫查声线上出现了内斜台回波,该两处结构回波与声线分析一致;图 4-21(b)是扫查角度为 36°~65°下的扇扫图像,由声线分析知,该范围声线不受外斜台遮挡,故图像上不存在内壁回波,但依然存在内斜台回波。

同时,我们比较图 4-21(a)、图 4-21(b)两次扫查结果可以看到,图 4-21(a)中 65°~69°角度声束扫查到一处应记录缺陷显示(按 DL/T 820—2002 标准,该缺陷最高波幅为 SL+4 dB),但在图 4-21(b)中该处缺陷显示不明显且为非记录缺陷(按 DL/T 820—2002 标准,该缺陷最高波幅为 SL-2 dB),其原因是图 4-21(b)扫查时为避免内壁结构反射回波干扰,减少了扫查角度范围,导致对焊缝覆盖区域变小,这样会造成部分缺陷漏检。

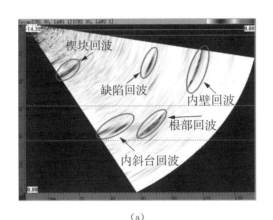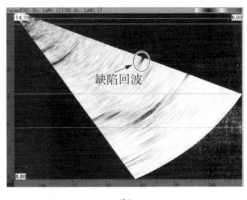

(a) (b)

图 4-21　探头前沿距外斜台 20 mm 时扇扫结果图示

(a)扫查角度为 36°~80°;(b)扫查角度为 36°~65°

为确保检测覆盖率,对上述焊缝进行相控阵检测时应尽量采用较大扫查角度范围,而现场检测时往往因工件结构情况限制,可放置探头的区域较小,很难满足大扫查角度范围声束不受外斜台遮挡影响的检测距离要求,且探头放置位置过远也会引起声能损失过大和角度补偿不足等问题,在这种情况下,结构回波造成的干扰信号必然经常出现在相控阵检测结果图中。因此,利用声线仿真方法对上述焊缝相控阵检测结果中的非缺陷结构回波信号进行有效甄别,可避免误判,具有很大的实用价值,是上述焊缝相控阵检测方法的有益补充和有效的辅助手段。

7. 检测记录与报告

根据相关技术标准要求,做好原始记录及检测报告的编制、审批、签发等。

4.6　主蒸汽管道安全阀异种钢焊缝相控阵超声检测

安全阀是启闭件受外力作用下处于常闭状态,当设备或管道内的介质压力升高超过规定值时,通过向系统外排放介质来防止管道或设备内介质压力超过规定数值的特殊阀门。当压力恢复正常值后,阀门自行关闭并阻止介质继续流出。安全阀属于自动阀类,主要用于锅炉、压力容器和管道,控制压力不超过规定值,对人身安全和设备运行起重要保护作用。

某电厂主蒸汽管道安全阀在年度检修过程中发现安全阀异种钢焊缝存在缺陷,某个切割下来的安全阀如图 4-22 所示。主蒸汽管道规格为 $\Phi219\ mm\times70\ mm$,材质为 P91,安全阀本体上半部分材质为不锈钢,下半部分为 P91,上下两部分采用镍基焊条焊接,因此,安全阀上存在一处异种钢焊接接头(余高磨平),且焊缝两侧母材厚度不同,不锈钢侧母材厚度约 70 mm,P91 侧母材厚度约 63 mm,由于受结构限制,脉冲反射法超声检测(A 超)存在困难,需要采用相控阵超声进行辅助检测。检测依据为《无损检测　超声检测　相控阵超声检测方法》(GB/T 32563—2016),重点检测异种钢焊接接头 P91 侧熔合线处有无裂纹等危害性缺陷。

图 4-22　拆卸下来的安全阀

具体操作及检测过程如下。

1. 编制工艺卡

根据 GB/T 32563—2016 规定,采用扇扫对 P91 侧熔合线可覆盖区域进行检测。并制定主蒸汽管道安全阀异种钢对接接头相控阵超声检测工艺卡,如表 4-12 所示。

表 4‑12   主蒸汽管道安全阀异种钢对接接头相控阵超声检测工艺卡

工件	部件名称	安全阀异种钢对接接头	规格	Φ219 mm×70 mm
	材料牌号	P91	检测时机	焊接冷却后
	检测项目	对接环焊缝	坡口型式	V 型
	表面状态	机械打磨	焊缝宽度	—
仪器探头参数	检测标准	GB/T 32563‑2016	合格等级	—
	仪器型号	M2M Gekko 型	标准试块	CSK‑ⅠA 标准试块(P91)
	探头型号	5L32‑0.6×10	对比试块	CSK‑ⅡA 系列(P91)
	编码器	简易编码器	扫查方式	单面单侧
	耦合剂	化学浆糊	检测等级	—
	检测方式	横波扇扫	工艺验证	—
	灵敏度	Ø2×60‑14 dB	耦合补偿	4 dB
	角度范围	35°～70°	角度步进	0.5°
	探头偏置	—	聚焦方式	角度＋深度,聚焦熔合线处

检测位置示意图及缺陷评定:

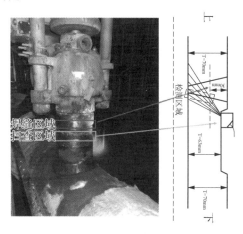

编制/资格	×××	审核/资格	×××
日期	×××	日期	×××

2. 检测设备与器材

(1) 设备:M2M Gekko 型相控阵超声检测仪。

(2) 探头:5L32‑0.6×10 线阵探头。

(3) 辅助器材:耦合剂、编码器等。

3. 试块

(1) 标准试块:CSK-ⅠA试块(P91)。

(2) 对比试块:CSK-ⅡA系列试块(P91)。

4. 检测准备

(1) 资料收集。检测前了解安全阀材质、尺寸等信息,查阅制造厂出厂和安装时有关质量资料;查阅检修记录。

(2) 表面状态确认。检测前对检测面进行机械打磨,露出金属光泽,表面粗糙度 $Ra \leqslant 25\,\mu m$,且表面应无影响检测的焊接飞溅、异物等。

5. 仪器调整

(1) 时基线调整。

a. 声速校准。由于安全阀焊缝两侧材质不同,为了发现 P91 侧熔合线处缺陷,检测前采用 P91 材质的 CSK-ⅠA 标准试块来校准声速,相控阵探头声速校准方式和脉冲反射法超声检测(A 超)类似,采用 R50 和 R100 的圆弧来校准横波声速。

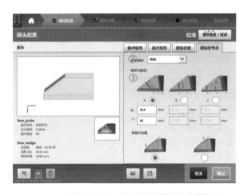

图 4-23 探头楔块校准界面

b. 楔块校准。楔块校准前需要知道楔块声速,一般情况下相控阵探头会在楔块上标称声速值,无需对楔块声速校准。楔块校准主要是确定楔块角度、参考点等参数,一般相控阵提供了楔块参数自校准功能,项目使用 M2M Gekko 型相控阵超声检测仪进行楔块校准界面如图 4-23 所示。

c. 聚焦法则。根据焊缝结构设置扇扫的角度范围及聚焦法则,聚焦法则采用深度＋角度焦距方式,尽量聚焦在熔合线附近。

(2) TCG 曲线制作

采用 P91 材质的 CSK-ⅡA-3 对比试块进行 TCG 校准,由于检测对象厚度约为 70 mm,建议选择点为 30 mm、50 mm、70 mm、90 mm,检测灵敏度设置见如表 4-13 所示。CSK-ⅡA-3 对比试块(P91)如图 4-24 所示。

表 4-13 检测灵敏度

试块型式	管壁厚度 t/mm	评定线	定量线	判废线
CSK-ⅡA-3(P91)	70	$\varnothing 2 \times 60 - 14$ dB	$\varnothing 2 \times 60 - 8$ dB	$\varnothing 2 \times 60 + 2$ dB

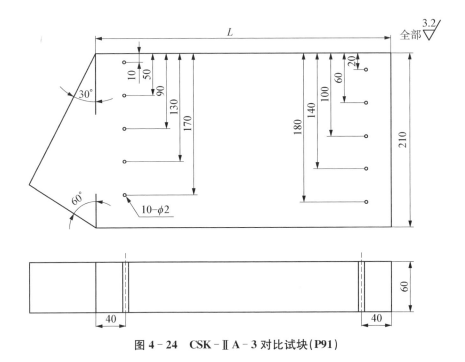

图4-24 CSK-ⅡA-3对比试块(P91)

6. 数据采集

根据设置好的工艺参数,对焊缝进行扫查,保存合格的相控阵超声现场检测图谱,如图4-25所示。

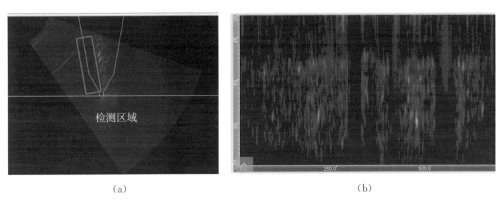

(a)   (b)

图4-25 相控阵超声现场检测图谱

(a)扇扫结果;(b)C扫结果

7. 缺陷评定

对主蒸汽管道安全阀阀体对接焊缝下侧熔合线进行了相控阵超声检测,因外表面结构限制,只能检测深度 30 mm 以内单侧熔合线,在检测范围内,未发现超标缺陷,合格。

8. 检测记录与报告

根据相关技术标准要求,做好原始记录及检测报告的编制、审批、签发等。

4.7　再热蒸汽冷段管道对接焊缝脉冲反射法超声检测

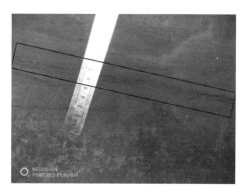

再热蒸汽冷段管道指汽轮机排气逆止阀(不含排气逆止阀)至再热器进口集箱的再热蒸汽管道和一次阀门以内(不含一次阀门)的支路管道。部分火力发电厂再热冷段管道直管段部位和弯头部位存在纵焊缝,因交变载荷下容易发生疲劳破坏,如图 4-26 所示,纵焊缝受到的剪切应力是环焊缝的两倍,更容易发生破坏。

因再热冷段管道管壁较薄,按照标准,在脉冲反射法超声检测中,采用 K2～K3 探头进行检测。而用 K2～K3 探头检测时,内壁裂纹检出率并不可观。在实践中,采用 K1 探头检测能达到更好的效果。

图 4-26　某电厂再热蒸汽冷段管道开裂

某 600 MW 燃煤发电有限公司 5 号机组现有一道再热蒸汽管冷段管道对接焊缝需进行超声波检测。该再热蒸汽管冷段管道材质为 Q345,规格为 Φ610 mm×18 mm,V 型坡口,埋弧自动焊,检测依据为 NB/T 47013.3—2015。

具体操作及检测过程如下。

1. 编制工艺卡

按照要求编制某 600 MW 燃煤电厂再热蒸汽冷段管道对接焊缝脉冲反射法超声检测工艺卡,如表 4-14 所示。

表 4-14　某 600 MW 燃煤电厂再热蒸汽冷段管道对接焊缝脉冲反射法超声检测工艺卡

部件名称	再热蒸汽冷段管道对接焊缝	规格	$T=18$ mm
材质	Q345	检验部位	对接焊缝及两侧各 10 mm
坡口型式	V 型	焊接方法	埋弧自动焊
热处理状态	—	表面状态	见金属光泽
检测时机	外观检查合格后	编制依据	NB/T 47013.3—2015

（续表）

部件名称	再热蒸汽冷段管道对接焊缝	规格	$T=18\,mm$
仪器型号	HS616e＋	仪器编号	70078
标准试块	CSK-ⅠA	对比试块	CSK-ⅡA-1
检测比例	100%	耦合剂	CG-98 专用耦合剂
探头型号	5P9×9K2	探头型号	5P9×9K1
基准灵敏度	$\varnothing2×40-18\,dB$（纵向扫查） $\varnothing2×40-24\,dB$（横向扫查）	基准灵敏度	$\varnothing2×40-18\,dB$
灵敏度补偿	4 dB	灵敏度补偿	4 dB
检测面	外表面、单面双侧	检测面	外表面、单面双侧
探头位置	A 或 B 面,单面双侧	—	X 和 Y 或 W 和 Z
工艺验证	针对 5P9×9K2 探头将制作好的曲线放置在 CSK-ⅡA-1 试块上,选择深度 20 mm、40 mm 横孔检测,针对 5P9×9K1 探头将制作好的曲线放置在 CSK-Ⅱ A-1 试块上,选择深度 15 mm、20 mm 横孔检测。4 个位置的扫描线上的偏移量不应超过扫描线该点读数的 10% 或全扫描量程的 5%。距离-波幅曲线在 2 个位置的回波幅度相差应小于 2 dB。此时此次工艺验证完成。		

检测位置示意图及缺陷评定：
检测位置示意图：

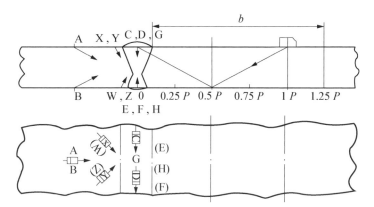

其中,A、B、C、D、E、F、G、H、W、X、Y、Z 为探头位置;b 为探头移动区宽度;P 为 1 个全跨距。
缺陷评定：
1. 压力管道环向焊接接头不允许存在裂纹、未熔合等缺陷;
2. 压力管道纵向焊接接头不允许存在裂纹、未熔合和未焊透等缺陷;
3. 评定线以下的缺陷均评为Ⅰ级;
4. 焊接接头质量分级如表 4-16 所示。

编制/资格	×××	审核/资格	×××
日期	×××	日期	×××

2. 仪器设备与探头

(1) 仪器:武汉中科 HS616e＋数字式超声探伤仪。

(2) 探头:5P9×9K2、5P9×9K1。

3. 试块与耦合剂

(1) 标准试块:CSK-ⅠA 试块,用以调节零偏、声速、探头前沿及探头 K 值。

(2) 对比试块:CSK-ⅡA-1,用以制作距离-波幅曲线。

(3) 耦合剂:耦合剂应选具有良好的透声性和适宜的流动性,对被检工件、人体和环境无害,同时便于检测后的清理。此次检测选用 CG-98 专用耦合剂。

4. 仪器设定与距离-波幅曲线的制作

1) 仪器设定

制作距离-波幅曲线前应先对仪器与探头进行校准。校准内容包括探头零偏、探头前沿、声速以及 K 值。

2) 距离-波幅曲线的制作

(1) 选用 5P9×9K2 探头、利用 CSK-ⅡA-1 对比试块绘制距离-波幅曲线,由于被检工件厚度为 18 mm,选择的三个点分别为 10 mm、20 mm、50 mm,其中最后一点深度选择原则为 $\geq 2t+5$ mm。 验收等级为Ⅱ级,其灵敏度等级如表 4-15 所示。

表 4-15　灵敏度等级

试块型式	工件厚度 t/mm	评定线	定量线	判废线
CSK-ⅡA-1	18	Ø2×40－18 dB	Ø2×40－12 dB	Ø2×40－4 dB

(2) 选用 5P9×9K1 探头、利用 CSK-ⅡA-1 对比试块绘制距离-波幅曲线,被检工件厚度为 18 mm,K1 探头主要用于检测内表面裂纹、未焊透。选择的三个点分别为 10 mm、15 mm、25 mm。验收等级为Ⅱ级,其灵敏度等级如表 4-15 所示,并保证在检测范围内最大声程处评定线高度不低于显示屏满刻度的 20%。

5. 检测实施

1) 检测前的准备

在超声波检测前,打磨后对焊缝及母材进行外观检察,检测面(检测面宽度 $\geq 2KT+10$ mm$+n$,K 为斜探头折射角的正切值,n 为探头入射点至探头尾部的距离)应清除油漆、焊接飞溅、铁屑、油垢及其他异物。若焊缝表面有咬边、较大隆起、凹陷等,应适当修磨,并做圆滑过渡。若仍有部位阻碍探头的耦合和移动,应对检测未全覆盖区域用增加探头等方法进行补充并编制新的操作指导书。

2) 检测实施

探头的每次扫查覆盖应大于探头宽度的 15%,扫查的速度不应大于 150 mm/s。

（1）纵向缺陷检测：应使用锯齿形扫查方式。检测范围：探头移动宽度 $P=2KT+10\,mm+n$，其中 K 为斜探头角度的正切值，n 为探头入射点至探头尾部的距离。

（2）横向缺陷检测：与焊缝中心线成不大于 $10°$ 的斜平行扫查（若焊接接头余高磨平，则探头应在焊接接头及热影响区上作两个方向的平行扫查）。

6. 缺陷定量及指示长度的确定

（1）对缺陷波幅达到或超过评定线的缺陷，应确定其位置、波幅和指示长度等。

（2）移动探头以获得缺陷的最大反射波幅为缺陷波幅。缺陷位置应以获得缺陷最大反射波幅的位置为准。

（3）当缺陷反射波只有一个高点，且位于Ⅱ区或Ⅱ区以上时，用 $-6\,dB$ 法测量其指示长度。

（4）当缺陷反射波峰值起伏变化，有多个高点，且均位于Ⅱ区或Ⅱ区以上时，应以端点 $-6\,dB$ 法测量其指示长度。

（5）当缺陷最大反射波幅位于Ⅰ区，将探头左右移动，使波幅降到评定线，以用评定线绝对灵敏度法测量缺陷指示长度。

（6）超过评定线的信号应注意其是否具有裂纹、未熔合、未焊透等类型缺陷特征，如有怀疑时，应采取改变斜探头折射角（K 值）、增加检测面、观察动态波形并结合结构工艺特征作判定，当对波形不能判断时，应辅以其他检测方法作综合判定。

（7）沿缺陷长度方向相邻的两缺陷，其长度方向间距小于其中较小的缺陷长度且两缺陷在与缺陷长度相垂直方向的间距小于 $5\,mm$ 时，应作为一条缺陷处理，以两缺陷长度之和作为其指示长度（间距计入）。如果两缺陷在长度方向投影有重叠，则以两缺陷在长度方向上投影的左、右端点间距离作为其指示长度。

（8）K1 探头主要用于检测纵环焊缝内壁裂纹及环焊缝内壁未焊透缺陷。

7. 缺陷波形识别

缺陷类型的确定应主要考虑焊接方法（包括焊接工艺、工件结构、坡口型式）、缺陷的位置、指示长度、自身高度、缺陷波幅、缺陷指向性，再结合缺陷静态波形和动态波形。

1）缺陷类型的确定顺序

①缺陷波幅；②缺陷指向性（方向性）；③静态波形；④动态波形。

2）缺陷确定步骤 1——缺陷波幅

（1）当缺陷波幅低于评定线时，可不对缺陷进行分类；

（2）当缺陷波幅在判废线以上 $6\,dB$ 且指示长度大于等于 $10\,mm$ 时，该缺陷可按面状进行分类。

3）缺陷类型确定步骤 2——缺陷指向性（方向性）

（1）缺陷长度要求：按步骤进行缺陷分类时，缺陷指示长度应满足：①工件厚度 $6\,mm \leqslant t \leqslant 15\,mm$ 时，缺陷指示长度应大于等于 t；②工件厚度 $t > 15\,mm$ 时，缺陷指示长度应大于等于 $t/2$ 或 $15\,mm$（取大者）。

（2）步骤 2 应用条件：①缺陷回波应来自同一缺陷反射体；②用不同探头进行缺陷波幅比较时，应在各个探头检测的缺陷最高回波中的较大者 H_{max} 位置进行。另外，各个探头检测的缺陷最高回波中的较小者则为最小波幅 H_{min}；③使用两个或两个以上不同折射角（K 值）斜探头检测时，探头间折射角差应不小于 $10°$；④应考虑一探头声束通过焊缝金属，而另一探头声束仅通过母材时的衰减修正。

（3）缺陷指向性（方向性）确定。以下各项同时满足，可认为缺陷具有指向性（方向性）：①最大反射波幅 H_{max} 在定量线或定量线以上；②当使用不同折射角（K 值）斜探头时，最大反射波幅 H_{max} 与最小反射波幅 H_{min} 的差值应大于或等于 $9\,dB$。

4）缺陷类型确定步骤 3——缺陷静态波形

①本步骤缺陷静态波形特征指与 CSK-ⅡA 试块横孔反射波形特征相比较而言；②至少使用一种探头从两个相互垂直的方向对缺陷进行检测；③若缺陷静态波形特征单一、尖锐且光滑，该缺陷可按非面状进行分类。

5）缺陷类型确定步骤 4——缺陷动态波形

缺陷动态波形分为 5 种，具体见标准 NB/T 47013.3—2015 的附录 Q。

6）部分面积型缺陷典型特征

（1）未焊透。对于单面焊探测根部未焊透，类似端角反射。探头平移时，未焊透波形稳定。焊缝两侧探伤时，均能得到大致相同的反射波幅，其与焊根结构波类似，主要区别在于未焊透波形位置与探头同侧，焊缝根部结构波波形位置位于探头对侧。

（2）未熔合。当超声波垂直入射其表面时，回波高度大，探头平移时，波形较稳定，两侧探测时，反射波幅不同，如图 4-27 和图 4-28 所示。

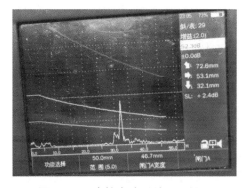

图 4-27　未熔合波形（探头对侧）

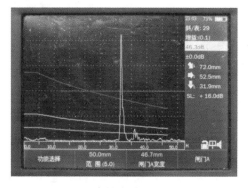

图 4-28　未熔合波形（探头同侧）

（3）裂纹。一般来说，裂纹回波较大，波幅宽，会出现对峰。探头平移时，反射波连续出现，波幅有变化，探头转动时，波峰有上下错位的现象，如图4-29所示。

8. 检测结果及评定

1）检测结果

经现场超声检测，发现该再热蒸汽管冷段管道纵焊缝存在缺陷回波信号（使用探头为5P9×9K2），深度显示为14.7 mm（经深度修正后为14 mm），长度经半波-6 dB法测量，为10 mm，波幅位于Ⅲ区，如图4-30所示。

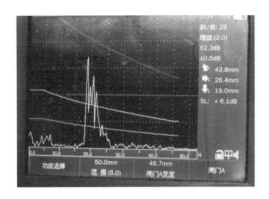

图4-29 裂纹波形

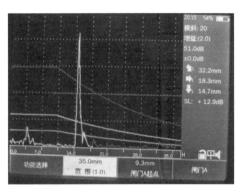

图4-30 再热冷段纵焊缝缺陷检测回波图

注：图中两条线自上而下分别为∅2×40-4 dB、∅2×40-12 dB、∅2×40-18 dB。

2）评定依据

根据标准NB/T 47013.3—2015的规定执行，如表4-16所示。

表4-16 压力管道环向或纵向对接接头超声检测质量分级

焊接接头等级	焊接接头内部缺陷		环向焊接接头单面焊根部未焊透缺陷	
	反射波幅所在区域	允许的单个缺陷指示长度/mm	允许的指示长度/mm	允许的累积长度/mm
Ⅰ	Ⅰ	≤40	≤$t/3$，最小可为8	长度小于或等于焊缝周长的10%，且小于30
	Ⅱ	≤$t/3$，最小可为8，最大为30		
Ⅱ	Ⅰ	≤60	≤$2t/3$，最小可为10	长度小于或等于焊缝周长的15%，且小于40
	Ⅱ	≤$2t/3$，最小可为10，最大为40		

（续表）

焊接接头等级	焊接接头内部缺陷		环向焊接接头单面焊根部未焊透缺陷	
	反射波幅所在区域	允许的单个缺陷指示长度/mm	允许的指示长度/mm	允许的累积长度/mm
Ⅲ	Ⅱ	超过Ⅱ级者	超过Ⅱ级者	超过Ⅱ级者
	Ⅲ	所有缺陷		
	Ⅰ	超过Ⅱ级者		

注:1. 在 10 mm 环向焊接接头范围内,同时存在条状缺陷和未焊透时,应评为Ⅲ级。

2. 当允许的缺陷累计长度小于该级别允许的单个缺陷指示长度时,以允许的单个缺陷指示长度为准。

3. 对接接头两侧母材厚度不同时,工件厚度取薄板侧厚度值。

3）评定结果

根据标准 NB/T 47013.3—2015 的规定,最高波幅位于Ⅲ区,焊缝等级评为Ⅲ级。该再热蒸汽冷段管道对接焊缝质量验收不合格。

9. 检测记录与报告

根据相关技术标准要求,做好原始记录及检测报告的编制、审批、签发等。

第 5 章　汽轮机

汽轮机也叫蒸汽透平发动机,是一种旋转式蒸汽动力装置,高温高压蒸汽穿过固定喷嘴成为加速的气流后喷射到叶片上,使装有叶片排的转子旋转,同时对外做功。汽轮机是火力发电厂的主要设备,其本体由汽缸和转子两大部件构成。大功率、高参数汽轮机通常由高压、中压(或高中压)及低压缸组成,超大功率汽轮机可以有两个或两个以上的中压缸和低压缸。转子由主轴、叶轮和动叶组成。静叶栅(喷嘴)装在隔板上。隔板制成两个半圆形,分别组装在上、下汽缸内,上、下缸的法兰对口后用螺栓紧固。

汽轮机运行工况恶劣,如蒸汽在汽轮机内进行能量转换过程中,会对汽轮机的动叶片产生周向和轴向的推力,高温高压蒸汽也会对汽轮机叶片产生冲击。汽轮机长期在高温高压环境下连续高速运转,且需要与众多辅助设备协同工作,汽、水、油系统等各种因素容易导致振动、超速、水冲击、叶片断裂、轴承磨损等故障,因此,需要定期对汽轮机的各部件进行检验检测。对于电力行业电源侧汽轮机设备或部件的超声检测,主要检测对象有叶片、叶根、螺栓、轴颈、轴瓦、主轴、隔板及叶轮的 T 型槽等。

5.1　汽轮机低压转子叶片裂纹脉冲反射法超声检测

叶片是汽轮机重要零件之一,汽轮机其高压区段叶片用钢的选用原则主要考虑材料的高温强度、持久强度、抗热疲劳性能、冲击吸收能量、低的缺口敏感性及高的组织稳定性,低压区段叶片用钢的选用原则主要考虑材料应有高的室温强度、冲击吸收能、低的缺口敏感性、良好的减震性及抗腐蚀性。转子叶片常用材料为 1Cr13、2Cr13,属于马氏体耐热钢。叶片在极苛刻的条件下承受高温、高压、巨大的离心力、蒸汽力、蒸汽激振力、腐蚀和振动,以及湿蒸汽区水滴冲蚀的共同作用,容易产生失效,其常见的失效型式为断裂。

1. 某火力发电厂汽轮机低压转子末三级叶片脉冲反射法超声检测

汽轮机工作时依靠高温蒸气冲击叶片旋转,叶片除了承受高速旋转带来的离心力和振动,还要承受高温蒸气冲蚀,叶片失效时有发生,需要结合停机检修对叶片进行定期检测。

某火力发电厂检修期间需要对低压转子末三级叶片进行超声检测,检测依据为《汽轮机叶片超声检验技术导则》(DL/T 714—2019)。

具体操作及检测过程如下。

1)检测设备与器材

(1)仪器:武汉中科 HS700 型数字式超声波检测仪。

(2)探头:2.5P9×9BM 表面波探头。

(3)辅助器材:耦合剂、手电筒、钢直尺等。

2)试块

(1)标准试块:CSK-ⅠA 试块,如图 5-1 所示。

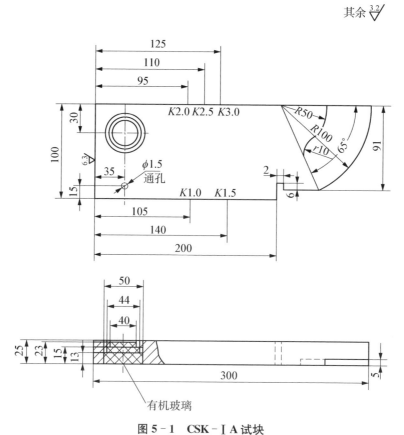

图 5-1 CSK-ⅠA 试块

注:尺寸误差不大于±0.05mm。

(2)对比试块:YP 对比试块;叶片本身。YP 对比试块形状和尺寸如图 5-2

所示。

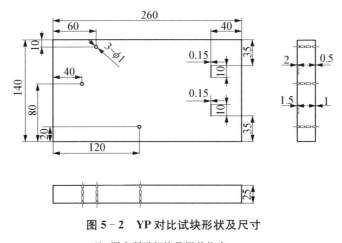

图 5‑2　YP 对比试块形状及尺寸

注:图中所示规格数据单位为 mm。

3) 仪器调整

根据标准 DL/T 714—2019 相关技术要求,对叶片进行表面波探伤时采用 CSK‑ⅠA 标准试块调整扫描速度,采用 YP 对比试块 1 mm 深度模拟裂纹绘制 DAC 曲线,确定检测灵敏度。

在无 YP 对比试块的情况下,也可以参考《汽轮机叶片超声波检验技术导则》(DL/T 714—2011)规定的技术,利用叶片本身进行扫描速度和灵敏度设定。

(1) 扫描速度调整。

a. 利用 CSK‑ⅠA 试块。

将探头放置在 CSK‑ⅠA 试块上,探头放置在 CSK‑ⅠA 的 R50 及 R100 圆心处,探头正对圆弧,使 R50 和 R100 圆弧的反射回波能在仪器上同时显示。利用仪器自动校准功能,或者不断调整声速、零偏,使 R50 和 R100 圆弧的反射回波在仪器上分别显示 50 mm 和 100 mm,即完成仪器扫描速度调整。

b. 利用叶片本身。

钢的表面波声速约为 3 000 m/s,在进行扫描速度调整时可以先在仪器中将 3 000 m/s 作为预设值输入。然后将表面波探头对准叶片边缘,并和叶片边缘保持一定距离,用直尺量出探头前沿距离叶片边缘实际距离 l_1,从仪器上读出显示的距离 x_1,向前或向后移动探头,再次用直尺量出探头前沿距离叶片边缘的实际距离 l_2,从仪器上读出显示的距离 x_2,则叶片实际的表面波声速 v 计算公式为

$$v = \frac{l_2 - l_1}{x_2 - x_1} \times 3\,000$$

将叶片的实际表面波声速输入仪器中，然后再次将探头对准叶片边缘，用直尺量出此时探头前沿距离叶片边缘的实际距离 l_3，调整仪器的零偏旋钮，使得仪器上读出的距离 x_3 和 l_3 相等。此时仪器的扫描速度调整完毕。

（2）灵敏度调整。

a. 利用 YP 对比试块调整。

灵敏度调整采用 YP 对比试块上深度为 1mm 的模拟裂纹，依次测出探头距离模拟裂纹 10 mm、20 mm、40 mm、80 mm、160 mm、200 mm 处的最高回波，依次调至 80%屏高，制作距离-波幅曲线（DAC 曲线）。其中，DAC－20 dB 作为检测灵敏度，DAC－10 dB 作为判废灵敏度。

b. 利用叶片本身调整。

灵敏度调整参考标准 DL/T 714—2011 中的附录 A 规定，将表面波探头正对叶片端头，探头前沿距叶片端头 40 mm，将此时叶片端头回波高度调整为满屏的 80%，然后再增益 20 dB 作为检测灵敏度。

c. 利用叶片上加工刻槽来调整。

本案例实施检测时标准 DL/T 714—2019 还未颁布实施，因此，采取了在同类型叶片上加工人工刻槽的方式来进行扫描速度调整和灵敏度校核，刻槽深 1 mm，宽 0.25 mm，如图 5-3 所示。

利用该叶片的人工刻槽进行扫描速度调整，测得该叶片表面波声速为 3055 m/s。依次测出探头距离刻槽 10 mm、20 mm、40 mm、80 mm 处的最高回波，制作距离-波幅曲线，如图 5-4 所示。DAC－20 dB 作为检测灵敏度，DAC－10 dB 作为判废灵敏度。

图 5-3　叶片刻槽实物

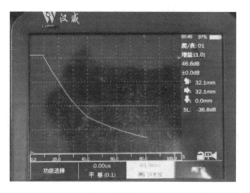

图 5-4　叶片刻槽制作 DAC 曲线

4）检测前的准备

（1）资料收集。检测前了解叶片材质、尺寸、生产厂家等信息，查阅制造厂出厂和安装时有关质量资料；查阅检修记录。

（2）表面状态确认。对所有叶片进行宏观目视检查，确保叶片表面无明显裂纹、严重划痕、碰撞痕印等缺陷。

（3）检测时机。机组停机检修时候进行。

（4）安全措施。若将汽轮机转子吊出检修，检测时要做好防坠落措施，或在盘车时注意避开；若进入缸体内部检测，在密闭空间中作业应注意测氧气含量、通风，做好安全防护。

5）检测实施

调整好仪器后，对汽轮机叶片逐片进行超声波表面探伤。

注意，现场检测时表面波探头平行于叶身边缘进行分段扫查，检测过程中可略作左右摆动。

6）检测结果

经现场超声检测，发现 1 只叶片存在 2 处超标缺陷，两个缺陷的当量分别为 DAC－5.4 dB、DAC－6.1 dB，缺陷波形如图 5－5 所示。

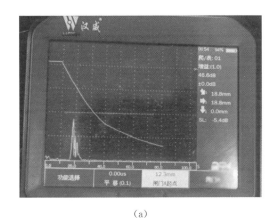
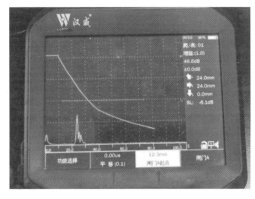

（a）　　　　　　　　　　　　　　（b）

图 5－5　叶片超声检测缺陷波形

（a）缺陷 1 波形；（b）缺陷 2 波形

7）检测记录与报告

根据相关技术标准要求，做好原始记录及检测报告的编制、审批、签发等。

2. 某火力发电厂汽轮机低压转子叶片裂纹脉冲反射法超声检测

某火力发电机组，汽轮机型号为 NZK600－16.7－538，汽轮机低压转子叶片材质为 2Cr13。检测和评定标准为 DL/T 714—2019。在检修期间,需要对该汽轮机低压转子叶片进行超声检测。

具体操作及检测过程如下。

1)仪器与探头

(1)仪器:武汉中科 HS700 型数字式超声波检测仪。

(2)探头:叶片检测用探头选用标准如表 5−1 所示,本案例选用探头型号为 2.5P6×6 表面波探头。

表 5−1　叶片检测用探头的选用

探头类型	频率/MHz	晶片尺寸/mm×mm	入射角 a/(°)
表面波探头	2.5～5	4×4,5×5,6×6、8×8,9×9	62～72

2)试块

(1)标准试块:CSK−ⅠA 试块,用于对仪器、探头及其系统性能进行测试,仪器时基线调整。

(2)对比试块:YP 试块,用于制作 DAC 曲线。

3)扫查速度调整

采用表面波检测方法,按照水平定位 1∶1 扫描速度调节仪器。

4)距离−波幅(DAC)曲线的绘制

检测前应制作距离−波幅(DAC)曲线,具体方法如下:

采用 YP 试块深度为 1 mm 的模拟裂纹,依次测出探头距离模拟裂纹 10 mm、20 mm、40 mm、80 mm、160 mm、200 mm 处的最高回波,依次调至 80% 波高,距离−波幅(DAC)曲线制作完成。

5)检测灵敏度的确定

检测灵敏度的确定如表 5−2 所示。检测范围内最大声程处检测灵敏度曲线高度不低于满屏的 20%。

表 5−2　检测灵敏度

检测方法	检测灵敏度	缺陷判废灵敏度
表面波探头	DAC−20 dB	DAC−10 dB

6)检测实施

超声检测叶片时探头放置位置如图 5−6 所示。检测时,表面波探头平行于叶身边缘作间距不大于 200 mm 长度的分段扫查,检测时可略作左右摆动。

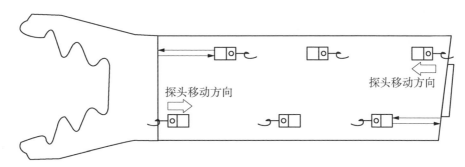

图 5 - 6　检测探头放置位置

检测发现缺陷时,缺陷长度采用半波高度法(6 dB 法)进行测定。

7) 缺陷评定

(1) 缺陷评定依据。根据标准 DL/T 714—2019,检测结果符合下列条件之一时判定为不合格。

a. 判定为裂纹的缺陷。

b. 排除污垢、结构反射等回波信号,波幅超过表 5 - 2 中 DAC 曲线判废线的缺陷。

(2) 检测结果的评定。现场超声检测发现其低压转子正向末二级 1 片叶片距叶顶 40 mm 处出汽侧边缘存在一长约 10 mm 缺陷反射波,符合裂纹特征波形。

8) 结果验证

分别用磁粉检测(MT)、渗透检测(PT)对所发现的叶片裂纹进行试验验证,验证结果与现场超声波检测结果相符合。现场渗透检测低压转子叶片裂纹形貌照片如图 5 - 7 所示。

图 5 - 7　低压转子叶片裂纹形貌图

9) 检测记录与报告

根据相关技术标准要求,做好原始记录及检测报告的编制、审批、签发等。

5.2　汽轮机低压转子末级叶片(叉型叶根)销钉脉冲反射法超声检测

某电厂 7# 机组检修期间,对汽轮机低压转子末级叶片(叉型叶根)销钉进行超声检测中,发现多根销钉在 55 mm 处出现超声反射回波,判定为该部位发生断裂。采用

图 5 - 8 低压转子末级叶片销钉

A 型脉冲反射超声法对螺栓螺纹部位进行检测,检测及评定标准:参照《高温紧固螺栓超声波检测技术导则》(DL/T 694—2012)。该销钉材质为 4Cr5MoSiV,规格为 $\Phi18$ mm × 270 mm。低压转子末级叶片销钉如图 5 - 8 所示。

具体操作及检测过程如下。

1. 仪器与探头

(1) 仪器:武汉中科 HS610 型数字式超声波检测仪。

(2) 探头:5 MHz$\Phi5$ mm 单晶直探头。

2. 试块

对比试块:LS - Ⅰ试块,用于高温紧固螺栓超声小角度纵波检测,其形状和尺寸如图 5 - 9 所示。

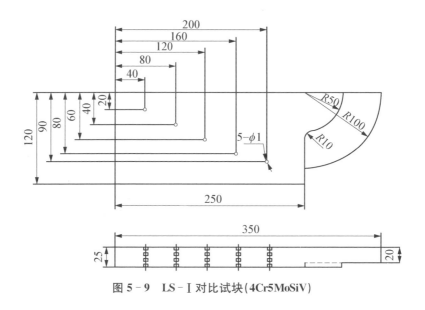

图 5 - 9 LS - Ⅰ对比试块(4Cr5MoSiV)

3. 检测准备

(1) 检测前应查阅被检销钉的相关资料,主要包括:①销钉的名称、规格、材质及螺栓结构形式等;②大修时销钉的检测资料。

(2) 销钉检测表面应打磨,其表面粗糙度应不大于 6.3 μm。端面须平整且与轴线垂直。

(3) 超声检测前应经宏观检查合格。

（4）应确定销钉的检测区域,销钉的检测区域应覆盖销钉的全体积。应关注应力集中部位,如销钉与叶根销孔内孔边缘交界处。

4. 扫描速度调整

进行纵波直探头检测时,应根据销钉的长度调整扫描速度,通常最大检测范围应至少达到时基线满刻度的 80%。

5. 灵敏度设定

直探头纵波法检测灵敏度采用 LS-1 试块调整。方法是将 LS-1 试块上与被检销钉最远端底波距离相近的 Ø1 横孔最高反射波调整到 80% 屏高作为基准灵敏度,再根据被检测销钉的规格和形式提高一定的增益(dB)作为检测灵敏度。

（1）检测灵敏度设定可参照低合金钢螺栓检测灵敏度设定方法,在小角度纵波检测灵敏度表 5-3 的基础上再增益 6 dB。

表 5-3　小角度纵波检测灵敏度选择

螺栓型式		被检部位	检测灵敏度	判伤界限
低合金钢螺栓	无中心孔柔性	本侧	Ø1-6 dB	Ø1-4 dB
		对侧	Ø1-14 dB	Ø1-10 dB
	有中心孔柔性	本侧	Ø1-6 dB	Ø1-0 dB
马氏体钢及镍基高温合金螺栓	无中心孔柔性	本侧	Ø1-12 dB	Ø1-8 dB
		对侧	Ø1-18 dB	Ø1-14 dB
	有中心孔柔性	本侧	Ø1-12 dB	Ø1-6 dB

（2）直探头纵波法检测灵敏度也可采用销钉 1 mm 线切割槽对比试块进行调整,但应不低于 1 mm 模拟裂纹的检测灵敏度,并在此基础上再增益 6 dB。

本次检测选择的检测灵敏度为 1 mm 线切割槽 50 mm 处 80% 波高,再增益 6 dB。

6. 检测范围及扫查方式

（1）检测范围:销钉整体部位。

（2）扫查方式:将探头置于销钉端面上进行扫查,探头移动速度应缓慢,移动间距不大于探头半径,移动时探头适当转动,探头晶片不应超出端面。

7. 波形特点

（1）波形。因裂面垂直声束,故裂纹波形清晰、陡直、尖锐。

（2）位置。由前述产生裂纹的原因可知,螺纹根部裂纹,一般出现在销钉与叶根销孔内孔边缘交界处,即距销钉端面约 55 mm 处。

（3）声程。从销钉两端面探伤,裂纹波的声程之和等于销钉长度。

（4）底波的变化。对于较大的裂纹,底波明显减弱,甚至消失。

8. 缺陷的评级及评定

1）缺陷评级要求

参照标准 DL/T 694—2012 的第 6.3 条对缺陷进行评定,即缺陷信号位于本侧,其反射波幅大于或等于 Ø1−6 dB 反射当量或高于相应位置处 1 mm 线切割槽,应判定为裂纹。凡判定为裂纹的销钉应判废。

2）缺陷评定

（1）A 低压转子。

汽机高压侧末级 9♯～10♯叶片外数第二根、64♯～65♯叶片外数第一根、68♯～69♯叶片外数第一根、70♯～71♯叶片外数第一根,经评定,均判定为裂纹,不合格。

（2）B 低压转子。

汽机高压侧末级 38♯～39♯叶片外数第二根、45♯～46♯叶片外数第二根存在超声可疑信号反射,经评定,均判定为裂纹,不合格。

9. 解体验证

经现场解体后,发现上述销钉已全部断裂,部分销钉断裂位置及形貌如图 5−10 所示。

图 5−10　销钉断裂位置及形貌

10. 检测记录与报告

根据相关技术标准要求,做好原始记录及检测报告的编制、审批、签发等。

5.3　汽轮机低压转子动叶片叶根相控阵超声检测

汽轮机叶片是高速转动部件,运行环境和受力复杂,叶片根部不仅长期承受拉力、扭矩和振动等复杂应力作用,还要承受高温等环境影响。一旦叶根本身存在制造缺陷,极易在运行过程中发生变化,形成裂纹缺陷,进而导致故障发生。目前,叶片根部的型式主要有倒 T 型、菌型、叉型、纵树型等。利用相控阵超声检测技术,可以快速直观有效地检测出叶根存在的裂纹缺陷。

某电厂检修期间，需要对某汽轮机厂生产的汽轮机低压转子第 7 级动叶片叶根（枞树型叶根）进行相控阵超声检测，以确定其是否存在裂纹等缺陷。该叶片材质为 0Cr17Ni4Cu4Nb，形状、结构尺寸如图 5 - 11 所示。检测依据为标准 DL/T 714—2019。

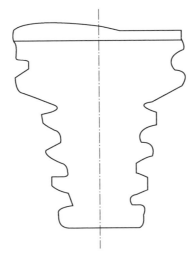

图 5 - 11　某汽轮机叶片枞树型叶根

具体操作及检测过程如下。

1. 编制工艺卡

根据要求编制汽轮机低压转子第 7 级动叶片叶根相控阵超声检测工艺卡，如表 5 - 4 所示。

表 5 - 4　汽轮机低压转子第 7 级动叶片叶根相控阵超声检测工艺卡

工件	部件名称	汽轮机低压转子第 7 级动叶片叶根	设计规格	——
	材料牌号	1Cr12Ni2W1Mo1V	检测时机	机组检修期间
	检测项目	叶根内部裂纹	表面状态	砂纸打磨处理
仪器探头参数	仪器型号	PHASCAN 相控阵超声检测仪	仪器编号	——
	探头型号	YG001（5 MHz L10 线阵探头）	试块种类	带有模拟裂纹的叶根
	检测面	叶根表面	扫查方式	沿叶根宽度方向匀速移动
	耦合剂	CG - 98 型耦合剂	表面补偿	0 dB
	灵敏度设定	模拟裂纹 5 mm×0.5 mm×2 mm 反射波增益 10 dB	检测标准	DL/T 714—2019

检测对象说明：

相控阵检测探头布置如图所示。根据反射波幅值判定缺陷。

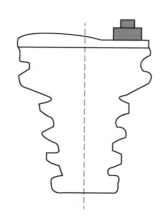

编制/资格	×××	审核/资格	×××
日期	×××	日期	×××

2. 仪器与探头

(1) 仪器：PHASCAN 相控阵超声检测仪。

(2) 探头：YG001(5 MHz L10 线阵探头)。

3. 试块与耦合剂

(1) 对比试块：带有模拟裂纹的叶根。

(2) 耦合剂：CG-98 型耦合剂。

4. 参数测量与仪器设定

依据检测工件的材质声速、厚度以及探头的相关技术参数对仪器进行设定。本次采用沿线扫查＋扇扫模式进行，扫查范围－45°～45°(角度步进 1°)，聚焦深度设置 100 mm，扫查步进设定为 2 mm。

5. 扫查灵敏度设定

将模拟裂纹 5 mm×0.5 mm×2 mm 反射波调至满屏的 80％高度，在此基础上增益增加 10 dB 作为扫查灵敏度。

6. 检测实施

将加载有编码器的相控阵探头放置在叶根平面上，沿着叶根宽度方向匀速移动，同时采集检测数据并保存。

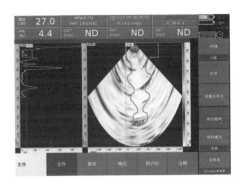

图 5‑12　某汽轮机叶片枞树型叶根相控阵超声检测图

7. 缺陷定位

利用闸门框住标注缺陷。记录缺陷对应的编码器显示位置,并确定反射波(缺陷)深度。

8. 缺陷评定

通过观察扇扫图像,直观对比图像信号增强点位置,确定缺陷位置和当量大小。本次检测中未发现裂纹缺陷,检测图像如图5‑12所示。

9. 检测记录与报告

根据相关技术标准要求,做好原始记录及检测报告的编制、审批、签发等。

5.4　汽轮机联轴器螺栓脉冲反射法超声检测

在汽轮发电机组中,联轴器的作用是将汽轮机高中压转子、低压转子及发电机转子互相连接成一个轴系,主要功能是传递扭矩。联轴器主要采用螺栓紧固,根据连接对象不同,可以分为高中压-低压转子联轴器螺栓、低压转子-发电机转子联轴器螺栓。汽轮机发电机组在运行过程中承受交变载荷,尤其是在调峰过程中,汽轮发电机组转子需承受频繁的交变负荷所带来的交变应力作用,当联轴器出现缺陷时,在交变应力的冲击下,汽轮发电机组更容易出现设备振动异常,甚至出现螺栓断裂情况,严重危及机组的安全运行。因此,需要定期对汽轮机联轴器螺栓开展检测。

某发电企业建设有 4 台 300 MW 热电联产机组,♯4 机组在检修期间需要对联轴器螺栓进行检测,螺栓规格尺寸为 M48 × 400 mm、M48 × 450 mm,材质为 PCrNi3Mo。联轴器螺栓实物如图 5‑13 所示。检测采用脉冲反射法超声检测技术,

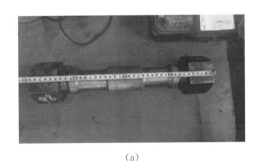
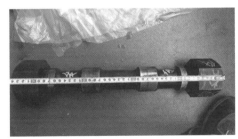

(a)　　　　　　　　　　　　　　　　　(b)

图 5‑13　联轴器螺栓实物

(a)高中压-低压转子联轴器螺栓;(b)低压转子-发电机转子联轴器螺栓

参考标准为 DL/T 694—2012。

具体操作及检测过程如下。

1. 编制工艺卡

根据要求编制♯4 机组联轴器螺栓脉冲反射法超声检测工艺卡,如表 5-5 所示。

表 5-5 ♯4 机组联轴器螺栓脉冲反射法超声检测工艺卡

	部件名称	联轴器螺栓	规格尺寸	M48×400 mm M48×450 mm
工件	材料牌号	PCrNi3Mo	检测时机	检修期间
	检测项目	螺纹	坡口型式	—
	表面状态	打磨	焊接方法	—
仪器探 头参数	仪器型号	武汉中科 HS700 型	仪器编号	—
	探头型号	5P14Z 直探头 5P8×12K1.7 斜探头	标准试块	CSK-ⅠA 试块
	检测面	螺栓端面、杆部	扫查方式	圆周扫查
	耦合剂	化学浆糊	表面耦合	4 dB
	灵敏度设定	纵波不低于 Ø1 横孔 横波螺纹波 60%屏高	参考试块	—
	检测依据	DL/T 694—2012	检测比例	100%
	检测等级	—	验收等级	—

检测位置示意图及缺陷评定:
直探头纵波检测

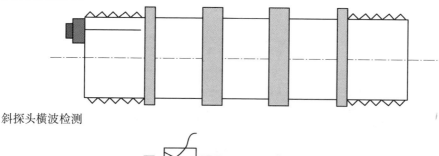

斜探头横波检测

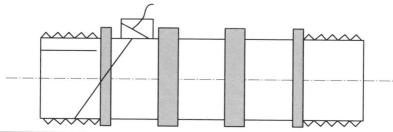

（续表）

说明：

联轴器螺栓存在凸台，限制了斜探头前后扫查区域，检测时应以直探头纵波检测为主，斜探头横波检测为辅。

编制/资格	×××	审核/资格	×××
日期	×××	日期	×××

2. 检测设备与器材

（1）设备：武汉中科 HS700 型数字超声波检测仪。

（2）探头：5P14Z 直探头、5P8×12K1.7 横波斜探头。

（3）辅助器材：耦合剂、钢直尺等。

3. 试块

标准试块：CSK-ⅠA 试块。

4. 检测准备

（1）资料收集。检测前了解螺栓材质、尺寸等信息，查阅制造厂出厂和安装时有关质量资料，查阅检修记录。

（2）表面状态确认。检测前对检测面进行机械打磨，露出金属光泽，表面应无影响检测的异物。

5. 仪器调整

1）时基线调整

（1）纵波直探头调整。采用 CSK-1 试块 100 mm 的底波对直探头的时基线进行调整，由于螺栓长度 400～450 mm，可以采用 4 次波、5 次波进行调整。

（2）横波斜探头调整。用 CSK-1A 标准试块上 R50、R100 圆弧对横波斜探头时基线、入射点进行校准，采用 Φ50 的圆弧对 K 值进行校准。

2）灵敏度调整

（1）直探头纵波调整。根据标准 DL/T 694—2012 的规定，直探头纵波检测时采用 LS-1 试块的 Ø1 mm 横通孔反射波调整为满屏高度的 80% 作为基准灵敏度。也可以采用其他方法调整。在本次检测中，没有相同材质的 LS-1 试块，采用螺栓端面回波满屏 80%，再提高合适增益的方式确定基准灵敏度，提高的具体增益数以草状波不高于满屏高 10% 为前提。

（2）斜探头横波调整。斜探头横波检测灵敏度采用螺纹反射波来调整。前后移动探头使得屏幕上出现 4～6 个螺纹波，且无明显杂波，然后将螺纹波调整到满屏高度的 60%。

6. 检测实施

按照表 5-5 所示工艺卡中的检测要求，采用纵波直探头在螺栓两侧端面实施检测，采用横波斜探头在螺栓杆部进行检测，如图 5-14 所示。

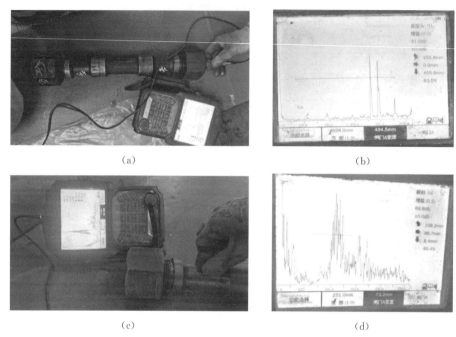

(a)　　　　　　　　　　　　　　　　　(b)

(c)　　　　　　　　　　　　　　　　　(d)

图 5-14　联轴器螺栓检测结果

(a)直探头纵波检测现场；(b)直探头纵波检测结果；
(c)斜探头横波检测现场；(d)斜探头横波检测结果

7. 检测结果

经现场超声检测，该联轴器 24 根高中压-低压转子连接器螺栓、20 根低压转子-发电机转子连接螺栓均未发现超标缺陷。

8. 检测记录与报告

根据相关技术标准要求，做好原始记录及检测报告的编制、审批、签发等。

5.5　汽轮机转子轴颈脉冲反射法超声检测

某电厂 1# 机组检修期间，对汽轮机高中压转子、A/B 低压转子轴颈进行超声检测。采用 A 型脉冲反射超声法对轴颈部位进行检测。高中压转子轴颈直径为 400 mm，材质为 30Cr1Mo1V；A/B 低压转子轴颈规格：直径为 488 mm，材质为 30Cr2Ni4MoV。检测及评定标准：《300 MW 以上汽轮机无中心孔转子锻件　技术条件》(JB/T 8707—1998)及《汽轮机、汽轮发电机转子和主轴锻件　超声检测方法》(JB/T 1581—2014)。汽轮机低压转子轴颈如图 5－15 所示。

图 5－15　汽轮机低压转子轴颈

具体操作及检测过程如下。

1. 仪器设备及器材

(1) 仪器:武汉中科 HS610 数字式超声波检测仪。

(2) 探头:2.5PΦ14 单晶纵波直探头。

(3) 耦合剂:机油。

2. 试块

本次检测选择 CSK-ⅠA 标准试块对仪器延时和扫描比例进行调节,采用工件本身进行灵敏度调节。

3. 检测准备

(1) 检测前应充分了解设备的有关状况,如设备的运行情况、轴颈的材料、加工工艺、运行状况、外形尺寸、结构形式。

(2) 查阅制造厂出厂和安装时有关质量资料,查看被检轴颈的产品标识和表面状况等。

(3) 应尽可能从外圆面对整个轴颈进行检测,避免出现妨碍检测的锥形、沟槽、台阶、圆弧过渡区等几何形状。

(4) 检测面表面粗糙度(Ra)应不大于 6.3 μm,被检表面应无松散氧化皮、油漆、污物、划伤等影响探头移动或影响信号评定的异物。

(5) 探头应与检测面吻合良好,检测中探头接触面不得划伤轴颈表面,宜选择带有软保护膜的探头。

4. 扫描速度及灵敏度设定

（1）采用 CSK-ⅠA 标准试块对探头延时和扫描比例进行调整。

（2）转子和主轴锻件的检测灵敏度,应能有效地发现锻件技术条件中规定的最小当量直径的缺陷。

（3）依据采用的探头频率、直径,依据近场区长度计算公式(5-1),计算得出近场区长度为 20.8mm。计算法仅适用于大于或等于 3 倍探头近场区的情况,根据轴颈直径大于 3N,可以采用计算法进行灵敏度调整。

$$N = \frac{D_s^2}{4\lambda} \tag{5-1}$$

（4）转子轴颈为实心锻件,当采用计算法调整检测灵敏度时,依据标准要求,以当量直径 1.6mm 平底孔作为单个缺陷的灵敏度。在轴颈有平行面或对称旋转体的一段,首先找出无缺陷的圆柱底面反射部位,然后将该部位的底波幅度调到满屏高的80%,再按公式(5-2)计算并增益相应的分贝值。

$$\Delta = 20\log\frac{2\lambda T}{\pi\Phi^2} \tag{5-2}$$

通过计算得出,高中压转子轴颈规格为 $\Phi400\,mm$,检测灵敏度为在基准波高基础上增益 47dB;A/B 低压转子轴颈规格为 $\Phi488\,mm$,检测灵敏度为在基准波高基础上增益 50dB。

（5）扫查时允许适当提高灵敏度(如 6dB),当发现缺陷后应在规定灵敏度下进行检测。

5. 检测范围及扫查方式

（1）检测范围:转子轴颈整体。

（2）扫查方式:手动扫查,沿轴颈外圆表面进行,纵向和周向分别作两个方向的往复扫查,探头应与检测面吻合良好,并注意两次扫查有 10%～15% 的扫查覆盖。

（3）扫查速度:为保证探头与检测面耦合良好,扫查速度不大于 100mm/s。当发现当量直径 1.6mm 以上的缺陷时,应进行缺陷边界的测定,并做好记录和记号。

6. 缺陷测量

若发现缺陷信号,应根据缺陷信号的类别采用不同的方法对缺陷进行测定。应采用与调整灵敏度相同的方法来确定缺陷的当量直径。应记录所有达到技术条件中规定的缺陷的长度、宽度、最大反射波幅处的位置坐标、深度及当量值。

（1）单个分散缺陷。记录不小于起始记录缺陷的当量直径及最大指示波幅的位置。

（2）密集缺陷。根据缺陷信号前沿在扫描线上的位置测定缺陷的深度分布范围。根据探头中心声束的移动范围测定缺陷的轴向分布范围。记录缺陷密集区尺寸、最大缺陷当量直径及其在锻件上的坐标位置。

（3）连续（条状）缺陷。用半波高度法测定缺陷的轴向指示长度，测定垂直于指示长度的缺陷宽度，并根据被测部位的曲率进行几何修正。记录连续（条状）缺陷长度、宽度、最大当量直径及其在锻件上的坐标位置。

（4）游动缺陷信号。测定信号在扫描线上游动的最小值和最大值，以确定信号游动范围。用波高消失法测定探头周向移动范围，即当指示正好能与噪声区分开来时探头所在的位置。用半波高度法测定缺陷的轴向长度。记录缺陷信号游动范围、探头移动弧长范围、轴向长度、最大反射当量直径及其在锻件上的坐标位置。

（5）引起底波降低的缺陷。对由于缺陷引起底波降低的部位，应对引起底波降低大于或等于 3 dB 的区域进行测定和记录。

7. 缺陷的评定及验收

（1）缺陷评级。按照标准 JB/T 8707—1998 第 4.5.3 条的超声波检验部分进行。

a. 当量直径 1.6 mm 以下的单个分散缺陷信号不计，但杂波高度应低于当量直径 1.6 mm 幅度的 50%。

b. 当量直径 1.6～3.5 mm 的所有缺陷均应记录其轴向、径向和周向位置并报告需方。当量直径 1.6～3.5 mm 的缺陷总数不得超过 20 个，并不允许存在当量直径大于 3.5 mm 的任何缺陷。

c. 30Cr1Mo1V 钢锻件距轴线 150 mm 以外部位，30Cr2Ni4MoV 钢锻件距轴线 170 mm 以外部位，允许有 3 个小于当量直径为 1.6 mm 的密集缺陷区，但密集区在任何方向的尺寸均不应大于 20 mm，并且任何两个密集区间距离不应小于 120 mm。

d. 由缺陷引起底波衰减损失达到 3 dB 时，应当记录并报告给需方。

e. 不允许有游动信号和条状缺陷信号。

f. 供方应向需方提供用 2～2.5 MHz 和 4～5 MHz 探头，分别在转子体最大直径处两端及中间三处测得材料衰减数据。

g. 当锻件的超声波探伤结果超出上述规定时，应由供需双方进行复验和讨论，但锻件是否可判合格应由需方决定。

（2）验收。经检测，汽轮机高中压转子、A/B 低压转子轴颈部位未发现超标缺陷。经评定，均判定为合格。低压转子轴颈检测的超声检测波形如图 5-16 所示。

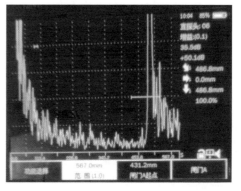

图 5-16 低压转子轴颈超声检测波形图

8. 检测记录与报告

根据相关技术标准要求,做好原始记录及检测报告的编制、审批、签发等。

5.6　汽轮机转子联轴节对轮螺栓脉冲反射法超声检测

图 5-17　汽轮机联轴节对轮螺栓

某电厂1♯机组检修期间,对汽轮机高中压转子/A低压转子联轴节对轮螺栓、A/B低压转子联轴节对轮螺栓、B低压转子/发电机转子联轴节对轮螺栓螺纹部位进行超声检测。高压导汽螺栓规格为 M52×365/375/480 mm,材质为45Cr1MoV。采用 A 型脉冲反射超声法对螺栓螺纹部位进行检测,检测及评定标准为 DL/T 694—2012。联轴节对轮螺栓部件如图 5-17 所示。

具体操作及检测过程如下。

1. 仪器与探头

(1)仪器:武汉中科 HS610 数字式超声波检测仪。

(2)探头:5 MHzΦ14 mm 单晶纵波直探头。

2. 试块

对比试块:LS-1 型试块。

3. 检测准备

(1)检测前应查阅被检螺栓的相关资料,主要包括:①螺栓的名称、规格、材质及螺栓结构形式等;②大修时螺栓的检测资料。

(2)应将螺栓拆下进行检测,检测表面应打磨,其表面粗糙度应不大于 6.3 μm。端面须平整且与轴线垂直。

(3)超声检测前螺栓应经宏观检查合格,且标有永久性编号标识。

(4)应确定螺栓的检测区域,螺栓的检测区域应覆盖螺栓的全体积。应关注应力集中部位,如接合面附近一至三道螺纹根部、螺栓光杆部位及与转子法兰连接部位等。

4. 扫描速度调整

纵波直探头检测时,应根据螺栓的长度调整扫描速度,通常最大检测范围应至少达到时基线满刻度的 80%。

5. 灵敏度设定

直探头纵波法检测灵敏度采用 LS-1 试块调整。方法是将 LS-1 试块上与被检螺栓最远端螺纹距离相近的 Ø1 横孔最高反射波调整到 80％屏高作为基准灵敏度,再根据被检螺栓的规格和形式提高一定的增益(dB)作为检测灵敏度。

(1) 低合金钢螺栓检测灵敏度在小角度纵波检测灵敏度表 5-3 的基础上增益 6 dB,对于有中心孔柔性马氏体钢及镍基高温合金螺栓本侧检测,则应增益 12 dB。

(2) 直探头纵波法检测灵敏度也可采用其他方法进行调整,但应不低于 1 mm 模拟裂纹的检测灵敏度。

本次检测选择的检测灵敏度为 LS-1 试块 120 mm 处 80％波高,再增益 12 dB。

6. 检测范围及扫查方式

(1) 检测范围:螺栓两端螺纹部位。

(2) 扫查方式。将探头置于螺栓端面上进行扫查,探头移动速度应缓慢,移动间距不大于探头半径,移动时探头适当转动,探头晶片不应超出端面或覆盖中心孔。

7. 波形特点

(1) 波形:因裂面垂直于声束,故裂纹波形清晰、陡直、尖锐。

(2) 位置:螺纹根部裂纹,一般出现在接合面附近一至二道螺纹处。

(3) 声程:从两端面探伤,裂纹波的声程之和等于螺栓长度。

(4) 底波的变化:对于较大的裂纹,底波明显减弱,甚至消失,如将扫描速度调慢(增大探测范围),还可以看到裂纹的多次反射信号。

(5) 螺纹波的变化:紧靠裂纹波之后的螺纹波将由于裂纹的遮挡而消失或减弱。

8. 缺陷的评定

1) 缺陷评级要求

依据标准 DL/T 694—2012 第 6.3 条对缺陷进行评定。凡判定为裂纹的螺栓应判废。

(1) 低合金钢螺栓。

a. 无中心孔柔性螺栓。缺陷信号位于本侧,其反射波幅大于或等于 Ø1-6 dB 反射当量,且指示长度大于或等于 10 mm,应判定为裂纹;缺陷信号位于对侧,其反射波幅大于或等于 Ø1-16 dB 反射当量,且指示长度大于或等于 10 mm,应判定为裂纹。

b. 有中心孔柔性螺栓。缺陷信号位于本侧,波幅大于或等于 Ø1-12 dB 反射当量,且指示长度大于或等于 10 mm,应判定为裂纹。

(2) 马氏体钢及镍基高温合金螺栓。

a. 无中心孔柔性螺栓。缺陷信号位于本侧,其反射波幅大于或等于 Ø1-12 dB 反射当量,且指示长度大于或等于 10 mm,应判定为裂纹;缺陷信号位于对侧,其反射波幅大于或等于 Ø1-18 dB 反射当量,且指示长度大于或等于 10 mm,应判定为裂纹。

b. 有中心孔柔性螺栓。缺陷信号位于本侧,波幅大于或等于 Ø1-18 dB 反射当量,且指示长度大于或等于 10 mm,应判定为裂纹。

2) 缺陷评定

经现场超声检测,汽轮机高中压转子/A 低压转子联轴节对轮螺栓、A/B 低压转子联轴节对轮螺栓、B 低压转子/发电机转子联轴节对轮螺栓螺纹部位,均未发现超标缺陷。经评定,均判定为合格。

9. 检测记录与报告

根据相关技术标准要求,做好原始记录及检测报告的编制、审批、签发等。

5.7 汽轮机高压导汽管法兰连接螺栓脉冲反射法超声检测

高温紧固螺栓是发电厂热动力设备的重要部件,广泛应用于汽轮机内外缸中分面主汽门、调节门以及高温蒸汽管道法兰的连接,其作用是在法兰结合处产生压紧力,使被连接件在设计期限内保持密封,不发生高温高压蒸汽泄漏。在长期运行中,由于高温高压的作用及安装工艺不当等原因,容易产生裂纹,导致螺栓失效断裂,从而危及机组的安全运行。

某电厂 2♯机组检修期间,对汽轮机高压导汽管法兰连接螺栓进行超声检测中,发现螺纹部位存在超标缺陷。高压导汽管法兰连接螺栓规格为 M60×500 mm,两端螺纹长度为 130 mm,材质为 20Cr1Mo1VTiB。采用 A 型脉冲反射超声法对螺栓螺纹部位进行检测,检测及评定标准为 DL/T 694—2012。高压导汽管法兰连接螺栓形状如图 5‑18 所示。

图 5‑18 高压导汽管法兰连接螺栓

具体操作及检测过程如下。

1. 仪器与探头

(1) 仪器:武汉中科 HS610 数字式超声波检测仪。

(2) 探头:5 MHzΦ14 mm 单晶直探头。

用纵波直探头进行检测时,主声束平行螺栓轴线入射,不至于入射到螺纹上,只有扩散声束能射到螺纹面上产生回波,即螺纹杂乱信号。声束指向性的好坏,对螺纹杂乱信号的强弱影响很大,声束指向性越好,杂乱信号越弱,反之越强。为了减少螺纹杂乱信号,希望探头有好的指向性,因此原则上应选择较高频率和较大晶片直径的探头。

频率的提高受到材质衰减的限制,特别是当只能从一个端面探测时,衰减过大会影响探测远离探测面裂纹的灵敏度,故对长螺栓的探伤,频率不宜太高。

探头晶片直径的选择还受螺栓两端探测面的限制,直径较小的螺栓,端面面积不大,如果有顶针孔,可供放置探头的面积就更小;大直径螺栓端面面积较大,但如果带中心孔,则端面上能够放置探头的面积也不会太大。在较小的探测面上放置较大直径的探头时,因为有一部分晶片外露,声束指向性变差。因此,不能选用晶片尺寸较大的探头。

根据被检螺栓的规格材质选择探头的频率和晶片尺寸,选择原则如下。

a. 低合金钢螺栓。探头的频率一般选择 5 MHz,规格较大的螺栓可选择 2.5 MHz。探头的晶片尺寸一般选择 $\Phi12$ 或 $\Phi14$,规格较大的螺栓可选择 $\Phi20$。

b. 马氏体钢及镍基高温合金螺栓。探头的频率一般选择 2.5 MHz。

2. 试块

对比试块:LS-Ⅰ型试块。

3. 检测准备

(1) 检测前应查阅被检螺栓的相关资料,主要包括:①螺栓的名称、规格、材质及螺栓结构形式等;②大修时螺栓的检测资料。

(2) 应将螺栓拆下进行检测,检测表面应打磨,其表面粗糙度应不大于 6.3 μm。端面须平整且与轴线垂直。

(3) 超声检测前螺栓应经宏观检查合格,且标有永久性编号标识。

(4) 应确定螺栓的检测区域,螺栓的检测区域应覆盖螺栓的全体积。应关注应力集中部位,如接合面附近一至三道螺纹根部,螺栓中心孔内壁高温加热区,马氏体钢及镍基高温合金螺栓光杆内外壁以及非全通孔螺栓中心孔的底部等。

4. 扫描速度调整

纵波直探头检测时,应根据螺栓的长度调整扫描速度,通常最大检测范围应至少达到时基线满刻度的 80%。

5. 灵敏度设定

直探头纵波法检测灵敏度采用 LS-1 试块调整,方法是将 LS-1 试块上与被检螺栓最远端螺纹距离相近的 $\varnothing1$ 横孔最高反射波调整到 80% 屏高作为基准灵敏度,再根据被检螺栓的规格和形式提高一定的增益(dB)作为检测灵敏度。

(1) 低合金钢螺栓检测灵敏度在小角度纵波检测灵敏度表 5-3 的基础上增益 6 dB,对于有中心孔柔性马氏体钢及镍基高温合金螺栓本侧检测,则应增益 12 dB。

(2) 直探头纵波法检测灵敏度也可采用其他方法进行调整,但应不低于 1 mm 模拟裂纹的检测灵敏度。

本次检测选择的检测灵敏度为 LS-1 试块 120 mm 处 80% 波高,再增益 12 dB。

6. 检测范围及扫查方式

(1) 检测范围:螺栓两端螺纹部位。

(2) 扫查方式:将探头置于螺栓端面上进行扫查,探头移动速度应缓慢,移动间距不大于探头半径,移动时探头适当转动,探头晶片不应超出端面或覆盖中心孔。

7. 波形特点

(1) 波形:因裂面垂直于声束,故裂纹波形清晰、陡直、尖锐。

(2) 位置:由前述产生裂纹的原因可知,螺纹根部裂纹,一般出现在接合面附近一至二道螺纹处;中心孔裂纹,一般出现在高温加热区。

(3) 声程:从两端面探伤,裂纹波的声程之和等于螺栓长度。

(4) 底波的变化:对于较大的裂纹,底波明显减弱,甚至消失,如将扫描速度调慢(增大探测范围),还可以看到裂纹的多次反射信号。

(5) 螺纹波的变化:紧靠裂纹波之后的螺纹波将由于裂纹的遮挡而消失或减弱。

8. 缺陷的评定

1) 缺陷评级要求

依据标准 DL/T 694—2012 中第 6.3 条对缺陷进行评定,具体参照本书 5.6 节。凡判定为裂纹的螺栓应判废。

2) 缺陷评定

经现场超声检测,发现编号为 1♯、2♯、12♯ 的高压导汽管法兰连接螺栓的螺纹部位出现反射回波,缺陷当量大小如下。

(1) 1♯ 螺栓:当量为 $\varnothing 1\,mm + 2\,dB$,指示长度 $L = 30\,mm$,缺陷位置为根部第四丝扣部位,距上端面 110 mm,缺陷位置如图 5-19 所示。经评定,判定为裂纹缺陷,不合格。

图 5-19 1♯螺栓缺陷位置　　　图 5-20 2♯螺栓缺陷位置

（2）2♯螺栓：当量为 Ø1 mm＋5 dB，指示长度 $L＝35$ mm，缺陷位置为距上端面 50 mm，缺陷位置如图 5-20 所示。经评定，判定为裂纹缺陷，不合格。

（3）12♯螺栓：当量为 Ø1 mm＋1 dB，指示长度 $L＝20$ mm，缺陷位置为根部第五丝扣部位，距上端面 100 mm。

（4）其他螺栓，现场超声检测均未发现有超标缺陷。超声检测无缺陷的螺纹反射波形和存在缺陷部位的反射波波形对比如图 5-21、图 5-22 所示。

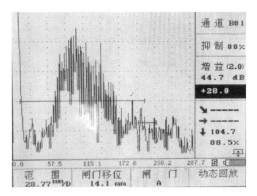

图 5-21　完好部位的螺栓超声检测波形

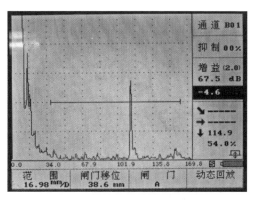

图 5-22　存在缺陷的螺栓超声检测波形

9. 检测记录与报告

根据相关技术标准要求，做好原始记录及检测报告的编制、审批、签发等。

5.8　汽轮机缸体高温紧固螺栓相控阵超声检测

汽轮机作为火力发电厂的三大设备之一，主要由汽缸和转子两大部件构成。汽缸是汽轮机的外壳，其主要作用是将汽轮机内部与大气隔开，形成封闭的汽室，以保证蒸汽在汽轮机中完成做功过程。为了便于安装，汽缸一般沿水平面分成上下两半，用螺栓连接。由于汽轮机工作环境温度较高，因此，这样的螺栓称为高温紧固螺栓。高温紧固螺栓最容易产生裂纹的部位一般是在紧固结合面附近一至三扣螺纹根部，常规超声检测主要按照标准 DL/T 694—2012 的技术要求规定，采用小角度纵波法、纵波直探头法和横波法等方法进行检测，也可以采用爬波法或相控阵超声法进行辅助检测。

某 330 MW 机组检修期间，需要对中压调门紧固螺栓进行检测，螺栓规格为 M48×400 mm，材质为 2Cr11NiMoNbVN-5，检测采用相控阵超声检测技术，检测标准参考《承压设备无损检测　第 15 部分：相控阵超声检测》（NB/T 47013.15—2021），重点检测螺栓两端螺纹根部,采用纵波全聚焦方式在端面进行检测,采用横波扇扫方式对螺栓杆部进行检测。

具体操作及检测过程如下。

1. 编制工艺卡

汽轮机缸体高温紧固螺栓相控阵超声检测工艺卡如表 5－6 所示。根据 NB/T 47013.15—2021 规定,工艺验证可以采用超声仿真的方式替代,但所采用的仿真技术应经技术验证和现场试验证明符合实际检测要求。

表 5－6　汽轮机缸体高温紧固螺栓相控阵超声检测工艺卡

	部件名称	高温紧固螺栓	规格	M48×400 mm
工件	材料牌号	2Cr11NiMoNbVN－5	检测时机	拆卸检测
	检测项目	螺栓整体	坡口型式	—
	表面状态	螺栓端面机械打磨	焊缝宽度	—
仪器探头参数	检测标准	NB/T 47013.15—2021	合格等级	—
	仪器型号	Gekko	标准试块	CSK－ⅠA
	探头型号	5L64－0.6×10	对比试块	螺栓对比试块
	编码器	—	扫查方式	两侧端面扫查
	耦合剂	机油	检测等级	—
	检测方式	检测过程中旋转探头实现全覆盖	工艺验证	模拟试块、CIVA 仿真
	灵敏度	人工刻槽80%波高,增益 6 dB	耦合补偿	3 dB
	角度范围	—	角度步进	—
	探头偏置	—	聚焦方式	纵波,全聚焦成像

检测位置示意图及缺陷评定:

纵波全聚集示意图

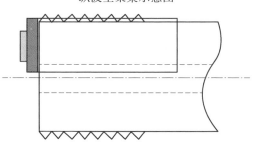

（续表）

横波扇扫示意图

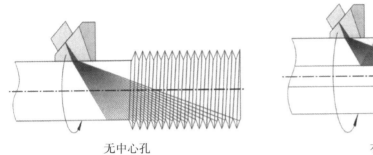

无中心孔

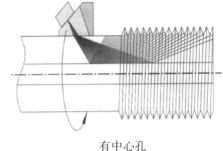

有中心孔

编制/资格	×××	审核/资格	×××
日期	×××	日期	×××

2. 检测设备与器材

（1）设备：法国 M2M 公司 Gekko 型便携式相控阵超声检测仪。

（2）探头：5 MHz，32 阵元，平楔块及折射角 55°斜楔块。

（3）辅助器材：耦合剂、钢直尺。

3. 试块

在同规格螺栓上刻槽，槽深 1 mm、宽 0.25 mm。

4. 检测准备

（1）资料收集。检测前了解螺栓规格尺寸、材质等信息，查阅制造厂出厂和安装时有关质量资料，查阅检修记录。

（2）表面状态确认。检测前对两侧端面进行机械打磨，有外凸的钢印应修磨平整，表面应无油污等。

5. 仪器调整

（1）全聚焦设置。选择纵波全聚焦设置，可以使用平楔块或不使用楔块，全聚焦检测区域尺寸设置为宽度 30 mm、深度 100 mm 的矩形。

（2）横波扇扫设置。探头加装斜楔块，扇扫角度设置 45°～70°，聚焦采用真实深度聚焦，聚焦深度 60 mm。

6. 工艺验证

在带有人工刻槽缺陷的螺栓对比试块上进行工艺验证，对比试块为 M60×330 mm 的双头螺纹的螺栓，内有中心孔，在从螺栓杆部往两侧端面数的第一个齿根、第四个齿根加工有人工刻槽。

1）端面全聚焦检测

检测时探头置于螺栓端面，全聚焦区域可以覆盖整个螺纹部分，探头绕螺栓轴线旋转360°完成检测，发现缺陷后保存数据，如图 5-23 所示。

（a）　　　　　　　　　　　　　　　　（b）

图 5-23　端面纵波全聚焦检测图谱

（a）检测实物；（b）检测图谱

2）杆部横波扇扫检测

检测时探头置于螺栓杆部，扇扫区域可以覆盖整个螺纹部分，探头绕螺栓轴线旋转360°完成检测，发现缺陷后保存数据，如图 5-24 所示。

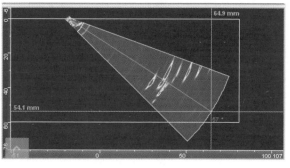

（a）　　　　　　　　　　　　　　　　（b）

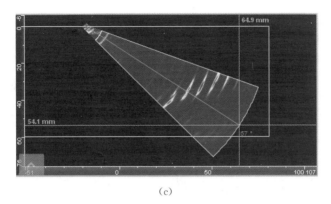

(c)

图 5‑24 杆部横波扇扫检测图谱

(a)检测实物;(b)第一齿根刻槽信号;(c)第四齿根刻槽信号

从相控阵超声检测结果来看,端面全聚焦检测可以有效覆盖所有螺纹,并能发现螺栓对比试样上的两处人工刻槽缺陷。由于螺栓的螺纹部分和光滑的杆部之间有个圆滑过渡区,导致横波检测时探头距离螺纹较远,横波扇扫并不能覆盖所有螺纹齿根,检测图谱上可以看出第一齿根处人工刻槽信号很明显,第四齿根处人工刻槽信号不明显。实际检测时,应以螺栓端面纵波全聚焦检测为主,螺栓杆部横波扇扫为辅。

7. 检测实施

经现场相控阵超声检测,该汽轮机缸体高温紧固螺栓未发现存在超标缺陷。

8. 检测记录与报告

根据相关技术标准要求,做好原始记录及检测报告的编制、审批、签发等。

5.9 汽轮机轴瓦脉冲反射法超声检测

汽轮机发电机转子在运行中高速运转(3 000 r/min),将在轴瓦上产生很大的径向、轴向载荷。如果轴瓦上有脱胎等缺陷存在,有可能造成轴瓦乌金复合层的脱落与熔化,从而引发烧瓦、停机事故,严重地影响发电厂的安全运行。因此,适时对轴瓦巴氏合金浇铸层进行检验很有必要。汽轮机轴瓦通常采用渗透检测(PT)和超声波检测(UT)两种方法进行综合检测,能有效地保障汽轮机轴瓦的质量,确保发电机组的安全运行。

某电厂 3♯机组检修期间,对汽轮机轴瓦、推力瓦进行超声检测中,发现超锡基合金结合面存在脱胎缺陷。采用 A 型脉冲反射超声法对轴瓦结合面缺陷进行检测,检测及评定标准为《汽轮发电机合金轴瓦超声波检测》(DL/T 297—2011)。汽轮机轴瓦部件如图 5‑25 所示。

图 5-25 汽轮机轴瓦部件图

具体操作及检测过程如下。

1. 仪器与探头

1) 仪器

武汉中科 HS610 数字式超声波检测仪。

2) 探头

探头有两种,分别是延迟式直探头和专用组合双晶直探头。

(1) 延迟式直探头。

巴氏合金与钢瓦体之间异质界面结合质量的检测,传统方法为用普通直探头从轴瓦钢衬背外壳侧检测,由于钢衬背厚,合金层较薄,检测时两材料结合面波形无法分辨。采用增加延迟块的直探头,将检测的区域控制在异质界面的结合区,将同厚度结合良好与结合不良的参考试块作对比,能迅速地对结合不良部位进行识别和定位,可以实现 0.5～5 mm 合金层厚度界面的检测,且轴瓦合金最小检测厚度达到 0.5 mm,分辨率极高,这有效地解决了厚度 0.5～5 mm 巴氏合金与钢层界面的结合面检测的难题。

(2) 专用组合双晶直探头。

采用分割式组合双晶直探头,将探头的聚焦点控制在深度不同的合金与钢瓦体结合的异质界面上检测,由于巴氏合金位于轴瓦内侧,需要根据轴瓦内径选择与内径相吻合的凸形弧面探头。

依据标准 DL/T 297—2011 要求,根据被检轴瓦合金层的厚度和曲率,选择探头的频率、晶片尺寸及对应的聚焦深度。可在检测面内径变化 20 mm 范围内选用一种规格凸面弧度探头,推荐使用的探头如表 5-7 所示。

表 5－7 推荐使用的探头

合金厚度/mm	型式	频率/MHz	晶片尺寸/mm
1～5	单晶	5～10	$\Phi 4 \sim \Phi 8$
>5	双晶	5	4×4(双晶)～10×10(双晶)

本次检测选择的探头型号为5PΦ10F5分割式双晶线聚焦直探头。

2. 试块

本次检测选择 ZW－Ⅰ型轴瓦超声检测参考试块,如图 5－26 所示。该对比试块为标准 DL/T 297—2011 所规定的参考对比试块,瓦体材料为 35 号钢,合金材料为 ZChSnSb11－6,轴瓦半径 $R=300$ mm,瓦体厚度 $T=50$ mm。根据被检轴瓦常见的不同合金层厚度的范围,试块设计成阶梯形结构,台阶高度分别为 1 mm、3 mm、5 mm、10 mm、15 mm。每个厚度界面对称布置面积各为 45 mm×40 mm 结合良好与结合不良两部分,Ⅰ侧为结合良好区域,Ⅱ侧为结合不良区域,用于确定检测灵敏度和区别结合程度的波形对比。检测时应根据被检合金的厚度,选择厚度相近的台阶,试块中间燕尾槽为中分线。

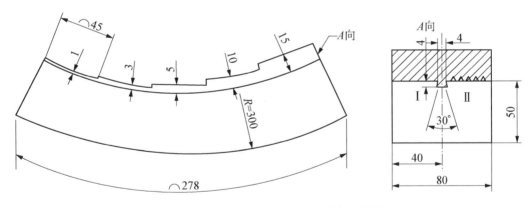

图 5－26 ZW－Ⅰ型轴瓦超声检测参考试块

3. 检测准备

(1) 检测前应充分了解设备的有关状况,如设备的运行情况、轴瓦的材料、浇铸工艺、运行状况、外形尺寸及结构形式等。

(2) 查阅制造厂出厂和安装时有关质量资料,查看被检轴瓦的产品标识和表面状况等。

(3) 检测面粗糙度表面粗糙度(Ra)宜不大于 5 μm,检测前应对表面进行清理。

（4）探头应与检测面吻合良好，耦合剂采用机油。

4. 扫描速度调整

（1）合金层厚度为 1～5 mm。将瓦体底面第一次反射波调整为时基线满刻度的 20％～30％。

（2）合金层厚度大于 5 mm。将合金与瓦体材料结合良好部位第一次界面反射波调整为时基线满刻度的 20％～30％。

5. 灵敏度设定

（1）合金层厚度为 1～5 mm。探头置于参考试块合金与瓦体材料结合良好部位，将底波调整至满屏的 80％，增益 10～12 dB。

（2）合金层厚度大于 5 mm。探头置于参考试块合金与瓦体材料结合良好部位，将界面波调整至满屏的 80％，增益 4～6 dB。

本次检测选择第（2）种方法进行灵敏度设定。

6. 检测范围及扫查方式

（1）检测范围：轴瓦锡基合金表面。

（2）扫查方式：手动扫查。沿合金表面纵向和周向分别作往复扫查，探头应与检测面吻合良好。注意两次扫查有 10％～15％ 的扫查覆盖。

（3）扫查速度：由于探头直径较小，为保证探头与检测面耦合良好，扫查速度不大于 100 mm/s。当发现轴瓦界面波异常时，应进行缺陷边界的测定，并做好记录和记号。

7. 典型缺陷波形识别

（1）1～5 mm 合金层界面结合良好时，声波到达钢瓦体底面，形成底波多次反射，形成结合良好波形。

（2）1～5 mm 合金层界面结合不良时，声波会在合金层里形成多次反射，合金层厚度偏薄形成多次界面反射波叠加。随着合金层厚度增加，结合不良时各回波之间间隙扩大，呈指数衰减形式排列。

（3）10～15 mm 合金层界面结合良好时，合金层较厚，仅可看到一次、二次界面回波。

（4）10～15 mm 合金层界面结合不良时，声波会在合金层里形成多次反射。

轴瓦合金层厚度分别为 1 mm、5 mm、10 mm、15 mm 时，结合良好和接合不良的超声检测反射回波波形如图 5‑27～图 5‑30 所示。

8. 缺陷的评定

1）缺陷评级要求

按照 DL/T 297—2011 标准的第 8.4 条进行：Ⅰ级合格不允许缺陷存在；Ⅱ级合格单个缺陷面积不大于 $0.75b$（b 指径向轴瓦或推力轴瓦的宽度，单位：mm）。

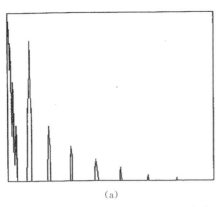
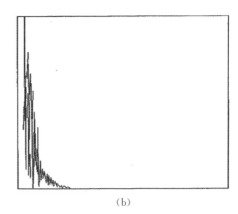

（a）　　　　　　　　　　　　　　　　（b）

图 5－27　合金层厚度 1 mm 反射回波

（a)结合良好反射回波波形；(b)结合不良反射回波波形

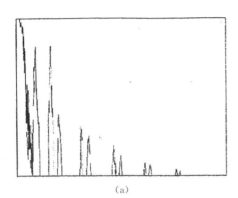
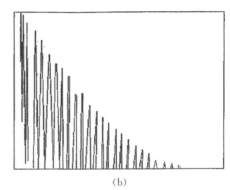

（a）　　　　　　　　　　　　　　　　（b）

图 5－28　合金层厚度 5 mm 反射回波

（a)结合良好反射回波波形；(b)结合不良反射回波波形

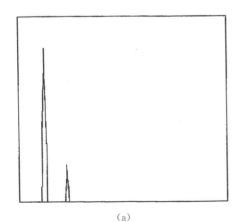
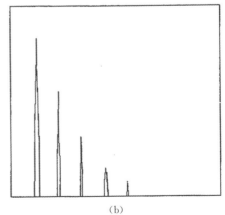

（a）　　　　　　　　　　　　　　　　（b）

图 5－29　合金层厚度 10 mm 反射回波

（a)结合良好反射回波波形；(b)结合不良反射回波波形

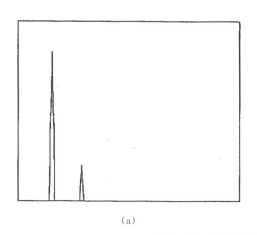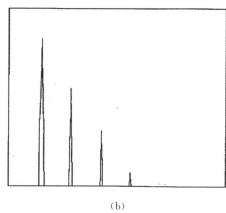

（a）　　　　　　　　　　　　　　　　　　　　　　（b）

图 5－30　合金层厚度 15 mm 反射回波

（a）结合良好反射回波波形；（b）结合不良反射回波波形

2）缺陷评定区域要求

承载区域（对于径向轴瓦，当载荷为垂直向下时，承载区域为 60°～120°范围内的滑动表面）应为 Ⅰ 级合格，其他区域应为 Ⅱ 级合格。

3）检测结果

（1）超声检测波形图。

轴瓦超声检测过程中，完好部位的界面反射波形及合金层厚度大于 5 mm 和小于 5 mm 的缺陷波形分别如图 5－31、图 5－32 所示。

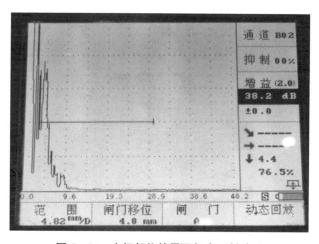

图 5－31　完好部位的界面超声反射波形

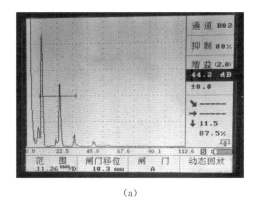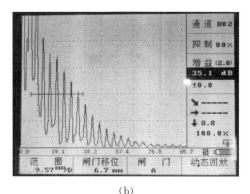

(a)　　　　　　　　　　　　　　　(b)

图 5 - 32　轴瓦缺陷超声波形图

(a)合金层厚度>5 mm；(b)合金层厚度≤5 mm

（2）检测结果。

a. 2♯推力瓦存在 1 处脱胎，面积为 $15×80\ mm^2$。3♯轴瓦和推力瓦缺陷均在承载区，不允许缺陷存在，6♯轴瓦发现缺陷在非承载区，允许的单个缺陷面积为 $240\ mm^2$（轴瓦径向宽度为 320 mm），7 处缺陷中有 6 处缺陷面积超过单个允许的缺陷面积。缺陷部位如图 5 - 33 所示。

b. 3♯轴瓦下瓦 3 处脱胎，面积分别为 $15×8\ mm^2$、$110×35\ mm^2$、$30×10\ mm^2$；6♯轴瓦上瓦发现 7 处脱胎，面积分别为 $165×18\ mm^2$、$140×15\ mm^2$、$45×8\ mm^2$、$12×8\ mm^2$、$30×15\ mm^2$、$35×10\ mm^2$、$60×8\ mm^2$。缺陷部位如图 5 - 34 所示。

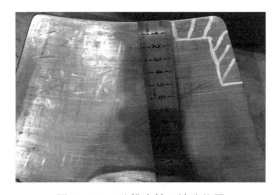

图 5 - 33　2♯推力轴瓦缺陷位置　　　　**图 5 - 34　3♯轴瓦下瓦缺陷位置**

4）缺陷评定

根据标准规定要求，经评定，2♯推力瓦、3♯轴瓦下瓦、6♯轴瓦上瓦均不合格。

9. 检测记录与报告

根据相关技术标准要求，做好原始记录及检测报告的编制、审批、签发等。

5.10　汽轮机隔板焊缝相控阵超声检测

汽轮机隔板是缸内的重要部件,起着导流的作用。运行中承受高温蒸汽的冲击,受力情况复杂,同时承受前后级的压差,且隔板与转子转动部分间隙较小。一旦在运行过程中隔板产生塑性变形、通流轴向间隙变小及主焊缝内部裂纹发展等问题,将会导致隔板的安全性在短时间内快速恶化,情况严重时将导致动静碰磨,静(动)叶脱落,转子受损。近年来,一些超(超)临界机组在运行期间,多次发生内外围带与静叶片组焊式结构的中压隔板静叶脱落事故。目前,隔板主焊缝的检测仅仅局限在焊缝表面,对于隔板焊缝内部缺陷的检测一直没有一种比较成熟的无损检测方法。而相控阵超声检测技术的出现,能够实现对主焊缝位置进行有效检测,可以实现隔板在制造验收、在役阶段的质量检测及缺陷的定期监测等。

1. 汽轮机高中压隔板主焊缝相控阵超声检测

某火力发电厂 6 号汽轮机高中压隔板主焊缝需要进行相控阵超声检测,隔板材质为 2Cr11MoVNbN,静叶材质为 12Cr10Co3W2NiMoVNbNB。检测标准为《火力发电厂金属技术监督规程》(DL/T 438—2016)中的第 12.6.7 条,即"600 MW 机组或超临界及以上机组,一旦发现高中压隔板累计变形超过 1 mm,应立即对静叶与外环的焊接部位进行相控阵超声检测,结构条件允许时,静叶与内环的焊接部位也应进行相控阵检测"。检测方法依据为甲乙双方达成的《汽轮机焊接隔板相控阵超声检测》检测方案。

具体操作及检测过程如下。

1) 仪器与探头

(1) 仪器:OmniScan Mx 32/128 相控阵超声检测仪。

(2) 探头:5L128 线阵探头,0°曲面楔块。采用垂直线性扫查方式,从隔板外环面对静叶、围带与外环的焊接位置内部缺陷进行检测。

2) 试块、耦合剂及器材

(1) 标准试块:相控阵 A 型试块和相控阵 B 型试块,如图 5－35 所示。

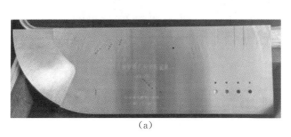
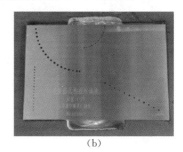

(a)　　　　　　　　　　　　　　　　　(b)

图 5－35　相控阵试块

(a)相控阵 A 型试块;(b)相控阵 B 型试块

（2）对比试块：纵波检测用 GB－θFBH 系列平底孔对比试块，其形状、规格如图 5－36 所示。同一角度的试块组共有 4 mm、6 mm 平底孔各 4 个，试块尺寸如表 5－8 所示。Ø4 平底孔试块平底孔倾角 θ 应与实际检测隔板坡口角度一致，角度偏差应小于 2.5°。

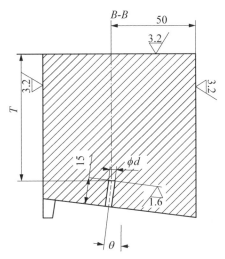

图 5－36　GB－θFBH 系列试块

表 5－8　GB－θFBH 系列平底孔试块尺寸参考表

试块编号	d/mm	d/mm	T/mm	θ/(°)
1	4	6	50	θ
2	4	6	75	θ
3	4	6	125	θ
4	4	6	150	θ

（3）耦合剂：化学浆糊或机油。

（4）其他器材：钢板尺。

3）参数测量与仪器设定

采用相控阵 A 型试块和相控阵 B 型试块，对仪器性能测试、探头延迟的校准及仪器相关技术参数设定。

4）距离-波幅曲线的绘制

（1）方法 1。根据坡口角度选用 GB－FBH 系列试块，使用 Ø4 平底孔制作 TCG 曲线，TCG 曲线范围应覆盖检测区域，将参考反射体的回波设定在 50%～80% 的满屏高度。

（2）方法2。使用不同深度无倾斜角的 Ø4 平底孔试制作 TCG 曲线,根据倾角大小进行灵敏度补偿,TCG 曲线范围应覆盖检测区域,补偿后的灵敏度应与方法1一致。

5）扫查灵敏度设定

扫查时,根据表面状况需要在基准灵敏度的基础上增加 2～6 dB 增益补偿作为扫查灵敏度。

6）检测实施

在役运行的隔板一般选用 W1 对外环进行检测,选择 W1 位置扫查,扫查位置如图 5-37 所示。将加载有编码器的相控阵探头放置在外环圆周表面,沿着圆周面移动,同时采集检测数据并保存。如一次扫查探头不能覆盖整个焊缝,应进行多次扫查且两次扫查重叠区域不少于 20 mm。检测时应限制探头轴向位移,1 000 mm 内的轴向位移不得超过 3 mm。

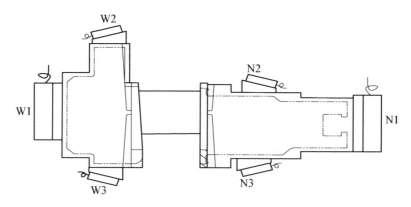

图 5-37　隔板焊缝扫查位置

焊接隔板主要组成部分有内环、外环、静叶片和围带,待检测的高、中压隔板主焊缝结构形式如图 5-38 所示。其主焊缝采用窄间隙自动焊或电子束焊,坡口间隙窄,熔深大,焊接难度大,容易产生未熔合等危害性缺陷。其结构形式在焊缝的根部靠近围带一侧均存在不焊透结构。这种结构在受力情况下会产生应力集中,导致局部受力情况恶化。

采用纵波从外环线性扫查时,缺陷主要从扫查的 D 视图和扇扫的 S 视图中进行识别,C 视图和 B 视图的成像随着在 D 视图或 S 视图中的闸门的调整而变化,在隔板检测中主要用来显示缺陷的走向、轮廓和辅助判定缺陷。实际检测中可将焊接结构加载到分析软件中,如图 5-39 所示,从图中信号对应的位置可以判断出不焊透结构回波、板体侧未熔合、围带地面回波及围带侧坡口未熔合等缺陷信号。

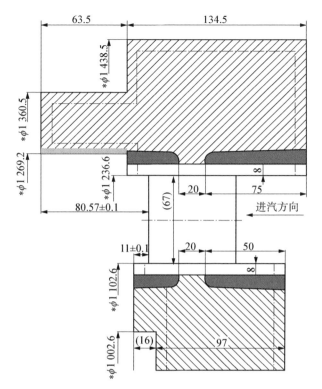

图 5 - 38　隔板主焊缝结构形式

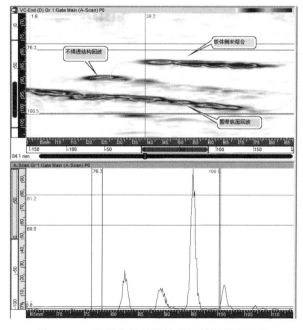

图 5 - 39　隔板主焊缝纵波外环检测数据图像

7）缺陷定位

采用包含与仪器匹配的编码器的辅助扫查装置,相控阵探头放置在外环圆周表面,沿着圆周面移动,同时采集检测数据并保存。

8）缺陷定量

依据标准要求对缺陷的指示长度进行测定。纵波检测时缺陷各方向尺寸采用基准灵敏度 6 dB 法测量。

对♯6 机组高压 2～9 级上、下隔板共 16 块外环主焊缝进行相控阵检测,发现有 13 块存在不同程度的异常回波信号,检测结果如表 5－9 所示。中压 1～5 级上、下隔板外环主焊缝进行相控阵超声检测,发现有 8 块存在不同程度的异常回波信号,检测结果如表 5－10 所示。

表 5－9　高压隔板相控阵超声检测结果汇总表

序号	隔板级数	上/下	缺陷情况	缺陷位置
1	高压 2 级	上隔板	未见缺陷显示。	
		下隔板	未见缺陷显示。	
2	高压 3 级	上隔板	共 11 处缺陷显示,缺陷深度为 65.7 mm,缺陷 1～7、9 轴向宽度 21 mm。 缺陷 1:起点 332 mm,长度 68 mm; 缺陷 2:起点 431 mm,长度 42 mm; 缺陷 3:起点 513 mm,长度 28 mm; 缺陷 4:起点 606 mm,长度 39 mm; 缺陷 5:起点 705 mm,长度 57 mm; 缺陷 6:起点 782 mm,长度 64 mm; 缺陷 7:起点 866 mm,长度 69 mm; 缺陷 8:起点 1 173 mm,长度 18 mm; 缺陷 9:起点 1 224 mm,长度 51 mm; 缺陷 10:起点 1 321 mm,长度 46 mm; 缺陷 11:起点 1 542 mm,长度 33 mm。	进汽侧焊缝根部板体侧
		下隔板	共 9 处缺陷显示,缺陷深度 67 mm。	
			缺陷 1:起点 162 mm,点状; 缺陷 3:起点 534 mm,点状; 缺陷 8:起点 1 302 mm,点状。	进汽侧焊缝中部围带侧
			缺陷 2:起点 432 mm,长度 11 mm; 缺陷 4:起点 712 mm,长度 10 mm; 缺陷 6:起点 1 119 mm,点状; 缺陷 9:起点 1 751 mm,长度 10 mm。	进汽侧焊缝上部围带侧
			缺陷 5:起点 900 mm,长度 38 mm; 缺陷 7:起点 1 231 mm,点状。	进汽侧焊缝根部板体侧

（续表）

序号	隔板级数	上/下	缺陷情况	缺陷位置
3	高压 4 级	上隔板	共 6 处缺陷显示，缺陷深度为 65.5 mm。	
			缺陷 1：起点 365 mm，长度 21 mm； 缺陷 2：起点 719 mm，长度 20 mm； 缺陷 3：起点 783 mm，长度 13 mm； 缺陷 4：起点 1 352 mm，长度 26 mm。	进汽侧焊缝根部板体侧
			缺陷 5：起点 402 mm，长度 12 mm。	进汽侧焊缝上部围带侧
			缺陷 6：起点 415 mm，点状。	进汽侧焊缝中部围带侧
		下隔板	共 14 处缺陷显示，缺陷深度均为 65 mm。	
			缺陷 1：起点 245 mm，长度 255 mm。	进汽侧焊缝上部围带侧
			缺陷 2：起点 269 mm，长度 35 mm； 缺陷 3：起点 340 mm，长度 36 mm； 缺陷 4：起点 413 mm，长度 32 mm； 缺陷 5：起点 624 mm，长度 47 mm； 缺陷 6：起点 689 mm，长度 45 mm； 缺陷 7：起点 760 mm，长度 55 mm； 缺陷 8：起点 841 mm，长度 40 mm； 缺陷 9：起点 913 mm，长度 35 mm。	进汽侧焊缝根部板体侧
			缺陷 10：起点 1 121 mm，长度 20 mm； 缺陷 12：起点 1 539 mm，长度 13 mm。	进汽侧焊缝上部围带侧
			缺陷 11：起点 1 202 mm，长度 49 mm； 缺陷 13：起点 1 615 mm，长度 12 mm； 缺陷 14：起点 1 756 mm，长度 22 mm。	进汽侧焊缝根部板体侧
4	高压 5 级	上隔板	共 12 处缺陷显示，缺陷深度 65.7 mm。	
			缺陷 1：起点 315 mm，长度 21 mm； 缺陷 2：起点 426 mm，长度 25 mm； 缺陷 3：起点 730 mm，长度 10 mm； 缺陷 4：起点 764 mm，长度 81 mm； 缺陷 5：起点 826 mm，长度 30 mm； 缺陷 6：起点 889 mm，长度 58 mm，轴向宽 32 mm； 缺陷 7：起点 971 mm，长度 32.5 mm； 缺陷 8：起点 1 113 mm，长度 43 mm； 缺陷 9：起点 1 180 mm，长度 271 mm，轴向宽 37 mm； 缺陷 10：起点 1 499 mm，长度 24 mm； 缺陷 11：起点 1 638 mm，长度 52 mm，轴向宽 24 mm； 缺陷 12：起点 1 716 mm，长度 33 mm。	进汽侧焊缝围带侧

（续表）

序号	隔板级数	上/下	缺陷情况	缺陷位置
		下隔板	共 8 处缺陷显示，缺陷深度 67 mm。	
			缺陷 1：起点 229 mm，长度 16 mm； 缺陷 2：起点 357 mm，长度 20 mm； 缺陷 3：起点 462 mm，长度 11 mm； 缺陷 4：起点 522 mm，长度 14 mm； 缺陷 5：起点 656 mm，长度 288 mm； 缺陷 6：起点 969 mm，长度 29 mm； 缺陷 7：起点 1116 mm，长度 364 mm； 缺陷 8：起点 1520 mm，长度 307 mm。	进汽侧焊缝根部板体侧
5	高压 6 级	上隔板	共 2 处缺陷显示，深度为 68 mm。	
			缺陷 1：起点 1150 mm，长度 88 mm； 缺陷 2：起点 1711 mm，长度 16 mm。	出汽侧焊缝根部板体侧
		下隔板	缺陷 1：起点 1 149 mm，长度 30 mm，深度 67.5 mm。	进汽侧焊缝根部板体侧
6	高压 7 级	上隔板	检测长度范围内有 16 个点状缺陷缺，缺陷呈链状分布。缺陷深度 77.5 mm。	进汽侧焊缝根部板体侧
		下隔板	未见缺陷显示。	
7	高压 8 级	上隔板	共 5 处缺陷显示，缺陷深度 66 mm。	
			缺陷 1：起点 430 mm，长度 46 mm； 缺陷 2：起点 956 mm，长度 21 mm； 缺陷 3：起点 997 mm，长度 30 mm； 缺陷 4：起点 1143 mm，长度 22 mm； 缺陷 5：起点 1427 mm，长度 25 mm。	进汽侧焊缝根部板体侧
		下隔板	共 6 处缺陷显示，缺陷深度 65.5 mm。	
			缺陷 1：起点 214 mm，点状； 缺陷 2：起点 592 mm，长度 98 mm； 缺陷 3：起点 897 mm，长度 12 mm； 缺陷 4：起点 934 mm，长度 27 mm； 缺陷 5：起点 1425 mm，长度 15 mm； 缺陷 6：起点 1860 mm，长度 36 mm。	进汽侧焊缝根部板体侧
8	高压 9 级	上隔板	共 4 处缺陷显示，缺陷深度 75 mm。	
			缺陷 1：起点 303 mm，断续长 598 mm； 缺陷 2：起点 920 mm，长度 655 mm，轴向宽 15 mm； 缺陷 3：起点 1 647 mm，长度 63 mm，轴向宽 15 mm；	出汽侧焊缝根部板体侧

（续表）

序号	隔板级数	上/下	缺陷情况	缺陷位置
			缺陷 4：起点 1 800 mm，长度 127 mm，宽 15 mm。	
		下隔板	缺陷 1：起点 100 mm，长度 53 mm，深度 74.8 mm，轴向宽度 20 mm。	出汽侧焊缝根部板体侧

表 5-10　中压隔板检测结果汇总表

序号	隔板级数	上/下	缺陷情况	缺陷位置
1	中压 1 级	上隔板	在长度 480～794 mm、深度 89.2～96.5 mm 区域内，存在多处点状、线状缺陷，单个最长为 15 mm。	出汽侧焊缝上部围带侧
		下隔板	在检测长度范围内点状缺陷/线状缺陷呈链式分布，断续通长，单个缺陷最长 51 mm。	出汽侧焊缝上部围带侧
2	中压 2 级	上隔板	缺陷 1：起点 1 351 mm，长 7 mm，深 74 mm。	进汽侧焊缝根部板体侧
			缺陷 2：起点 2 009 mm，长 51 mm，深 73～74.4 mm。	进汽侧焊缝根部板体侧
		下隔板	未见缺陷显示。	
3	中压 3 级	上隔板	缺陷 1：起点 1 757 mm，断续长 422 mm，深 69.2～71.8 mm。	出汽侧焊缝根部板体侧
			缺陷 2：起点：22 mm，断续长 116 mm，深 70.5 mm。	出汽侧焊缝根部板体侧
			缺陷 3：起点：2 404 mm，长 40 mm，深 69 mm。	出汽侧焊缝根部板体侧
		下隔板	未见缺陷显示。	
4	中压 4 级	上隔板	在检测长度范围内点状缺陷/线状缺陷呈链式分布，断续通长，单个缺陷最长 12 mm。	进汽侧焊缝根部板体侧
		下隔板	在检测长度范围内点状缺陷/线状缺陷呈链式分布，断续通长，单个缺陷最长 39.2 mm。	进汽侧焊缝根部板体侧
5	中压 5 级	上隔板	在检测长度范围内存在 26 处点状缺陷，缺陷呈链状分布，位置具有一定的规律。	进汽侧焊缝根部板体侧
		下隔板	在检测长度范围内存在 29 处点状缺陷，缺陷呈链状分布，位置具有一定的规律。	进汽侧焊缝根部板体侧

9）缺陷评定

（1）缺陷评级要求。

a. 对于点状缺陷采用纵波检测时，单个缺陷当量不大于 $\varnothing 6$ mm 平底孔。

b. 对于密集缺陷，在采用 W1 扫查方式进行扫查时，在任意 $50 \times T \times L(\text{mm})$ 的范围内，不允许存在 5 个以上当量 $\geqslant \text{Ø}4 \text{ mm}$ 的单个缺陷。其中，50 mm 是指焊缝圆周方向弧长；T 为焊缝厚度，指隔板焊缝单侧的熔深，熔深超过 50 mm 的按 50 mm 计；L 为焊缝宽度，指隔板焊缝宽度，包含热影响区宽度。

c. 对于条形缺陷，单侧焊缝熔深 T 不大于 18 mm 时，允许的缺陷在轴向和周向尺寸均不大于 6 mm；单侧焊缝熔深 T 大于 18 mm、小于等于 57 mm 时，允许的缺陷在轴向和周向尺寸均不大于 $T/3$；单侧熔深大于 57 mm 时，允许的缺陷在轴向和周向尺寸均不大于 19 mm。

（2）缺陷评定。

a. 高压 3 上、5 上、9 上缺陷在轴向有一定的宽度；5 下、4 下缺陷长度接近或超过隔板长度的一半；3 下、7 上缺陷点状或条形呈链状分布；4 上、6 上、6 下、8 上、8 下有少量缺陷，为不合格焊缝。高压 2 上、2 下、7 下未见缺陷显示。

b. 中压 1 下、4 上、4 下为通长单条链状缺陷；5 上、5 下在通长范围内分别有 26 处、29 处点状缺陷，且按一定规律链状分布；1 上在矩形区域内点状和线状缺陷呈零散分布状态；2 上、3 上为局部区域内的条形缺陷或断续缺陷，为不合格焊缝。2 下、3 下未见缺陷显示。

高压 3 级上隔板、高压 9 级上隔板相控阵超声检测数据图谱分别如图 5-40、图 5-41 所示。

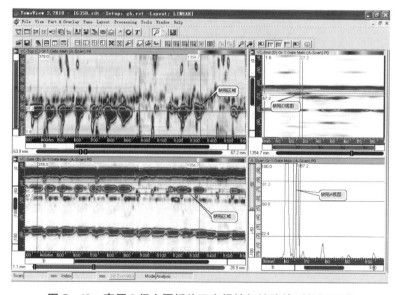

图 5-40　高压 3 级上隔板外环主焊缝相控阵检测数据图谱

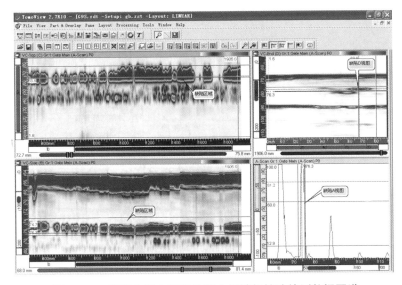

图 5-41　高压 9 级上隔板外环主焊缝相控阵检测数据图谱

10）检测记录与报告

根据相关技术标准要求，做好原始记录及检测报告的编制、审批、签发等。

2. 汽轮机低压隔板焊缝相控阵超声检测

某 300 MW 火力发电厂汽轮机低压隔板，其实物、超声检测焊缝位置及结构形式如图 5-42 所示。要求采用相控阵超声检测技术对该焊缝进行检测。检测依据为《发电设备相控阵超声检测技术导则　第 4 部分：汽轮机焊接隔板》（T/CSEE 0101.4—2019），验收等级 2 级。

（a）　　　　　　　　　　　　　　　　（b）

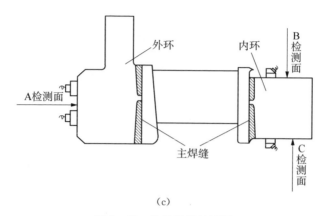

（c）

图 5－42　汽轮机焊接隔板

（a）隔板实物；（b）隔板超声检测位置；（c）隔板结构形式

具体操作及检测过程如下。

1）仪器设备及楔块

（1）仪器设备：以色列 ISONIC2009 便携式多功能超声相控阵仪器。软件为多项模式组合软件，焊缝精细化检测，能实现对≥2.8 mm 壁厚焊缝的覆盖、多灵敏度、多角度检测设置。

（2）探头：线性探头，频率 2.5 MHz；阵元数量 32，阵元宽度 0.5 mm，探头宽度 10 mm，使用扇形扫描。

（3）楔块：专用楔块，横波法采用 0°楔块，纵波法采用 45°楔块。

2）试块与耦合剂

（1）纵波法：WD－A 型对比试块，如图 5－43 所示，其规格尺寸如表 5－11 所示。

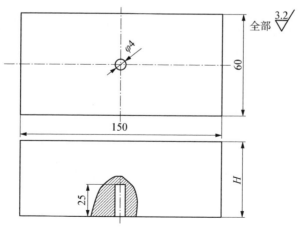

图 5－43　WD－A 型对比试块

注：图中尺寸单位为 mm，表面粗糙度单位为 μm。

表 5-11 WD-A 型试块尺寸

试块标号	试用工件 t/mm	试块厚度 H/mm	平底孔直径 $\varnothing$/mm
WD-A-1	>15~40	40	4
WD-A-2	>40~60	60	4
WD-A-3	>60~100	100	4
WD-A-4	>100~150	150	4

注:1. WD-A 型试块采用与隔板材料声学性能相同或相近的材料制成。
 2. WD-A 型试块加工的反射体为平底孔,平底孔底面与检测面平行,平底孔底面平面度误差不超过 ±0.03mm,表面粗糙度不超过 3.2μm,平底孔径的极限偏差为 ±0.1mm,开孔垂直度偏差不大于 0.1°。
 3. 试块长度、宽度、厚度及其他外形尺寸的极限偏差不大于 ±0.1mm。

（2）横波法:CSK-ⅡA-3 型对比试块,如图 5-44 所示。

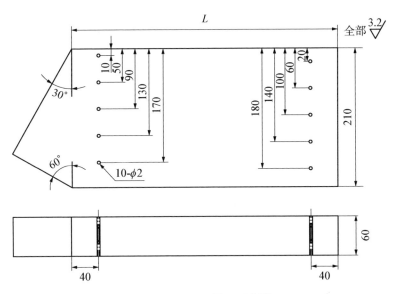

图 5-44 CSK-ⅡA-3 试块

（3）耦合剂:采用透声性好、不损伤工件表面的机油。

3）灵敏度设定

（1）纵波法:将 Ø4 平底孔作为检测灵敏度。将探头在 WD-A 型对比试块上将平底槽的反射波调到屏高的 80% 为检测灵敏度。针对声束中心线与坡口法线的夹角进行灵敏度补偿,灵敏度补偿推荐值如表 5-12 所示。

表5-12 声束中心线与坡口法线的夹角 α 对应的灵敏度补偿推荐值

频率/MHz	$\alpha \leqslant 3°$	$3° < \alpha \leqslant 6°$	$6° < \alpha \leqslant 10°$	$\alpha > 10°$
2.5	0 dB	2 dB	3~5 dB	对比试验
5	0 dB	4 dB	对比试验	对比试验

（2）横波法：将同等深度的 Ø2 平底孔作为检测灵敏度。探头置于 CSK-ⅡA-3 的上部，找到 Ø2 横通孔的最高反射波，并将反射波调整至屏高的 80%，作为检测灵敏度。

4）检测实施

（1）现场检测，耦合补偿 2~4 dB，扫查速度不超过 50 mm/s。

（2）检测面的选择如图 5-42(c)所示，同时使用纵波法、横波法进行检测。外环侧 A 检测面使用纵波法检测，内环侧两个面进行横波法检测，应保证声束尽可能覆盖被检区域。

（3）缺陷指示长度的测量采用绝对灵敏度法。找到缺陷不同角度 A 扫描回波幅度降低到检测灵敏度时的最大长度作为缺陷的指示长度。相邻两缺陷的任意方向间距小于等于 5 mm 时，应作为一条缺陷处理，以两缺陷周向（或轴向）尺寸之和作为缺陷周向（或轴向）尺寸（间距计入）。

5）缺陷评定

依据标准 T/CSEE 0101.4—2019，对所检测缺陷进行评定。缺陷等级如表5-13 所示。

表5-13 缺陷等级

等级	允许的单个缺陷周向尺寸	允许的单个缺陷轴向尺寸
Ⅰ	$\leqslant T/3$，最小可为 10 mm，最大不超过 19 mm	$\leqslant T/3$，最大不超过 8 mm
Ⅱ	—	$\leqslant T/3$，最大不超过 12 mm
Ⅲ	超过Ⅱ级者	

注：T 为设计图纸中给出的单侧焊缝熔深。

6）检测记录与报告

根据相关技术标准要求，做好原始记录及检测报告的编制、审批、签发等。

5.11 汽轮机叶轮反 T 型槽相控阵超声检测

汽轮机叶轮反 T 型槽具有结构简单、加工方便的优点，但其所承受应力较小，强度仅能满足较短叶片的工作需要,普遍使用在中大型火电机组汽轮机转子较短叶片上。在运行过程中,叶片的 T 型叶根插入叶轮反 T 型槽中,其受力通过根部作用于叶轮反 T 型槽,使反 T 型槽四个内角产生应力集中。由于长期处于高温、高压环境中,受到离心力、激振力、疲劳、腐蚀、振动以及湿蒸汽区水滴冲蚀的共同作用,在应力集中部位容易出现裂纹,这些缺陷的产生将加大机组运行风险,随着机组运行时间的增加,裂纹一旦扩展造成高速转动部件断裂失效,将带来巨大的经济损失和可能的人身伤害。因此,在役汽轮机转子反 T 型槽部位的质量检测十分重要。由于汽轮机转子叶轮轮缘反 T 型槽的结构特殊,采用常规 A 型脉冲反射超声波检测不易对缺陷进行定位识别,缺陷分辨力较低,检测结果不易判别,容易造成漏检和误检。采用超声相控阵成像检测技术可有效提高检测灵敏度和检测效率,且检测结果更直观,缺陷定位更准确。

某火力发电厂 1 号汽轮机高中压转子 19～22 级叶轮轮缘为反 T 型槽结构,要求采用超声相控阵检测技术对反 T 型槽进行检测。检测依据参照 DL/T 714—2011。高中压转子 19～22 级叶轮轮缘如图 5-45 所示,反 T 型槽结构如图 5-46 所示。

图 5-45　高中压转子 19～22 级叶轮轮缘

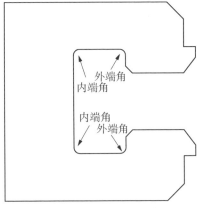

图 5-46　反 T 型槽结构

具体操作及检测过程如下。

1. 仪器与探头

(1)仪器:OmniScan Mx 32/128 相控阵检测仪。

(2)探头:5L64 线阵探头,55°楔块。

2. 试块与耦合剂

(1)标准试块:相控阵 A 型试块和相控阵 B 型试块。

(2)对比试块:截取叶轮轮缘反 T 型槽部位作为对比试块,在内、外端角分别沿45°方向刻有 1mm 线切割槽人工缺陷,对比试块如图 5-47 所示。

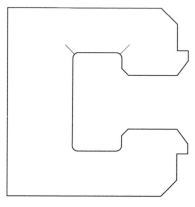

图 5-47　反 T 型槽对比试块

（3）耦合剂：化学浆糊或机油。

（4）其他器材：钢板尺。

3. 参数测量与仪器设定

采用相控阵 A 型试块和相控阵 B 型试块，对仪器性能进行测试、探头延迟校准，及仪器相关技术参数设定。

4. 检测灵敏度设定

采用横波扇形扫查，扫查角度为 40°～70°，将对比试块内、外端角 1 mm 线切割槽缺陷回波调至满屏的 80%，增益 10 dB。扫查时，根据表面状况，需要在基准灵敏度的基础上增加 2～6 dB 增益补偿作为扫查灵敏度。

5. 检测实施

在轮缘进汽、出汽两个侧面，从径向沿两个方向对叶轮轮缘反 T 型槽内部内、外端角位置进行检测，并沿周向扫查一周。

6. 缺陷定位

采用包含与仪器匹配的编码器的辅助扫查装置，相控阵探头放置在轮缘圆周表面，沿着圆周面移动，同时采集检测数据并保存。

7. 缺陷定量

依据标准要求对缺陷指示长度进行测定。沿圆周方向采用基准灵敏度 6 dB 法对缺陷的指示长度进行测量。

对 #1 高中压转子第 19～22 级叶轮反 T 型槽内、外端角进行相控阵检测，发现第 20～22 级叶轮端角部位存在不同程度的异常回波信号，检测结果如下。

第 19 级未发现裂纹，第 20～21 级整圈存在裂纹，裂纹部位为进、出汽侧外端角部位。其中，第 21、22 级反 T 型槽裂纹平均高度可达 10 mm 以上，第 22 级反 T 型槽裂纹高度为 1～3 mm，裂纹整圈断续存在。

8. 缺陷评定

1）检测结果

（1）第 20 级轮缘反 T 型槽出汽侧外端角裂纹缺陷相控阵检测数据图谱如图 5-48 所示，其缺陷解剖图片如图 5-49 所示。

（2）第 21 级轮缘反 T 型槽进汽侧外端角裂纹缺陷相控阵检测数据图谱如图 5-50 所示。

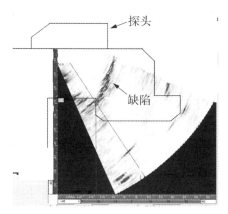

图 5-48 反 T 型槽出汽测外端角裂纹缺陷相控阵检测数据图谱

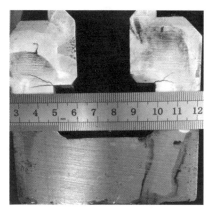

图 5-49 外端角裂纹缺陷解剖图

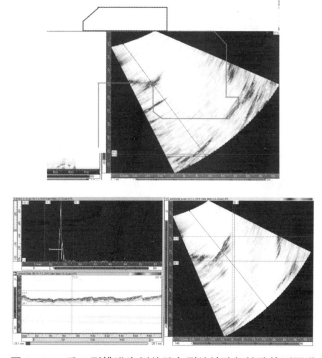

图 5-50 反 T 型槽进汽侧外端角裂纹缺陷相控阵检测图谱

2）缺陷评定

经评定，第 19 级轮缘反 T 型槽部位未发现裂纹缺陷显示，合格；第 20～22 级轮缘反 T 型槽进、出汽侧外端角部位整圈存在裂纹,评定为不合格。

9. 检测记录与报告

根据相关技术标准要求,做好原始记录及检测报告的编制、审批、签发等。

5.12　燃气轮机压气机叶片超声导波检测

燃气轮机主要由压气机、燃烧室、燃气轮机(透平或动力涡轮)三部分组成。压气机是燃气涡轮发动机中利用高速旋转的叶片给空气做功以提高空气压力的部件,用来向燃气轮机燃烧室连续不断地供应高压空气,以提高燃烧效率。压气机转子叶片工作时所受的载荷主要为离心力、气动力和热载荷。压气机叶片断裂的恶性事故时有发生,造成巨大的经济损失。

在叶片叶身在役检测中,目前主要有磁粉检测(MT)、渗透检测(PT)、超声表面波检测、涡流检测(ET)等检测技术。磁粉检测、渗透检测适合在大修起吊转子时采用,在临停不起吊转子的前提下难以实施。目前常采用表面波法对压气机动静叶片叶身进行无损检测,参考标准为 DL/T 714—2019。压气机动静叶片检测主要存在分段扫查效率低、边缘回波干扰、检测空间受限、对检测人员要求高以及数据不易保存等问题。

超声导波检测具有单点激发实现长距离检测、100%覆盖被检测结构、检测装置简单、检测效率较高、检测精度较高以及适用性强等特点,适合管、板等结构检测,而压气机叶片正好符合该特性,适用超声导波检测技术。

结合停机检修,对某燃气机组压气机一级动叶进行检测,检测采用表面波和超声导波两种技术,互相验证。

具体操作及检测过程如下。

1. 设备及器材

(1)仪器:杭州浙达精益机电技术股份有限公司生产的 MSGW30 超声导波检测仪。

(2)探头:江苏方天电力技术有限公司自研磁致伸缩超声导波探头,128 kHz。

(3)辅助器材:超声导波用耦合剂。

2. 灵敏度设定

压气机叶片中间部位较厚、边缘部分较薄,可以看作楔形波导,在其中传播的超声导波会转变为"楔形波",即在叶片边缘激励超声导波,其在传播过程中能量主要集中在边缘部位。叶片的裂纹缺陷通常起源于较为薄弱的边缘部位,因此,采用超声导波对压气机叶片进行检测具有较高灵敏度。

1）缺陷仿真

不同模态、频率的导波对缺陷的敏感程度不一致，通过仿真验证了不同模态（兰姆波、SH 波）、频率（110～210 kHz）的楔形波在叶片叶身的传播特性以及检测灵敏度。仿真结果表明，110～210 kHz 的兰姆波和 SH 波均可在叶片上成功激励。在实际检测应用时，考虑到超声导波常用频段，优选 128 kHz 和 180 kHz 频率的兰姆波和 SH 波进行检测。

因此，在设计缺陷仿真时，在叶片边缘设置不同尺寸的缺陷，采用不同模态、不同频率的超声导波进行检测，具体参数如表 5 - 14 所示。

表 5 - 14　不同尺寸缺陷设置及导波参数选择

序号	缺陷尺寸/mm	缺陷类型	导波模态	导波频率/kHz
1	2×2×6	横向、槽	SH 波	128、180
2	2×2×6	横向、槽	兰姆波	128、180
3	1×1×1	横向、槽	SH 波	128
4	1×1×1.5	横向、槽	SH 波	128

1×1×1 mm 横向缺陷示意图及仿真结果如图 5 - 51 所示。

由仿真试验可以看出，SH 模态对燃机叶片的缺陷较为灵敏，可以作为检测模态，最小可以检测出 1 mm 深的横向裂纹缺陷。一般情况下，频率越高，导波在叶片的检测灵敏度越高，但由于频率过高会导致导波的衰减更大，结合现有仪器情况，对叶片检测可优先采用 128 kHz 和 180 kHz 频率信号作为激励频率。

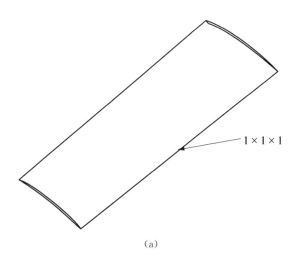

1×1×1

（a）

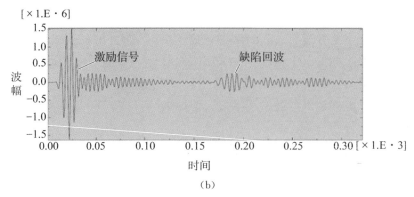

图 5‑51 1×1×1 mm 缺陷 128 kHz SH 波检测仿真结果

(a)缺陷示意图;(b)128 kHz SH 波仿真结果

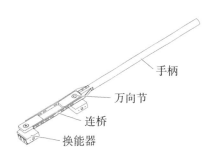

图 5‑52 叶片超声导波探头

2)叶片专用探头设计

叶片超声导波探头由换能器、万向节、连桥、手柄组成,如图 5‑52 所示。在使用时,换能器的下表面与叶片边缘配合,考虑到叶片边缘的弧度,探头采用万向节进行曲率匹配,根据万向节的特性可以适配一定曲率的叶片,探头的固定采用边缘定位,通过换能器上的定位结构来保证探头与叶片的相对位置,叶片的左右两翼通过两个换能器进行检测,换能器通过连桥保证相对位置,连桥很好地固定住换能器并保证换能器贴合在叶片上,手柄使得检测人员方便在涡轮发动机外进行检测,考虑到实际工况,手柄的长度保证了工作人员进行检测时的便利度。

3)灵敏度试验验证

在压气机叶片实物上加工人工刻槽来模拟裂纹缺陷,如图 5‑53 所示,分别在箭头所指的两个位置进行线切割刻伤,深度分别为 1 mm、1.5 mm,分别模拟深度 1 mm 和 1.5 mm 的裂纹缺陷。

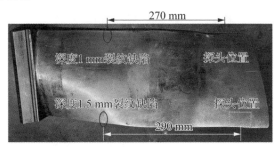

图 5-53　模拟裂纹缺陷信息

检测时将探头涂抹耦合剂后,与叶片无缺陷位置紧密贴合,如图 5-54 所示。万向节结构设计可以使得两个换能器均能紧密贴合叶片。

图 5-54　探头实际检测情况

(1) 深度 1 mm 裂纹缺陷的检测。

仪器参数:功率为 100%;增益为 75 dB;波形个数为 4 个;平均次数为 15 次;检测距离为 1 m;波速设置为 3 000 m/s。检测结果如图 5-55 所示。

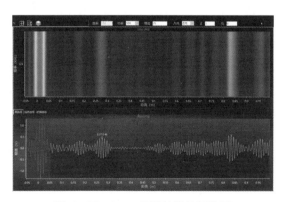

图 5-55　1 mm 模拟缺陷检测结果

由图 5-55 可见，在 0.27 m 的位置可以准确检测出涡轮叶片上的 1 mm 线切割缺陷。

（2）深度 1.5 mm 裂纹缺陷的检测。

仪器参数：功率为 100%；增益为 65 dB；波形个数为 4 个；平均次数为 15 次；检测距离为 1 m；波速设置为 3 000 m/s。检测结果如图 5-56 所示。

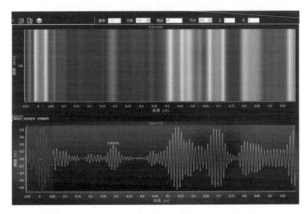

图 5-56　1.5 mm 模拟缺陷检测结果

由图 5-56 可见，在 0.29 m 的位置可以准确检测出涡轮叶片上的 1.5 mm 线切割缺陷，且信噪比较高。

（3）验证结论。

经上述试验验证可以得知，采用专用超声导波探头可以有效检测出位于涡轮叶片边缘，深度为 1 mm 及 1.5 mm 的裂纹缺陷。

3. 检测实施

结合电厂的停电检修，对某燃气机组压气机叶片进行现场验证检测，为验证灵敏度，分别采用表面波探伤和超声导波探伤对叶片进行了检测，如图 5-57、图 5-58 所示。

经现场检测，超声导波检测可以仅通过一次性布置探头实现叶片的边缘检测，很好地适应现场检测空间受限的情形，具有良好检测灵敏度，可以实现辅工和技术人员的分工合作，检测结果直观，图谱数据可保存用于后分析，检测效率有了显著提高。传统表面波检测和超声导波检测对比如表 5-15 所示。

4. 检测记录与报告

根据相关技术标准要求，做好原始记录及检测报告的编制、审批、签发等。

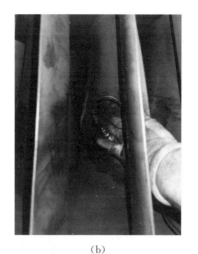

（a）　　　　　　　　　　　　　　　（b）

图 5 - 57　表面波检测现场

（a）技术人员现场检测；（b）探头扫查状态

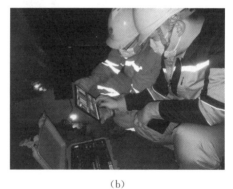

（a）　　　　　　　　　　　　　　　（b）

图 5 - 58　超声导波现场检测情况

（a）放置探头；（b）检测结果分析

表 5 - 15　传统表面波检测和超声导波检测对比

	表面波检测	超声导波检测
灵敏度	不低于 1 mm 裂纹	不低于 1 mm 裂纹
扫查方式	纵向分段、横向整体扫查	一次布置，重点检测易出现裂纹边缘
检测效率	低，要求探头与叶片平行扫查，空间受限	高，探头布置要求低
作业方式	一人作业，技术人员边检测边分析	分工合作，辅工布置探头，技术人员在外分析
数据分析	波形需结合位置分析，数据存储难	数据分析容易，数据易存储

5.13 燃气轮机压气机动叶叶根相控阵超声检测

燃气轮机联合循环发电机组由于具有效率高、污染低、体积小、投资少、启停灵活等优点,近年来在国内发展很快,我国相继引进安装了多种国外的大容量机组。由于压气机叶根安装在轮毂上,且叶根形状复杂,检测空间受限,普通的脉冲反射式 A 型超声检测方式难以发现根部的缺陷,因此,叶片根部开裂导致的恶性事故时有发生,造成巨大的经济损失,如图 5-59 所示。

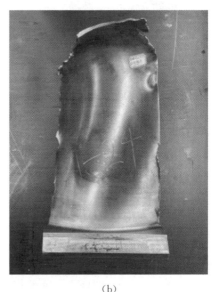

(a)　　　　　　　　　　　　(b)

图 5-59　某燃机压气机叶根断裂

(a)受损压气机叶片;(b)拆卸下来的受损叶片

为了避免因压气机叶片叶根缺陷导致的安全生产事故,采取有效的检测手段对叶根进行及时的检测是必要的。现场检测的难点主要有:克服有限的检测空间限制,避免压气机叶片叶根复杂形状的影响,对叶根易开裂区域进行有效的检测,及时发现根部的裂纹等危害缺陷,避免因叶片根部断裂导致的事故发生。

2022 年 11 月,江苏方天电力技术有限公司受客户委托对某燃气机组压气机一级动叶叶根进行检测,采用相控阵超声检测技术。该机组为 PG9171E 型燃气轮机,为美国通用电气公司(GE)生产,2015 年投入运行,截至检测时已运行约 34 000 小时。

具体操作及检测过程如下。

1. 设备及器材

(1) 仪器:M2M 公司 Gekko 型相控阵超声检测仪,32:128 通道。

(2) 探头:7.5S16 - 0.5×10,平楔块。

(3) 辅助器材:耦合剂、编码器等。

2. 工艺参数确定

由于压气机叶根形状复杂,叶根长度方向为弧形,截面呈燕尾槽形状,长度方向两侧和中间厚度偏差较大,特定的工艺参数难以覆盖整个叶根检测,为了简化工艺,需要先获取叶根尺寸等参数,确定叶根容易开裂区域,从而制定相应的检测工艺。

(1) 获取待检测的压气机叶根的设计图纸,或对拆卸后的待检测压气机叶根进行实际测量,获得叶根的尺寸、形状等数据信息。根据图纸或测量的尺寸数据,建立压气机叶根的 CAD 模型。

(2) 根据叶根的截面特征,确定检测区域,并将 CAD 模型简化为检测区域的叶根某一横截面。根据对断裂叶根的失效分析,认为裂纹起源于叶根外弧侧中间部位的界面突变位置,如图 5 - 60(b)所示,因此检测时应将探头放置在叶片内弧侧,通过扇扫方式尽量覆盖容易开裂区域,又要避免其他结构信号影响。由于叶片本身厚度沿着叶根长度方向变化较大,相控阵超声检测仪不支持 3D 结构建模,因此检测区域限制在叶根中部区域,如图 5 - 60(a)所示,具体检测区域长度根据实际叶片尺寸来确定。

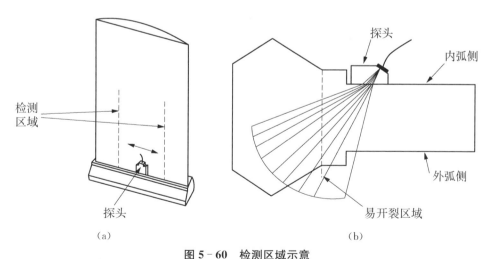

（a）　　　　　　　　　　　　　　　　（b）

图 5 - 60　检测区域示意

（a）整体视图；（b）正视图

(3) 根据 CAD 模型,采用相控阵数值仿真软件或相控阵超声仪内置软件进行仿真计算,确定探头参数、扫查参数。探头参数包括但不限于探头形式、频率、阵元数量、阵元间距、楔块形式和尺寸等。扫查参数包括但不限于扇扫角度、扫查步距、水平偏移、聚焦方式、聚焦位置等。

根据叶根结构尺寸和声线仿真结果,选用 7.5S16-0.5×10 探头,即探头频率 7.5MHz,16 阵元,阵元间距 0.5mm,从动窗宽度 10mm,叶片内弧相对平整,选用平楔块。扫查采用横波扇扫,扇扫角度以覆盖易开裂区域为宜,探头前段距离叶根约 4~6mm。为了记录缺陷长度,应使用编码器,若检测区域过于狭小无法使用编码器,发现缺陷进行测长时应采用其他辅助技术。

3. 灵敏度确定

由于叶根形状相对复杂,缺少相应检测、验收标准,需要制作带有人工缺陷的对比试块或采用带有自然裂纹缺陷的叶根作为对比来确定检测灵敏度。人工缺陷包括但不限于线槽、平底孔、V 型槽,带有自然裂纹缺陷的叶根为服役过程中出现了裂纹等缺陷但没有完全断裂为两部分的叶根。然后根据前面确定的探头参数、扫查参数,选用合适的探头,并正确设置仪器,在对比试块上验证检测灵敏度和缺陷检出率。

(1) 人工缺陷对比试样。

在和待检测叶根结构尺寸相似的叶根上加工深度分别为 4mm、6mm、8mm 的刻槽作为人工缺陷,如图 5-61 所示,采用前述检测工艺和探头对人工缺陷进行检测,检测结果如图 5-62 所示。

图 5-61　人工刻槽缺陷实物

通过对人工刻槽缺陷进行数据采集和测量分析,发现深度 4mm 的刻槽缺陷测量深度为 3.23mm、深度 6mm 的刻槽缺陷测量深度为 5.73mm、深度 8mm 的刻槽缺陷测量深度为 7.65mm,检测结果可信度较高。因此,可以将检测灵敏度定为深度 4mm 人工刻槽缺陷 A 扫描波形不低于满屏幕的 80%,考虑现场检测空间受限,耦合情况和实验室略有差异,将检测灵敏度适当提高 2~4dB。

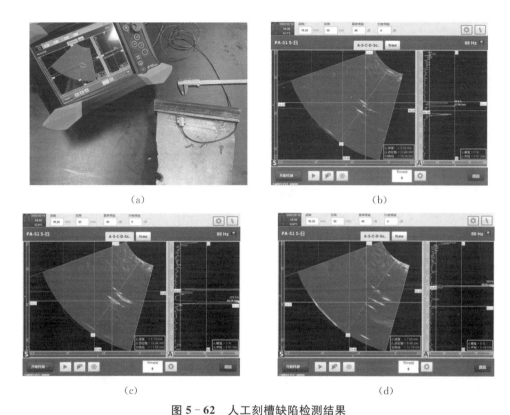

(a)　　　　　　　　　　　　(b)

(c)　　　　　　　　　　　　(d)

图 5 - 62　人工刻槽缺陷检测结果

(a)检测实物；(b)4 mm 刻槽；(c)6 mm 刻槽；(d)8 mm 刻槽

（2）自然裂纹缺陷对比试样。

选取带有自然裂纹缺陷的对比试样，如图 5 - 63 所示。对利用人工刻槽缺陷确定检测灵敏度进行验证，检测结果如图 5 - 64 所示。

通过对带有自然裂纹缺陷的对比试样进行数据采集和测量分析，发现缺陷中心部位裂纹深度约 15 mm，缺陷左端点裂纹深度约 8 mm，缺陷右端点裂纹深度约 2.8 mm。通过试验验证，证明该检测工艺是有效的。

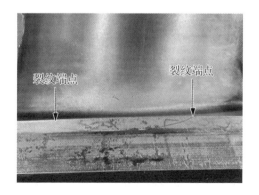

图 5 - 63　带有自然裂纹缺陷的对比试样

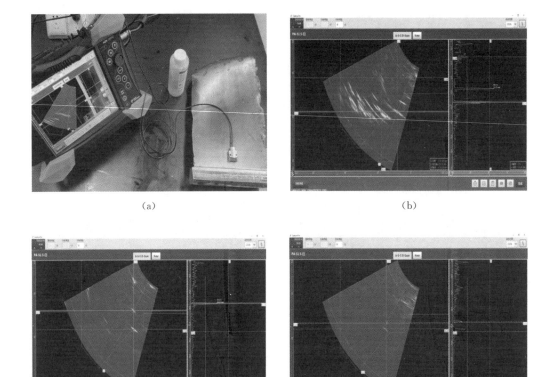

(a)　　　　　　　　　　　　　　　　(b)

(c)　　　　　　　　　　　　　　　　(d)

图 5-64　自然裂纹缺陷检测结果

(a)检测实物；(b)缺陷中心；(c)缺陷左端点；(d)缺陷右端点

4. 检测实施

1）检测前准备

（1）收集资料。收集机组型号、运行资料等信息，确定压气机叶根类型和尺寸。

（2）检测时机。结合机组检修进行。

（3）安全措施。若将转子吊出检修，检测时要做好防坠落措施，或在盘车时注意躲避；若直接进入压气机内部检测，由于检测空间狭小，检测前应做好安全措施。有限空间作业前需要检测气体含量，穿戴符合要求的连体工作服、安全帽等防护用品，准备充足的照明设备。

2）仪器准备

开机确认仪器状态，设置好检测工艺，或调用合适的检测程序，并在对比试块上进行灵敏度验证。

3) 数据采集

对压气机一级动叶逐个进行数据采集,检测时需使用编码器。数据采集时要时刻观察,不得出现数据丢失情况。

4) 数据判定

由于检测空间有限,数据判定一般在数据采集完后立即进行。发现疑似缺陷,应进行复测或采用其他检测手段进行辅助判断。

5. 检测结果

对该燃气机组压气机 32 片一级动叶叶根进行了相控阵超声检测,发现存在 1 片动叶的叶根存在疑似裂纹缺陷,现场检测情况如图 5‑65 所示。相控阵超声检测图谱如图 5‑66 所示,从扇扫图可以看出,该缺陷相控阵超声检测图谱和自然裂纹缺陷对比试样的检测图谱高度类似,从 C 扫图可以看出,该缺陷具有一定长度,基本可以判断该叶片的叶根因长期服役运行产生了裂纹缺陷,且裂纹已经拓展到叶根深处,具有较大的安全风险,应及时更换。

图 5‑65　现场检测情况

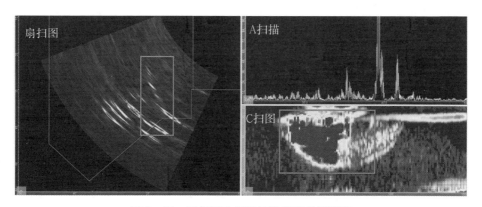

图 5‑66　压气机叶根相控阵超声检测图谱

6. 拆解验证

对发现疑似缺陷的叶片进行了拆解验证,对怀疑存在缺陷的部位分别进行了着色渗透检测(PT)和磁粉检测(MT),检测结果如图 5‑67 所示。

对比渗透检测和磁粉检测结果可以发现,磁粉检测可以有效发现裂纹缺陷,但渗

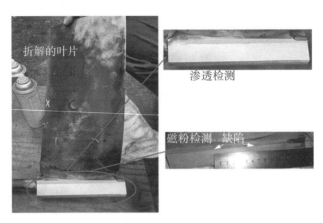

图 5 - 67　拆解后渗透检测、磁粉检测验证结果

透检测对叶根裂纹的检出效果不是很好。从渗透检测的放大图可以看出，显像之后未发现明显红色缺陷迹痕，但存在不明显的油迹，说明表面开口的裂纹中渗入了油类物质，渗透检测过程中着色渗透剂未能渗入裂纹缺陷中，多余的渗透剂随后在清洗过程中被去除，在显像过程中，裂纹缺陷中原来的油类物质被吸附出来形成了缺陷迹痕。由于叶片材料导磁性较好，进行磁粉检测可以有效发现该裂纹缺陷，从而验证了相控阵超声检测的有效性。

7. 检测记录与报告

根据相关技术标准要求，做好原始记录及检测报告的编制、审批、签发等。

第6章 发电机

发电机是利用电磁感应原理将动能转化成电能的装置,主要由定子、转子、磁芯、同步轴、滑动轴、绝缘套管及相关附件等组成,通常采用汽轮机、水轮机或内燃机驱动。采用汽轮机作为原动机带动转子工作的发电机称为汽轮发电机,是火力发电设备的"三大件"之一。发电机转子工作时高速运转,其转速通常为 3 000 r/min,因此,其制造质量、冷却系统等均关系到发电机运行安全。

发电机通常采用氢冷方式,一旦发电机部件出现断裂事故,容易造成不可挽回的损失,因此,需要定期对发电机重要金属部件进行检测。对于电力行业电源侧发电机设备或部件的超声检测,主要检测对象有发电机风扇叶片、护环、轴瓦、转子槽楔及水电接头等。

6.1 发电机风扇叶片脉冲反射法超声检测

前述部分已经提到,发电机是一种利用电磁感应原理将机械能转化为电能的设备,主要由转子和定子等部分组成,而发电机转子在高速运转过程中会由于电阻、磁阻、机械摩擦等原因产生大量热量,需要及时冷却。发电机转子风扇是冷却系统的重要组成部分,安装在发电机转子两侧,如图 6 - 1 所示。发电机风扇叶片跟随转子高速旋转,可以产生高压高速风,带走转子和定子的热量,吹走碳刷与集电环摩擦产生的积碳。

发电机风扇叶片一般为铝合金铸造而成,在运行过程中转速高达 3 000 r/min,受到较大离心力,为避免叶片本体产生裂纹缺陷,《火力发电厂金属技术监督规程》(DL/T 438—2016)标准中规定:机组每次 A 级检修,应对转子大轴(特别注意变截面位置)、护环、风冷扇叶等部件进行表面检验,应无裂纹、无严重划痕、无碰撞痕印,有疑问时应进行无损探伤。

结合停电检修,江苏某公司对其所辖某火电厂♯3 机组的发电机进行金属监督检查,对转子轴颈、护环、轴瓦、风扇叶片、油管进行了宏观检查、渗透探伤、超声波探伤检查。每台发电机转子每侧有 18 只风扇叶片,两侧共有 36 只风扇叶片。对风

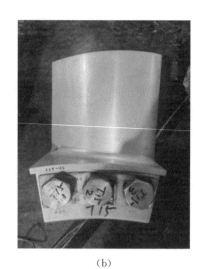

(a)   (b)

图 6 - 1   发电机转子叶片实物

(a)安装在发电机转子上的叶片;(b)单个叶片

扇叶片进行了宏观检查、超声波探伤检查等,超声检测参考《汽轮机叶片超声检验技术导则》(DL/T 714—2019)标准。

具体操作及检测过程如下。

1. 检测设备与器材

(1) 仪器:武汉中科 HS700 型超声波探伤仪。

(2) 探头:2.5P9×9BM 表面波探头。

(3) 辅助器材:耦合剂、手电筒、钢直尺等。

2. 试块

(1) 标准试块:CSK-ⅠA 试块,如图 6-2 所示。

(2) 对比试块:YP 对比试块;叶片本身。YP 对比试块形状和尺寸如图 6-3 所示。

3. 仪器调整

根据标准 DL/T 714—2019 中的相关技术要求,对叶片进行表面波探伤时采用 CSK-ⅠA 标准试块调整扫描速度,采用 YP 对比试块 1 mm 深度模拟裂纹绘制 DAC 曲线,确定检测灵敏度。但 YP 对比试块材质为 2Cr13 马氏体钢,和发电机风扇叶片材质相差较大。在检测时,可以参考《汽轮机叶片超声波检验技术导则》(DL/T 714—2011)标准规定的技术,利用叶片本身进行扫描速度和灵敏度设定。

1) 扫描速度调整

铝合金表面波声速约 2 800～3 000 m/s,在进行扫描速度调整时可以先在仪器中

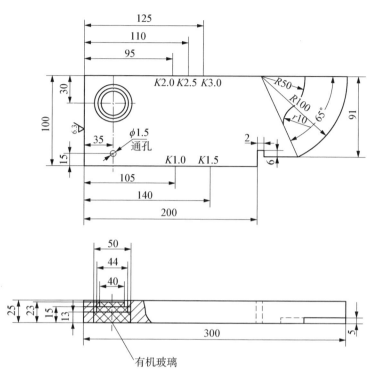

图 6 - 2　CSK - 1A 试块

注:尺寸误差不大于±0.05 mm。

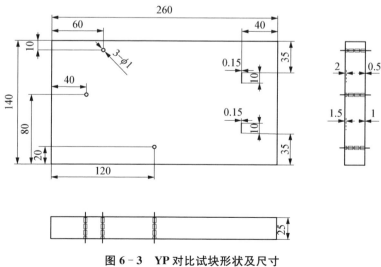

图 6 - 3　YP 对比试块形状及尺寸

注:图中所示规格数据单位为 mm。

输入一个预设值,如 2 800 m/s。然后将表面波探头对准叶片边缘,并和叶片边缘保持一定距离,用直尺量出探头前沿距离叶片边缘实际距离 l_1,从仪器上读出显示的距离 x_1,向前或向后移动探头,再次用直尺量出探头前沿距离叶片边缘实际距离 l_2,从仪器上读出显示的距离 x_2,则叶片实际的表面波声速 v 计算公式为

$$v = \frac{l_2 - l_1}{x_2 - x_1} \times 2\,800$$

将叶片实际表面波声速输入仪器中,然后再次将探头对准叶片边缘,用直尺量出此时探头前沿距离叶片边缘实际距离 l_3,调整仪器的零偏旋钮,使得仪器上读出的距离 x_3 和 l_3 相等。此时仪器的扫描速度调整完毕。

利用叶片实测,表面波声速约为 2 870 m/s。

2) 灵敏度调整

灵敏度调整参考标准 DL/T 714—2011 的附录 A 规定。将表面波探头正对叶片端头,探头前沿距叶片端头 40 mm,将此时叶片端头回波高度调整为满屏的 80%,然后再增益 20 dB 作为检测灵敏度。

4. 检测前的准备

(1) 收集资料。检测前了解叶片材质、尺寸、生产厂家等信息,查阅制造厂出厂和安装时有关质量资料,查阅检修记录。

(2) 表面状态确认。对所有风扇叶片进行宏观目视检查,确保风扇叶片表面无明显裂纹、严重划痕、碰撞痕印等缺陷。

(3) 检测时机。结合停电检修进行。

(4) 安全措施。若将发电机转子吊出检修,检测时要做好防坠落措施,或在盘车时注意躲避。若将叶片拆卸下来检测,检测过程中应避免磕碰。

5. 检测实施

调整好仪器后,对拆卸下来的风扇叶片逐只进行表面波探伤,检测时表面波探头平行于叶身边缘,进行间距不大于 150 mm 的分段扫查,检测时可略作左右摆动。

6. 检测结果

经现场超声检测,该发电机 36 只风扇叶片中有 1 只叶片在叶根结构回波前存在一处异常回波,对该叶片表面涂层打磨后观察,发现该叶片靠近叶根部位存在一处划痕,如图 6-4 所示。

7. 检测记录与报告

根据相关技术标准要求,做好原始记录及检测报告的编制、审批、签发等。

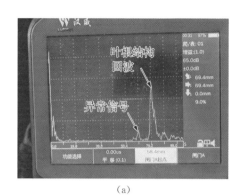 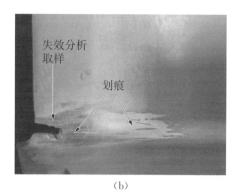

(a) (b)

图6-4 叶片异常回波及划痕实物图

(a)异常回波;(b)叶片划痕

6.2 发电机护环脉冲反射法超声检测

护环是发电机承受应力最高的部件之一,其主要作用是紧固发电机转子两端的线圈绕组,防止转子部件和励磁绕组端部在电磁力和高速的离心力作用下发生变形、位移和偏心。发电机护环与转子之间采用过盈方式配合,承受着装配应力、离心力和温差应力等,且在强磁场和潮湿的腐蚀介质中工作,服役工况恶劣且复杂,在运行过程中容易产生腐蚀坑、内壁应力腐蚀开裂等缺陷,严重的会导致护环解体,造成恶劣事故,如图6-5所示为某电厂发电机护环解体导致氢气爆炸事故现场。发电机护环实物如图6-6所示。

图6-5 发电机护环解体导致爆炸事故现场 **图6-6 发电机护环实物**

DL/T 438—2016要求在役机组护环拆卸时对内表面进行渗透检测,不拆卸时按《在役发电机护环超声波检测技术导则》(DL/T 1423—2015)或《在役发电机护环超声波检验技术标准》(JB/T 10326—2002)进行超声波探伤。护环一般为无磁不锈钢制作,常见材质有 Mn18Cr5 系、Mn18Cr18 系等,组织为粗大奥氏体,且护环壁厚较厚,超声波探伤衰减大、信噪比较低。检测时可选择小角度纵波、横波检测法,采用横波检测时一般使用低频、大尺寸晶片的探头,探头选择参考如表 6-1 所示。

表 6-1 横波斜探头参数选择

护环声速/(m/s)	探头频率/MHz	晶片尺寸/mm	K 值
≤5 650	1.25	20×20	0.8
>5 650	2.5	20×20	0.8～1.0

具体操作及检测过程如下。

1. 设备及器材

(1) 设备:武汉中科 HS700 型超声波探伤仪。

(2) 探头:2.5P20×20K1 横波斜探头。

(3) 辅助器材:耦合剂、钢直尺等。

2. 对比试块

发电机护环超声检测所用对比试块为 HH-Ⅰ型试块,其实物及规格尺寸如图 6-7 所示。

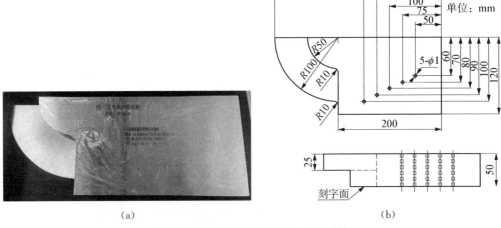

(a)   (b)

图 6-7 护环 HH-Ⅰ型超声对比试块

(a)实物;(b)规格尺寸

3. 仪器调整

(1) 时基线调整。

利用 HH-Ⅰ试块上 R50 和 R100 的圆弧进行时基线调整。

（2）灵敏度调整。

检测前应对护环声速进行测定，如无法准确测定护环声速，可根据晶界回波的平均高度确定护环声速范围。

依据测定的护环纵波声速确定横波检测灵敏度。检测灵敏度可用 Ø1 横孔调整，也可用护环最大厚度的端角反射波调整，调整方法如表 6-2 所示。

表 6-2　横波灵敏度

护环声速/（m/s）	护环端角反射波 80% 波高时
≤5 650	增益 9 dB
>5 650	增益 6 dB

4. 检测前的准备

（1）收集资料。检测前了解护环规格、材质及结构形式等，查阅制造厂出厂和安装时有关质量资料，查阅检修记录。

（2）表面状态确认。对护环表面进行宏观目视检查，排除可能影响超声检测的划痕、表面开裂、油污等。

5. 检测实施

调整好仪器后，对护环进行超声波探伤。检测时探头应与表面耦合良好，应对护环进行 100% 的周向和轴向检测，扫查覆盖率应大于探头直径的 10%。探头移动速度应小于 150 mm/s。

6. 检测结果

经对某发电厂的发电机护环超声波探伤，发现存在一处贯穿缺陷，如图 6-8 所示，根据标准规定，检测结果为不合格，需要及时处理。

7. 检测记录与报告

根据相关技术标准要求，做好原始记录及检测报告的编制、审批、签发等。

图 6-8　护环检测贯穿缺陷

6.3　发电机护环相控阵超声检测

某发电厂 660 MW 机组检修期间，要求对发电机转子护环进行相控阵超声检测。发电机护环的材质为 1Mn18Cr18N，超声波在护环中的纵波声速为 5 680 m/s。相控阵超声检测依据为《发电设备相控阵超声检测技术导则 第 3 部分:发电机护环》(T/CSEE 0101.3—2021)。

具体操作及检测过程如下。

1. 仪器与探头

(1) 仪器:武汉中科汉威 HSPA20 - Fe 型相控阵检测仪。

(2) 探头:5L64×1.0×10 - A4 型探头,SA4 - 55S 35°型楔块。

2. 试块与耦合剂

(1) 试块:HH - Ⅰ型试块。

(2) 耦合剂:化学浆糊。

3. 参数设定

利用 HH - 1 型发电机护环对比试块上 R50 与 R100 的圆弧进行角度补偿;利用 60～90 mm 深的 Ø1 mm×50 mm 横孔进行 TCG 补偿。依据被检护环的纵波声速确定声束角度范围为 30°～45°,扫查灵敏度为 Ø1 mm×50 mm+6 dB,判废线为 Ø1 mm ×50 mm−6 dB,耦合补偿 2 dB。

4. 扫查方式

选择相控阵超声检测仪的扇形扫查功能。对护环进行周向和轴向双向扫查,应保证声束能 100%覆盖到受检护环内壁区域,各扫查之间的重叠至少为有效孔径长度或扇形扫描声束宽度的 10%。对疑似缺陷部位在保证耦合的情况下,可增加斜向扫查。扫查时探头移动速度不应超过 150 mm/s。

5. 缺陷位置修正

由于对比试块与护环声速不同,需对缺陷的实际位置按下式进行修正。

$$s = s_0 \times \frac{c_{L1}}{c_{L2}}$$

式中,S 为缺陷的实际声程,mm;S_0 为缺陷反射回波在仪器显示的声程,mm;C_{L1} 为超声波在被检护环中的纵波声速,本案例取 5 680 m/s;C_{L2} 为超声波在 HH - Ⅰ 试块中的纵波声速,取 5 900 m/s。

6. 缺陷指示长度的测量

(1) 当内壁缺陷回波与晶界回波相对幅值大于等于 18 dB 时,应对缺陷进行指示长度的测量。

(2) 当缺陷反射波只有一个高点时,用−6 dB 法测量其指示长度。

(3) 当缺陷反射波峰值起伏变化,有多个高点时,应以端点−6 dB 法测量其指示长度。

7. 缺陷评定

(1) 凡判定为内壁裂纹的缺陷,评定为不允许。

(2) 凡在判废线(含判废线)以上的内壁缺陷,判定为不允许。

(3) 对于在判废线以下,且指示长度大于等于 10 mm 的内壁缺陷,当缺陷回波与晶界回波相对幅值≥18 dB 时,判定为不允许。

8. 检测结果

经相控阵超声检测,发现该护环内壁存在 2 处密集型裂纹。相控阵超声检测出来的裂纹信号如图 6-9 所示。根据标准规定,该缺陷评定为不允许。

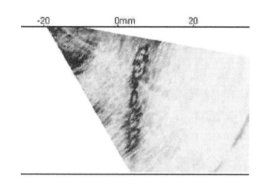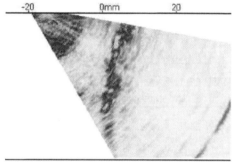

图 6-9　密集型裂纹回波信号

9. 结果验证

对拆卸下来的护环内壁进行宏观检查及渗透检测(PT),宏观检查裂纹位置如图 6-10 所示,渗透检测结果及裂纹形貌如图 6-11 所示。宏观检查及渗透检测结果进一步证实了相控阵超声检测护环内壁缺陷的有效性和正确性。

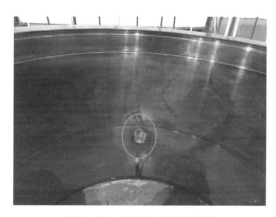

图 6-10　宏观检测裂纹位置　　　　　图 6-11　渗透检测裂纹形貌

10. 检测记录与报告

根据相关技术标准要求,做好原始记录及检测报告的编制、审批、签发等。

6.4 发电机合金轴瓦脉冲反射法超声检测

轴瓦是发电机中的重要设备,主要起到支撑、润滑作用,一般采用双金属形式,即在钢背衬表面粘接 1～15 mm 厚的巴氏合金层。巴氏合金材质一般为锡锑合金(ZChSnSb11-6),是一种软基体上分布着硬颗粒相的低熔点轴承合金。软相基体使合金具有非常好的嵌藏性、顺应性和抗咬合性,并在磨合后,软基体内凹,硬质点外凸,使滑动面之间形成微小间隙,成为贮油空间和润滑油通道,利于减摩,上凸的硬质点起支承作用,有利于承载。

轴瓦在制造过程中可能因加工工艺不良导致结合面存在缺陷,如背衬材料加工过程中存在内应力,表面存在毛刺、油污等,都容易导致形成结合面缺陷。在后续运行过程中,可能导致巴氏合金脱落从而导致烧瓦,因此,电厂经常需要结合停机检修,定期对轴瓦进行检测。

结合停机检修对某电厂♯3、♯4 发电机进行金属监督检查,对发电机转子轴颈、护环、轴瓦、风扇叶片、油管进行了宏观检查、渗透探伤、超声波探伤检查。轴瓦渗透检测可参照《承压设备无损检测 第 5 部分:渗透检测》(NB/T 47013.5—2015)标准执行,超声检测参照《汽轮发电机合金轴瓦超声波检测》(DL/T 297—2011)标准执行。

具体操作及检测过程如下。

1. 检测设备与器材

(1) 检测设备:武汉中科 HS700 型数字式超声波探伤仪。

(2) 探头:10PΦ8 单晶直探头。

(3) 辅助器材:耦合剂、钢直尺等。

2. 试块

(1) 轴瓦超声检测校准试块,又叫轴瓦合金试块,简称 ZW-HJ,用于轴瓦超声检测仪器、探头校准,其实物及规格尺寸如图 6-12 所示。

(a)

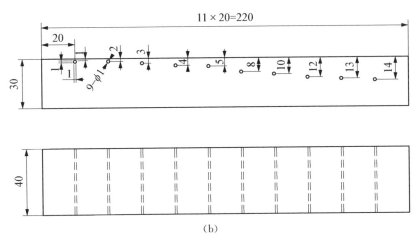

图 6‑12 轴瓦合金试块

(a)实物;(b)规格尺寸

(2) 轴瓦超声检测参考试块,又叫轴瓦超声检测Ⅰ试块,简称 ZW‑Ⅰ,其实物如图 6‑13 所示。

(a)

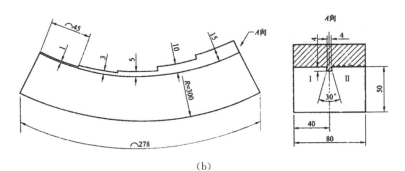

(b)

图 6‑13 ZW‑Ⅰ参考试块

(a)实物;(b)规格尺寸

3. 仪器调整

(1) 时基线调整。

待检测的轴瓦表面合金层厚度约 5 mm,选择 10PΦ8 单晶直探头,利用 ZW - HJ 试块或 ZW - Ⅰ试块上 5 mm 厚合金层Ⅰ侧结合良好区域进行时基线校准,测得该巴氏合金层声速约为 3 518 m/s。

(2) 灵敏度调整。

探头置于 ZW - Ⅰ试块上 5 mm 厚合金层Ⅰ侧结合良好区域,将底波调整至满屏的 80%,再增益 10~12 dB,作为检测灵敏度。

4. 检测前的准备

(1) 收集资料。检测前了解轴瓦巴氏合金材质、厚度、生产厂家等信息,查阅制造厂出厂和安装时有关质量资料,查阅检修记录。

(2) 表面状态确认。对所有轴瓦进行宏观目视检查、渗透检测,排除可能影响超声检测的划痕、表面开裂、脱胎等缺陷。

5. 检测实施

调整好仪器后,对轴瓦进行超声波探伤,探伤时应注意避免表面划痕等缺陷的影响。检测时,探头应与表面耦合良好,扫查速度不超过 100 mm/s。

6. 检测结果

1) 宏观检测

经宏观检测,发现存在裂纹及严重划痕,并用渗透检测(PT)进行最终结果确认。检测结果如下。

(1) ♯4 发电机。励磁端下轴瓦合金存在裂纹缺陷,如图 6 - 14(a)所示;盘车端轴瓦存在严重划痕,如图 6 - 14(b)所示;推力瓦存在线性划痕缺陷,如图 6 - 14(c)所示。

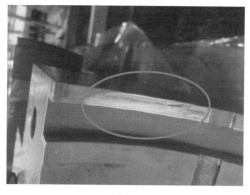

(a)

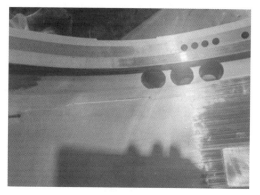

(b)

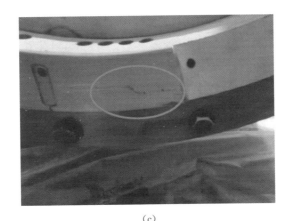

（c）

图 6 - 14　♯4 发电机轴瓦宏观和渗透缺陷

(a)励磁端下轴瓦合金表面裂纹；(b)盘车端下轴瓦合金表面划痕；(c)推力瓦表面线性缺陷

（2）♯3 发电机。稳定瓦瓦面存在严重裂纹缺陷，如图 6 - 15 所示。

图 6 - 15　♯3 发电机稳定瓦瓦面缺陷

2）超声检测

经现场超声波检测，♯3、♯4 发电机转子盘车端、励磁端轴瓦、稳定轴瓦、推力瓦均未发现不允许存在的结合面缺陷。

7．检测记录与报告

根据相关技术标准要求，做好原始记录及检测报告的编制、审批、签发等。

6.5　发电机转子槽楔脉冲反射法超声检测

在大型汽轮发电机中，通常沿转子轴向开有线圈槽，把线圈嵌入槽内，然后用槽楔把槽口封死,防止在高速运转中离心力的作用把线圈损坏。发电机转子绕组依靠槽楔来压紧和固定在转子槽内,因此,槽楔具有防止绕组产生位移的作用。当转子旋转时,槽楔要受到转子绕组铜导体和槽楔自身的离心惯性力。同时,某些槽楔还起强阻尼绕组的作用,因此,做槽楔的无磁性合金材料不但要机械强度高、比重小,还要有良好的导电性能和导热性能。由于加工制造原因,槽楔肩部拐角附近处曲率半径不符合要求,与槽不能完全接触,导致运行时在转子离心力作用下在拐角处产生应力集中,从而导致该部位存在开裂风险。目前,采用超声检测的方法可以有效检测槽楔肩部开裂,从而保障电厂发电机组的安全运行。

某发电厂 1♯机组 A 级检修期间,需要对 1♯机组的发电机转子肩部进行质量监控并采用 A 型脉冲反射法超声检测,槽楔材质为 Ni-Cr 奥氏体不锈钢。检测依据参照 DL/T 1423—2015 相关要求进行灵敏度调整。现场转子槽楔的超声检测如图 6-16 所示。

图 6-16　发电机转子槽楔超声检测

具体操作及检测过程如下。

1. 仪器与探头

(1) 仪器:武汉中科汉威 HS616e 型数字式超声探伤仪。

(2) 探头:5P6×6K1、K2.5 斜探头,探头前沿 6 mm。

2. 试块与耦合剂

(1) 标准试块:CSK-ⅠA(碳钢)试块。

(2) 对比试块:转子本身,即转子槽楔的底面端角。

(3) 耦合剂:化学浆糊或机油。

(4) 其他器材:钢板尺。

3. 参数测量与仪器设定

用标准试块 CSK-ⅠA(碳钢)校验探头的入射点、K 值,校正零偏,依据检测转子槽楔的材质声速、厚度以及探头的相关技术参数对仪器进行设定。

4. 人工反射体及检测灵敏度设定

人工反射体可利用转子槽楔的底面端角进行调整,如图 6-17 所示,将槽楔的底面端角回波调整为显示屏的 80% 波高,再增益 6 dB 作为检测灵敏度。

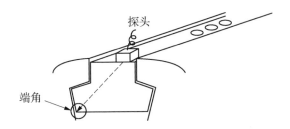

图 6‑17　转子槽楔底面端角灵敏度调整

5. 检测实施

转子槽楔的超声检测扫查区域为槽楔凸台的两侧肩部拐角部位,如图 6‑18 所示。采用 5P6×6K1、5P6×6K2.5 两种不同的 K 值探头,以周向扫查方式在每个转子槽楔凸台顶部检测面进行两个方向的检测,如发现拐角部位开裂,就会在相应位置出现缺陷波显示,如该部位完好,则无缺陷回波显示。发现可疑缺陷信号后,再辅以前后、左右、转角、环绕四种基本扫查方式对其进行确定(见图 2‑4)。

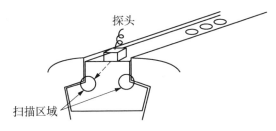

图 6‑18　转子槽楔扫查区域

6. 缺陷评定

(1) 检测结果。经现场超声波检测,未发现该发电机转子槽楔凸台两侧肩部拐角部位有缺陷回波显示。

(2) 结果评定。依据标准相关规定要求,结合现场超声检测结果,经评定,该发电机转子槽楔合格。

7. 检测记录与报告

根据相关技术标准要求,做好原始记录及检测报告的编制、审批、签发等。

6.6　发电机水电接头相控阵超声检测

水电接头是火力发电机组发电机水内冷定子线圈端部结构的重要部件。它不仅是上下层间或极间连接线的电联结,同时还必须是一个可靠的水接头,使定子线圈既能接通电路又能方便地从外部水系统引入冷却水或将冷却水从线圈内排出。水电接头不但要保证定子绕组按电路接通,而且要让定子冷却水方便地引入和排出,是水冷电机中的关键部件。线棒水电接头水盒和水盒盖焊接面通常采用中频感应钎焊的焊接工艺,焊料为银焊片。由于焊接面位置既通电流又通冷却水,在满足强度要求的同时,还应具有良好的密封性,从而保证在通水冷却的运行过程中,不会因焊接质量问题而产生渗漏。水电接头通常在制造安装阶段采用气密试验和水压试验检查是否存在泄漏,为防止焊接面缺陷在运行过程中扩展,一般采用超声检测作为补充检测手段。

某火力发电厂♯2发电机定子检修时,要求对水电接头钎焊部位进行无损检测,结合现场检测情况,采用相控阵超声对水电接头水盒和水盒盖焊接面进行检测。检测标准参照《承压设备无损检测 第15部分:相控阵超声检测》(NB/T 47013.15—2021)。发电机定子线棒如图6-19所示,水电接头外形结构如图6-20所示。

图6-19 发电机定子线棒

图6-20 水电接头外形结构

具体操作及检测过程如下。

1. 仪器与探头

(1)仪器:OmniScan Mx 32/128相控阵超声检测仪。

(2)探头:5L10P0.5-B0线性阵列探头。

2. 试块与耦合剂

(1)标准试块:相控阵A型试块和相控阵B型试块。

(2)对比试块:水电接头本身。

(3)耦合剂:化学浆糊或机油。

(4)其他器材:钢板尺。

3. 参数测量与仪器设定

采用相控阵A型试块和相控阵B型试块,对仪器性能进行测试、探头延迟的校准及仪器相关技术参数设定。

4. 检测灵敏度设定

采用 5L10P0.5－B0 线性阵列探头,纵波、扇形扫查,声束扫查角度范围为－25°~25°。

底面钎焊结合面检测灵敏度的设定:将探头放置在水电接头结合完好部位,将完好部位结合面回波信号调至满屏的 60% 高度作为检测灵敏度。扫查时,根据表面状况需要在基准灵敏度的基础上再增加 2~6dB 增益补偿作为扫查灵敏度。

5. 检测实施

使用相控阵超声检测对水电接头底面钎焊结合面结合程度进行检测,水电接头钎焊结合面焊缝如图 6-21 所示,钎焊结合面如图 6-22 所示。检测部位为水电接头水盒和水盒盖钎焊焊接面。

图 6-21 水电接头钎焊焊缝部位

图 6-22 水电接头钎焊结合面

探头扫查区域为水电接头两侧及 L 型拐角结合面前部平面处,如图 6-23 所示,结合面焊缝部分与螺栓孔重叠区域无法检测。

6. 缺陷定位及定量

(1) 缺陷定位。采用包含与仪器匹配的编码器的辅助扫查装置,相控阵超声探头放置在水电接头外部两侧表面,同时采集检测数据并保存。

(2) 缺陷定量。依据标准要求对缺陷指示长度进行测定。沿长度方向采用基准灵敏度 6dB 法对缺陷的指示长度进行测量。

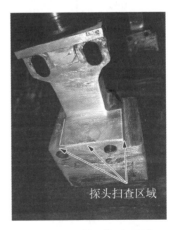

图 6-23 检测扫查区域

7. 缺陷评定

1) 检测结果

此次相控阵超声检测共计 196 个水电接头,包括发电机上原有水电接头 174 个,新安装的水电接头 20 个,仓库水电接头备件 2 个。其中编号为"17 下""25 上""27 上"线棒因已损坏未对其进行检测。

经现场相控阵超声检测,编号为 11♯上汽侧、39♯上汽侧水电接头底面钎焊结合面存在异常信号,经分析确认该信号由钎焊部位结合异常所致;其余水电接头的结合面均未发现异常信号。相控阵超声检测情况具体如下。

(1) 11♯上线棒汽侧水电接头缺陷位置如图 6‐24 所示,缺陷部位检测数据及波形如图 6‐25 所示,缺陷长度为 10 mm。

图 6‐24　11♯上线棒汽侧水电接头缺陷位置

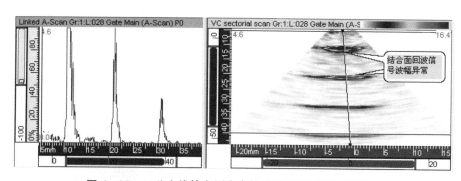

图 6‐25　11♯上线棒汽侧水电接头缺陷波形及检测数据

(2) 39♯上线棒汽侧水电接头缺陷位置如图 6‐26 所示,缺陷部位检测数据及波形如图 6‐27 所示,缺陷长度为整个侧边 30 mm。

2) 缺陷评定

根据标准 NB/T 47013.15—2021,11♯、39♯上线棒汽侧水电接头钎焊焊缝部位结合面存在未熔合缺陷显示,评定为不合格;其他线棒水电接头钎焊焊缝部位结合

图 6‐26　39♯上线棒汽侧水电接头缺陷位置

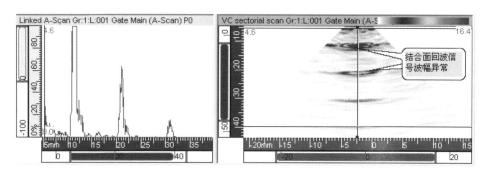

图 6‐27　39♯上线棒汽侧水电接头缺陷波形及检测数据

面未发现缺陷显示,评定为合格。

8. 检测记录与报告

根据相关技术标准要求,做好原始记录及检测报告的编制、审批、签发等。

第7章 钢结构

电站锅炉钢结构主要起到支承锅炉本体各部件,并维持它们之间相对位置的作用,在运行过程中不仅要承受汽水系统以及保温系统等零部件的静载荷,还负担着机组运行过程中振动产生的疲劳负载、风载荷、地震载荷等,从而保障电站锅炉安全、可靠地运行。锅炉钢结构一般由梁、立柱等组成,梁与梁之间、梁与立柱之间多为螺栓连接,梁和立柱本体多为焊接成型,其材质多采用 Q235 钢或 Q345 钢。根据相关法律法规及标准的相关规定、要求,为了保障电厂的建造质量以及锅炉的结构稳定,需要在制造和安装阶段对钢结构进行质量监督抽检。对于电力行业电源侧钢结构设备或部件的超声检测,主要检测对象有立柱、横梁及大板梁等的母材和焊缝等。

7.1 锅炉钢结构立柱横梁对接焊缝脉冲反射法超声检测

锅炉钢结构按锅炉本体部件的固定方式,可以分为支承式和悬吊式,按锅炉钢结构本身的结构特点可以分为框架式和桁架式。框架式构架一般为梁与柱刚性连接的空间框架;桁架式构架的各个平面由桁架组成,或在框架内加斜支撑。两种钢结构形式如图 7-1 所示。与框架式构架相比,桁架式构架更利于抵抗水平力,金属耗量也比框架式少。

某新建电厂 1000 MW 机组在安装前需要对锅炉钢结构制造质量进行监督检验。根据设备到货情况,对该锅炉第一层立柱、横梁等钢结构焊缝进行抽检,检测项目包括目视检测、磁粉探伤、超声波探伤等。立柱的结构示意图及焊缝编号如图 7-2 所示。超声检测抽检比例依据《锅炉钢结构制造技术规范》(NB/T 47043—2014)标准中的相关规定执行,即一级焊缝应进行 100% 超声波探伤,二级焊缝应进行至少 20% 超声波探伤。应按每条焊缝计算检测比例,且检测长度应大于或等于 200 mm,当焊缝长度不足 200 mm 时,应对整条焊缝进行检测。超声探伤依据《承压设备无损检测 第3部分:超声检测》(NB/T 47013.3—2015)标准执行,检测技术等级不低于 B级,评定质量等级为 I 级。

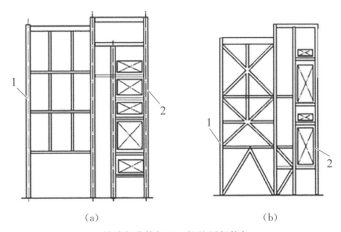

（a）　　　　　　　　　　　（b）

1—炉膛部分构架；2—锅炉尾部构架。

图 7-1　锅炉钢结构的型式

（a）框架式结构；（b）桁架式结构

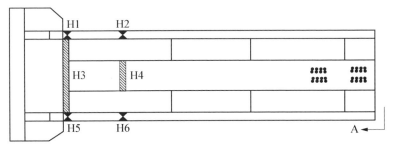
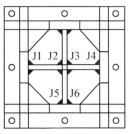

图 7-2　立柱结构

具体操作及检测过程如下。

1. 检测设备与器材

（1）仪器：武汉中科 HS700 型数字超声波探伤仪。

（2）探头：2.5P13×13K1、2.5P13×13K2 横波斜探头。

（3）辅助器材：耦合剂、钢直尺等。

2. 试块

（1）标准试块：CSK-ⅠA 试块（碳钢），如图 7-3 所示。

（2）对比试块：CSK-ⅡA-2 试块（碳钢），如图 7-4 所示。

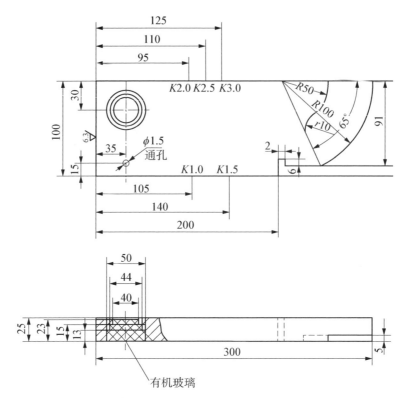

图7-3 CSK-ⅠA试块(碳钢)

注:尺寸误差不大于±0.05 mm。

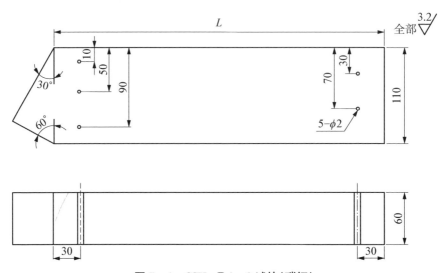

图7-4 CSK-ⅡA-2试块(碳钢)

3. 仪器调整

（1）时基线调整。利用 CSK‑ⅠA 试块上 R50 和 R100 的圆弧进行时基线调整和入射点测量，利用 Ø50 mm 的圆孔进行 K 值测定。

（2）灵敏度调整。采用碳钢材质的 CSK‑ⅡA‑2 对比试块进行灵敏度调整，由于检测对象厚度约 50 mm，故建议选择深度为 10 mm、30 mm、50 mm、70 mm、90 mm、100 mm 的横通孔制作 DAC 曲线，灵敏度选择如表 7‑1 所示。

表 7‑1　检测灵敏度

试块型式	工件厚度 t/mm	评定线	定量线	判废线
CSK‑ⅡA‑2（碳钢）	50	Ø2×40—14 dB	Ø2×40—8 dB	Ø2×40＋2 dB

4. 检测前的准备

（1）收集资料。检测前了解立柱、横梁等结构形式等，查阅制造厂制造时有关质量资料。

（2）表面状态确认。对立柱、横梁焊缝表面进行宏观目视检测，焊缝外观质量应符合标准 NB/T 47043—2014 相关要求，如表 7‑2 所示。

表 7‑2　焊缝外观质量要求

检验项目	质量等级		
	一级	二级	三级
裂纹	不允许	不允许	不允许
未焊满	不允许	≤0.2＋0.02t，且≤1 mm，每 100 mm 长度焊缝内未焊满累积长度≤25 mm	≤0.2＋0.04t，且≤2 mm，每 100 mm 长度焊缝内未焊满累积长度≤25 mm
根部收缩	不允许	≤0.2＋0.02t，且≤1 mm，长度不限	≤0.2＋0.04t，且≤2 mm，长度不限
咬边	不允许	≤0.05t，且≤0.5 mm，连续长度≤100 mm，且焊缝两侧咬边总长≤10% 焊缝全长	≤0.1t，且≤1 mm，长度不限
电弧擦伤	不允许	不允许	允许存在个别电弧擦伤
接头不良	不允许	缺口深度≤0.05t，且≤0.5 mm，每 1 000 mm 长度焊缝内不应超过 1 处	缺口深度≤0.1t，且≤1 mm，每 1 000 mm 长度焊缝内不应超过 1 处
表面气孔	不允许	不允许	每 50 mm 长度焊缝内允许存在直径 <0.4t，且≤3 mm 的气孔两个；孔距应≥6 倍孔径

（续表）

检验项目	质量等级		
	一级	二级	三级
表面夹渣	不允许	不允许	深≤0.2t，长≤0.5t，且≤20 mm

注：t 为母材板厚。

5. 检测实施

按照标准 NB/T 47013.3—2015 要求，对该机组钢结构第一层立柱制造质量进行抽检，抽检焊缝编号为 H1～H6。

（1）常规检测。以锯齿形扫查方式在立柱焊缝的单面双侧进行初探，发现可疑缺陷信号后，再辅以前后、左右、转角、环绕四种基本扫查方式对其进行确定（见图 2-4）。

（2）横向检测。检测焊接接头横向缺陷时，可在焊接接头两侧边缘使探头与焊接接头中心线成不大于 10°作两个方向斜平行扫查。如焊接接头余高磨平，探头应在焊接接头及热影响区上作两个方向的平行扫查，如图 2-5 和图 2-6 所示。

6. 检测结果及评定

（1）检测结果。经现场超声检测，发现翼板对接焊缝 H1 存在 1 处记录缺陷，缺陷具体信息如表 7-3 所示。

表 7-3 翼板对接焊缝缺陷信息

板厚 T/mm	缺陷深度/mm	缺陷长度/mm	缺陷波幅/dB	波幅所在区域	评级
50	23	12	SL+3	Ⅱ	Ⅰ

（2）缺陷评定。依据标准 NB/T 47043—2014 中的 9.3 条"一级焊缝、二级焊缝表面均不允许存在气孔缺陷"及 9.4 条"超声波检测技术等级不低于 B 级，评定质量等级为Ⅰ级"的要求，主角焊缝表面裂纹缺陷不符合标准要求，不合格；翼板对接焊缝内部缺陷评为Ⅰ级，符合标准要求，合格。

7. 检测记录与报告

根据相关技术标准要求，做好原始记录及检测报告的编制、审批、签发等。

7.2 锅炉钢结构大板梁对接焊缝脉冲反射法超声检测

大容量电站锅炉钢结构多数采用全悬吊结构，大板梁是锅炉钢架的重要承载部件，锅炉本体的主要荷载都是通过吊杆传递给顶板的，最终通过大板梁传递给钢架立柱,可以说大板梁是悬吊式电站锅炉钢结构当中的主要受力构件,锅炉钢结构及大板梁实物如图7-5所示。

(a)　　　　　　　　　　　　　　　　　(b)

图 7 - 5　锅炉钢结构及大板梁

(a)锅炉钢结构;(b)大板梁

大板梁在服役过程中受力复杂,且自身结构尺寸和自重较大,制造阶段的缺陷若没有及时发现,在服役阶段进行更换或加固存在较大困难,因此,需要在制造阶段对大板梁尤其是焊缝进行抽检。

某新建电厂 1 000 MW 机组♯1 锅炉在安装前需要对锅炉钢结构制造质量进行监督检验,根据现场到货情况,对该锅炉 2 只大板梁进行了质量抽检,大板梁厚度约为 60 mm(实测)。检测内容包括目视检查、磁粉探伤、超声波探伤。大板梁焊接质量应符合 NB/T 47043—2014 相关规定,超声探伤依据标准 NB/T 47013.3—2015 执行,检测技术等级不低于 B 级,评定质量等级为 I 级。

具体操作及检测过程如下。

1. 检测设备与器材

(1) 仪器:武汉中科 HS700 型数字超声波探伤仪。

(2) 探头:2.5P13×13K1、2.5P13×13K2 横波斜探头。

(3) 辅助器材:耦合剂、钢直尺等。

2. 试块

(1) 标准试块:CSK-ⅠA 试块(碳钢)。

(2) 对比试块:CSK-ⅡA-2 试块(碳钢)。

3. 仪器调整

(1) 时基线调整。利用 CSK-ⅠA 试块上 R50 和 R100 的圆弧进行时基线调整和入射点测量,利用 Ø50 mm 的圆孔进行 K 值测定。

(2) 灵敏度调整。采用碳钢材质的 CSK-ⅡA-2 对比试块进行灵敏度调整,由于检测对象厚度约 60 mm,故建议选择深度为 10 mm、20 mm、50 mm、90 mm、140 mm 的横通孔制作 DAC 曲线,灵敏度选择如表 7 - 4 所示。

表 7 - 4 检测灵敏度

试块型式	工件厚度 t/mm	评定线	定量线	判废线
CSK - ⅡA - 2(碳钢)	60	$\emptyset 2 \times 40 - 14$ dB	$\emptyset 2 \times 40 - 8$ dB	$\emptyset 2 \times 40 + 2$ dB

4. 检测前的准备

(1) 收集资料。检测前了解大板梁等结构形式等,查阅制造厂制造时有关质量资料。

(2) 表面状态确认。对大板梁焊缝表面进行宏观目视检测,焊缝外观质量应符合标准 NB/T 47043—2014 相关要求,如表 7 - 2 所示。

5. 检测实施

按照标准 NB/T 47013.3—2015 等要求,对该机组大板梁制造质量进行抽检,首先对焊缝外观进行宏观目视检测,然后对焊缝内部质量进行超声波探伤,超声波探伤以锯齿形扫查方式在大板梁焊缝的单面双侧进行初探,发现可疑缺陷信号后,再辅以前后、左右、转角、环绕四种基本扫查方式对其进行确定。

6. 检测结果及评定

(1) 检测结果。经现场宏观检测,发现 2 只大板梁翼板与腹板角焊缝表面存在 2 处气孔缺陷,如图 7 - 6 所示。超声检测发现大板梁 1 翼板对接焊缝存在 1 处超标缺陷,缺陷信息如表 7 - 5 所示。

(a)

(b)

图 7-6　翼板与腹板角焊缝表面气孔

(a)大板梁 1 检测结果;(b)大板梁 2 检测结果

表 7-5　翼板对接焊缝缺陷信息

板厚 T/mm	缺陷深度/mm	缺陷长度/mm	缺陷波幅/dB	波幅所在区域	评级
60	27～33	230	SL+5	Ⅱ	Ⅲ

(2)评定。依据标准 NB/T 47043—2014 9.3 条"一级焊缝、二级焊缝表面均不允许存在气孔缺陷"、9.4 条"超声波检测技术等级不低于 B 级,评定质量等级为 Ⅰ级"的要求,上述缺陷均不符合标准要求,不合格。

7.检测记录与报告

根据相关技术标准要求,做好原始记录及检测报告的编制、审批、签发等。

7.3　电厂煤仓间箱型立柱对接焊缝脉冲反射法超声检测

钢结构建筑中,多层结构的立柱一般采用 H 型较多,但对于抗震要求较高的地区和高层的建筑,钢柱则多采用箱型截面。钢结构建筑的立柱,通常在两个互相垂直的方向均会与梁刚接,而箱型截面柱具有较好的双向稳定性和较强的抗扭刚度,在火电机组中箱型截面立柱应用广泛。

某 1000 MW 燃煤汽轮发电机组锅炉为超超临界参数、直流炉、单炉膛、二次再热、平衡通风、露天布置、固态排渣、全钢构架、全悬吊结构、切圆燃烧方式、塔式锅炉。现在需要对该厂煤仓间箱型立柱对接焊缝(编号 H1～H3)进行超声波抽检,煤仓间箱型立柱结构如图 7-7 所示,立柱板厚 45 mm,检测范围包括焊缝及两侧 200 mm 母材。超声波检测抽检比例依据标准 NB/T 47043—2014 中的相关规定执行,即一级焊缝应进行 100%超声波探伤,二级焊缝应进行至少 20%超声波探伤。应按每条焊缝计算检测比例,且检测长度应大于或等于 200 mm,当焊缝长度不足 200 mm 时,应对整条焊缝进行检测。超声波探伤依据标准 NB/T 47013.3—2015,检测技术等级不低于 B 级,评定质量等级为Ⅰ级合格。

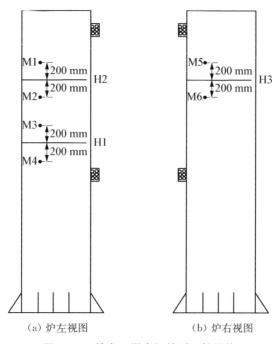

（a）炉左视图 　　　　　　　（b）炉右视图

图 7-7　某电厂煤仓间箱型立柱结构

具体操作及检测过程如下。

1. 检测设备与器材

（1）仪器:武汉中科 HS700 型数字超声波探伤仪。

（2）探头:2.5P13×13K1、2.5P13×13K2 横波斜探头。

（3）辅助器材:耦合剂、钢直尺等。

2. 试块

（1）标准试块:CSK-ⅠA 试块(碳钢)。

（2）对比试块:CSK-ⅡA-2 试块(碳钢)。

3. 仪器调整

（1）时基线调整。利用 CSK-ⅠA 试块上 R50 和 R100 的圆弧进行时基线调整和入射点测量,利用 Ø50 mm 的圆孔进行 K 值测定。

（2）灵敏度调整。采用碳钢材质的 CSK-ⅡA-2 对比试块进行灵敏度调整,由于检测对象厚度约 45 mm,故建议选择深度为 10 mm、30 mm、50 mm、70 mm、

90 mm 的横通孔制作 DAC 曲线,灵敏度选择如表 7 - 6 所示。

表 7 - 6　检测灵敏度

试块型式	工件厚度 t/mm	评定线	定量线	判废线
CSK - ⅡA - 2 （碳钢）	45	Ø2×40 — 14 dB	Ø2×40 — 8 dB	Ø2×40 + 2 dB

4. 检测前的准备

(1) 收集资料。检测前了解箱型立柱结构形式等,查阅制造厂制造时有关质量资料。

(2) 表面状态确认。对箱型立柱焊缝表面进行宏观目视检测,焊缝外观质量应符合本章表 7 - 2 的相关规定要求。

5. 检测实施

按照标准 NB/T 47013.3—2015 等要求,对该机组煤仓间箱型立柱(C 轴 27 ♯柱)对接焊缝(H1～H3)进行了超声波探伤检查。

(1) 常规检测。超声波探伤以锯齿形扫查方式在焊缝的单面双侧进行初探,发现可疑缺陷信号后,再辅以前后、左右、转角、环绕四种基本扫查方式对其进行确定。

(2) 横向检测。检测焊接接头横向缺陷时,可在焊接接头两侧边缘使探头与焊接接头中心线成不大于 10°作两个方向斜平行扫查。如焊接接头余高磨平,探头应在焊接接头及热影响区上作两个方向的平行扫查。

6. 检测结果及评定

(1) 检测结果。经现场超声检测,在检测范围内,未发现不允许存在的缺陷。

(2) 结果评定。依据标准 NB/T 47043—2014 中的 9.3 条"一级焊缝、二级焊缝表面均不允许存在气孔缺陷"及 9.4 条"超声波检测技术等级不低于 B 级,评定质量等级为Ⅰ级"的要求,上述焊缝质量符合标准要求,合格。

7. 检测记录与报告

根据相关技术标准要求,做好原始记录及检测报告的编制、审批、签发等。

7.4　锅炉钢结构大板梁母材脉冲反射法超声检测

电站锅炉多采取的是悬吊式全钢结构,锅炉主要部件全部重量由主梁承担,并通过立柱将锅炉全部重量传递给基础。钢结构是通过焊接型钢或钢板制成的,在钢架承载后,锅炉运行中所产生的动荷载及静荷载将施加于钢结构中,承担着锅炉运行的静荷载及动荷载所引起的拉力、剪力,其制造质量直接影响着锅炉运行的安全性及稳定性。为保证钢结构焊缝的制造质量,在完成钢结构焊接后,应采取无损检测措施,及时发现钢结构中存在的缺陷问题,保证钢结构制造质量。在进行锅炉产品制造质量检验时,需执行《电站锅站锅炉压力容器检验规程》(DL 647—2004)标准中的相关规定,在电站锅炉钢结构进入施工现场后或在制造厂出厂前进行制造质量抽检检验和监造,要求对大板梁、主梁及主力柱等重要承重钢结构焊缝和原材料进行无损检测。

某火力发电机组基建期间,对 3#炉大板梁第五层 C 梁翼板母材进行超声检测。大板梁材质为 Q345B,规格为 7 800 mm(腹板宽度)×1 350 mm(翼板宽度)×90 mm(翼板厚度)×40 mm(腹板厚度)×44 000 mm(长度)。采用 A 型脉冲反射法超声对翼板板材进行检测,检测及评定标准为 NB/T 47013.3—2015,Ⅲ级合格。

具体操作及检测过程如下。

1. 编制工艺卡

根据要求编制 3#炉大板梁第五层 C 梁翼板母材脉冲反射法超声检测工艺卡,如表 7 - 7 所示。

表 7 - 7　3#炉大板梁第五层 C 梁翼板母材脉冲反射法超声检测工艺卡

工件	部件名称	大板梁翼板母材	厚度	90 mm
	材料牌号	Q345B	检测时机	产品制造完成并检验合格后的质量抽检
	检测项目	翼板板材检测	坡口型式	—
	表面状态	清理	焊接方法	—
仪器探头参数	仪器型号	HS611e	仪器编号	—
	探头型号	2.5PΦ20	试块种类	CSK - ⅠA
	检测面	板材上表面	扫查方式	平行线扫查
	耦合剂	化学浆糊	表面耦合	4 dB
	灵敏度设定	Ø5 平底孔	参考试块	板材超声 3 号对比试块
	合同要求	Ⅲ级	检测比例	100%
	检测标准	NB/T 47013.3—2015 Ⅲ级	验收标准	NB/T 47043—2014

检测位置示意图及缺陷评定:

扫查方式:

（续表）

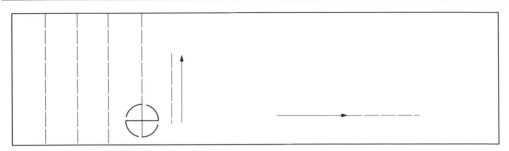

1. 扫查方式：在板材周边或剖口预定线两侧范围内应作100％扫查；在板材中部区域，探头沿垂直于钢板压延方向，间距不大于50 mm的平行线进行扫查。

2. 缺陷判定：在检测过程中，发现下列三种情况之一即作为缺陷：

(1) 缺陷第一次反射波（F_1）波幅高于距离-波幅曲线。

(2) 当底面第一次反射波（B_1）波幅低于显示屏满刻度的50％，即 $B_1<50\%$。

3. 缺陷定量：

(1) 板材厚度大于20～60 mm时，移动探头使缺陷波下降到距离-波幅曲线，探头中心点即为缺陷的边界点。

(2) 确定 $B_1<50\%$缺陷的边界范围时，移动探头使底面第一次反射波上升到基准灵敏度条件下显示屏满刻度的50％或上升到距离-波幅曲线，此时探头中心点即为缺陷的边界点。

(3) 缺陷边界范围确定后，用一边平行于板材压延方向的矩形框包围缺陷，其长边作为缺陷的长度，矩形面积则为缺陷的指示面积。

(4) 使用单晶直探头除按上述方法对缺陷进行定量外，还应记录缺陷的反射波幅或当量平底孔直径。

4. 缺陷尺寸评定：

(1) 缺陷指示长度的评定规则：用平行于板材压延方向的矩形框包围缺陷，其长边作为该缺陷的指示长度。

(2) 单个缺陷指示面积的评定规则：

a. 一个缺陷按其指示的矩形面积作为该缺陷的单个指示面积；

b. 多个缺陷其相邻间距小于相邻较小缺陷的指示长度时，按单个缺陷处理，缺陷指示面积为各缺陷面积之和。

5. 质量分级

(1) 板材质量分级见本案例中的表7-9、表7-10。在具体进行质量分级时，表7-9和表7-10应独立使用。

(2) 在检测过程中，检测人员如确认板材中有白点、裂纹等缺陷存在时，应评为Ⅴ级。

(3) 在板材中部检测区域，按最大允许单个缺陷指示面积和任一1 m×1 m检测面积内缺陷最大允许个数确定质量等级。如整张板材中部检测面积小于1 m×1 m，缺陷最大允许个数可按比例折算。

(4) 在板材边缘或剖口预定线两侧检测区域，按最大允许单个缺陷指示长度、最大允许单个缺陷指示面积和任一1 m检测长度内最大允许缺陷个数确定质量等级。如整张板材边缘检测长度小于1 m，缺陷最大允许个数可按比例折算。

编制/资格	×××	审核/资格	×××
日期	×××	日期	×××

2. 仪器与探头

(1) 仪器:武汉中科汉威 HS616e 型数字式超声探伤仪。

(2) 探头:2.5PΦ20 直探头。

3. 试块与耦合剂

(1) 标准试块:CSK-ⅠA(钢)试块。

(2) 对比试块:板材超声检测用3号对比试块,如图7-8所示。对比试块的选取如表7-8所示。

表7-8   承压设备用板材超声检测用对比试块

试块编号	板材厚度 t/mm	检测面到平底孔的距离 S/mm	试块厚度 T/mm	试块宽度/mm
1	>20～40	10、20、30	40	30
2	>40～60	15、30、45	60	40
3	>60～100	15、30、45、60、80	100	40
4	>100～150	15、30、45、60、80、110、140	150	60
5	>150～200	15、30、45、60、80、110、140、180	200	60
6	>200～250	15、30、45、60、80、110、140、180、230	250	60

注:1. 板材厚度大于40mm时,试块也可用厚代薄。

2. 为减少单个试块的尺寸和重量,声学性能相同或相似的试块上的平底孔可加工在不同厚度的试块上。

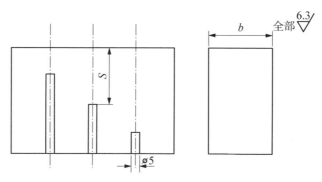

图7-8   板材超声检测用对比试块

(3) 耦合剂:化学浆糊。

4. 参数测量与仪器设定

对仪器和探头系统延时和扫描比例进行调节,依据检测工件的材质声速、厚度以及探头的相关技术参数对仪器进行设定。

5. 距离-波幅曲线的绘制

被检大板梁翼板板厚大于 20 mm，选取板材超声检测用 3 号对比试块按所用探头和仪器在 5 mm 平底孔试块上绘制距离-波幅曲线，并以此曲线作为基准灵敏度。

如能确定板材底面回波与不同深度 5 mm 平底孔反射波幅度之间的关系，则可采用板材完好无缺陷部位的第一次底波来调节基准灵敏度。

扫查灵敏度一般应比基准灵敏度高 6 dB，耦合补偿为 4 dB。

6. 扫查灵敏度设定

扫查灵敏度应不低于评定线灵敏度，并保证在检测范围内最大声程处评定线高度不低于荧光屏满刻度的 20%。扫查灵敏度为 $\varnothing3\times40-14$ dB(耦合补偿 4 dB)。

7. 检测实施

在板材周边或剖口预定线两侧范围内应作 100% 扫查；在板材中部区域，探头沿垂直于钢板压延方向，间距不大于 50 mm 的平行线进行扫查。

8. 缺陷评定

1) 质量分级

根据标准 NB/T 47013.3—2015 规定，板材（母材）质量分级如表 7-9 和表 7-10 所示，且表 7-9 和表 7-10 独立使用。

表 7-9 承压设备用板材中部检测区域质量分级（单位：mm）

等级	最大允许单个缺陷指示面积 S 或当量平底孔直径 D	在任一 $1\,m\times1\,m$ 检测面积内缺陷最大允许个数	
		单个缺陷指示面积或当量平底孔直径评定范围	最大允许个数
TI	双晶直探头检测时：$S\leqslant50$ 或单晶直探头检测时：$D\leqslant\varnothing5+8$ dB	双晶直探头检测时：$20<S\leqslant50$ 或单晶直探头检测时：$\varnothing5<D\leqslant\varnothing5+8$ dB	10
I	双晶直探头检测时：$S\leqslant100$ 或单晶直探头检测时：$D\leqslant\varnothing5+14$ dB	双晶直探头检测时：$50<S\leqslant100$ 或单晶直探头检测时：$\varnothing5+8$ dB$<D\leqslant\varnothing5+14$ dB	10
II	$S\leqslant1000$	$100<S\leqslant1000$	15
III	$S\leqslant5000$	$100<S\leqslant5000$	20
IV	超过 III 级者		

注：使用单晶直探头检测并确定底面第一次反射波(B1)波幅低于显示屏满刻度的 50% 所示缺陷的质量分级(TI 级和 I 级)时，与双晶直探头要求相同。

表 7-10　承压设备用板材边缘或剖口两侧检测区域质量分级(单位:mm)

等级	最大允许单个缺陷指示长度 L_{max}	最大允许单个缺陷指示面积 S 或当量平底孔直径 D	在任一 1 m 检测长度内最大允许缺陷个数	
			单个缺陷指示长度 L 或当量平底孔直径评定范围	最大允许个数
TI	≤20	双晶直探头检测时: S≤50	双晶直探头检测时:10<L≤20	2
		或单晶直探头检测时: D≤Ø5+8 dB	或单晶直探头检测时:Ø5<D≤Ø5+8 dB	
I	≤30	双晶直探头检测时: S≤100	双晶直探头检测时:15<L≤30	3
		或单晶直探头检测时: D≤Ø5+14 dB	或单晶直探头检测时:Ø5+8 dB<D≤Ø5+14 dB	
II	≤50	S≤1 000	25<L≤50	5
III	≤100	S≤2 000	50<L≤100	6
IV		超过III级者		

注:使用单晶直探头检测并确定底面第一次反射波(B1)波幅低于显示屏满刻度的50%所示缺陷的质量分级(TI级和I级)时,与双晶直探头要求相同。

2)现场检测结果

经现场超声检测,3♯炉大板梁第五层C梁上、下翼板母材未发现可记录性缺陷。

3)缺陷评定

3♯炉大板梁第五层C梁上、下翼板母材符合标准 NB/T 47013.3—2015 中规定的III级板材要求。

9. 检测记录与报告

根据相关技术标准要求,做好原始记录及检测报告的编制、审批、签发等。

7.5　锅炉钢结构大板梁 T 型焊缝脉冲反射法超声检测

某1 000 MW 调峰煤电项目基建阶段,现要求对一批大板梁全焊透 T 型焊缝进行脉冲法超声检测验收,大板梁实物如图 7-9 所示。规格为 6 000 mm(长度)×800 mm(腹板宽)×25 mm(腹板厚)×500 mm(翼板宽)×30 mm(翼板厚),材质均为 Q355-B。依据《钢熔化焊 T 形接头超声波检测方法和质量评定》(DL/T 542—2014)、《焊缝无损检测　超声检测　技术、检测等级和评定》(GB/T 11345—2013)、《焊缝无损检测　超声检测　验收等级》(GB/T 29712—2013),检测等级 B 级,验收等级 2 级。

具体操作及检测过程如下。

图 7-9　大板梁实物

1. 仪器与探头

(1) 仪器:GE USM36S 型数字式超声波探伤仪。

(2) 探头:直探头 5PΦ15 mm,斜探头 2.5P13×13K1/K2。

2. 试块与耦合剂

(1) 标准试块:CSK-IA 试块,用于测探头零点、前沿及 K 值。

(2) 对比试块:RB-2 试块、WHT-3 试块,用于绘制 DAC 曲线,设定灵敏度。RB-2 试块如图 7-10 所示,WHT-3 试块如图 7-11 所示,其规格尺寸如表 7-11 所示。

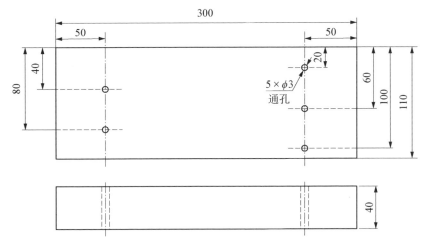

图 7-10　RB-2 试块

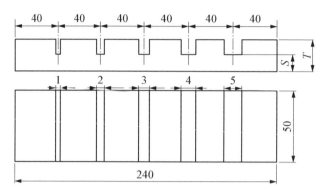

S—检测面到槽的距离；T—试块厚度。

图 7‑11　WHT‑3 试块

表 7‑11　WHT‑3 试块尺寸

试块编号	被检测焊缝翼板厚度 δ_2/mm	检测面到槽的距离 S/mm	试块厚度 T/mm
WHT‑3	>24～34	28	43

（3）耦合剂：采用透声性好、不损伤工件表面的机油。

3. 灵敏度设定

1）单晶片直探头

在 WHT‑3 对比试块上将平底槽的反射波调到屏高的 80% 为检测灵敏度。

2）斜探头

在 CSK‑ⅠA、RB‑2 试块上完成调校及 DAC 曲线绘制。

（1）评定等级：H_0-14 dB（H_0 为参考等级）。

（2）记录等级：相应验收等级 -4 dB。

（3）验收等级：需根据发现缺陷显示长度（L）与腹板厚（T）来定。

若 $L \leqslant 0.5T$，则验收等级为 H_0；若 $0.5T < L \leqslant T$，则验收等级为 H_0-6 dB；若 $L > T$，则验收等级为 H_0-10 dB。

4. 检测实施

为满足对 T 型焊缝中横向缺陷、纵向缺陷、未焊透和层状撕裂的检测。需用 1 个 K2 斜探头在翼板作互为 180°的平行扫查或用 1 个 K1 斜探头在腹板一侧作与焊缝成 45°的斜扫查来检测横向缺陷。用 1 个 K2 斜探头在腹板两侧作锯齿型扫查来检测纵向缺陷。用 1 个单晶片直探头和 1 个 K1 斜探头在翼板侧来检测未焊透和层状撕裂。

（1）缺陷定位：仪器界面直接读出深度、水平位置来确定缺陷。

（2）缺陷定量：找到缺陷反射波的最大波高，与 H_0 进行当量比较，记录为 $H_0\pm$（　）dB；测长用固定回波幅度等级技术，即左右移动探头，使回波幅度降低至评定等级,其移动距离为显示长度。

5. 缺陷评定

1) 单晶片直探头检测

用当量法评定,不应有大于或等于 $\varnothing 1$ mm 平底孔当量的缺陷。

2) 斜探头检测

(1) 若缺陷信号波幅 $H < H_0 - 14$ dB,可验收,无需记录。

(2) 若缺陷信号波幅 $H \geqslant H_0 - 14$ dB,记录 H 和 L。

a. 若 $L > T$,则 $H < H_0 - 10$ dB 可验收。

b. 若 $0.5T < L \leqslant T$,则 $H < H_0 - 6$ dB 可验收。

c. 若 $L \leqslant 0.5T$,则 $H < H_0$ 可验收(平面型显示不可验收)。

(3) 焊缝方向 100 mm 内大于记录等级的单个(相邻显示距离小于较长显示两倍)可验收显示累积长度不大于 20 mm,可验收。

3) 缺陷评定

经现场超声检测,该大板梁 T 型焊缝无超标缺陷,检测结果合格,可验收。

6. 检测记录与报告

根据相关技术标准要求,做好原始记录及检测报告的编制、审批、签发等。

第8章 其他辅助设备

对于电源侧设备,除了我们常见和比较熟悉的锅炉、压力容器、压力管道、汽轮机、发电机、钢结构等主设备外,还有构成整个发电环节所必须的一些其他辅助设备,比如磨煤机、卸船机、斗轮机、消防水管、供油管等。电站辅助设备可靠性的高低直接关系到整个电厂是否能安全稳定、经济、环保地运行。在实际运行过程中,辅助设备工作条件恶劣、故障频发,这也是导致机组经常非正常停运的重要原因之一。对于电力行业电源侧辅助设备或部件的超声检测,目前主要检测对象有卸船机、斗轮机、消防水管等。

8.1 卸船机大梁焊缝脉冲反射法超声检测

卸船机是利用连续输送机械制成能提升散粒物料的机头,或兼有自行取料能力,或配以取料、喂料装置,将煤等物料连续不断地从船舱提出,然后卸载到臂架或机架并能运至岸边或其他目的地的专用机械。使用卸船机可大大提高电厂运煤的卸货效率,同时,还可使粉尘污染达到最小,从而保持环境的清洁,满足环保的要求。

根据相关规定及标准要求,要定期对卸船机前后大梁进行检查,其中前后大梁焊缝是无损检测的重点抽查对象,以保证设备稳定运行。

某 600 MW 燃煤发电有限公司现有卸船机一台,要求对前后大梁对接焊缝进行超声检测。该卸船机大板梁材质为 Q345,厚度为 14 mm,X 型坡口,并采用埋弧自动焊焊接完成。检测依据为《钢的弧焊接头 缺陷质量分级指南》(GB/T 19418—2003),验收标准为《起重机械无损检测 钢焊缝超声检测》(JB/T 10559—2018)。

具体操作及检测过程如下。

1. 编制工艺卡

按照要求编制某 600 MW 燃煤发电有限公司卸船机大板梁对接焊缝超声检测工艺卡,如表 8-1 所示。

表 8－1　某 600 MW 燃煤发电有限公司卸船机大板梁对接焊缝脉冲反射法超声检测工艺卡

部件名称	卸船机大板梁	规格	$T = 14\,mm$
材质	Q345	检验部位	对接焊缝及两侧各 10 mm
坡口型式	X 型	焊接方法	埋弧自动焊
热处理状态	—	表面状态	见金属光泽
检测时机	外观检查合格后	仪器型号	HS616e＋
标准试块	CSK－ⅠA	对比试块	LA－1
检测标准	GB/T 19418—2003	验收标准	JB/T 10559—2018
技术等级	B 级	检测比例	20％
验收等级	1	耦合剂	CG－98 专用耦合剂
基准灵敏度	母材完好部位第一次底波调至满屏刻度的 50％,再提高 10dB	DAC－18 dB	DAC－24 dB
灵敏度补偿	0dB	2dB	2dB
缺陷走向	母材检测	纵向缺陷检测	横向缺陷检测
探头型号	2.5Z14FG10	5P9×9K2	5P9×9K2
检测面	外表面	外表面	外表面
探头位置	A 或 B 面,单面双侧	A 或 B 面,单面双侧	X 和 Y 或 W 和 Z
工艺验证	将制作好的曲线放置在 LA－1 试块上,选择深度 15 mm、25 mm 横孔检测,2 个位置的扫描线上的偏移量不应超过扫描线该点读数的 10％。距离-波幅曲线在 2 个位置的回波幅度相差应小于 2dB。此时此次工艺验证完成。		

检测位置示意图及缺陷评定：

检测位置示意图：

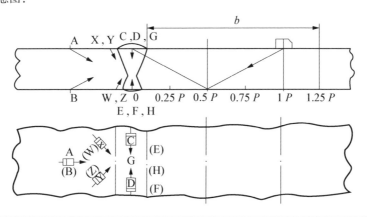

（续表）

其中，A、B、C、D、E、F、G、H、W、X、Y、Z 为探头位置；b 为探头移动区宽度；P 为 1 个全跨距。

缺陷评定：

(1) 焊接接头不允许存在裂纹、未熔合、未焊透等缺陷。

(2) 评定线以下的缺陷均不记录。

母材厚度	验收等级	缺陷类型	缺陷最大回波所在DAC区	缺陷所在母材厚度区域	单个缺陷指标长度	评定结论
6≤t≤20	1	裂纹类	任何区域	任何区域	—	不合格
		非裂纹类	Ⅲ	任何区域	—	不合格
			ⅡA、ⅡB	任何区域	>20	不合格
					≤20	合格
			Ⅰ	任何区域	—	合格

(3) 验收等级，如上表所示。

(4) 验收等级为 1 级的焊缝，位于ⅡA 或ⅡB 区的缺陷距离焊缝端部的距离不应小于 $2l$（l 为缺陷的指示长度）。

编制/资格	×××	审核/资格	×××
日期	×××	日期	×××

2. 仪器设备与探头

(1) 仪器：武汉中科 HS616e＋数字式超声探伤仪。

(2) 探头：5P9×9K2、2.5Z14FG10。

3. 试块与耦合剂

(1) 标准试块：CSK‑ⅠA 试块，如图 8‑1 所示，用以调节零偏、声速、探头前沿及探头 K 值。

(2) 对比试块：LA‑1 试块，如图 8‑2 所示，用以制作距离‑波幅曲线。

(3) 耦合剂：耦合剂应具有良好的透声性和适宜的流动性，对被检工件、人体和环境无害，同时便于检测后清理。此次检测选用 CG‑98 专用耦合剂。

4. 仪器设定与距离‑波幅曲线的制作

(1) 仪器设定。制作距离‑波幅曲线前应先对仪器与探头进行校准。校准内容包括：探头零偏、探头前沿、声速以及 K 值。

(2) 距离‑波幅曲线的制作。利用 LA‑1(钢)对比试块绘制距离‑波幅曲线，由于被检工件厚度为 14 mm，选择的三个点分别为 5 mm、15 mm、35 mm，其中最后一点

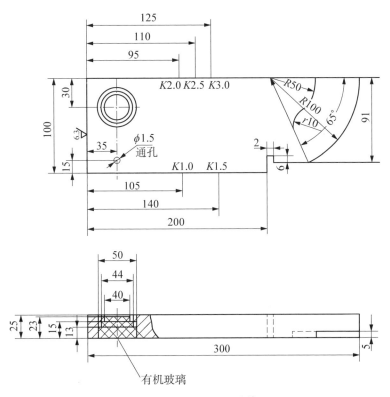

图 8-1　CSK-ⅠA 试块

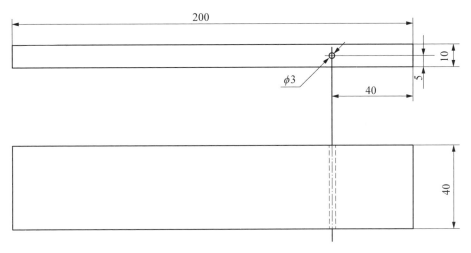

图 8-2　LA-1 试块

深度选择原则为≥2t+5 mm。验收等级为 1 级,其 DAC 灵敏度如表 8-2 所示。

表 8-2 DAC 灵敏度

试块型式	母材厚度 t/mm	验收等级	判废线/dB	定量线 A/dB	定量线 B/dB	评定线/dB
LA-1(钢)	14	1	DAC-10	DAC-14		DAC-18

5. 检测实施

1)检测前的准备

(1)在超声波检测前,应对焊缝外观进行宏观检查,依据《桥式抓斗卸船机》(GB/T 26475—2021)中 5.6.1.1 条的要求,焊缝外观检查不应有目测可见的裂纹、气孔、固体夹杂、未熔合和未焊透等缺陷。对不合格的部位进行消缺、补焊。由于卸船机所处环境中有煤粉,动火作业存在风险。建议使用除漆剂除去表面油漆或在消防人员旁站下进行动火打磨作业。

(2)在对对接焊缝实施检测前,应先使用双晶直探头 2.5Z14FG10 对斜探头欲通过的母材区域进行扫查(距离焊缝熔合线两侧 80 mm 范围),以便发现是否有影响斜探头检测结果的分层或其他种类缺陷的存在。若发现缺陷回波幅度超过满屏刻度的 20%,应在工件表面相应部位做上标记,该项检测仅做记录,不属于对母材的验收。

2)检测实施

相邻两次探头移动间隔应保证有探头晶片宽度 10% 的重叠,扫查的速度应不大于 150 mm/s。

(1)纵向缺陷检测:应使用锯齿形扫查方式,发现可疑缺陷信号,再辅以前后、左右、转角、环绕四种基本扫查方式对其进行确定如图 2-4 所示。检测范围:检测区域为焊缝和焊缝两侧至少 10 mm 宽母材或热影响区宽度(取二者较大值)的内部区域。

(2)横向缺陷检测:与焊缝中心线成不大于 10° 的斜平行扫查(若焊接接头余高磨平,则探头应在焊接接头及热影响区上作两个方向的平行扫查),如图 2-5 和图 2-6 所示。

(3)缺陷记录。缺陷记录如图 8-3 所示,具体要求如下。

缺陷 1(条形缺陷):应注明缺陷左端距 0 点距离 S_1、右端距 0 点距离 S_2、最高波距 0 点距离 S_3,并且在报告中写明缺陷长度 $L = S_2 - S_1$,距焊缝中心距离(y^+ 或 y^-),以及缺陷深度和当量。若可判定缺陷的性质为裂纹、未熔合、未焊透等,则也应在记录上注明并反映在报告里。

缺陷 2(圆形缺陷):应注明缺陷最高波幅位置距 0 点距离 S_1',以及缺陷的深度、当量及距焊缝中心距离(y^+ 或 y^-)。

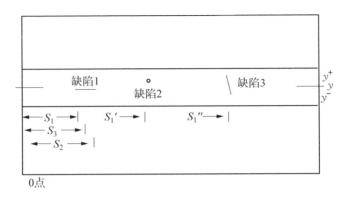

图 8‑3　缺陷记录格式

缺陷 3(横向缺陷)：应注明缺陷最高波幅位置距 0 点距离 S_1''，以及缺陷的深度、缺陷的长度及当量(此时灵敏度比纵向的灵敏度提高 6 dB)。

3) 系统复核

(1) 有以下情况之一的，应进行系统复核：调节后的探头、耦合剂和仪器调节旋钮或按键发生改变；检测人员怀疑扫描量程或检测灵敏度有变化；连续工作 4h 以上；超声检测结束后。

(2) 扫描量程的复核：如果任意一点在时基线上的偏移量超过扫描读数的 10%，则扫描量程应重新调整，并对该焊缝重新检测。

(3) 检测灵敏度的复核：距离-波幅曲线的复核应不少于 3 点。如果曲线上任意一点幅度下降 2 dB 或以上，则应对该焊缝进行重新检测；如幅度上升 2 dB 或以上，则应修正设置并对记录信号部位重新检测。

6. 缺陷定量及指示长度的确定

(1) 当缺陷回波只有一个高点，且位于ⅡB 区或ⅡB 区以上时，将最大回波调至满屏的 80% 后，用 −6 dB 法测定缺陷指示长度。

(2) 当缺陷回波有多个高点，且位于ⅡB 区或ⅡB 区以上时，将最大回波调至满屏的 80% 后，用端点 −6 dB 法测定缺陷指示长度。

(3) 当缺陷最大回波位于Ⅰ区，如认为有必要记录，则通过左右移动探头，以回波幅度降至评定线的方法测定缺陷指示长度。

(4) 位于ⅡA 或ⅡB 区且同一深度的相邻缺陷，若间隔不大于 $2l$(l 为较长缺陷的指示长度)，则视为一个缺陷，其长度为各缺陷指示长度及间距之和。

7. 检测结果及评定

1) 检测结果

经现场超声检测，该卸船机大板梁对接焊缝存在缺陷回波信号，缺陷深度为 9.8 mm，缺陷长度经半波法(−6 dB 法)测量为 10 mm，缺陷当量为 DAC−14＋

6.1 dB。超声检测缺陷波形如图 8-4 所示。

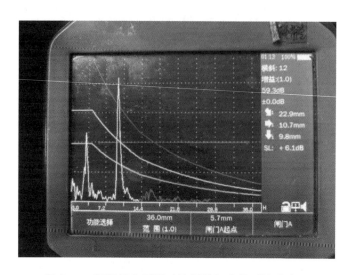

图 8-4　卸船机大板梁对接焊缝超声检测缺陷波形

注:图中三条线自上而下分别为 DAC-10 dB、DAC-14 dB、DAC-18 dB。

2) 评定

缺陷指示长度经半波法(-6 dB 法)测量为 10 mm,缺陷当量为 DAC-14+6.1 dB>DAC-10 dB。因此,该焊缝质量验收结果为不合格。

8. 检测记录与报告

根据相关技术标准要求,做好原始记录及检测报告的编制、审批、签发等。

8.2　斗轮取料机重要结构件焊接接头脉冲反射法超声检测

斗轮取料机是一种用于大型干散货堆场的既能堆料又能取料的连续输送的高效装卸机械,在燃煤发电厂中,主要用于煤的输送,其正常运行对于保障供电和生产效率至关重要。

燃煤电厂多采用臂式斗轮取料机,如图 8-5 所示。依据《臂式斗轮堆取料机》(JB/T 4149—2022)的相关要求,重要金属结构件(包括斗轮体、门座架、塔架、臂架、尾车、平衡架、回转钢结构以及走形钢结构等)的焊缝,由于存在较大的工作应力,是无损检测时重点抽查对象。

某 600 MW 燃煤发电有限公司,现有斗轮机一台,要求对门座架对接焊缝进行超声抽检。该斗轮机门座架材质为 Q345,厚度为 12 mm,X 型坡口,并采用埋弧自动焊

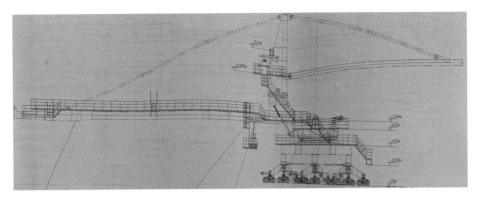

图 8-5　斗轮机

焊接完成,检测依据为《焊缝无损检测　超声检测　技术、检测等级和评定》(GB/T 11345—2013),验收标准为《焊缝无损检测　超声检测　验收等级》(GB/T 29712—2013),检测等级 B 级,验收等级 2 级。

具体操作及检测过程如下。

1. 编制工艺卡

按照要求编制某 600 MW 燃煤发电有限公司斗轮机门座架对接焊缝脉冲反射法超声检测工艺卡,如表 8-3 所示。

表 8-3　某 600 MW 燃煤发电有限公司斗轮机门座架对接焊缝脉冲反射法超声检测工艺卡

部件名称	斗轮机门座架	规格	$T=12\text{mm}$
材质	Q345	检验部位	对接焊缝及两侧各 10 mm
坡口型式	X 型	焊接方法	埋弧自动焊
热处理状态	—	表面状态	见金属光泽
检测时机	外观检查合格后	编制依据	GB/T 11345—2013
仪器型号	HS616e+	仪器编号	70078
标准试块	CSK-ⅠA	对比试块	RB-1
检测标准	GB/T 11345—2013	验收标准	GB/T 29712—2013
技术等级	B 级	检测比例	20%
验收等级	2	耦合剂	CG-98 专用耦合剂
基准灵敏度	Ø3-14 dB	灵敏度补偿	3 dB
缺陷走向	纵向缺陷检测		横向缺陷检测

(续表)

探头型号	5P9×9K2	—	5P9×9K2
检测面	外表面	—	外表面
探头位置	A 或 B 面,单面双侧	—	X 和 Y 或 W 和 Z
工艺验证	将制作好的曲线放置在 RB-1 试块上,选择深度 10 mm、30 mm 横孔检测,2 个位置的扫描线上的偏移量不应超过扫描线该点读数的 2%。距离-波幅曲线在 2 个位置的回波幅度相差应小于 4dB。此次工艺验证完成。		

检测位置示意图及缺陷评定:

检测位置示意图:

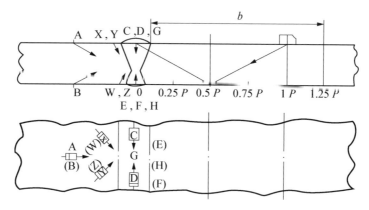

其中,A、B、C、D、E、F、G、H、W、X、Y、Z 为探头位置;b 为探头移动区宽度;P 为 1 个全跨距。

缺陷评定:

(1) 焊接接头不允许存在裂纹、未熔合、未焊透等缺陷。

(2) 评定线以下的缺陷均不记录。

(3) 验收等级按表 8-4 的规定执行。

编制/资格	×××	审核/资格	×××
日期	×××	日期	×××

2. 仪器设备与探头

(1) 仪器:武汉中科 HS616e+数字式超声探伤仪。

(2) 探头:5P9×9K2 斜探头。

3. 试块与耦合剂

(1) 标准试块:CSK-ⅠA 试块,用于调节零偏、声速、探头前沿及探头 K 值。

(2) 对比试块:RB-1 试块,如图 8-6 所示,用于制作距离-波幅曲线。

(3) 耦合剂:耦合剂应具有良好的透声性和适宜的流动性,对被检工件、人体和环境无害,同时便于检测后清理。此次检测选用 CG-98 专用耦合剂。

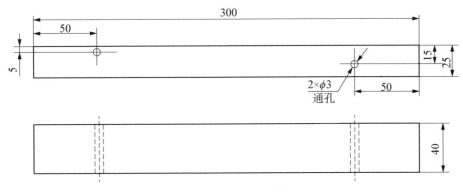

图 8 - 6　RB - 1 试块

4. 仪器设定与距离-波幅曲线的制作

（1）仪器设定。制作距离-波幅曲线前应先对仪器与探头进行校准。校准内容包括：探头零偏、探头前沿、声速以及 K 值。

（2）距离-波幅曲线的制作。利用 RB - 1（钢）对比试块（Ø3 横通孔）绘制距离-波幅曲线，由于被检工件厚度为 12 mm，选择的三个点分别为 5 mm、20 mm、40 mm，其中最后一点深度选择原则为 $\geqslant 2t + 5$ mm。验收等级为 2 级，验收等级如表 8 - 4 所示。

表 8 - 4　验收等级

技术	评定等级	验收等级
	验收等级 2	8 mm $\leqslant t <$ 15 mm
技术 1（横孔）	$H_0 - 14$ dB	$l \leqslant t$ 时，$H_0 - 4$ dB；$l > t$ 时，$H_0 - 10$ dB
记录等级：相应验收等级 -4 dB；H_0 为参考等级。		

5. 检测实施

1）检测前的准备

在超声检测前，应对焊缝外观进行宏观检查，依据标准 GB/T 19418—2003 中的质量分级 B 级检查，对不合格的部位进行消缺、补焊。由于卸船机所处环境中有煤粉，动火作业存在风险，建议使用除漆剂除去表面油漆或在消防人员旁站下进行动火打磨作业。

2）检测实施

探头的每次扫查覆盖应大于探头宽度的 15%，扫查的速度应不大于 150 mm/s。

（1）纵向缺陷检测：应使用锯齿形扫查方式粗扫，如发现可疑缺陷信号，再辅以前后、左右、转角、环绕四种基本扫查方式对其进行确定。检测范围:检测区域为焊缝和焊缝两侧至少 10 mm 宽母材或热影响区宽度(取二者较大值)的内部区域。

(2)横向缺陷检测:与焊缝中心线成不大于 10°的斜平行扫查(若焊接接头余高磨平,则探头应在焊接接头及热影响区上作两个方向的平行扫查)。

(3)缺陷记录要求。缺陷记录如图 8-7 所示,具体要求如下。

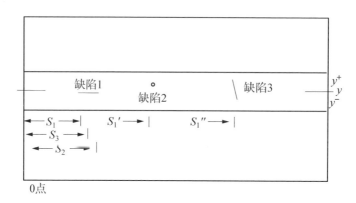

图 8-7 缺陷记录格式

缺陷 1(条形缺陷):应注明缺陷左端距 0 点距离 S_1、右端距 0 点距离 S_2、最高波距 0 点距离 S_3,并且在报告中写明缺陷长度 $L = S_2 - S_1$,距焊缝中心距离(y^+ 或 y^-),以及缺陷深度和当量。若可判定缺陷的性质为裂纹、未熔合、未焊透等,则应在记录上注明并反映在报告里。

缺陷 2(圆形缺陷):应注明缺陷最高波幅位置距 0 点距离 S_1',以及缺陷的深度、当量及距焊缝中心距离(y^+ 或 y^-)。

缺陷 3(横向缺陷):应注明缺陷最高波幅位置距 0 点距离 S_1'',以及缺陷的深度、缺陷的长度及当量(此时灵敏度比纵向的灵敏度提高 6 dB)。

3)灵敏度与时基线的修正

超声检测结束后应对灵敏度与时基线进行校验。

(1)偏离值≤4 dB,应修正设定。

(2)灵敏度降低值>4 dB,修正设定,同时对已经检测过的焊缝进行重新检测。

(3)灵敏度增加值>4 dB,修正设定,对已记录的显示进行重新检测。

(4)时基线偏差值>2%,修正设定,同时对已经检测过的焊缝进行重新检测。

6. 缺陷定量及指示长度的确定

(1)对缺陷波幅达到或超过评定线的缺陷,应确定其位置、波幅和指示长度等。

(2)移动探头以获得缺陷的最大反射波幅,即缺陷波幅。缺陷位置即获得缺陷最大反射波幅的位置。

（3）当缺陷反射波只有一个高点，且波幅在验收等级 2 以上时，用 −6 dB 法测量其指示长度。

（4）当缺陷反射波峰值起伏变化，有多个高点，且波幅在验收等级 2 以上时，应以端点 −6 dB 法测量其指示长度。

（5）当缺陷最大反射波幅低于验收等级 2、高于评定等级时，将探头左右移动，使波幅降到评定线，以用评定线绝对灵敏度法测量缺陷指示长度。

（6）任何显示的回波幅度虽低于验收等级 2，但长度（高于评定等级）超过 t（$t=12\,\text{mm}$），应做进一步检测，即使用其他角度的探头，以及串列检测。最终评定应基于显示的最高波幅和所测长度。

（7）横向显示按（6）执行。

（8）以下情况，群显示应评为单个显示。

a. 间距 D_X 小于其中较长显示的 2 倍长度值；

b. 间距 D_y 小于板厚的一半且不超过 10 mm；

c. 间距 D_z 小于板厚的一半且不超过 10 mm。

此时缺陷的组合长度为

$$l = l_1 + l_2 + D_X$$

式中，D_X 表示沿焊缝方向两缺陷的距离；D_y 表示俯视焊缝沿垂直于焊缝方向上两缺陷的距离；D_z 表示焊缝深度方向上两缺陷的距离。

对于一定焊缝长度范围内 $l_w = 6t = 72\,\text{mm}$，验收等级为 2 级，所有单独的可验收显示的累积长度不应大于 l_w 的 20%。

7. 检测结果及评定

1）检测结果

经现场超声检测，该斗轮机门座架对接焊缝存在缺陷回波信号，缺陷深度为 8.3 mm，缺陷长度经半波法（−6 dB 法）测量为 14 mm，大于板厚 12 mm，如图 8-8 所示。

2）评定

经半波法（−6 dB 法）测量缺陷指示长度为 14 mm，大于板厚 12 mm。故验收等级选择 $H_0 - 10\,\text{dB}$。图 8-8 中斗轮机门座架对接焊缝缺陷回波波高为 $H_0 - 14 + 8.2\,\text{dB} > H_0 - 10\,\text{dB}$。因此，该焊缝质量验收不合格。

8. 检测记录与报告

根据相关技术标准要求，做好原始记录及检测报告的编制、审批、签发等。

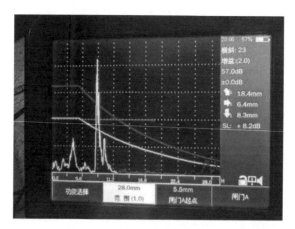

图 8-8 斗轮机门座架对接焊缝超声检测缺陷波形

注:图中两条线自上而下分别为 $H_0-10\,dB$、$H_0-14\,dB$。

8.3 电厂消防水管对接焊缝脉冲反射法超声检测

某 300 MW 火力发电厂消防水管,规格为 $\Phi 152\,mm \times 8\,mm$,材质为碳钢,位于锅炉 12.8 米标高处的消防水管有 2 条环焊缝需进行检测,如图 8-9 所示,焊缝为对接焊缝,焊缝坡口型式如图 8-10 所示。要求采用 A 型脉冲反射超声对该焊缝进行检

图 8-9 消防水管

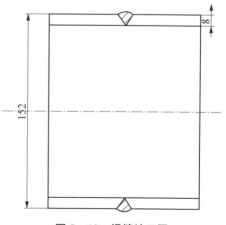

图 8-10 焊缝坡口图

测。检测依据为《承压设备无损检测 第 3 部分:超声检测》(NB/T 47013.3—2015),检测技术等级为 B 级,验收等级Ⅱ级合格,管壁厚度按照 8 mm 计算。

具体操作及检测过程如下。

1. 编制工艺卡

根据要求编制某 300 MW 火力发电厂消防水管焊缝脉冲反射法超声检测工艺卡,如表 8－5 所示。

表 8－5　某 300 MW 火力发电厂消防水管焊缝脉冲反射法超声检测工艺卡

工件	部件名称	消防水管	规格	Φ152 mm×8 mm
	材料	碳钢	检测时机	停炉定期检验
	检测项目	环焊缝	坡口型式	V 型
	表面状态	油漆表面	焊接方法	氩弧焊打底手工焊盖面
仪器探头参数	仪器型号	HS700	仪器编号	—
	探头型号	5P6×6K3 弧面探头(弧面为 R80)	试块种类	GS－4
	检测面	见扫查示意图	扫查方式	锯齿形扫查
	耦合剂	机油	表面耦合	4 dB
	灵敏度设定	Ø2×20－24 dB	参考试块	GS－4
	合同要求	NB/T 47013.3－2015	检测比例	100%
	检测等级	NB/T 47013.3－2015 B 级	验收等级	NB/T 47013.3－2015 Ⅱ级

检测位置示意图及缺陷评定:

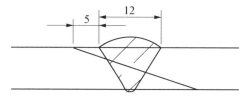

1. 实测焊缝余高宽度最大处为 12mm,使用 CAD 画图分析,K3 探头一次波可以扫查到底部,单面双侧一次发射波扫查可以覆盖整个焊缝。

2. 缺陷指示长度测量按照端点 6dB 法或 6dB 法。

3. 沿缺陷长度方向相邻的两缺陷,其长度方向间距小于其中较小的缺陷长度且两缺陷在与缺陷长度相垂直方向的间距小于 5mm 时,应作为一条缺陷处理,以两缺陷长度之和作为其指示长度(间距计入)。如果两缺陷在长度方向投影有重叠,则以两缺陷在长度方向上投影的左、右端点间距离作为其指示长度。

4. 注意事项:K3 小晶片探头检测存在表面波,扫查过程中需用手在探头前方按压吸收。

（续表）

质量分级表

等级	反射波所在区域	允许的单个缺陷指示长度/mm	多个缺陷累计长度最大允许值
I	I	≤50	—
	II	≤$t/3$，最小可为 10，最大不超过 30	在任意 $9t$ 焊缝长度范围内 L' 不超过 t
II	I	≤60	—
	II	≤$2t/3$，最小可为 12，最大不超过 40	在任意 $4.5t$ 焊缝长度范围内 L' 不超过 t
III	II	超过 II 级者	
	III	所有缺陷（任何缺陷指示长度）	
	I	超过 II 级者	

编制/资格	×××	审核/资格	×××
日期	×××	日期	×××

2. 仪器与探头

（1）仪器：武汉中科 HS700 型数字式超声探伤仪。

（2）探头：5P6×6K3 弧面探头（弧面为 R80）。

3. 试块与耦合剂

（1）标准试块：GS-4 试块，其形状如图 8-11 所示，规格尺寸如表 8-6 所示。

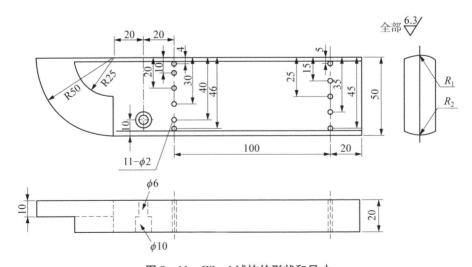

图 8-11 GS-4 试块的形状和尺寸

表 8 - 6　GS 试块圆弧曲率半径

试块型号	试块圆弧曲率半径 R_1/mm	适用管外径范围/mm	试块圆弧曲率半径 R_2/mm	适用管外径范围/mm
GS - 1	18	32～40	22	40～48
GS - 2	26	48～57	32	57～72
GS - 3	40	72～90	50	90～110
GS - 4	60	110～132	72	132～159

注:根据检测需要,可适当添加适用不同曲率和厚度范围的试块。

（2）对比试块:GS-4 试块。

（3）耦合剂:机油。

4．参数测量与仪器设定

用标准试块 GS-4 校验探头的入射点和 K 值、校正时间轴、修正原点,依据检测工件的材质声速、厚度以及探头的相关技术参数对仪器进行设定,实测头 K 值为 2.95,前沿为 5 mm。

5．距离-波幅曲线的绘制

利用 GS-4 对比试块（Ø2 横通孔）绘制距离-波幅曲线,管壁厚度 t 为 8 mm,距离-波幅曲线的灵敏度如表 8-7 所示。

表 8 - 7　距离-波幅曲线灵敏度

试块型式	管壁厚度 t/mm	评定线	定量线	判废线
GS - 4	8	Ø2×20－24 dB	Ø2×20－18 dB	Ø2×20－12 dB

6．扫查灵敏度设定

扫查灵敏度应不低于评定线灵敏度,并保证在检测范围内最大声程处评定线高度不低于荧光屏满刻度的 20%。扫查灵敏度为 Ø2×20－24 dB（耦合补偿 4 dB,根据试验及相关资料查阅,涂层厚度在 0.4 mm 以下时,对检测灵敏度基本没有影响）。

7．检测实施

以锯齿形扫查方式在检测位置示意图的位置进行初探,发现可疑缺陷信号后,再辅以前后、左右、转角、环绕四种基本扫查方式对其进行确定。

8．缺陷定位

检测中发现 1♯焊缝和 2♯焊缝均存在缺陷,缺陷从 3 个方向进行定位,分别为①距离检测面的深度 H;②距离焊缝中心线的距离 L,缺陷位于焊缝中心偏下为－,偏上为＋;③缺陷最大回波在消防水管圆周的方向 S,如"S:炉侧→A 侧 40 mm"表示缺陷最大回波位于炉侧向 A 侧移动 40 mm 处,如图 8-12 所示。

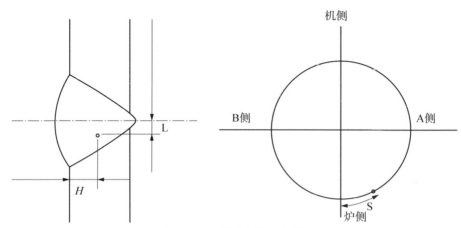

图 8-12　缺陷定位示意图

9. 缺陷定量

缺陷定量采用 2 个数据,一是缺陷指示长度,二是缺陷回波高度,1♯、2♯焊缝检测缺陷的具体数据如表 8-8 所示,典型缺陷回波如图 8-13 所示。

表 8-8　缺陷信息表

1.1♯焊缝:发现 2 处评定线以上缺陷,质量等级为Ⅲ级,不合格,结果如下。

缺陷序号	缺陷定位 1(在整条焊缝中的相对位置)	缺陷定位 2(在发现缺陷处焊缝截面上的相对位置)	缺陷当量	指示长度	评级	备注
1	S:炉侧→A 侧 40 mm	H:5.2 mm,L:−3 mm	SL+12.3 dB	120 mm	Ⅲ	二次波
2	S:B 侧→机侧 25 mm	H:4.5 mm,L:−4 mm	SL+12.5 dB	75 mm	Ⅲ	二次波

2.2♯焊缝:发现 1 处评定线以上缺陷,质量等级为Ⅲ级,不合格,结果如下。

缺陷序号	缺陷定位 1(在整条焊缝中的相对位置)	缺陷定位 2(在发现缺陷处焊缝截面上的相对位置)	缺陷当量	指示长度	评级	发现缺陷探头 K 值
1	S:炉侧→B 侧 50 mm	H:4.8 mm,L:+3 mm	SL+13.2 dB	30 mm	Ⅲ	二次波

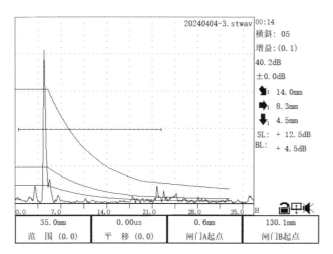

图 8 - 13　某 300 MW 火力发电厂消防水管焊缝缺陷波形图

注:图中三条线从上到下分别为 Ø2×20—12 dB、Ø2×20—18 dB、Ø2×20—24 dB。

10. 缺陷评定

依据标准 NB/T 47013.3—2015 相关规定对各焊缝缺陷进行评定。缺陷及评级情况具体见表 8 - 8,根据标准规定,该电厂消防水管 1♯焊缝、2♯焊缝质量等级为 Ⅲ级,不合格。

11. 检测记录与报告

根据相关技术标准要求,做好原始记录及检测报告的编制、审批、签发等。

第9章 水电站及新能源设备

"双碳"背景下,水力发电站、抽水蓄能电站、风电、光伏等清洁发电方式得到了更多关注。我国水、风、光等可再生能源具有较好的互补特性,水、风、光一体化协同发展是可再生能源未来发展方向。

水申作为风、光、水互补发电系统中的唯一灵活性电源,为平衡风光出力对电网造成的波动,水电机组需频繁进行负荷跟踪,加剧了水轮机转轮等关键部位的疲劳损伤。风电机组在运行过程中也会因为不稳定的风载荷、振动等原因导致关键金属部件的疲劳失效,如塔筒焊缝的疲劳开裂、螺栓的疲劳断裂等。因此,在役阶段开展塔筒法兰与筒体对接焊缝、螺栓的超声检测,检测潜在的内部缺陷以及监测原有缺陷的扩展情况,防止设备失效对风电设备的安全运行具有重要意义。对于电力行业电源侧水电站及新能源设备或部件的超声检测,主要检测对象有水轮机、发电机、压力管道、蜗壳、机架、顶盖、闸门、启闭机、控制环以及风力发电机组的桩基、塔筒、螺栓等。

9.1 水电站发电机转子磁轭叠片拉紧螺杆脉冲反射法超声检测

某水力发电厂♯4机组的发电机型号:TS854/156-40型,容量100 000 kVA,额定功率95 000 kW,电压13.8 kV,电流4 183 A,接线方式为双Y,接地方式为经消弧线圈,冷却方式为空冷。发电机转子由主轴、轮辐、磁轭、磁极等组成。整个磁轭高度为1 770 mm,分成7段,具有6个40 mm高的通风沟,扇形钢板靠沿圆周的320只螺杆拉紧。发电机的转磁极为凸极式,是产生磁场的主要部件,磁极铁芯由1.5 mm厚的钢片冲叠成,而发电机转子磁轭叠片拉紧螺杆主要对转子铁芯起拉紧、固定作用。

在查阅了4号机组的历次检修记录后,发现最近一次大修时间为2004年9月份,并且为增容改造性大修,当时很多重要设备(比如发电机磁轭叠片拉紧螺杆、顶盖紧固螺栓等)都没有进行过系统、全面的无损检测。2009年8月17日,俄罗斯萨扬-舒申斯克水电站发生了特别重大的安全事故,受到这次事故的警示,国家电力监管委员会发出安全生产2010.2号文件,其中第七条明文规定:"(七)加强设备技术监督。结合设备消缺和检修对易产生疲劳损伤的重要设备部件(如水轮机顶盖紧固螺栓等)

进行无损探伤。对已存在损伤的设备部件要加强技术监督,对已老化不能满足安全生产要求的设备部件要及时进行更换",根据这一文件精神,我们结合该水力发电厂一些关键设备的实际运行情况,对其 4 号机组的一些重要设备和部件进行了金属监督测试,包括发电机转子磁轭叠片拉紧螺杆,其规格为 M42×2005/2 119 mm。检测标准参照《高温紧固螺栓超声波检验技术导则》(DL/T 694—1999)执行。

具体操作及检测过程如下。

1. 仪器设备及器材

(1) 仪器:泛美 EPOCH4 型数字超声波探伤仪。

(2) 探头:2.5P14D 直探头。

(3) 耦合剂:机油。

2. 试块

LS-Ⅰ螺栓探伤专用试块,其形状和尺寸如图 9-1 所示。

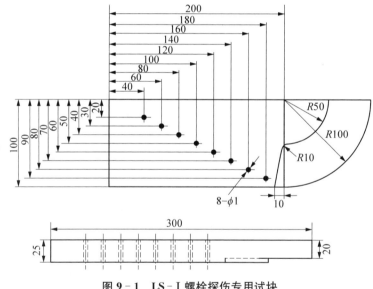

图 9-1　LS-Ⅰ螺栓探伤专用试块

3. 检测准备

(1) 检测前应查阅被检螺栓的相关资料,主要包括:①螺栓的名称、规格、材质及螺栓结构形式等;②大修时螺栓的检测资料。

(2) 螺栓端面用砂纸打磨,其表面粗糙度应不大于 6.3 μm。端面须平整且与轴线垂直。

(3) 超声检测前螺栓应经宏观检查合格,且标有永久性编号标识。

(4) 应确定螺栓的检测区域,螺栓的检测区域应覆盖螺栓的全体积。

4. 扫描速度调整

根据螺栓的长度调整扫描速度,通常最大检测范围应至少达到时基线满刻度的 80%。

5. 灵敏度设定

直探头纵波法检测灵敏度采用 LS-1 试块调整,最大检测声程处 Ø1-6 dB,反射波高 60%,再根据被检螺栓的规格和形式提高一定的增益作为检测灵敏度。

6. 检测范围及扫查方式

(1) 检测范围:整个螺杆及螺栓两端螺纹部位。

(2) 扫查方式:将探头置于螺栓端面上进行扫查,探头移动速度应缓慢,移动间距不大于探头半径,移动时探头适当转动,探头晶片不应超出端面或覆盖中心孔。

7. 检测实施

在对发电机转子 320 只磁轭叠片拉紧螺杆超声波检测中,发现在♯17 磁极上靠近♯16 磁极侧的 1 根拉紧螺杆内部距顶端 1432.4 mm 处存在一条疑似裂纹缺陷波,如图 9-2 所示。为了对此缺陷进行准确定性和定量,从螺栓的两端面分别进行检测,该缺陷的位置、波形、当量大小等基本上相同,根据多年的现场经验和对缺陷的超声波波形分析,判断此缺陷为裂纹。

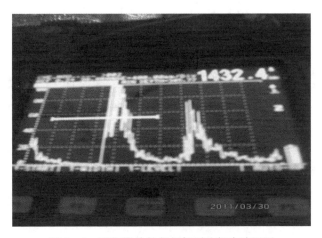

图 9-2 磁轭叠片拉紧螺杆裂纹超声波形图

8. 验证及裂纹产生原因分析

(1) 验证。

为了进一步验证现场检测结果,经水电站相关部门同意,螺杆被运回实验室进行解剖。解剖后发现螺杆内的裂纹发展已经几乎贯穿整个螺杆圆周面,裂纹发展到距螺杆外表面只有 3 mm,如图 9-3~图 9-5 所示。

图 9-3　现场检测拆卸下来的螺杆

图 9-4　解剖前的螺杆试样

图 9-5　解剖后裂纹形貌图及尺寸

（2）裂纹产生原因分析。

从图 9-5 的螺杆外表可看到裂缝所在位置有明显的缩颈现象，这是螺杆受到拉力产生的，表明螺杆钢材塑性较好。从裂缝面上可看出，裂纹源在螺杆中心部位，沿螺栓径向扩展，距外表面约 3mm。

螺杆一般由圆钢制成。钢材在浇铸时，杂质易聚集在钢锭的中心部位，形成夹杂物。在后续轧制成圆钢的过程中，夹杂物依然存在于中心部位。

螺杆承受的应力主要为拉应力，在整个截面上应力基本一致。在螺杆中心有较大夹杂物的部位，夹杂物破坏了金属的连续性，产生应力集中现象，在拉应力的作用下，形成疲劳裂纹，并逐渐向周围扩展。由于螺杆钢材的塑性较好，并且在拉应力的作用下有所伸长，释放了部分应力，因此裂纹扩展比较缓慢，在此次超声波检测之前尚未完全断裂。

9. 缺陷的评定

依据标准 DL/T 694—1999 中的第 8.1 条"凡判定为裂纹的螺栓应判废"，该磁轭叠片拉紧螺杆判废，检测结果为不合格，该螺杆需更换。

10. 检测记录与报告

根据相关技术标准要求,做好原始记录及检测报告的编制、审批、签发等。

9.2　水电站转轮与水轮机大轴连接螺栓脉冲反射法超声检测

图 9-6　转轮与水轮机大轴连接螺栓实物

2022 年,某水电厂对其 2 号机组进行增容改造期间,要求对一批规格为 M64×300 mm 的转轮与水轮机大轴连接螺栓进行超声波检测验收,材质为 35CrMo,其实物如图 9-6 所示。现采用小角度纵波法对螺栓内部进行检测,检测及评定标准为《高温紧固螺栓超声检测技术导则》(DL/T 694—2012)。

具体操作及检测过程如下。

1. 仪器与探头

(1) 仪器:GE USM36S 型数字式超声波探伤仪。

(2) 探头:螺栓端面截面积相对较小,并且有中心孔,扫查范围受晶片尺寸限制,为了保证无盲区检测,选用不同折射角的探头来实现声束交叉覆盖。本次选用频率 5 MHz、晶片尺寸 9×12 mm、折射角 6°~8.5°的小角度纵波探头。

2. 试块与耦合剂

(1) 对比试块:LS-Ⅰ型试块,如图 9-7 所示,主要用于扫描速度的调整和检测灵敏度的调整。

(2) 耦合剂:采用透声性好不损伤工件表面的机油。

3. 扫描速度调整

按深度定位法在 LS-Ⅰ试块上进行调整,最大检测范围应至少达到时基线满刻度的 80%。

4. 灵敏度设定

将 LS-Ⅰ试块上与被检螺栓最远端螺纹距离相近的 Ø1 mm 横孔最高反射波调整到 80%屏高作为基准灵敏度,检测灵敏度为 Ø1-6 dB。由于该螺栓长度为 300 mm,应在原检测灵敏度的基础上再增加 10 dB,此时实际检测灵敏度为 Ø1+4 dB。

5. 检测实施

检测过程中,如发现缺陷,则应对缺陷进行定量和定位。

(1) 定量。从螺栓两头端面扫查,找到缺陷反射波的最大波高,与相近声程

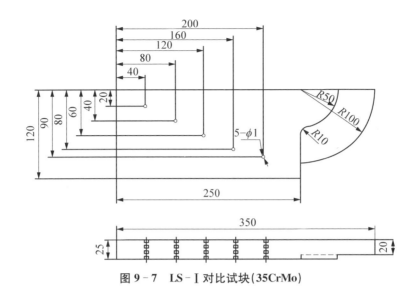

图 9-7　LS-Ⅰ对比试块(35CrMo)

Ø1 mm 横通孔进行当量比较,记录为 Ø1±( )dB,测长用半波高度法(−6 dB)。

（2）定位。仪器界面直接读出深度、水平位置来确定缺陷的周向和轴向位置。

6. 缺陷评定

1）标准规定

依据标准 DL/T 694—2012,在采用小角度纵波法检测时,若缺陷信号波幅不小于 Ø1 mm 反射当量,且指示长度不小于 10 mm,应判定为裂纹。

2）缺陷评定

经现场超声检测,该水电厂转轮与水轮机大轴连接的所有螺栓均没有超标缺陷,合格。

7. 检测记录与报告

根据相关技术标准要求,做好原始记录及检测报告的编制、审批、签发等。

9.3　水电站水轮机大轴脉冲反射法超声检测

为提高金属监督检验质量,及时发现与金属材料相关的问题和缺陷,提升设备安全运行的可靠性。根据年度检修计划,某水电厂计划在 2023 年检修期间对 3 号机组的水轮机大轴进行质量检测。水轮机大轴实物及结构如图 9-8 所示,主轴轴身直径 1 600 mm,主轴长度 6 970 mm,材质为锻钢 20SiMn。大轴是水轮机的核心部件之一,其结构和特点对水轮机的性能和稳定运行至关重要。大轴需要具备高强度和刚性,能够承受转轮的高速旋转,同时还需要保持稳定的运行状态。在役的检测是确保其安全、可靠运行的重要手段。现依据《水轮机、水轮发电机大轴锻件　技术条件》(JB/

T 1270—2014)、《汽轮机、汽轮发电机转子和主轴锻件超声检测方法》(JB/T 1581—2014)标准对水轮机大轴进行超声波检测。

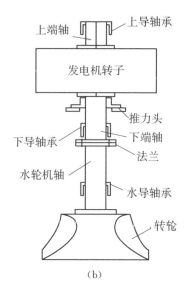

（a）　　　　　　　　　　　　（b）

图 9 - 8　水轮机大轴

(a)实物；(b)结构

具体操作及检测过程如下。

1. 仪器与探头

（1）仪器：GE USM36S 型数字式超声波探伤仪。

（2）探头：纵波直探头，应根据被检主轴的直径选择探头的频率（1～5 MHz）、晶片尺寸（Φ10～30 mm）。本案例中使用 Φ30 mm、5 MHz 的纵波直探头。

2. 试块与耦合剂

（1）标准试块：CSK-ⅠA 试块，如图 9-9 所示，用于仪器探头系统性能校准。

（2）对比试块：CS-2 试块，如图 9-10 所示，用于绘制 DAC 曲线和设定灵敏度。

（3）耦合剂：采用透声性好不损伤工件表面的机油。

3. 灵敏度的调整

使用 CS-2 试块，依次测试一组不同检测距离的 Φ2 mm 平底孔（至少 3 个），制作单晶直探头的距离-波幅曲线，并以此作为基准灵敏度。

4. 检测范围及扫查要求

（1）检测范围：应对整个水轮机大轴外圆表面进行全面的连续扫查。

（2）扫查速度：扫查速度不大于 150 mm/s，相邻两次扫查之间应有一定的重叠，其重叠宽度应不小于扫查宽度的 15%。

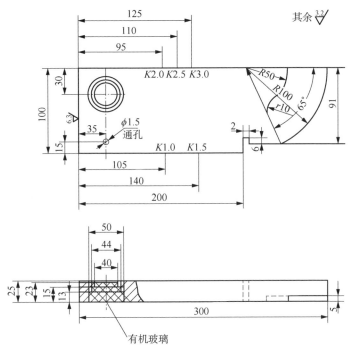

图 9 - 9　CSK - ⅠA 试块

注:尺寸误差不大于±0.05 mm。

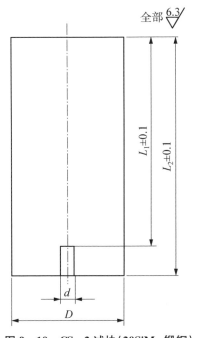

图 9 - 10　CS - 2 试块(20SiMn 锻钢)

5. 缺陷的测量和记录

（1）单个分散缺陷：记录不小于起始记录缺陷的当量直径及指示位于最大指示波幅的位置。

（2）密集缺陷：根据缺陷回波信息及探头移动范围测定分布，记录缺陷密集区尺寸、最大缺陷当量直径及其在轴身上的坐标位置。

（3）连续（条状）缺陷：用半波高度法测定缺陷的长度，记录长度、宽度、最大当量直径及其在锻件上的坐标位置。

（4）引起底波降低的缺陷：对由于缺陷引起底波降低的部位，应将引起底波降低大于或等于3 dB的区域进行测定和记录。

6. 缺陷评定

1）评定标准

依据标准 JB/T 1270—2014、JB/T 1581—2014 对现场检测的缺陷进行评定，其具体内容规定如下。

（1）不应存在白点、裂纹、缩孔。

（2）不应存在当量直径大于或等于5 mm的密集缺陷。

（3）允许有单个、分散的当量直径6～10 mm的缺陷存在，相邻两缺陷的间距不小于较大缺陷当量直径的5倍。

2）结果评定

经现场超声检测，该水轮机大轴在检测范围内未发现超标缺陷，检测结果合格。

7. 检测记录与报告

根据相关技术标准要求，做好原始记录及检测报告的编制、审批、签发等。

9.4　水电站水轮发电机推力瓦脉冲反射法超声检测

图 9-11　推力瓦块照片

水轮发电机推力瓦承受机组转动部分的全部重量和水流的轴向力，并传递给荷重机架。推力瓦做成扇形分块式，为轴承座所支撑。推力瓦块形貌如图9-11所示。推力瓦上分布油槽，油槽内盛有透平油，透平油既起润滑作用，又是热交换介质，机组运行时，推力瓦与镜板互相摩擦所产生的热量被油吸收，再经通以冷却水的油冷却器冷却，将热量由水带走。

某水电站水轮发电机推力瓦工作面为巴

氏合金,厚度为 5 mm,基体为钢,厚度约 55 mm。检测执行标准为《汽轮发电机合金轴瓦超声波检测标准》(DL/T 297—2011)。

具体操作及检测过程如下。

1. 仪器与探头

(1) 仪器:武汉中科 HS700 型数字式超声波检测仪。

(2) 探头:推荐选用如表 9-1 所示的推力瓦超声检测探头。本次检测所选用的探头型号为 6PΦ8L 纵波直探头。

表 9-1　推力瓦检测用探头选用推荐表

合金层厚度/mm	类型	频率/MHz	晶片尺寸/mm
1~5	单晶	5~10	Φ4~8
>5	双晶	5	4×4(双晶)~10×10(双晶)

2. 试块

(1) 校准试块。ZW-HJ 试块,如图 9-12 所示,用于校核探头声束会聚中心深度、仪器时基线调整及其系统性能进行测试。

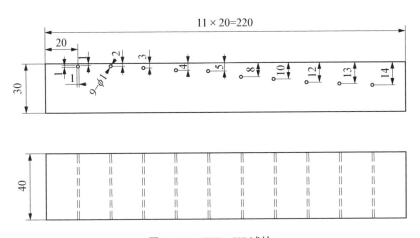

图 9-12　ZW-HJ 试块

(2) 参考试块。ZW-Ⅱ试块,如图 9-13 所示,用于确定检测灵敏度。

3. 扫查基线比例调整

将衬背底面第一次反射波调整为基线满刻度的 20%~30%。

4. 检测灵敏度的调整

将探头置于 ZW-Ⅱ试块合金结合良好部位,将底波调整到满屏的 80%,再增益

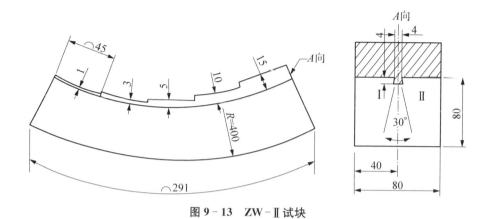

图 9 - 13　ZW - Ⅱ试块

10 dB。

5. 扫查方式

探头在合金层表面作平行线扫查,扫查速度不超过 100 mm/s,且探头扫查路径上有一定的覆盖范围,覆盖范围为探头半径宽度。

6. 检测实施

如图 9 - 14 所示为所检推力瓦完好部位 A 超声波形图,显示屏上出现一次底波和界面波。当显示屏上出现等距波并且相邻两波间距为胎层厚度时,在排除非油槽部位反射的情况下,即可判断为脱胎波形,如图 9 - 15 所示。

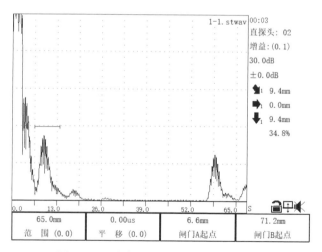

图 9 - 14　结合面完好部位超声检测波形

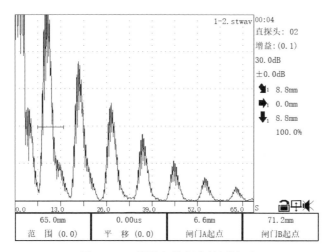

图 9 - 15　脱胎部位超声检测波形

7. 缺陷评定

1）评定依据

根据标准 DL/T 297—2011 进行评定，标准规定的具体要求及内容如下。

（1）只计入面积不小于晶片面积 50% 的结合处缺陷。

（2）如果被衬中存在缺陷，应在检测报告中注明。

（3）缺陷评定方面，承载区域应为 I 级合格，其他区域应为 III 级。

（4）应用半波高度法（6 dB 法）确定缺陷边界。相邻缺陷之间的距离不大于 10 mm 时，视为连续缺陷，缺陷评级如表 9 - 2 所示。

表 9 - 2　缺陷评级

缺陷级别	结合面	
	单个缺陷面积不大于/mm²	全部缺陷所占面积不大于/%
I	0	0
II	$L_1 b$	1
III	$L_2 b$	1
IV	$L_2 b$	2
V	$L_1 b$	5

注：1. 若单个缺陷面积所占的百分比超过表中规定全部缺陷所占面积允许的百分比，则按照后者评级。

2. b 指径向轴瓦或推力瓦的宽度，单位是 mm，$L_1 = 0.75$ mm，$L_2 = 2$ mm，$L_3 = 4$ mm。

对于径向轴瓦，当载荷为垂直向下时，承载区域为 60°～120° 范围内的互动表面。

2）缺陷评定

经现场超声检测，编号为 9# 的推力瓦，距径向边缘 30 mm 处存在一处面积约为 300 mm² 的脱胎缺陷，如图 9-16 所示。根据标准规定的相关要求及内容，评定该水轮发电机推力瓦质量等级为 Ⅱ 级，检测结果不合格。

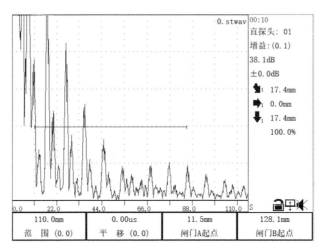

图 9-16　9# 推力瓦脱胎部位超声检测波形

8. 检测记录与报告

根据相关技术标准要求，做好原始记录及检测报告的编制、审批、签发等。

9.5　水电站发电机上导瓦脉冲反射法超声检测

某水电站采用的是大型轴流转桨式发电机组，机组的轴向负荷由位于发电机下机架上的推力轴承承担，机组的径向负荷则由发电机上导轴承、发电机下导轴承及水轮机水导轴承三部分承担，用于承受水轮发电机组转动部分的径向机械不平衡力和电磁不平衡力，并约束轴线径向位移和防止轴的摆动，使机组轴线在规定数值范围内旋转。

导轴承由导轴承瓦、支柱螺栓、套筒、座圈、滑转子和油冷却器等主要部件组成。如图 9-17(a) 所示，该水电站 2 号机组的上导轴承瓦为分块瓦，由 12 块巴氏合金轴承瓦组成。由于主轴与上轴瓦之间存在冲击力和摩擦力，长期运行后存在瓦面合金与基体脱层的可能。因此，结合《水电厂金属技术监督规程》（DL/T 1318—2014）要求，在 A 级检修期间，参照标准 DL/T 297—2011 对该机组 12 块上导瓦进行超声检测，排查瓦面合金脱层情况，Ⅰ 级合格。如图 9-17(b) 所示，上导瓦规格为 450 mm

（长度）×380 mm（宽度）×120 mm（厚度），合金层厚度为 5 mm，上导瓦内表面曲率半径为 908 mm，表面状态为机加工面。

（a）

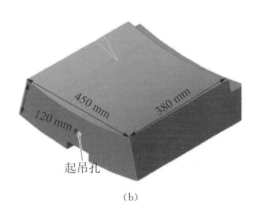

（b）

图 9 - 17　上导瓦

（a）实物图；（b）结构示意图

具体操作及检测过程如下。

1. 仪器与探头

（1）仪器：汕超 CTS - 9006PLUS 型数字式超声探伤仪。

（2）探头：根据被检上导瓦的规格，选择 5P8Z 探头（含延迟块）。

2. 试块与耦合剂

（1）标准试块：ZW - HJ 试块，用于测量仪器性能及探头参数。

（2）对比试块：ZW - Ⅰ 参考试块，如图 9 - 18 所示，用于确定检测灵敏度。

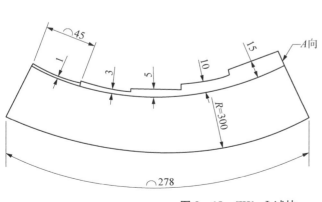

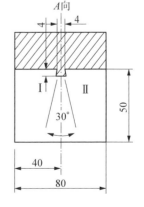

图 9 - 18　ZW - Ⅰ 试块

（3）耦合剂：机油。

3. 参数测量与仪器设定

用标准试块 ZW-HJ 校正时间轴等，依据检测上导瓦的材质声速、厚度以及探头的相关技术参数对仪器进行设定。

4. 扫描时基线比例的调整

扫描时基线比例按声程定位法进行调整，将衬背底面第一次反射波调整为基线满刻度的 20%～30%，本案例中按声程定位法将时间轴（最大量程）调整为 500 mm。

5. 扫查灵敏度设定

（1）采用 ZW-I 参考试块调整检测灵敏度。将探头置于 ZW-I 参考试块合金厚度为 5 mm 的合金与衬背材料结合良好部位，将底波调整至满屏的 80%，增益 12 dB。

（2）扫查灵敏度应不低于检测灵敏度，且在检测范围内最大声程处的评定线高度不低于满屏刻度的 20%。

（3）耦合补偿。因采用的是平探头，且上导瓦合金层面曲率半径较大，合金层表面为机加工面，本案例中主要考虑探头与被检工件表面曲率不同的耦合补偿，耦合补偿设为 2 dB。

6. 检测实施

（1）检测范围：上导瓦合金层面全覆盖扫查。

（2）扫查方式：采用手动扫查。在检测缺陷时，探头应分别垂直于上导瓦的一边作锯齿形扫查，每次前进的齿距不得超过探头晶片直径的 85%，探头移动时要求保持与检测面的良好耦合。扫查方式如图 9-19 所示。

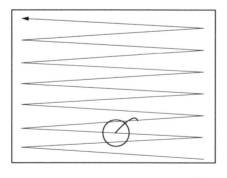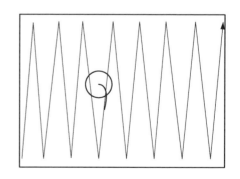

图 9-19　扫查方式

（3）扫查速度：为保证探头与检测面耦合良好，扫查速度不大于 50 mm/s。

7. 缺陷的定量和评定

1) 未结合区的典型回波

未结合区的典型回波如图 9－20 所示。

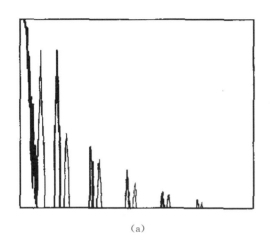 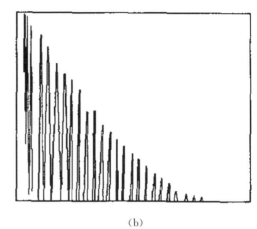

（a）　　　　　　　　　　　　　　　　　　　　　（b）

图 9－20　典型回波

（a)结合良好；(b)结合不良

2) 未结合区的定量

未结合区的定量应用半波高度法(6 dB)来确定缺陷的边界。只计入面积不小于晶片面积 50％的未结合缺陷。相邻缺陷之间的距离不大于 10 mm 时视为连续缺陷。

3) 未结合区的评定。

未结合区的评级按表 9－3 的规定执行。

表 9－3　未结合区的评级

缺陷组别	结合面	
	单个缺陷面积不大于/mm²	全部缺陷所占面积不大于/％
Ⅰ	0	0
Ⅱ	285	1
Ⅲ	760	1
Ⅳ	760	2
Ⅴ	1 520	5

注:若单个缺陷面积所占的百分比超过表中规定全部缺陷所占面积允许的百分比,则按照后者评级。

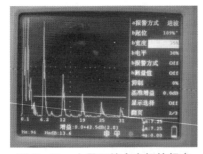

图 9-21 上导瓦结合良好的超声
检测波形

经现场超声波检测,该发电机的 12 块上导瓦均未发现未结合区,均评为Ⅰ级,检测结果合格。某一块上导瓦结合良好,反射波波形如图 9-21 所示。

8. 检测记录与报告

根据相关技术标准要求,做好原始记录及检测报告的编制、审批、签发等。

9.6 水电站发电机转子中心体焊缝脉冲反射法超声检测

某水电站转子支架为圆盘式焊接结构,由一个中心体和 6 个扇形支臂外坯组件组成,中心体由中心圆筒、上圆盘、下圆盘及立筋板等焊接而成。转子中心体在运行的工况下承受较大的扭转力,如果焊缝中存在缺陷,则会在该处产生应力集中,引起开裂,导致中心体变形甚至引起停机事故。

某水电站发电机转子中心体上部结构如图 9-22 所示。中心圆筒上法兰板厚 100 mm,材质为 Q345B,转子中心圆筒立筋板厚度 75 mm,材质为 Q235A。

图 9-22 转子中心体结构

采用 A 型脉冲反射超声法对该中心体焊缝进行检测。检测标准为《焊缝无损检测 超声检测技术、检测等级和评定》(GB/T 11345—2013),验收标准为《焊缝无损检测 超声检测 验收等级》(GB/T 29712—2013),检测技术等级为 B 级,采用技术 1 横通孔试块,验收等级 2 级合格。

具体操作及检测过程如下。

1. 仪器设备及器材

(1) 仪器:武汉中科 HS700 型数字式超声波检测仪。

(2) 探头:探头根据标准 GB/T 11345—2013,探头数量及扫查区域按照表 9-4执行。

表 9 - 4　平板对接焊缝检测的具体要求

检测技术等级要求	工件厚度 t/mm	纵向缺陷检测			横向缺陷检测	
		斜探头检测			斜探头横向扫查	
		不同折射角探头数量	检测面	探头移动区宽度	不同折射角探头数量	检测面
B	$15 < t \leqslant 400$	2	单面双侧	$1.25P$	1	单面

注：P 为跨距，且 $P = 2Kt$，单位为 mm，K 为探头折射角的正切值。

由于现场结构原因，检测面只能为单面双侧。因此，本案例中选择探头型号为 $2.5P13 \times 13K1$、前沿，14 mm，以及 $2.5P13 \times 13K2.5$、前沿 14 mm。

（3）耦合剂：化学浆糊。

2. 试块

（1）标准试块：CSK - IA（钢）试块。

（2）对比试块：RB - 2（钢）试块，如图 9 - 23 所示。

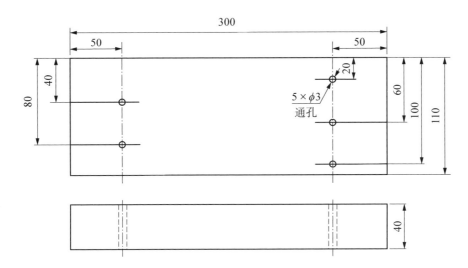

图 9 - 23　RB - 2（钢）试块

3. 扫查速度调整

扫查速度调节有声程法、水平法、深度法，本案例选择深度法，按照深度定位 1：1 扫描速度调节仪器。

4. 参数测量与仪器设定

用标准试块 CSK - IA（钢）校验探头的入射点、K 值，校正时间轴，修正原点，依据检测中心体的材质声速、厚度以及探头的相关技术参数对仪器进行设定。

5. 距离-波幅曲线的绘制

利用 RB-2（钢）对比试块（Ø3 横通孔）绘制距离-波幅曲线，工件厚度 t 为 30 mm，验收等级为 2 级。

6. 扫查灵敏度设定

扫查灵敏度应不低于评定线灵敏度，并保证在检测范围内最大声程处评定线高度不低于荧光屏满刻度的 20%。扫查灵敏度为 Ø3×40−14 dB（耦合补偿 4 dB）。

7. 扫查方式

（1）常规检测。检测焊接接头纵向缺陷时，斜探头应垂直于焊缝中心线放置在检测面上，作锯齿型扫查。探头前后移动的范围应保证扫查到全部焊接接头截面及其热影响区，在保持探头垂直焊缝作前后移动的同时，还应作前后、左右、转角、环绕四种基本扫查，以排除伪信号，确定实际缺陷的位置、方向和形状，具体扫查方法如图 2-4 所示。

（2）横向检测。检测焊接接头横向缺陷时，可在焊接接头两侧边缘使斜探头与焊接接头中心线成不大于 10°作两个方向斜平行扫查。如焊接接头余高磨平，探头应放在焊接接头及热影响区上作两个方向上的平行扫查（见图 2-5、图 2-6）。

8. 缺陷定位及定量

（1）缺陷定位。标出缺陷距探测 0 点位置、偏离焊缝轴线，及距探测面的三向位置。

（2）缺陷定量。移动探头，找到最大回波，并记录相对于参考等级的幅度差值。用绝对灵敏度法测长：将探头向左右两个方向移，且均移至波高降到评定线（H_0−14 dB）上，此两点间距离即为缺陷指示长度。

9. 缺陷评定

1）标准规定

依据标准 GB/T 29712—2013 对该缺陷进行评定。确定缺陷是否为面积型显示，如为面积型显示为不合格，面积型缺陷可按图 9-24 和表 9-5 所示评定。如为非面积型显示，按表 9-6 所示评定。

（1）缺陷波幅超过 Ø3−14 dB 时均要评定；

（2）缺陷波幅超过验收等级 2（波幅）为不合格；

（3）缺陷波幅超过记录等级需要记录；

（4）100 mm 焊缝长度范围内，超过记录等级的所有单个合格缺陷显示的最大累计指示长度不得超出该长度（验收等级 2）的 20%；

（5）当线状连续指示间距小于两倍较长指示长度时，作单一指示处理，累计长度不含各显示间距长度。

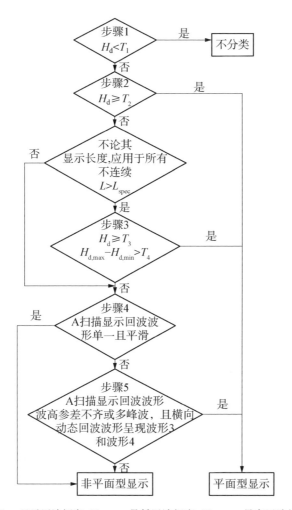

H_d—显示回波幅度;$H_{d,min}$—最低回波幅度;$H_{d,max}$—最高回波幅度;L_{spec}—规定长度;L—长度;T_1、T_2、T_3、T_4 如表 9-5 所示。

图 9-24 面积型缺陷确定流程图

表 9-5 面积型缺陷流程使用的阈值

阀	T_1	T_2	T_3	T_4
阈值	评定等级	参考等级+6 dB	参考等级−6 dB	9 dBa 或 15 dBb

注:a 横波;b 横波和纵波反射之间。

表 9 - 6　验收 2 级波幅控制范围

缺陷长度 l/mm	$l \leqslant 0.5t$	$0.5t < l \leqslant t$	$t < l$
验收等级 2（波幅）	Ø3—0 dB	Ø3—6 dB	Ø3—10 dB
记录等级	Ø3—4 dB	Ø3—10 dB	Ø3—14 dB
评定等级	Ø3—14 dB		

注：t 为钢管厚度，单位为 mm。

2）检测结果

经现场超声波检测，该发电机转子中心体正向第一个筋板对接焊缝内存在一条断续缺陷，该缺陷长约 30 mm，当量大小为 Ø3+5 dB，缺陷距焊缝表面 35 mm，位于焊缝中心，距焊缝端部 200 mm。

3）缺陷评定

根据标准相关规定对该缺陷进行评定。由于该发电机转子中心体正向第一个筋板对接焊缝内存在的断续缺陷已经超标，经评定，该焊缝为不合格，需进行处理或监控运行。

10. 检测记录与报告

根据相关技术标准要求，做好原始记录及检测报告的编制、审批、签发等。

9.7　水电站水轮机水导轴承瓦脉冲反射法超声检测

某抽水蓄能电站采用的是混流可逆式水泵水轮发电机组，机组的径向负荷由发电机上导轴承及水轮机水导轴承等轴承承担，用于承受水轮发电机组转动部分的径向机械不平衡力和电磁不平衡力，并约束轴线径向位移和防止轴的摆动，使机组轴线在规定数值范围内旋转。

水导轴承由水导轴承瓦、支柱螺栓、套筒、座圈、滑转子和油冷却器等主要部件组成。如图 9 - 25（a）所示，该水电站 4 号机组的水导轴承瓦为分块瓦，由 12 块巴氏合金轴承瓦组成。由于主轴与水导瓦之间存在冲击力和摩擦力，长期运行后存在瓦面合金与基体脱层的可能。因此，结合标准 DL/T 1318—2014 要求，在 B 级检修期间，参照标准 DL/T 297—2011 对该机组 12 块水导轴承瓦进行超声检测，排查瓦面合金脱层情况，检测标准为 Ⅰ 级合格。如图 9 - 25（b）所示，水导轴承瓦规格为 410 mm（长度）×400 mm（宽度）×115 mm（厚度），合金层厚度为 3 mm，水导轴承瓦内表面曲率半径为 955 mm，表面状态为机加工面。

具体操作及检测过程如下。

1. 仪器与探头

（1）仪器：汕超 CTS - 9006PLUS 型数字式超声探伤仪。

（a）

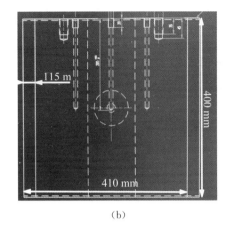
（b）

图 9 - 25　水导瓦

(a)实物图；(b)结构设计图

（2）探头：根据被检水导轴承瓦的规格，选择 5P8Z 探头（含延迟块）。

2．试块与耦合剂

（1）标准试块：ZW - HJ 试块，用于测量仪器性能及探头参数。

（2）对比试块：ZW - Ⅰ 参考试块。

（3）耦合剂：机油。

3．参数测量与仪器设定

用标准试块 ZW - HJ 校正时间轴等，依据检测水导轴承瓦的材质声速、厚度以及探头的相关技术参数对仪器进行设定。

4．扫描时基线比例的调整

扫描时基线比例按声程定位法将衬背底面第一次反射波调整为基线满刻度的 $20\%\sim30\%$，本案例中按声程定位法将时间轴（最大量程）调整为 $500\ mm$。

5．扫查灵敏度设定

（1）采用 ZW - Ⅰ 参考试块调整检测灵敏度。将探头置于 ZW - Ⅰ 参考试块合金厚度为 3 mm 的合金与衬背材料结合良好部位，将底波调整至满屏的 80%，增益 12 dB。

（2）扫查灵敏度不应低于检测灵敏度，且在检测范围内最大声程处的评定线高度不低于满屏刻度的 20%。

（3）耦合补偿。因采用的是平探头，且水导轴承瓦合金层面曲率半径较大，合金层表面为机加工面，本案例中主要考虑探头与被检水导轴承瓦表面曲率不同的耦合补偿，耦合补偿设为 2 dB。

6．检测实施

（1）检测范围：水导轴承瓦合金层面全覆盖扫查。

（2）扫查方式：采用手动扫查。在检测缺陷时，探头应分别垂直于水导轴承瓦的一边作锯齿形扫查，每次前进的齿距不得超过探头晶片直径的 85%，探头移动时要求保持与检测面的良好耦合。

（3）扫查速度：为保证探头与检测面耦合良好，扫查速度不大于 50 mm/s。

7. 缺陷的定量和评定

1）典型回波及评定依据

未结合区的典型回波如图 9-20 所示。

2）未结合区的定量

未结合区的定量应用半波高度法（6 dB）来确定缺陷的边界。只计入面积不小于晶片面积 50% 的未结合缺陷。相邻缺陷之间的距离不大于 10 mm 时视为连续缺陷。

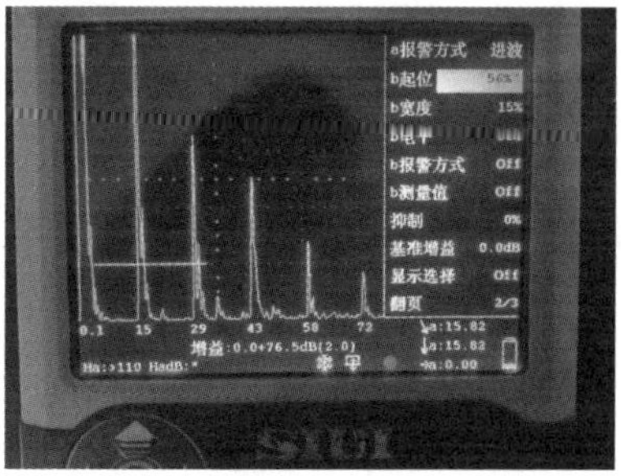

图 9-26 水导轴承瓦结合良好的超声检测波形

3）未结合区的评定

未结合区的评级按表 9-3 的规定执行。

经现场超声波检测，该发电机 4 号机组的 12 块水导轴承瓦均未发现未结合区，均评为 I 级，合格。某一块水导轴承瓦某处的超声检测波形如图 9-26 所示。

8. 检测记录与报告

根据相关技术标准要求，做好原始记录及检测报告的编制、审批、签发等。

9.8 水电站压力钢管焊缝脉冲反射法超声检测

水电站压力钢管是从水库、压力前池或调压室向水轮机输送水量的水管，一般为有压状态，承受载荷为内水压力，分为布置在地面上的明管和埋入地下山岩中的地下埋管。按其自身结构可分为无缝钢管和焊接钢管，无缝钢管适用于小直径，焊接钢管适用于较大直径。地下埋管内部结构现场情况如图 9-27 所示。

某水电站压力钢管材料为 A3 钢，压力钢管直径为 5 300 mm，厚度为 30 mm，焊缝展开总长度约为 2 500 m。检测标准为 GB/T 11345—2013，验收标准为 GB/T 29712—2013，检测技术等级为 B 级，采用技术 1 的横通孔试块，验收等级为 2 级合格。

图 9-27 地下埋管内部结构现场情况

具体操作及检测过程如下。

1. 仪器设备及器材

(1) 仪器:武汉中科 HS700 型数字式超声波检测仪。

(2) 探头:由于现场检测条件所限,检测面只能采取内表面单面双侧检测,根据标准 GB/T 11345—2013 的相关规定要求,此次检测所选择的探头型号为 2.5P13×13K2.5 斜探头,探头前沿为 13 mm。

(3) 耦合剂:化学浆糊。

2. 试块

(1) 标准试块:CSK-ⅠA(钢)试块。

(2) 对比试块:RB-2(钢)试块。

3. 扫查速度调整

扫查速度调节有声程法、水平法、深度法等多种方法,本案例选择深度法,按照深度定位 1∶1 扫描速度调节仪器。

4. 参数测量与仪器设定

用标准试块 CSK-ⅠA(钢)校验探头的入射点、K 值,校正时间轴及修正原点,依据检测压力钢管的材质声速、厚度以及探头的相关技术参数对仪器进行设定。

5. 距离-波幅曲线的绘制

利用 RB-2(钢)对比试块(∅3 横通孔)绘制距离-波幅曲线,工件厚度 t 为 30 mm,验收等级为 2 级合格。

6. 扫查灵敏度设定

扫查灵敏度应不低于评定线灵敏度,并保证在检测范围内最大声程处评定线高度不低于荧光屏满刻度的 20%。扫查灵敏度为 ∅3×40-14 dB(耦合补偿 4 dB)。

7. 扫查方式

检测面为压力钢管内表面单面双侧,检测区域为焊缝加两侧各 10 mm 宽的区域,探头移动区域为焊缝两侧 180 mm 范围(1.25P)。探头在焊缝两侧垂直焊缝作锯齿形、斜平行扫查,扫查速度不大于 150 mm/s,相邻两次探头移动区域至少保证有探头 15% 宽度的重叠。为确定缺陷位置、方向、形状等特性,可采用前后、左右、转角、环绕四种基本扫查方式对其进行确定。

8. 缺陷定位及定量

(1) 缺陷定位。记录缺陷距探测 0 点的位置、偏离焊缝轴线以及距探测面的三向位置。

(2) 缺陷定量。移动探头,找到缺陷的最大回波,并记录相对于参考等级的幅度差值。用绝对灵敏度法测长:将探头向左右两个方向移,且均移至波高降到评定线 $(H_0-14\ dB)$ 上,此两点间的距离即为缺陷的指示长度。

9．缺陷评定

1）评定依据

依据标准 GB/T 29712—2013 对该缺陷进行评定。确定缺陷是否为面积型显示，如为面积型显示为不合格。如为非面积型显示，则按如下方法评定，具体如图 9‐28 所示。

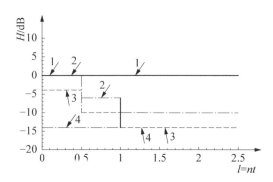

1—参考等级；2—验收等级 2 级；3—记录等级；4—评定等级；H—回波幅度；l—显示长度；n—板厚 t 的倍数；t—板厚。

图 9‐28　验收等级 2 级

（1）缺陷波幅超过 Ø3－14 dB 时均要评定；

（2）缺陷波幅超过验收等级 2（波幅）为不合格；

（3）缺陷波幅超过记录等级需要记录；

（4）100 mm 焊缝长度范围内，超过记录等级的所有单个合格缺陷显示的最大累计指示长度不得超出该长度（验收等级 2）的 20%；

（5）当线状连续指示间距小于两倍较长指示长度时，作单一指示处理，累计长度不含各显示间距长度。

2）检测结果

经现场超声检测，发现该压力钢管焊缝有 2 道焊缝存在超标缺陷，缺陷具体情况如表 9‐7 所示。

表 9‐7　压力钢管焊缝存在缺陷汇总情况表

序号	缺陷位置	长度/mm	深度/mm	波幅/dB	结果判定
1	第 3 道焊缝，12:20～12:30 方向＋8 mm	12	15	3	不合格
2	第 6 道焊缝，4:10 方向＋0 mm	5	24	－4	合格
	第 6 道焊缝，5:40～5:50 方向＋6 mm	10	25	2	不合格

注：焊缝编号为自蝶阀向尾水管方向开始编号，面相尾水管侧正上为起点方向顺时针方向分别为 12:00、3:00、6:00、9:00，焊缝偏向尾水管方向为"＋"，反向为"－"。

3）缺陷评定

根据标准 GB/T 29712—2013 相关规定进行评定。由于该压力钢管焊缝有 2 道焊缝存在超标缺陷,经评定,该压力钢管焊缝为不合格。

10. 检测记录与报告

根据相关技术标准要求,做好原始记录及检测报告的编制、审批、签发等。

9.9 水电站中操作油管焊缝脉冲反射法超声检测

中操作油管是连接受油器与桨叶接力器的中间部分,通过它将受油器过来的油压输送给桨叶接力器,用以操作桨叶动作。

某在役水力发电站 2 号机组中操作油管规格为 $\Phi 360$ mm × 15 mm,材质为碳钢,如图 9-29 所示。依据《承压设备无损检测 第 3 部分:超声检测》(NB/T 47013.3—2015)对中操作油管环向焊接接头 H1、H2 进行脉冲法超声检测,B 级检测,Ⅰ级合格。焊缝坡口为 V 型,焊接方法为手工电弧焊,表面打磨至露出金属光泽,但焊接接头表面余高未打磨。

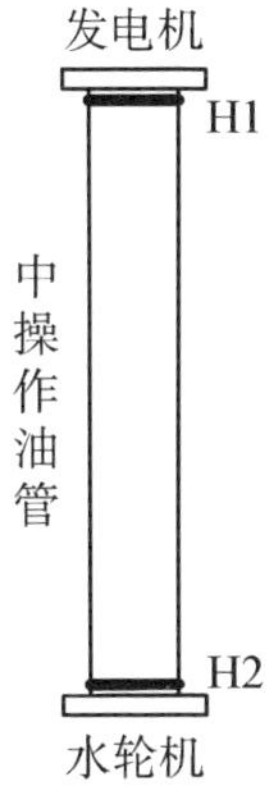

具体操作及检测过程如下。

1. 仪器与探头

(1) 仪器:汕超 CTS-9006PLUS 型数字式超声探伤仪。

(2) 探头:根据被检环焊缝的规格及焊缝两侧的扫查面宽度,为确保能够单面双侧扫查,需选择 5P6×8K2.5 小前沿 6 mm 的斜探头。

2. 试块与耦合剂

(1) 标准试块:CSK-ⅠA(钢)试块,用于测量仪器性能及探头参数。

(2) 对比试块:RB-C(钢)试块,如图 9-30 所示。

发电机

H1

中操作油管

H2

水轮机

图 9-29
中操作油管焊缝位置

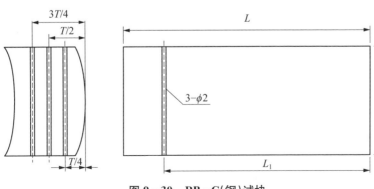

图 9-30 RB-C(钢)试块

（3）耦合剂：机油。

3. 参数测量与仪器设定

用标准试块 CSK‐ⅠA（钢）测量探头的前沿、校正角度、校正时间轴等，依据检测中操作油管的材质声速、厚度以及探头的相关技术参数对仪器进行设定。

4. 扫描时基线比例的调整

扫描时基线比例按深度定位法将时间轴（最大量程）调整为至少两倍壁厚，本案例中按深度定位法将时间轴（最大量程）调整为 40 mm。

5. 扫查灵敏度设定

（1）采用 RB‐C（钢）试块调整扫查灵敏度。在 RB‐C（钢）试块（Ø2 横通孔）上绘制距离‐波幅曲线，DAC 曲线上最大深度至少为两倍壁厚。距离‐波幅曲线的灵敏度如表 9‐8 所示。

表 9‐8　距离‐波幅曲线的灵敏度

试块型式	管壁厚度 t/mm	评定线	定量线	判废线
RB‐C（钢）	15	Ø2×40－18 dB	Ø2×40－12 dB	Ø2×40－4 dB

（2）扫查灵敏度不应低于评定线灵敏度，且在检测范围内最大声程处的评定线高度不应低于满屏刻度的 20%。

（3）检测和评定横向缺陷时，应将各曲线灵敏度均提高 6 dB。

（4）耦合补偿。根据管道与探头的曲率差异及管道表面粗糙度，本案例中耦合补偿 2 dB。

6. 检测实施

（1）检测范围。用直射法检测时，探头移动区宽度为 $0.75P$；一次反射法检测时探头移动区宽度为 $1.25P$；$P=2Kt$。式中，P 为跨距，mm；t 为工件厚度，mm；K 为探头折射角的正切值。

因此，本案例中直射法与一次反射法探头移动区宽度分别为 57 mm、75 mm。

（2）扫查方式。采用手动扫查。在检测纵向缺陷时，探头应垂直于焊缝中心线作锯齿形扫查，每次前进的齿距不得超过探头晶片直径的 85%，探头前后移动的同时还应作 $10°\sim15°$ 的左右转动。在检测横向缺陷时，可在焊接接头两侧边缘使探头与焊接接头中心线成不大于 $10°$ 作两个方向斜平行扫查。探头移动时要求与检测面保持良好耦合。

发现可疑缺陷信号后，再辅以前后、左右、转角、环绕四种基本扫查方式对其进行确定。

（3）扫查速度。由于是曲面耦合，为保证探头与检测面耦合良好，扫查速度不大于 50 mm/s。

7. 缺陷评定

1) 缺陷定位

标出缺陷的周向定位[如图 9-31(a)所示,沿气流的顺时针方向为+]、与焊缝中心线距离(如图 9-31 所示的 y)以及缺陷深度(如图 9-31 所示的 d)的三向位置。

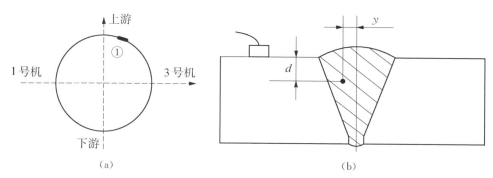

图 9-31 中操作油管道焊接接头缺陷定位

(a)周向图(俯视);(b)截面图

2) 缺陷定量

经现场超声检测,发现该中操作油管环向焊接接头 H1 存在一处记录性缺陷,缺陷波形如图 9-32 所示。闸门锁定的一次反射波显示,有一周向定位为上+7 mm、深度 d 为 4.5 mm 的缺陷,缺陷最高波幅为 SL-1 dB,用评定线绝对灵敏度法测定该缺陷的指示长度,将探头向左右两个方向移动,且均移至波高降到评定线上,此两点间距离即缺陷的指示长度,缺陷周向定位为上+5 mm~上+10 mm,测出缺陷长度为 5 mm。

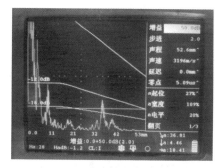

图 9-32 中操作油管环向焊接接头
H1 缺陷波形

3) 缺陷评定

按照标准 NB/T 47013.3—2015 中"压力钢管环向或纵向对接接头超声检测质量分级"对该缺陷进行评定(见表 9-9)。

表 9-9　压力钢管环向或纵向对接接头超声检测质量分级

焊接接头等级	焊接接头内部缺陷		环向焊接接头单面焊根部未焊透缺陷	
	反射波幅所在区域	允许的单个缺陷指示长度/mm	允许的指示长度/mm	允许的累计长度/mm
I	I	≤40	≤$t/3$,最小可为 8	长度小于或等于焊缝周长的 10%,且小于 30
	II	≤$t/3$,最小可为 8,最大为 30		
II	I	≤60	≤$2t/3$,最小可为 10	长度小于或等于焊缝周长的 15%,且小于 40
	II	≤$2t/3$,最小可为 10,最大为 40		
III	II	超过 II 级者	超过 II 级者	超过 II 级者
	III	所有缺陷		
	I	超过 II 级者		

注：1. 在 10 mm 环向焊接接头范围内,同时存在条状缺陷和未焊透时,应评为 III 级。
　　2. 当允许的缺陷累计长度小于该级别允许的单个缺陷指示长度时,以允许的单个缺陷指示长度为准。
　　3. 对接接头两侧母材厚度不同时,工作厚度取薄板侧厚度值。

因缺陷长度为 5 mm,最高波幅为 SL-1 dB,位于 I 区,根据表 9-9 得知,该 H1 焊接接头所存在的缺陷评为 I 级,合格。H2 焊接接头在检测范围内也未发现超标缺陷,合格。

8. 检测记录与报告

根据相关技术标准要求,做好原始记录及检测报告的编制、审批、签发等。

9.10　水电站蜗壳焊缝脉冲反射法超声检测

水电站的蜗壳是蜗壳式引水室的简称,它的外形很像蜗牛壳,故通常简称为蜗壳。因为蜗壳的断面逐渐减小,在保证向导水机构均匀供水的同时,可在导水机构前形成必要的环量以减轻导水机构的工作强度。为节约钢材,金属蜗壳的断面采用圆形,钢板厚度根据蜗壳断面受力不同而异,钢板之间通过环焊缝和纵焊缝焊接成型。因受到内水压力所引起的薄壁应力及同一轴截面内不同厚度钢板连接处因刚度不同而引起的局部应力作用,需定期对蜗壳焊缝开展超声检测、表面检测等无损检测。

某在役水力发电站 4 号机组水轮机蜗壳第 20 节环向焊接接头规格为 Φ5 750 mm× 35 mm,材质为碳钢,如图 9-33、图 9-34 所示。参照标准 NB/T 47013.3—2015,对水轮机蜗壳第 20 节环向焊接接头 t 进行脉冲反射法超声抽查检测,抽检长度为 1 800 mm,B 级检测,I 级合格。焊缝坡口为 V 型,焊接方法为手工电弧焊,表面打磨至露出金属光泽,但焊接接头表面余高未打磨。

图 9-33　受检蜗壳焊缝部位
实物图

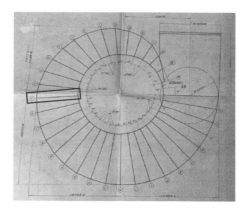

图 9-34　蜗壳结构设计图

具体操作及检测过程如下。

1. 仪器与探头

(1) 仪器:汕超 CTS-9006PLUS 型数字式超声探伤仪。

(2) 探头:根据被检环向焊接接头的规格,按标准要求选择 2.5P9×9K2 探头,为提高对焊缝根部未焊透的检测准确度,补充采用 2.5P9×9K1 探头进行辅助检测。

2. 试块与耦合剂

(1) 标准试块:CSK-ⅠA(钢)试块,用于测量仪器性能及探头参数。

(2) 对比试块:CSK-ⅡA-1(钢)试块,如图 9-35 所示。

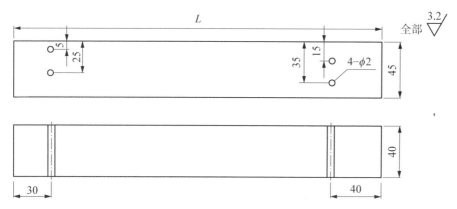

图 9-35　CSK-ⅡA-1(钢)试块

（3）耦合剂：机油。

3. 参数测量与仪器设定

用标准试块 CSK-ⅠA(钢)测量探头的前沿、校正角度、校正时间轴等，依据检测蜗壳的材质声速、厚度以及探头的相关技术参数对仪器进行设定。

4. 扫描时基线比例的调整

扫描时基线比例按深度定位法将时间轴(最大量程)调整为至少两倍壁厚，本案例中按深度定位法将时间轴(最大量程)调整为 80 mm。

5. 扫查灵敏度设定

（1）采用 CSK-ⅡA-1(钢)试块调整扫查灵敏度。在 CSK-ⅡA-1(钢)试块（Ø2 横通孔）上绘制距离-波幅曲线，DAC 曲线上最大深度至少为两倍壁厚。距离-波幅曲线的灵敏度如表 9-10 所示。

表 9-10　距离-波幅曲线的灵敏度

试块型式	管壁厚度 t/mm	评定线	定量线	判废线
CSK-ⅡA-1(钢)	35	Ø2×40－18 dB	Ø2×40－12 dB	Ø2×40－4 dB

（2）扫查灵敏度不应低于评定线灵敏度，且在检测范围内最大声程处的评定线高度不应低于满屏刻度的 20%。

（3）检测和评定横向缺陷时，应将各曲线灵敏度均再提高 6 dB。

（4）耦合补偿。根据蜗壳与探头的曲率差异及蜗壳表面粗糙度，本案例中耦合补偿 2 dB。

6. 检测实施

（1）检测范围。用直射法检测时，探头移动区宽度为 $0.75P$；一次反射法检测时探头移动区宽度为 $1.25P$；$P=2Kt$。式中，P 为跨距，mm；t 为工件厚度，mm；K 为探头折射角的正切值。

因此，本案例中 2.5P9×9K2 探头的直射法及一次反射法移动区宽度分别为 105 mm、175 mm；2.5P9×9K1 探头的直射法及一次反射法移动区宽度分别为 52.5 mm、87.5 mm。

（2）扫查方式。采用手动扫查。在检测纵向缺陷时，探头应垂直于焊缝中心线作锯齿形扫查，每次前进的齿距不得超过探头晶片直径的 85%，探头前后移动的同时还应作 10°~15° 的左右转动；在检测横向缺陷时，可在焊接接头两侧边缘使探头与焊接接头中心线成不大于 10° 作两个方向斜平行扫查。探头移动时要求保持与检测面的良好耦合。

发现可疑缺陷信号后，再辅以前后、左右、转角、环绕四种基本扫查方式对其进行确定。

（3）扫查速度。扫查速度应不大于150 mm/s，由于是曲面耦合，为保证探头与检测面耦合良好，扫查速度设定为不大于50 mm/s。

7. 缺陷评定

1）缺陷定位

标出缺陷的周向定位[如图9-36(a)所示，沿水流的顺时针方向为＋]、与焊缝中心线距离（如图9-36所示的 y）以及缺陷深度（如图9-36所示的 d）的三向位置。

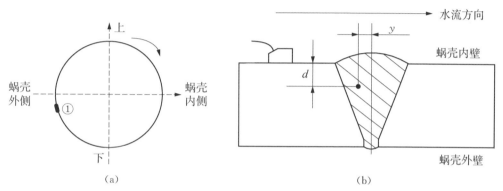

图9-36 水轮机蜗壳环向焊接接头缺陷定位

(a)周向图；(b)截面图

2）缺陷定量

经现场超声检测，发现该水轮机蜗壳第20节环向焊接接头 T 存在一处缺陷波形，如图9-37所示。闸门锁定的回波显示，该缺陷周向定位为蜗壳外侧－50 mm、深度 d 为24 mm，最高波幅处显示缺陷当量为 SL＋3 dB。用－6 dB法测定缺陷指示长度：将探头向左右两个方向移动，且均移至波高降低6 dB位置上，此两点间的距离即缺陷指示长度，该缺陷周向定位为蜗壳外侧－52 mm～蜗壳外侧－44 mm，因此，测出缺陷长度为8 mm。

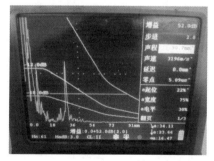

图9-37 水轮机蜗壳环向焊接接头 T 缺陷的波形图

3）缺陷评定

按照标准 NB/T 47013.3—2015 中"压力钢管环向或纵向对接接头超声检测质量分级"对该缺陷进行评定（见表9-9）。

因缺陷长度为8 mm，最高波幅为 SL＋3 dB，位于Ⅱ区，根据表9-9得知，该水轮机蜗壳第 20 节环向焊接接头 T 评为 Ⅰ 级,合格。

8. 检测记录与报告

根据相关技术标准要求,做好原始记录及检测报告的编制、审批、签发等。

9.11 水电站下机架焊缝脉冲反射法超声检测

机架是水轮发电机的重要结构部件,是安装轴承的主要支撑部件。卧式机组主要用于小型电站和贯流式机组,采用卧式支架支撑。国内设计的大中型水电站主要为立式机组,机架用来支撑推力轴承、导轴承和制动部件等。立式机组机架一般都由中心体和支臂组成,小型机组多是在工厂将支臂和中心体焊接,大型机组则到现场组焊或通过连接板组合。机组运行过程中,机架会承受机组振动应力和发电机温升导致的热膨胀应力等,支臂与中心体连接焊缝易产生裂纹等缺陷,危及机组的安全运行。

根据年度检修计划,在某水电站机组检修期间,需要对上、下机架焊缝进行无损检测抽查,合同规定按《水轮发电机组及其附属设备出厂检验导则》(DL/T 443—2016)标准进行验收,下机架实物及现场超声检测焊缝位置如图 9-38 所示,钢板厚度为 26 mm,材质为 Q235B,超声检测方法和质量分级按 NB/T 47013.3—2015 执行,检测技术等级 B 级,Ⅱ 级合格。

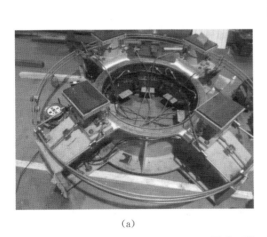

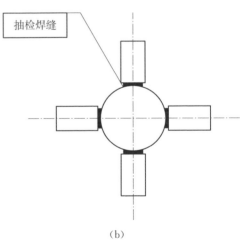

抽检焊缝

(a)   (b)

图 9 - 38 下机架

(a)下机架实物;(b)抽检焊缝位置

具体操作及检测过程如下。

1. 仪器与探头

(1) 仪器:武汉中科汉威 HS600C 型数字式超声探伤仪。

（2）探头：检测机架壁厚 $t=26\,\mathrm{mm}$，选择 5P9×9K2 斜探头。

2. 试块与耦合剂

（1）标准试块：CSK-ⅠA 钢质试块，用于测量仪器性能及探头参数。

（2）对比试块：CSK-ⅡA-1 钢质试块。

（3）耦合剂：化学浆糊。

3. 参数测量与仪器设定

用标准试块 CSK-ⅠA 测量探头前沿和 K 值，依据检测机架和探头的相关参数对仪器进行设定，并确定耦合补偿 4 dB。

4. 距离-波幅曲线的绘制

利用 CSK-ⅡA-1 对比试块深度 Ø2×40 横通孔来绘制距离-波幅曲线，判废线（RL）、定量线（SL）和评定线（EL）距离-波幅曲线灵敏度分别为 Ø2×40-4 dB、Ø2×40-12 dB 和 Ø2×40-18 dB。

检测和扫查横向缺陷时，各曲线灵敏度均提高 6 dB。

5. 扫查灵敏度设定

最大声程处评定线高度不低于荧光屏满刻度的 20%，取评定线灵敏度 Ø2×40-18 dB 作为扫查灵敏度。

6. 检测实施

在焊缝两侧垂直于焊缝作锯齿形扫查，探头前后移动范围应保证扫查到全部焊接接头截面，前后移动时还应做 10°～15°的左右转动。检测横向缺陷时，在焊缝两侧边缘使探头与焊缝中心线不大于 10°作两个方向的斜平行扫查。

7. 缺陷评定与验收

经现场超声检测，发现该下机架焊缝内部存在一处缺陷回波，该回波最大显示波幅为 SL+5 dB、深度为 13 mm，用-6 dB 法测得缺陷指示长度为 21 mm。

依据标准 NB/T 47013.3—2015 对该缺陷进行质量分级评定。缺陷最高波幅位于Ⅱ区、长度大于板厚的 2/3。因此，该下机架焊缝评为Ⅲ级，不合格。

8. 检测记录与报告

根据相关技术标准要求，做好原始记录及检测报告的编制、审批、签发等。

9.12　水电站顶盖对接环焊缝脉冲反射法超声检测

水电站水轮机顶盖与底环一起构成过流通道，防止水流上溢，控制环、导轴承等许多重要、精密的部件都与之相连，并以顶盖作为刚性支撑。顶盖是水轮机关键部件，一旦出现质量缺陷，可能造成灾难性后果。2009 年，俄罗斯萨扬-舒申斯克电站重大人身设备事故的直接原因就是顶盖紧固螺栓断裂。顶盖结构复杂，所用钢板较厚，在焊接过程中对焊接变形和残余应力的要求较高,较易产生焊接缺陷,制造、验收过程中应严格控制焊接质量,因此,根据相关标准及规程,运行后应定期对焊缝和螺栓进行检测。

某小型水电站机组安装期间,需要按标准 DL/T 443—2016 对顶盖质量进行验收,顶盖外观及需要检测的对接环焊缝如图 9-39 所示,顶盖对接环焊缝壁厚约为 36 mm。超声检测方法和质量分级按标准 NB/T 47013.3—2015 执行,检测技术等级 B 级,Ⅱ 级合格。

图 9-39　顶盖外观及焊缝位置

具体操作及检测过程如下。

1. 仪器与探头

(1) 仪器:武汉中科汉威 HS600C 型数字式超声探伤仪。

(2) 探头:顶盖对接环焊缝壁厚 t＝36 mm(实测值),选择 2.5P13×10K2 斜探头。

2. 试块与耦合剂

(1) 标准试块:CSK-ⅠA 钢质试块,用于测量仪器性能及探头参数。

(2) 对比试块:CSK-ⅡA-1 钢质试块。

(3) 耦合剂:化学浆糊。

3. 参数测量与仪器设定

用标准试块 CSK-ⅠA 测量探头前沿和 K 值,依据检测顶盖对接环焊缝和探头的相关参数对仪器进行设定,并确定耦合补偿 4 dB。

4. 距离-波幅曲线的绘制

利用 CSK-ⅡA-1 对比试块深度 Ø2×40 横通孔来绘制距离-波幅曲线,判废线 (RL)、定量线(SL)和评定线(EL)距离-波幅曲线灵敏度分别为 Ø2×40—4 dB、Ø2×40—12 dB 和 Ø2×40—18 dB。

检测和评定横向缺陷时,各曲线的灵敏度均再提高 6 dB。

5. 扫查灵敏度设定

最大声程处评定线高度不低于荧光屏满刻度的 20%,取评定线灵敏度 Ø2×40—18 dB 作为扫查灵敏度。

6. 扫查方式

在焊缝两侧垂直于焊缝作锯齿形扫查,探头前后移动范围应保证扫查到全部焊接接头截面,前后移动时还应作 10°～15°的左右转动。检测横向缺陷时,在焊缝两侧边缘使探头与焊缝中心线不大于 10°作两个方向斜平行扫查。

7. 检测实施

检测过程中,发现该顶盖对接焊缝内部存在一条单一缺陷回波,该回波最大显示波幅为 SL+9.5 dB、深度为 20.0 mm,用−6 dB 法测得缺陷的指示长度为 12 mm。

8. 缺陷评定与验收

依据标准 NB/T 47013.3—2015 对该顶盖对接焊缝内部缺陷进行评定。该缺陷最高反射波幅位于Ⅲ区。因此,该焊缝评为Ⅲ级,不合格。

9. 检测记录与报告

根据相关技术标准要求,做好原始记录及检测报告的编制、审批、签发等。

9.13　水电站闸门支臂对接焊缝脉冲反射法超声检测

水电站常用钢闸门主要为平面闸门和弧形闸门,航电工程的船闸采用人字闸门。平面闸门一般按孔口形式和宽高比不同,采用双主梁或多主梁形式,被广泛应用于工作闸门、事故闸门和检修闸门等。弧形闸门面板为弧形,因不设门槽,启闭力较小,一般作为工作闸门使用。闸门主梁、边梁及臂柱的对接焊缝,主梁与边梁连接焊缝,吊耳板、拉杆的对接焊缝等,都属于一类焊缝,是无损检测时的重点抽查对象。弧形闸门启闭时闸门通过支臂绕支铰转动,支臂承受了较大的工作应力,检测时,需重点检查支臂翼、腹板对接焊缝和支臂与支铰连接焊缝。

某水电站为低闸引水式电站,泄洪闸工作门为潜孔弧形钢闸门,闸门主体结构包括弧形门叶和支臂,如图 9−40 所示,按照《水工钢闸门和启闭机安全检测技术规程》(DL/T 835—2003)的规定进行安全检测。安全检测时,对支臂对接焊缝采用 A 型脉冲反射法超声检测进行了抽查,支臂翼板厚度为 24 mm、腹板厚度为 16 mm,材质为 Q345C。超声检测按标准 GB/T 11345—2013 进行,检测等级 B 级,验收标准为 GB/T 29712—2013,按验收等级 2 进行验收。

具体操作及检测过程如下。

1. 仪器与探头

(1) 仪器:武汉中科汉威 HS600C 型数字式超声探伤仪。

(2) 探头:检测对象板厚 $t=24/16$ mm(15≤ $t<40$ mm),按照 GB/T 11345—2013 标准 B 级检

图 9−40　泄洪闸弧形工作门

测要求，t 在 15～25 mm 范围内，如果选用低于 3 MHz 频率的探头，只需 1 个角度的探头进行扫查，综合考虑缺陷敏感性和检测效率，选择 2.5P13×13K2 探头。

2. 试块与耦合剂

（1）标准试块：CSK-ⅠA 钢质试块，用于测量仪器性能及探头参数。

（2）对比试块：选用 GB/T 11345—2013 标准中的横孔技术（技术 1）来设定参考灵敏度，因此，选择钢质 RB-2 试块。

（3）耦合剂：化学浆糊。

3. 参数测量与仪器设定

用标准试块 CSK-ⅠA 测量探头前沿和 K 值，依据检测闸门支臂焊缝和探头的相关参数对仪器进行设定，并确定耦合补偿 4 dB。

4. 距离-波幅曲线的绘制

利用 RB-2 对比试块的 $\varnothing 3 \times 40$ 横通孔绘制距离-波幅曲线，H_0 为母线，一般制作 $H_0 - 4\,dB$、$H_0 - 10\,dB$、$H_0 - 14\,dB$ 二条距离-波幅曲线。

5. 扫查灵敏度设定

工件厚度 t 为 24/16 mm，验收等级为 2 级，根据 GB/T 29712—2013 确定灵敏度等级，如表 9-11 所示。

表 9-11 灵敏度等级

缺陷长度 l/mm	验收等级 2 级	记录等级	评定等级
$l \leqslant 0.5t$	H_0	$H_0 - 4\,dB$	
$0.5t < l \leqslant t$	$H_0 - 6\,dB$	$H_0 - 10\,dB$	$H_0 - 14\,dB$
$l > t$	$H_0 - 10\,dB$	$H_0 - 14\,dB$	

最大声程处评定线高度不低于荧光屏满刻度的 20%，取评定线灵敏度 $H_0 - 14\,dB$ 作为扫查灵敏度。

6. 扫查方式

在焊缝两侧 1.25P 区域（其中，P 为全跨距，$P = 2Kt$，t 为工件厚度，K 为探头折射角的正切值）进行手动扫查，先在焊缝两侧垂直于焊缝以锯齿形扫查方式扫查纵向缺陷（L-扫查），再倾斜探头进行横向缺陷扫查（T-扫查），扫查速度不大于 40 mm/s。

7. 检测实施

检测过程中，发现在支臂翼板对接焊缝内部存在一缺陷回波，该回波显示波幅为 $H_0 + 3\,dB$、深度为 22 mm（一次波），用固定回波幅度等级技术（绝对灵敏度法）测得缺陷长度为 61 mm。

8. 缺陷评定与验收

依据标准 GB/T 29712—2013 对支臂翼板对接焊缝内部存在的缺陷进行评定。由于单个缺陷的最高波幅和长度都超过了标准所规定的验收等级,因此,该焊缝评定为质量不合格,不可验收。

9. 打磨验证

因缺陷靠近焊缝根部,返修时,从焊缝反面进行了打磨,清除余高后,肉眼可见存在明显缺陷,并且缺陷左侧尾部已明显发展为裂纹,如图 9 - 41 所示。

10. 检测记录与报告

根据相关技术标准要求,做好原始记录及检测报告的编制、审批、签发等。

图 9 - 41　缺陷照片

9.14　水电站启闭机机架承重梁对接焊缝脉冲反射法超声检测

水电站启闭机类型较多,固定式主要包括卷扬式启闭机、液压启闭机及螺杆启闭机,移动式主要包括门式启闭机、移动式台车和桥式启闭机,部分电站尾水闸门、清污机等采用电动葫芦进行启闭。门式启闭机和桥式启闭机按特种设备进行管理,需由特种设备检验机构按相关规定进行检验检测。其中使用最为广泛的是固定卷扬式启闭机,安装在启闭机平台上,安全检测时,重点检测部位为主梁、端梁、滑轮支座梁、卷筒支座梁翼板和腹板对接焊缝,及卷筒对接焊缝。

抽检焊缝

图 9 - 42　固定卷扬式启闭机

根据标准 DL/T 835—2003 的相关规定,在检修期间,需要对某水电站的泄洪闸进行安全检测。该泄洪闸采用固定卷扬式启闭机进行启闭。固定卷扬式启闭机的结构形式如图 9 - 42 所示。根据现场实际情况,此次检测采用超声检测抽查,检测对象为机架承重梁对接焊缝,该承重梁钢板厚度为 10 mm,材质为 Q345C。

检测依据为《水电工程钢闸门制造安装及验收规范》(NB/T 35045—2014);检测方法按标准 GB/T 11345—2013 执行,检测等级 B 级;验收标准按 GB/T 29712—2013 执行,且按验收等级 2 级验收。

具体操作及检测过程如下。

1. 仪器与探头

(1) 仪器:武汉中科汉威 HS600C 型数字式超声探伤仪。

(2) 探头:启闭机承重梁板厚 $t = 10$ mm($8 \leqslant t < 15$ mm),按照标准 GB/T 11345—2013 中的 B 级检测要求,只需 1 个探头角度进行检测,由于板厚较薄,选择 2.5P9×9K2 探头。

2. 试块与耦合剂

(1) 标准试块:CSK-ⅠA 钢质试块,用于测量仪器性能及探头参数。

(2) 对比试块:选用标准 GB/T 11345—2013 中的横孔技术(技术 1)来设定参考灵敏度,因此,选择 RB-1 或 RB-2 钢试块,本案例选择 RB-1 钢试块,如图 9-43 所示。

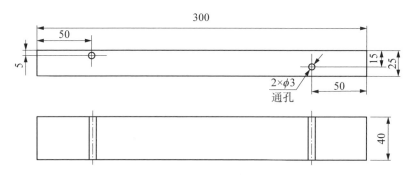

图 9-43　RB-1 钢试块

(3) 耦合剂:化学浆糊。

3. 参数测量与仪器设定

用标准试块 CSK-ⅠA 测量探头前沿和 K 值,依据检测启闭机机架和探头的相关参数对仪器进行设定,并确定耦合补偿 4 dB。

4. 距离-波幅曲线的绘制

启闭机承重梁厚度为 10 mm,利用 RB-1 对比试块深度 Ø3×40 横通孔来绘制距离-波幅曲线,H_0 为母线,制作 H_0-4 dB、H_0-10 dB、H_0-14 dB 三条距离-波幅曲线。

5. 扫查灵敏度设定

启闭机承重梁厚度 t 为 10 mm,验收等级为 2 级,根据 GB/T 29712—2013 确定灵敏度等级,如表 9-12 所示。

表 9-12　灵敏度等级

缺陷长度 l/mm	验收等级 2 级	记录等级	评定等级
$l \leqslant t$	$H_0 - 4\,dB$	$H_0 - 8\,dB$	$H_0 - 14\,dB$
$l > t$	$H_0 - 10\,dB$	$H_0 - 14\,dB$	

最大声程处评定线高度不低于荧光屏满刻度的 20%，取评定线灵敏度 $H_0 -$ 14 dB 作为扫查灵敏度。

6. 扫查方式

在焊缝两侧各 50 mm 进行手动扫查，先在焊缝两侧垂直于焊缝以锯齿形扫查方式扫查纵向缺陷（L-扫查），再倾斜探头进行横向缺陷扫查（T-扫查），扫查速度不大于 40 mm/s。

7. 检测实施

在检测过程中，发现该固定卷扬式启闭机机架承重梁对接焊缝内部存在一缺陷回波，该缺陷回波显示波幅为 $H_0 - 2.1\,mm$、深度为 14.8 mm（二次波），用固定回波幅度等级技术（绝对灵敏度法）测得缺陷长度为 8 mm。

8. 缺陷评定与验收

依据标准 GB/T 29712—2013 对缺陷进行评定。由于单个缺陷最高波幅超过验收等级线 $H_0 - 4\,dB$，因此，该固定卷扬式启闭机机架承重梁对接焊缝验收不合格。

9. 检测记录与报告

根据相关技术标准要求，做好原始记录及检测报告的编制、审批、签发等。

9.15　水电站控制环对接焊缝脉冲反射法超声检测

水电站控制环是水轮机关键设备，通过连杆、拐臂与导叶相连，由接力器控制导叶开度。在机组运行期间，接力器动作频繁，各部件可能存在振动、磨损等情况，接力器销孔、连杆等经常出现裂纹，检修期间，需对控制环销孔、连杆孔及焊缝等进行无损检测。

某水电站机组检修期间，需要对控制环对接焊缝进行超声检测抽查，质量标准执行 DL/T 443—2016。控制环外观及抽检焊缝位置如图 9-44 所示。控制环钢板厚度 42 mm（实测值），材质为 Q235B。

DL/T 443—2016 中无损检测技术和验收标准为《压力容器　第 4 部分　制造、检验和验收》（GB 150.4—2011），因此，控制环焊缝无损检测方法和质量分级按 NB/T 47013.3—2015 执行，即采用脉冲反射法超声检测时，检测技术等级 B 级，Ⅱ 级合格。

图 9 - 44　控制环外观及检测焊缝位置图

具体操作及检测过程如下。

1. 仪器与探头

（1）仪器：武汉中科汉威 HS600C 型数字式超声探伤仪。

（2）探头：控制环对接焊缝板厚 $t=42\,mm$，选择 2.5P13×13K2 探头。

2. 试块与耦合剂

（1）标准试块：CSK - ⅠA 钢质试块，用于测量仪器性能及探头参数。

（2）对比试块：选用 NB/T 47013.3—2015 中的 CSK - ⅡA - 2 钢质试块，如图 9 - 45 所示。

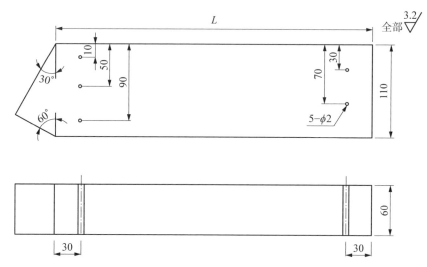

图 9 - 45　CSK - ⅡA - 2 钢质试块

（3）耦合剂：化学浆糊。

3. 参数测量与仪器设定

用标准试块 CSK - ⅠA 测量探头前沿和 K 值，依据检测控制环对接焊缝和探头的相关参数对仪器进行设定，并确定耦合补偿 4 dB。

4. 距离-波幅曲线的绘制

利用 CSK-ⅡA-2 对比试块深度 Ø2×60 横通孔来绘制距离-波幅曲线,判废线 (RL)、定量线(SL)和评定线(EL)距离-波幅曲线灵敏度分别为 Ø2×60+2 dB、Ø2× 60-8 dB 和 Ø2×60-14 dB。

检测和评定横向缺陷时,各曲线灵敏度均再提高 6 dB。

5. 扫查灵敏度设定

最大声程处评定线高度不低于荧光屏满刻度的 20%,取评定线灵敏度 Ø2×60- 14 dB 作为扫查灵敏度。

6. 扫查方式

在焊缝两侧垂直于焊缝作锯齿形扫查,探头前后移动范围应保证扫查到全部焊接接头截面,前后移动时还应作 10°~15° 的左右转动。检测横向缺陷时,在焊缝两侧边缘使探头与焊缝中心线不大于 10° 作两个方向斜平行扫查。

7. 检测实施

现场超声检测过程中,发现该控制环对接焊缝内部存在一处缺陷回波,且该回波只有一个高点,最大显示波幅为 SL+11.5 dB、深度为 17.2 mm,用 -6 dB 法测得该缺陷的指示长度为 10 mm。

8. 缺陷评定与验收

依据标准 NB/T 47013.3—2015 对缺陷进行评定。缺陷最高反射波幅位于Ⅲ区。因此,该控制环对接焊缝评为Ⅲ级。不合格。

9. 检测记录与报告

根据相关技术标准要求,做好原始记录及检测报告的编制、审批、签发等。

9.16 水电站压力钢管岔管月牙肋焊缝脉冲反射法超声检测

引水式电站压力钢管岔管主要结构形式有三梁岔管、月牙肋岔管、球形岔管、无梁岔管和贴边岔管,其中月牙肋岔管被普遍使用。月牙肋岔管由于结构和受力复杂,肋板厚度大,焊接和检测难度大,接头容易产生焊接缺陷,严重影响水电站的安全运行,工程实际中,要求 100% 无损检测合格。

某新建水电站压力钢管为埋管,岔管结构类型为月牙肋型,如图 9-46 所示,岔管材料为 WDB620,管壁厚度 40 mm,肋板厚度 70 mm。月牙肋与锥管管壁的连接焊缝为组合焊缝,坡口开在支锥管上,为 K 型坡口,支锥

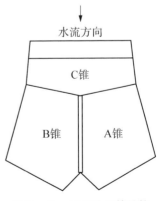

图 9-46 月牙肋岔管结构

管与肋板为 T 型接头。按照《水电水利工程压力钢管制造安装及验收规范》(DL/T 5017—2007)的相关规定和施工工艺控制焊接质量。

安装完成后,第三方检测单位从钢管内壁采用超声检测进行焊缝质量抽查。超声检测标准按 GB/T 11345—2013 进行,检测等级 B 级;验收标准为 GB/T 29712—2013,按验收等级 2 级进行验收。

具体操作及检测过程如下。

1. 仪器与探头

(1) 仪器:武汉中科汉威 HS600C 型数字式超声探伤仪。

(2) 探头:岔管管壁厚度 $t = 40$ mm、70 mm,按照标准 GB/T 11345—2013 中的 B 级检测要求,需要从 2 个探头角度进行检测,由于肋板为大厚板,选择 5P13×13K1 和 5P13×13K2 两种探头。

2. 试块与耦合剂

(1) 标准试块:CSK-ⅠA 钢质试块,用于测量仪器性能及探头参数。

(2) 对比试块:选用标准 GB/T 11345—2013 中的横孔技术(技术 1)来设定参考灵敏度,因此,选择 RB-2 钢质试块。

(3) 耦合剂:化学浆糊。

3. 参数测量与仪器设定

用标准试块 CSK-ⅠA 测量探头前沿和 K 值,依据检测埋管和探头的相关参数对仪器进行设定,并确定耦合补偿 4 dB。

4. 距离-波幅曲线的绘制

对于厚度为 40 mm 的岔管,利用 RB-2 对比试块深度 Ø3×40 横通孔来绘制距离-波幅曲线,H_0 为母线,制作 $H_0 - 4$ dB、$H_0 - 10$ dB、$H_0 - 14$ dB 三条距离-波幅曲线。

5. 扫查灵敏度设定

岔管管壁厚度 $t = 40$ mm,验收等级为 2 级,根据 GB/T 29712—2013 确定灵敏度等级,如表 9-13 所示。

表 9-13 灵敏度等级

缺陷长度 l/mm	验收等级 2 级	记录等级	评定等级
$l \leq 0.5t$	H_0	$H_0 - 4$ dB	
$0.5t < l \leq t$	$H_0 - 6$ dB	$H_0 - 10$ dB	$H_0 - 14$ dB
$l > t$	$H_0 - 10$ dB	$H_0 - 14$ dB	

最大声程处评定线高度不低于荧光屏满刻度的 20%,取评定线灵敏度 H_0 −

14 dB 作为扫查灵敏度。

6. 扫查方式

因岔管已安装完成，只能在钢管内壁进行检测。因此，先在支锥管壁垂直于焊缝位置（如图 9‐47 所示中 A、B）以锯齿形扫查方式扫查，再在肋板对面（如图 9‐47 所示中 C、D）进行锯齿形扫查，利用两种不同角度的探头，检测范围可覆盖焊接接头全区域。

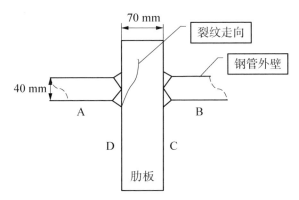

图 9‐47　肋板与锥管壁焊缝检测位置及缺陷走向

7. 检测实施

现场超声检测过程中，用 K1 探头在左侧支锥管壁（如图 9‐47 所示位置 A）检测时，二次波发现缺陷回波，深度连续变化（距内表面 0～53 mm），测量水平距离显示缺陷位置超过焊缝边缘深入肋板内，随即从肋板右侧进行检测（如图 9‐47 所示位置 C），缺陷回波与一次底波基本相连，深度同样连续变化（距右侧肋板表面深 32～70 mm）。利用 K2 探头进行缺陷确认时，得到最高缺陷波幅 $H_0 + 14$ dB。

8. 缺陷评定与验收

现场工作人员通过缺陷回波形态及包络线分析，判断该缺陷性质为裂纹，用固定回波幅度等级技术（绝对灵敏度法）测得缺陷长度为 148 mm，依据标准 GB/T 29712—2013 规定，该焊缝为不可验收。

9. 缺陷验证

检测人员参与了缺陷返修和复检，在清除缺陷的过程中，证实缺陷为裂纹，裂纹起始位置为靠近肋板的焊缝熔合线，与焊缝表面呈 35°方向向母材发展，缺陷清除后的刨缝长 460 mm，实测刨缝深度 162 mm，几乎贯穿整个肋板，如图 9‐48 所示。

10. 检测记录与报告

根据相关技术标准要求，做好原始记录及检测报告的编制、审批、签发等。

图 9 - 48　月牙肋刨缝

9.17　水电站桨叶转臂连板脉冲反射法超声检测

某水电站 4 号机组为轴流转桨式机组,其桨叶转臂连板是连接转臂与操作架耳柄的关键传动部件,如图 9 - 49 所示,桨叶的转动通过转臂与转臂连板转化为操作架耳柄的垂直运动。

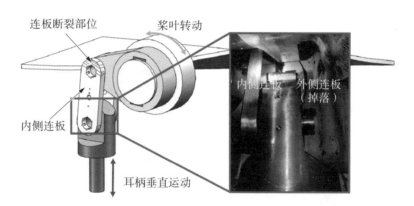

图 9 - 49　桨叶转臂内、外侧连板位置示意图及实物图

2022 年 5 月 13 日至 15 日机组检修期间,在对转轮室内部机组各机构检查中,发现 2 号、3 号、5 号桨叶内侧连板上端断裂(脱落),经失效分析后认为,主要是由于连板止动销钉处的盲孔附近存在较严重的应力集中,加上连板销钉孔长期受交变应力,导致在应力集中处萌生疲劳裂纹,进而发生断裂。

由于该水电站 3 号机组桨叶转臂连板与 4 号机组结构相同,在更换新结构的连板前,为监督跟踪其运行状态,电站方面决定结合检修期对转轮桨叶操作机构部件进行外观与无损检查。2023 年 10 月,对 3 号机组 1 号、3 号、4 号和 6 号转臂内侧连板下半部分进行超声波检测,参照标准 NB/T 47013.3—2015 中第 5.5 条执行,重点排查连板止动销钉处盲孔附近内部裂纹,按检测等级Ⅰ级合格。受检的桨叶转臂连板厚度为 95 mm,材质为锻造 HD610CF,结构及规格尺寸如图 9-50 所示,表面状态为机加工面。

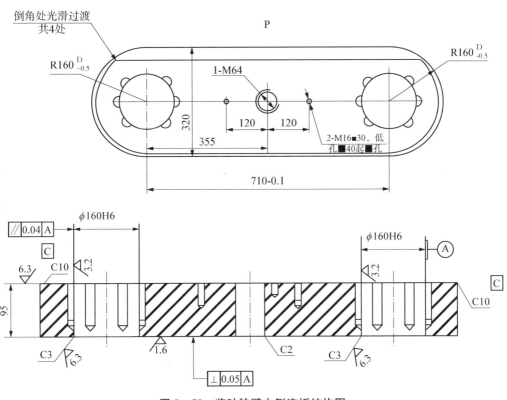

图 9-50　桨叶转臂内侧连板结构图

1. 仪器与探头

(1) 仪器:汕超 CTS-9006PLUS 型数字式超声探伤仪。

(2) 探头:根据被检桨叶转臂连板的规格,选择 2.5P10Z 直探头。

2. 试块与耦合剂

(1) 对比试块:CS-2-1~CS-2-12 对比试块(碳钢)试块。

(2) 耦合剂:机油。

3. 参数测量与仪器设定

用对比试块 CS-2-1~CS-2-12 的侧边或底面校正时间轴等,依据检测桨叶转臂连板的材质声速、厚度以及探头的相关技术参数对仪器进行设定。

4. 扫描时基线比例的调整

扫描时基线比例按声程定位法将时间轴(最大量程)调整为 100 mm。

5. 扫查灵敏度设定

（1）采用对比试块 CS-2-1、CS-2-4、CS-2-7、CS-2-10，依次测试检测距离分别为 25 mm、50 mm、75 mm、100 mm 的 Ø2 平底孔，制作距离-波幅曲线，并以此作为基准灵敏度。将基准灵敏度提高 6 dB 作为扫查灵敏度。

（2）为便于后续检测时对缺陷进行快速评定分级，采用对比试块 CS-2-2、CS-2-5、CS-2-8、CS-2-11 以及 CS-2-3、CS-2-6、CS-2-9、CS-2-12，依次测试检测距离分别为 25 mm、50 mm、75 mm、100 mm 的 Ø3、Ø4 平底孔，制作相应的距离-波幅曲线来确定缺陷当量。

6. 灵敏度补偿

1）衰减补偿

本案例中桨叶转臂连板厚度大于 3 倍探头近场区长度（由近场区公式计算得出探头近场区长度为 10.6 mm），经测定，桨叶转臂连板与对比试块衰减系数差值为 1.2 dB/m（双程），二者差值小于标准要求，故本案例中对材质衰减忽略不计，不作衰减补偿。

2）耦合补偿

经实测，桨叶转臂连板 95 mm 的大平底较对比试块 CS-2-7 中 100 mm 大平底波幅高 0.2 dB，经计算，表面耦合损失为 0.25 dB。故本案例中耦合补偿可以忽略不计。

图 9-51　连板检测面

7. 检测实施

（1）检测范围。内侧连板的外侧表面（内侧表面受操作架耳柄阻挡无法扫查）下半部分除止动销钉区域外全覆盖扫查，如图 9-51 中框线部分所示。

（2）扫查方式。采用手动方式将探头上下往复进行 100% 扫查，每次扫查的水平间距不得超过探头晶片直径的 85%。由于裂纹往往由连板内螺牙根部向外萌生拓展，因此，在自上而下扫查完成后，围绕螺栓和止动销钉周围再进行重点环绕扫查。探头移动时要求保持与检测面的良好耦合。

（3）扫查速度。因扫查面上有螺栓和止动销钉阻碍，为避免缺陷漏检，本案例中扫查速度不大于 30 mm/s。

8. 缺陷的定量和评定

1）评定依据

（1）缺陷定量。采用 Ø2、Ø3、Ø4 平底孔制作的三条距离-波幅曲线来判断缺陷当量。

（2）缺陷评定。首要检查裂纹类缺陷，当检测人员判定反射信号为裂纹等危害性缺陷时，质量等级为Ⅴ级。其余缺陷的质量分级如表9-14所示。

表9-14 缺陷的质量分级

等级	Ⅰ	Ⅱ	Ⅲ	Ⅳ	Ⅴ
单个缺陷当量平底孔直径	≤Ø4	≤Ø4+6 dB	≤Ø4+12 dB	≤Ø4+18 dB	>Ø4+18 dB
由缺陷引起的底波降低量 BG/BF	≤6 dB	≤12 dB	≤18 dB	≤24 dB	>24 dB

注：1. 由缺陷引起的底波降低量仅适用于声程大于近场区长度的缺陷。
　　2. 表中不同种类的缺陷分级应独立使用。
　　3. 本案例中对每个缺陷单独评判，不作密集区缺陷评判，表中单位为 mm。

2）缺陷评定

现场超声检测桨叶转臂连板某处的超声波形如图9-52所示，该波形图为未发现缺陷反射信号的波形图，图中深度95 mm处的反射波为底波。

本案例中受检的1号、3号、4号和6号转臂内侧连板下半部分均未发现有应记录缺陷，因此，均评为Ⅰ级，合格。

9. 检测记录与报告

根据相关技术标准要求，做好原始记录及检测报告的编制、审批、签发等。

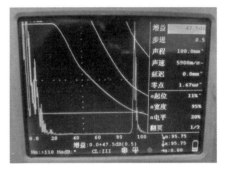

图9-52 桨叶转臂连板超声波形图

9.18 水电站操作架耳柄与连板连接销孔脉冲反射法超声检测

某水电站4号机组为轴流转桨式机组，轴流转桨式机组转轮操作机构结构复杂，连接关节多，操作架耳柄是连接操作架与桨叶转臂连板的关键部位，操作架在油压作用下进行往复运动，带动耳柄、连杆动作，从而实现对桨叶的开启和关闭及开度调整。2023年8月13日至14日期间，转轮操作架6号耳柄断裂，断裂位置位于耳柄与连板连接销孔处，如图9-53所示。耳柄断裂失效主要表现为疲劳断裂，疲劳源为耳柄内侧，主要是4号机组各部件总成装配后存在偏心或动作同步性偏差等现象，造成实际运行过程中操作机构受力不均衡，操作架6号桨叶耳柄位置除承受设计载荷外，还承受较大的设计未考虑的附加外力。

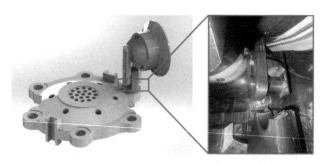

图 9－53　操作架耳柄位置及断裂后的实物

由于该水电站 3 号机组操作架耳柄与 4 号机组结构相同,为开展同类部件排查,监督跟踪其运行状态,电站方面决定结合检修期对转轮桨叶操作机构部件进行外观与无损检查。2023 年 10 月,对 3 号机组 1 号、3 号、4 号和 6 号操作架耳柄参照标准 NB/T 47013.3—2015 进行超声波检测,主要检测操作架耳柄与连板连接销孔处附近的内部裂纹,按检测等级Ⅰ级合格。受检的操作架耳柄材质为锻钢 35CrMo,规格尺寸如图 9－54 所示,表面状态为机加工面。

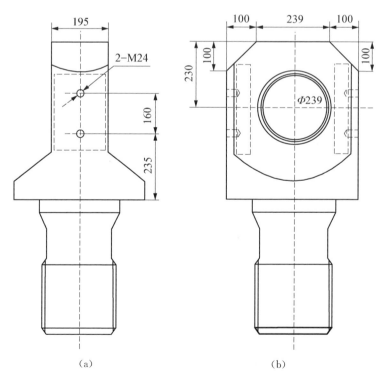

（a）　　　　　　　　　　　（b）

图 9－54　4 号机组转轮操作架耳柄设计图

（a）耳柄侧视图；（b）耳柄正视图

具体操作及检测过程如下。

1. 直探头检测

采用直探头在耳柄正面检测裂纹产生的反射波以及因裂纹导致的底波降低。

1）仪器与探头

（1）仪器：汕超 CTS-9006PLUS 型数字式超声探伤仪。

（2）探头：根据被检耳柄的规格，选择 2.5P10Z 直探头。

2）试块与耦合剂

（1）对比试块：CS-2-1～CS-2-3、CS-2-7～CS-2-9、CS-2--13～CS-2-15、CS-2-19～CS-2-21 对比试块；CS-4 试块，如图 9-55 所示，在本案例中仅用于测定曲率不同引起的声能损失。

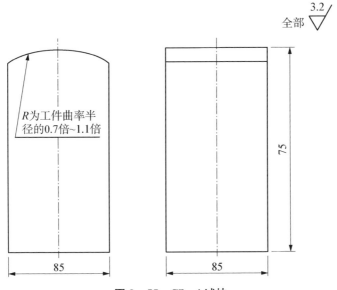

图 9-55 CS-4 试块

（2）耦合剂：机油。

3）参数测量与仪器设定

用对比试块的侧边或底面校正时间轴等，依据检测操作架耳柄的材质声速、厚度以及探头的相关技术参数对仪器进行设定。

4）扫描时基线比例的调整

扫描时基线比例按声程定位法将时间轴（最大量程）调整为 200 mm。

5）扫查灵敏度设定

（1）采用对比试块 CS-2-1、CS-2-7、CS-2-13、CS-2-19，依次测试检测距离分别为 25 mm、75 mm、125 mm、200 mm 的 Ø2 平底孔，制作距离-波幅曲线，并

以此作为基准灵敏度。

（2）将基准灵敏度提高 6 dB 作为扫查灵敏度。

（3）为便于后续检测时对缺陷进行快速评定分级，采用对比试块 CS - 2 - 2、CS - 2 - 8、CS - 2 - 14、CS - 2 - 20 以及 CS - 2 - 3、CS - 2 - 9、CS - 2 - 15、CS - 2 - 21，依次测试检测距离分别为 25 mm、75 mm、125 mm、200 mm 的 Ø3、Ø4 平底孔，制作相应的距离-波幅曲线来确定缺陷当量。

6）灵敏度补偿

（1）衰减补偿。本案例中操作耳柄厚度大于 3 倍探头近场区长度（由近场区公式计算得出探头近场区长度为 10.6 mm），经测定操作耳柄与对比试块衰减系数差值为 0.8 dB/m（双程），二者差值小于标准要求，故本案例中对材质衰减忽略不计，不作衰减补偿。

（2）耦合补偿。经实测，耳柄厚度方向 195 mm 的大平底较对比试块 CS - 2 - 16 中 150 mm 大平底波幅低 2.9 dB，经计算，表面耦合损失为 0.6 dB。经实测，CS - 2 试块与 CS - 4 试块的曲率不同引起声能损失为 0.5 dB。故本案例中耦合补偿设定为 1 dB。

7）检测实施

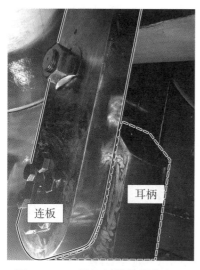

图 9 - 56 4 号机组转轮操作架耳柄实物

连板

耳柄

（1）检测范围。如图 9 - 56 所示虚线框线部位，由于操作架耳柄正面被连板所覆盖，因此只能对操作架耳柄正面除连板覆盖区域外 100% 扫查，如图 9 - 54（b）中虚线矩形框部分所示。

（2）扫查方式。采用手动方式将探头上下往复进行 100% 扫查，每次扫查的水平间距不得超过探头晶片直径的 85%。探头移动时要求保持与检测面耦合良好。

（3）扫查速度。为避免缺陷漏检，本案例中扫查速度不大于 30 mm/s。

8）缺陷的定量和评定依据

（1）缺陷定量。采用 Ø2、Ø3、Ø4 平底孔制作的三条距离-波幅曲线来判断缺陷当量。

（2）缺陷评定。首要检查裂纹类缺陷，当检测人员怀疑反射信号为裂纹等危害性缺陷时，需将耳柄与其他操作机构的部件拆除后，从耳柄的各个面进一步做超声检测加以确认，如确定为裂纹，质量等级为 Ⅴ 级。其余缺陷的质量分级如表 9 - 15 所示。

表 9-15 缺陷的质量分级

等级	Ⅰ	Ⅱ	Ⅲ	Ⅳ	Ⅴ
单个缺陷当量平底孔直径	≤Ø4	≤Ø4+6 dB	≤Ø4+12 dB	≤Ø4+18 dB	>Ø4+18 dB
由缺陷引起的底波降低量 BG/BF	≤6 dB	≤12 dB	≤18 dB	≤24 dB	>24 dB

注:1. 由缺陷引起的底波降低量仅适用于声程大于近场区长度的缺陷。
　　2. 表中不同种类的缺陷分级应独立使用。
　　3. 本案例中不作密集区缺陷评判,表中单位为 mm。

2. 斜探头检测

采用 K1 斜探头在耳柄侧面进行检测,主要检测在耳柄与连板连接销孔处开裂产生的端角反射波以及裂纹扩展后的反射波。

1) 仪器与探头

(1) 仪器:汕超 CTS-9006PLUS 型数字式超声探伤仪。

(2) 探头:根据标准要求,选择 2.5P10×10K1 斜探头。

2) 试块与耦合剂

(1) 标准试块:CSK-ⅠA 试块,用于测量仪器性能及探头参数。

(2) 对比试块:采用已断裂的耳柄制作对比试块,扫查面曲率半径为 220 mm,将深度 220 mm 处的端角作为反射体。

(3) 耦合剂:机油。

3) 参数测量与仪器设定

用对比试块的侧边或底面校正时间轴等,依据检测操作架耳柄的材质声速、厚度以及探头的相关技术参数对仪器进行设定。

4) 扫描时基线比例的调整

扫描时基线比例按声程定位法将时间轴(最大量程)调整为 320 mm。

5) 扫查灵敏度设定

(1) 采用对比试块 220 mm 深度处的端角处的最高波幅作为基准灵敏度;

(2) 将基准灵敏度提高 6 dB 作为扫查灵敏度。

6) 灵敏度补偿

(1) 衰减补偿。本案例中使用已失效的操作架耳柄制作对比试块,无需衰减补偿。

(2) 耦合补偿。本案例中对比试块的表面曲率、粗糙度与操作架耳柄基本相同,无需耦合补偿。

7) 检测实施

(1) 检测范围。操作架耳柄左右两侧面除吊装用销钉孔区域外 100%扫查,如图 9-54(a)中虚线矩形框部分所示。

（2）扫查方式。采用手动方式将探头上下往复进行100%双向扫查，每次扫查的水平间距不得超过探头晶片直径的85%。探头移动时尽量保持与检测面的良好耦合。

（3）扫查速度。因扫查面上有吊装销钉孔阻碍，为避免缺陷漏检，本案例中扫查速度不大于30mm/s。

8）缺陷的定量和评定依据

（1）缺陷定量。记录波幅为对比试块反射体波幅50%的缺陷反射波和缺陷位置。缺陷指示长度按−6dB法测定。当相邻两个缺陷间距小于等于25mm时，按单个缺陷处理。

（2）缺陷评定。根据反射波信息，如能判定为裂纹或销钉孔处开裂所产生的端角波以及波幅高于对比试块反射体波幅的，评为Ⅲ级。其余缺陷的质量分级如表9−16所示。

表9−16　缺陷的质量分级

质量等级	单个缺陷指示长度
Ⅰ	≤33.3mm
Ⅱ	≤66.7mm
Ⅲ	大于Ⅱ级者

3. 检测结果

（1）现场操作架耳柄与连板连接销孔某处的直探头检测超声波形如图9−57所示。该波形图为未发现缺陷反射信号的波形图，图中深度195mm处的反射波为底波。

（2）现场操作架耳柄与连板连接销孔某处的斜探头检测超声波形图9−58所示。

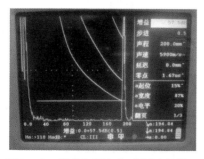

图9−57　操作架耳柄与连板连接销孔直探头检测超声波形

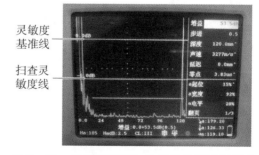

图9−58　操作架耳柄与连板连接销孔斜探头检测超声波形

该波形图为未发现缺陷反射信号的波形图,图中深度 126 mm 处的反射波为结构波。

4. 结果评定

本案例中受检的 1 号、3 号、4 号和 6 号操作架耳柄经直探头和斜探头扫查,均未发现有应记录缺陷,均评为Ⅰ级,合格。

5. 检测记录与报告

根据相关技术标准要求,做好原始记录及检测报告的编制、审批、签发等。

9.19　风力发电机组塔筒基础环法兰与塔筒对接焊缝脉冲反射法超声检测

塔筒是风力发电机组的主要承载部件,主要起支撑作用。塔筒的主要零部件是筒节、法兰及附件。塔筒通常分为三个筒节,各筒节之间、底部筒节及顶部筒节与外部的连接都是通过端头的法兰用高强螺栓连接,风力塔筒将风电机与地面连接,为风轮提供必要的工作高度,是整个风力发电机组的主要支撑装置,其受力状态极为复杂,不仅受到风轮、机舱以及自身重量的作用,还要受到不同风况下风载荷的作用,故塔筒所受的载荷主要为静载荷和动载荷两种,塔筒在运行过程中长期承受疲劳载荷,容易导致焊缝部位的开裂。因此,提高风电塔筒的无损检测水平,对于提升风力发电寿命和稳定性,减少故障损失,降低发电的维护成本等方面均具有意义。

某风力发电现场检修期间,对某风机塔筒基础环法兰与塔筒对接焊缝进行超声检测,发现超标缺陷。塔筒塔基基础规格为 $\Phi4\,200\,mm \times 43\,mm$,材质为 Q345D。采用 A 型脉冲反射法超声检测对基础环法兰与塔筒对接焊缝进行检测,检测及评定依据为 NB/T 47013.3—2015,检测技术等级为 B 级。塔筒连接部位法兰与塔筒对接焊缝如图 9-59 所示。

具体操作及检测过程如下。

1. 仪器、探头及器材

(1) 仪器:武汉中科汉威 HS611e 型数字式超声探伤仪。

(2) 探头:2.5P13×13K1、2.5P13×13K2 斜探头,探头前沿 12 mm。

(3) 器材:钢板尺。

2. 试块与耦合剂

(1) 标准试块:CSK-ⅠA(碳钢)试块。

(2) 对比试块:CSK-ⅡA-2(碳钢)试块。

(3) 耦合剂:化学浆糊或机油。

3. 参数测量与仪器设定

用标准试块 CSK-ⅠA(碳钢)校验探头的入射点、K 值,校正零偏,依据检测塔筒

(a)

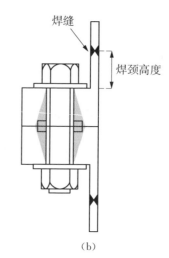

(b)

图 9-59 法兰与塔筒对接

(a)实物;(b)法兰与塔筒对接结构

的材质声速、厚度以及探头的相关技术参数对仪器进行设定。

4. 距离-波幅曲线的绘制

利用 CSK-ⅡA-2(碳钢)对比试块(∅2横通孔)绘制距离-波幅曲线,工件厚度 t 为 43 mm,检测技术等级为 B 级。其灵敏度等级如表 9-17 所示。

表 9-17 斜探头距离-波幅曲线的灵敏度

试块型式	工件厚度 t/mm	评定线	定量线	判废线
CSK-ⅡA-2(碳钢)	43	∅2×60−14 dB	∅2×60−8 dB	∅2×60+2 dB

5. 扫查灵敏度设定

扫查灵敏度应不低于评定线灵敏度,并保证在检测范围内最大声程处评定线高度不低于显示屏满刻度的 20%。其灵敏度评定线为 ∅2×60−14 dB。

检测和评定横向缺陷时,应将各曲线灵敏度均再提高 6 dB。

6. 检测实施

1) 常规检测

以锯齿形扫查方式在塔筒外壁进行单面双侧检测。在内壁检测时,由于受到法兰连接螺栓的限制,仅能进行筒体侧单面单侧检测。发现可疑缺陷信号后,再辅以前后、左右、转角、环绕四种基本扫查方式对其进行确定。

2）横向缺陷检测

依据标准 NB/T 47013.3—2015 第 6.3.9.1.2 条进行横向缺陷检测。

3）注意事项

（1）当漆层表面比较光滑、致密，无凹凸、起皮等影响超声波检测时，可以不除漆进行检测，评判结果时增加 4～5 dB 的耦合补偿。

（2）当室温与现场温度相差较大时，会对检测结果产生较大影响，必须现场调试仪器，以保证检测结果的正确性。

（3）在塔筒内部，由于焊缝离法兰较近，无法放置探头，故采用单面单侧多 K 值探头、直射法、一次反射法扫查。

（4）在塔筒外部，基础环距地面较近，可以实现单面双侧来检测整个检测区。

7. 缺陷定量

采用 2.5P13×13K1、2.5P13×13K2 探头对基础环、下段塔筒筒体与法兰对接焊缝及热影响区进行了超声波检测，由于现场条件的限制，对焊缝从外壁进行了双面检测，从内壁只允许单面检测（焊缝下方）。对整圈焊缝进行了超声波检测，检测结果发现基础环筒体与法兰焊缝存在明显异常波形两处，其中 K2 探头测得的缺陷当量大小如下。

缺陷 1：深度 $h=43$ mm，最高波幅 SL+14 dB，缺陷起始点距门中线约 2 200 mm，缺陷长度约 1 480 mm；

缺陷 2：深度 $h=43$ mm，最高波幅 SL+18 dB，缺陷起始点距门中线约 3 820 mm，总长度约 2 080 mm。缺陷位置如图 9-60 所示。

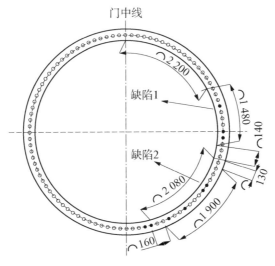

图 9-60　缺陷位置

8. 缺陷评定

依据标准 NB/T 47013.3—2015"锅炉、压力容器本体焊接接头超声检测质量分级"对缺陷进行评定。

基础环筒体与法兰焊缝存在超标缺陷两处，因此，该风机塔筒基础环法兰与塔筒对接焊缝均判定为不合格焊缝，需要返修。

9. 现场验证

经现场实际验证，两处缺陷均为内壁沿熔合线开裂，并向外表面延伸，其中缺陷1贯穿至焊缝外壁。现场部分缺陷照片如图 9-61、图 9-62 所示。

 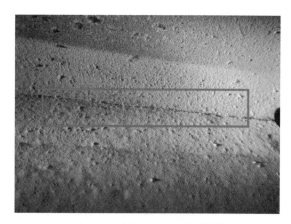

图 9-61　缺陷 1 外壁开裂照片　　　　图 9-62　缺陷 2 内壁开裂照片

10. 检测记录与报告

根据相关技术标准要求，做好原始记录及检测报告的编制、审批、签发等。

9.20　风力发电机组塔筒法兰连接螺栓脉冲反射法超声检测

某风力发电现场检修期间，根据标准相关规定及要求，需要对 UP3000-120 型号风机塔筒高强连接螺栓进行超声检测。塔筒高强连接螺栓规格：塔基基础环与一段塔筒连接螺栓为 M64，一/二段塔筒连接螺栓为 M56，二/三段塔筒连接螺栓为 M48；材质为 42CrMoA。采用 A 型脉冲反射超声法对螺栓螺纹部位进行检测，检测及评定参照标准 DL/T 694—2012 执行。塔筒连接螺栓部件如图 9-63 所示。

具体操作及检测过程如下。

1. 仪器与探头

(1) 仪器：武汉中科 HS610 数字式超声波检测仪。

（a）　　　　　　　　　　　　　（b）

图9-63　塔筒连接螺栓

（a）现场连接螺栓；（b）新更换螺栓

（2）探头：单晶纵波直探头，5MHzΦ14mm。

2. 试块

LS-Ⅰ对比试块。

3. 检测准备

（1）检测前应查阅被检螺栓的相关资料，主要包括：①螺栓的名称、规格、材质及螺栓结构形式等；②历次检修时螺栓的检测资料。

（2）应将螺栓检测表面打磨，其表面粗糙度应不大于6.3μm。端面须平整且与轴线垂直。

（3）超声检测前螺栓应经宏观检查合格，且标有永久性编号标识。

（4）应确定螺栓的检测区域，螺栓的检测区域应覆盖螺栓的全体积。应重点关注应力集中部位，如螺母连接的第一个螺牙部位，螺纹与光杆的转变处；螺栓头与螺杆过渡圆角处等。

4. 扫描速度调整

纵波直探头检测时，应根据螺栓的长度调整扫描速度，通常最大检测范围应至少达到时基线满刻度的80%。

5. 灵敏度设定

直探头纵波法检测灵敏度采用LS-1试块调整，方法是将LS-1试块上与被检螺栓最远端螺纹距离相近的Ø1横孔最高反射波调整到80%屏高作为基准灵敏度，再根据被检螺栓的规格和型式提高一定的增益（dB）作为检测灵敏度。

（1）小角度纵波检测灵敏度的选择如表9-18所示。对于低合金钢螺栓检测灵敏度的选择，在表9-18所示灵敏度的基础上增益6dB。对于有中心孔柔性马氏体钢及镍基高温合金螺栓本侧检测，则应增益 12 dB。

表 9 - 18 小角度纵波检测灵敏度选择

	螺栓型式	被检部位	检测灵敏度	判伤界限
低合金钢螺栓	无中心孔柔性	本侧	Ø1 mm－6 dB	Ø1 mm－4 dB
		对侧	Ø1 mm－14 dB	Ø1 mm－10 dB
	有中心孔柔性	本侧	Ø1 mm－6 dB	Ø1 mm－0 dB
马氏体钢及镍基高温合金螺栓	无中心孔柔性	本侧	Ø1 mm－12 dB	Ø1 mm－8 dB
		对侧	Ø1 mm－18 dB	Ø1 mm－14 dB
	有中心孔柔性	本侧	Ø1 mm－12 dB	Ø1 mm－6 dB

（2）直探头纵波法检测灵敏度也可采用其他方法进行调整，但应不低于 1 mm 模拟裂纹的检测灵敏度。

本次检测选择的检测灵敏度为 LS - 1 试块 120 mm 处 80％波高，再增益 12 dB。

6. 检测范围及扫查方式

（1）检测范围。螺栓两端螺纹部位。

（2）扫查方式。将探头置于螺栓两个端面（螺柱头部和螺纹端部）进行扫查，探头移动速度应缓慢，移动间距不大于探头半径，移动时探头适当转动，探头晶片不应超出端面。

7. 波形特点

选取螺栓试样采用线切割的方式，每根螺栓制作两个人工缺陷，分别在螺柱根部以及第一螺纹处，切槽深度为 3 mm 人工缺陷，缺陷位置如图 9 - 64 所示。

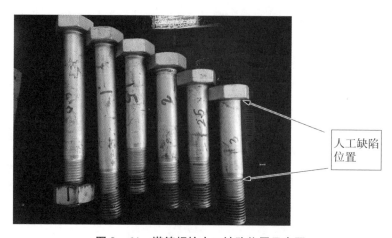

图 9 - 64 塔筒螺栓人工缺陷位置示意图

图 9-65 为采用 2.5PΦ14 直探头检测螺柱根部与第一螺纹处 3 mm 人工刻槽的超声检测波形图。图 9-65(a)为从螺纹端面检测第一螺纹处的缺陷波形显示,图 9-65(b)为从螺纹端检测螺柱根部处的缺陷波形显示;图 9-65(c)为从螺柱端检测螺柱根部处的缺陷波形显示。

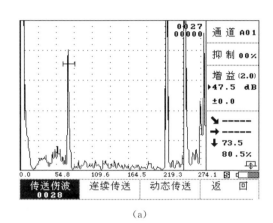

(a)

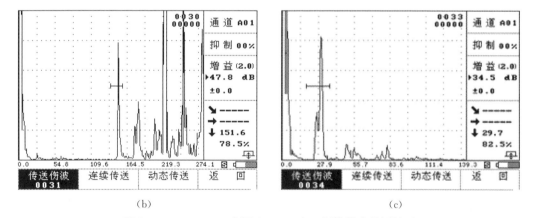

(b) (c)

图 9-65　2.5PΦ14 直探头 3 mm 人工刻槽超声检测波形

(a)螺纹端面检测;(b)螺纹端检测螺柱根部缺陷;(c)螺柱端部检测螺柱根部缺陷

(1)波形。因裂面垂直声束,故裂纹波形清晰、陡直、尖锐。

(2)位置。螺母连接的第一个螺牙部位,螺纹与光杆的转变处;螺栓头与螺杆过渡圆角处。

(3)声程。从两端面探伤,裂纹波的声程之和等于螺栓长度。

(4)底波的变化。对于较大的裂纹,底波明显减弱,甚至消失,如将扫描速度调慢(增大探测范围),还可以看到裂纹的多次反射信号。

(5)螺纹波的变化。紧靠裂纹波之后的螺纹波将由于裂纹的遮挡而消失或减弱。

8. 缺陷的评定

1）缺陷评级要求

依据标准 DL/T 694—2012 的第 6.3 条对缺陷进行评定。凡判定为裂纹的螺栓应判废。

（1）低合金钢螺栓。

a. 无中心孔柔性螺栓。缺陷信号位于本侧，其反射波幅大于或等于 Ø1−6 dB 反射当量，且指示长度大于或等于 10 mm，应判定为裂纹；缺陷信号位于对侧，其反射波幅大于或等于 Ø1−16 dB 反射当量，且指示长度大于或等于 10 mm，应判定为裂纹。

b. 有中心孔柔性螺栓。缺陷信号位于本侧，波幅大于或等于 Ø1−12 dB 反射当量，且指示长度大于或等于 10 mm，应判定为裂纹。

（2）马氏体钢及镍基高温合金螺栓。

a. 无中心孔柔性螺栓。缺陷信号位于本侧，其反射波幅大于或等于 Ø1−12 dB 反射当量，且指示长度大于或等于 10 mm，应判定为裂纹；缺陷信号位于对侧，其反射波幅大于或等于 Ø1−18 dB 反射当量，且指示长度大于或等于 10 mm，应判定为裂纹。

b. 有中心孔柔性螺栓。缺陷信号位于本侧，波幅大于或等于 Ø1−18 dB 反射当量，且指示长度大于或等于 10 mm，应判定为裂纹。

2）缺陷评定

（1）检测结果。经现场超声检测，对塔基基础环与一段塔筒连接螺栓、一/二段塔筒连接螺栓、二/三段塔筒连接螺栓进行超声检测抽检，未发现超标缺陷。现场螺纹端部超声检测波形如图 9 - 66 所示。

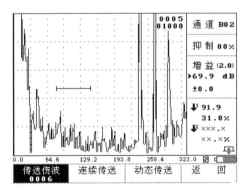

图 9 - 66　螺纹端部超声检测波形

（2）结果评定。根据标准 DL/T 694—2012 评定，其评定结果为，经现场超声波检测，该批风力发电机组塔筒法兰连接螺栓均未发现超标缺陷，合格。

9. 检测记录与报告

根据相关技术标准要求，做好原始记录及检测报告的编制、审批、签发等。

9.21　风力发电机组塔筒高强连接螺栓相控阵超声检测

"双碳"背景下,风力发电的优势更加凸显,海陆风电大量装机并网。截至 2023 年 9 月底,全国风电累计装机突破 4 亿千瓦,其中陆上风电 3.68 亿千瓦,海上风电 3 189 万千瓦。风力发电作为新型电力系统建设的重要组成部分,随着海陆风电大量投运,最早投运的机组服役已超过 20 年,部分机组的制造质量问题在后期运维过程中必将逐步暴露出来,设备质量事故频次将递增,因此,对风电机组重要金属部件开展在役检测和评估具有重要意义。

风电机组的重要结构部件几乎都是靠高强螺栓连接,在运行过程中,螺栓会承受复杂的动态应力,还会受到海水等腐蚀介质侵蚀,因此,螺栓容易出现疲劳裂纹或应力腐蚀裂纹,从而导致断裂。根据相关标准和规程的规定,需要对在役风电机组的高强螺栓进行不拆卸检测,保障机组的安全运行,避免事故发生。

某风电场需要对风电机组塔筒连接螺栓、轮毂螺栓等进行抽检,抽检比例为 20%,采用相控阵超声检测,探头采用周向一维线阵。各种螺栓规格为 M48、M42、M36,材质为碳钢。检测依据为《无损检测相控阵超声柱面成像导波检测》(GB/T 43480—2023)。

具体操作及检测过程如下。

1. 编制工艺卡

根据 GB/T 43480—2023 规定,采用一维周向线阵探头对风电机组塔筒高强螺栓进行检测,并编制风力发电机组塔筒高强螺栓相控阵超声检测工艺卡,如表 9-19 所示。

表 9-19　风力发电机组塔筒高强螺栓相控阵超声检测工艺卡

	部件名称	风电机组塔筒高强螺栓	规格	M48、M42、M36
工件	材料牌号	碳钢	检测时机	在役不拆卸检测
	检测项目	螺栓本体	坡口型式	——
	表面状态	机械打磨	焊缝宽度	——
仪器探头参数	检测标准	GB/T 43480—2023	合格等级	——
	仪器型号	武汉中科 HS PA20(bolt)	标准试块	——
	探头型号	5C64—10×20、5C64—30×48、3.5C64—10×42、C64—20×36	对比试块	待检测螺栓本体
	编码器	无需编码器	扫查方式	单侧

（续表）

耦合剂	化学浆糊	检测等级	—
检测方式	横波扇扫	工艺验证	—
灵敏度	螺栓本体噪声满屏 10%	耦合补偿	4 dB
角度范围	—	角度步进	—
探头偏置	—	聚焦方式	

检测位置示意图及缺陷评定：

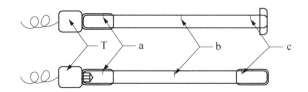

T—探头；a—裂纹 1；b—裂纹 2；c—裂纹 3。

编制/资格	×××	审核/资格	×××
日期	×××	日期	×××

2. 检测设备与器材

（1）检测设备：武汉中科 HS PA20(bolt)螺栓相控阵超声检测仪。

（2）探头：5C64－10×20、5C64－30×48、3.5C64－10×42、5C64－20×36 等周向线阵探头。

（3）辅助器材：耦合剂、钢直尺。

3. 试块

用此次没有缺陷的待检测螺栓本体或该批次仓库备用螺栓本体作为该次检测的对比试块。

4. 检测准备

（1）资料收集。检测前了解螺栓材质、尺寸等信息，查阅制造厂出厂和安装时有关质量资料，查阅检修记录。

（2）表面状态确认。检测前确认螺栓端面无影响检测的异物。

5. 仪器调整

将检测探头放置在待检螺栓检测端，探头中心线应与待检螺栓中心重合，手持探头耦合稳定时，调节仪器扫描范围使螺栓底波出现在 80% 时基位置处，调节增益使底波波高达到满屏高的 80%，在此基础上增益 12～18 dB，使噪声波不高于满屏高的 10%，记录仪器增益为检测灵敏度。若噪声波高于满屏高的 10%，应使用对比试块进行调节。

6. 数据采集

根据设置好的工艺参数,对风电机组塔筒螺栓、轮毂连接螺栓进行在役不拆卸检测,检测现场如图9-67所示。

7. 缺陷评定

(1)检测结果。经过现场相控阵超声检测,发现有一根轮毂连接螺栓存在异常信号,如图9-68所示。

图9-67　螺栓相控阵超声检测现场

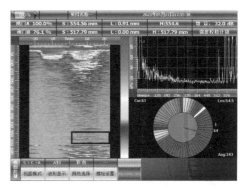

图9-68　螺栓相控阵超声检测异常信号显示

(2)缺陷评定。结合相控阵超声检测图像及波形分析,该异常信号为裂纹信号,因此,根据标准评定该轮毂连接螺栓为不合格。

8. 缺陷验证

对在现场超声检测发现有裂纹的螺栓进行更换拆卸,然后对存在缺陷部位进行渗透检测(PT)验证。

经渗透检测,在相控阵超声检测发现裂纹的螺纹位置处存在一条明显的表面裂纹,验证了相控阵超声检测结果的正确性。渗透检测出的裂纹形貌如图9-69所示。

图9-69　渗透检测出的裂纹显示

9. 检测记录与报告

根据相关技术标准要求,做好原始记录及检测报告的编制、审批、签发等。

9.22 风力发电机组海上钢制承台圆管对接焊缝脉冲反射法超声检测

海上风电相较于陆地风电,有着风力更为平稳、风机利用率更高、单机装机容量更大、不占用土地面积以及对民众日常生活干扰小等优点,在目前的风电系统建设过程中,得到了更为广泛的应用。海上风电钢制承台是海上风电设备的重要组成部分,其焊缝质量对于整体结构的稳定性和安全性具有至关重要的作用。尤其是在役海上风电钢制承台,其长期受到交变载荷的作用,容易出现疲劳裂纹。超声检测作为一种常用的无损检测方法,可以有效检测钢制承台焊缝的表面、内部、疲劳裂纹、尺寸材料缺陷等方面的缺陷。

某海上风力发电工程单台机组容量 4.2 MW,采用单桩基础型式,安装前对钢制承台圆管对接焊缝进行超声检测。桩基圆管规格为直径 5 500~5 800 mm,壁厚 55~80 mm,材质 Q345D,平均桩长 70 m。桩基圆管由长度 2~3 m 的管节组焊而成,每节管节由两张钢板拼焊后卷制成筒节后焊接成形。采用 A 型脉冲反射法超声检测对对接焊缝进行检测,检测及评定标准为 NB/T 47013.3—2015,检测技术等级 B 级。

具体操作及检测过程如下。

1. 仪器设备及器材

(1) 仪器:武汉中科汉威 HS611e 型数字式超声探伤仪。

(2) 探头:2.5P13×13K1、2.5P13×13K1.5 斜探头,探头前沿为 12 mm。

(3) 其他器材:钢板尺。

2. 试块与耦合剂

(1) 标准试块:CSK-ⅠA(碳钢)试块。

(2) 对比试块:CSK-ⅡA-2(碳钢)试块。

(3) 耦合剂:化学浆糊、机油。

3. 参数测量与仪器设定

用标准试块 CSK-ⅠA(碳钢)校验探头的入射点、K 值,校正零偏,依据检测钢制承台圆管的材质声速、厚度以及探头的相关技术参数对仪器进行设定。

4. 距离-波幅曲线的绘制

利用 CSK-ⅡA-2(碳钢)对比试块(Ø2 横通孔)绘制距离-波幅曲线,钢制承台圆管壁厚 t 为 55~80 mm,检测技术等级为 B 级。其灵敏度等级如表 9-20 所示。

表 9 - 20　斜探头距离-波幅曲线的灵敏度

试块型式	管壁厚度 t/mm	评定线	定量线	判废线
CSK - Ⅱ A - 2(碳钢)	$>55\sim80$	$Ø2\times60-14\,dB$	$Ø2\times60-8\,dB$	$Ø2\times60+2\,dB$

5. 扫查灵敏度设定

扫查灵敏度应不低于评定线灵敏度,并保证在检测范围内最大声程处评定线高度不低于显示屏满刻度的 20%。其灵敏度评定线为 $Ø2\times60-14\,dB$。

检测和评定横向缺陷时,应将各曲线灵敏度均再提高 6 dB。

6. 检测实施

(1) 常规检测。以锯齿形扫查方式在钢管纵、环向对接焊缝的单面双侧进行初探,发现可疑缺陷信号后,再辅以前后、左右、转角、环绕四种基本扫查方式对其进行确定。

(2) 横向缺陷检测。依据标准 NB/T 47013.3—2015 第 6.3.9.1.2 条进行横向缺陷检测。

7. 缺陷定量

钢制承台桩基圆管纵、环向对接焊缝均为一级焊缝,焊缝质量等级应符合 NB/T 47013.3—2015,1 级合格。采用 2.5P13×13K1、2.5P13×13K1.5 探头对该桩基圆管纵、环焊缝在制造阶段进行了超声波检测质量验收,未发现超标缺陷。

8. 缺陷评定

依据 NB/T 47013.3—2015 中"锅炉、压力容器本体焊接接头超声检测质量分级"对缺陷进行评定,该批桩基圆管焊缝判定为合格。

9. 检测记录与报告

根据相关技术标准要求,做好原始记录及检测报告的编制、审批、签发等。

9.23　风力发电机组发电机叶片脉冲反射法超声检测

作为绿色能源的风能,是实现电能替代的主力,具有良好的发展前景。我国可开发的风能潜力巨大,资源丰富,总的风能可开发量约有 $1000\sim1500\,GW$。风电叶片是风力发电机的关键部件,质量可靠性是保证机组正常稳定运行的决定因素,由于风电叶片外形庞大、质量重,一旦出现事故,后果严重。此外,叶片在运输和安装过程中,由于叶片本身尺寸和重量较大,且具有一定的弹性,也可能产生内部损伤。风机叶片在正常运行过程中,也会出现不同程度的损伤,其主要形式有裂纹、断裂和基体老化等。

目前,风电叶片缺陷检测主要依靠的无损检测方法有超声波检测、红外热波检测、声发射检测、X 射线检测。红外检测技术可以有效检测出玻璃纤维多层复合材料的内部缺陷,但是对于更深层结构的缺陷检测还有待进一步研究;声发射检测技术主要适用于叶片疲劳损伤位置检测,但其受噪声影响较大,不适用于叶片安装前检测;X 射线检测技术对于叶片空泡、夹杂等体积型缺陷有明显优势,对树脂暴聚、纤维褶皱等缺陷也有一定的检测能力,但是对于叶片裂纹和分层等缺陷检测存在一定的局限性。基于上述三种方法的不足,本案例采用脉冲反射超声波检测方法对风电叶片缺陷进行检测。

1. 风机叶片典型结构及常见缺陷

1)风机叶片典型结构

风机叶片是基本采用玻璃纤维蒙皮与主梁组成的中空薄壁结构,由叶根、外壳和主梁三部分组成,叶根一般为金属卷筒结构,外壳及主梁采用玻璃钢或碳纤维等具有比强度高、比模量高、轻质、耐腐蚀的复合材料,其质量占风机总质量的 90% 以上。叶片制造过程中,一般先在各专用模具上分别成型叶片的上下外壳、抗剪切腹板,然后再将上下外壳和主梁粘接形成一体,其典型截面如图 9-70 所示。

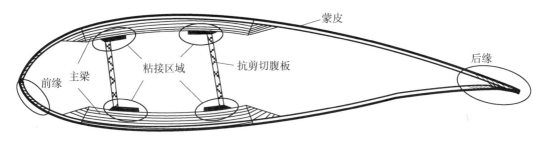

图 9-70　叶片典型截面

2)风机叶片常见缺陷

风机叶片的常见缺陷可分为 3 类,即制造缺陷、安装运输缺陷和运行缺陷,缺陷典型型式及影响如表 9-21 所示。

表 9-21　叶片典型型式及其影响

缺陷类型	典型型式	影　　响
制造缺陷	缺胶	粘接不牢,影响结构强度
	多胶	影响固化,产生裂纹
	分层	降低强度、刚度;引起断裂
	孔隙	降低弯曲、拉伸强度

（续表）

缺陷类型	典型型式	影　响
	纤维断裂	降低结构强度
	夹杂	降低韧性、剪切强度
运输安装缺陷	微裂纹	造成叶片断裂
运行缺陷	砂眼	扩展成疲劳损伤，造成叶片故障
	鼓包	
	胶衣损坏	

2. 叶片缺陷超声波检测

1）仪器设备及探头

（1）仪器：武汉中科 HS620 型数字式超声波检测仪。

（2）探头：0.5MHzΦ20 直探头。

2）耦合方式

由于叶片尺寸及表面的特殊性，常规的探头无法对其表面进行完全耦合，采用水柱法和水膜法分别对试样进行检测。水柱法耦合方式是指在探头周围注水，形成水层；水膜法耦合方式是指探头和试样间有一层水，即试样在水中。

3）标准试样

选用与叶片材质成分及结构相同的两块典型试样进行缺陷模拟。

（1）Ⅲ号试样。

Ⅲ号试样为玻璃纤维材质的外壳，用以验证外壳内部缺陷的检出能力，如图 9-71 所示。Ⅲ号试样缺陷为 Ø6mm 平底孔，深度 6mm，厚度 9mm，如图 9-72 圆圈所示。

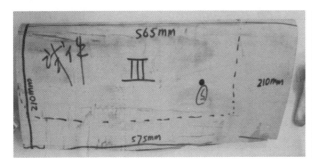

图 9-71　Ⅲ号试样

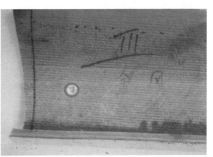

图 9-72　Ⅲ号试样缺陷

(2) Ⅳ号试样。

Ⅳ号试样为主梁和抗剪切腹板粘接位置,由玻璃纤维、胶水、玻璃纤维三层结构组成,用以验证主梁和抗剪切腹板粘接位置缺陷检出能力,如图9-73所示。Ⅳ号试样缺陷情况:缺陷①,试样底面 Ø6 mm 平底孔,深度 12 mm,厚度 19 mm,如图9-74所示;缺陷②,试样底面 Ø6 mm 平底孔,深度 5 mm,厚度 9 mm,如图9-74所示;缺陷③,自然未粘合缺陷,该部位由 3 部分粘接而成,部分 1 厚度 1 mm,部分 2 厚度 9 mm,部分 3 厚度 9 mm,如图9-75所示;缺陷④,试样厚度 9 mm 位置,在深度 4.5 mm 位置切割了 1 个分割层,模拟分层缺陷,如图9-76所示。

图 9-73　Ⅳ号试样

图 9-74　Ⅳ号试样缺陷①、②

图 9-75　Ⅳ号试样缺陷③

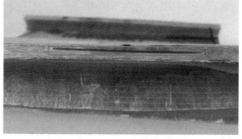

图 9-76　Ⅳ号试样缺陷④

3. 检测实施

1)Ⅲ号试样的检测

采用水柱法(水层 20 mm)对Ⅲ号试样缺陷进行超声波检测,检测波形如图9-77所示。根据超声检测波形可以得知,缺陷最高波峰深度显示值为 27.3 mm,由于水层 20 mm,缺陷实际深度值为 27.3-20=7.3(mm)。

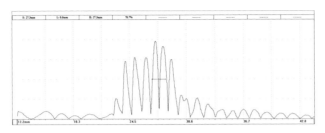

图 9-77　Ⅲ号试样缺陷超声检测结果波形图

2）Ⅳ号试样的检测

（1）采用水膜法耦合方式对Ⅳ号试样缺陷①进行超声波检测，检测波形如图 9-78 所示。根据超声检测波形可以得知，缺陷最高波峰对应的缺陷深度 12.2 mm，由于是直探头，该缺陷实际深度值为 12.2 mm。

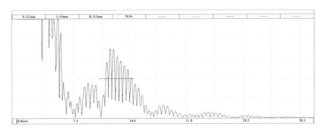

图 9-78　Ⅳ号试样缺陷①检测结果

（2）采用水柱法（水层 20 mm）耦合方式对Ⅳ号试样缺陷②进行超声波检测，结果如图 9-79 所示。根据超声检测波形可以得知，缺陷深度 24.6 mm，由于水层 20 mm，实际缺陷深度值为 24.6－20＝4.6（mm）。

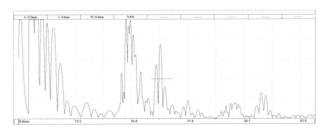

图 9-79　Ⅳ号试样缺陷②检测结果

（3）采用水膜法耦合方式对Ⅳ号试样粘接部位进行超声波检测，检测波形如图 9-80 所示。图 9-80(a)的检测结果显示最高波峰对应的深度值为 9.1 mm，由于是直探头,最高波峰对应的深度值就是缺陷的实际深度值,即 3 部分与 2 部分粘接部位存在未粘合;图 9-80(b)为深度 9.9 mm 处粘接良好部位的超声波检测结果。

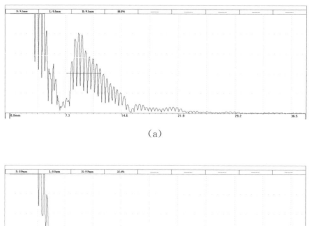

(a)

(b)

图 9-80　Ⅳ号试样粘接部位检测结果

(a)Ⅳ号试样缺陷③未粘合;(b)Ⅳ号试样粘接良好部位显示

(4) 采用水柱法(水层 20 mm)耦合方式对Ⅳ号试样缺陷④进行超声波检测,检测波形如图 9-81 所示。根据超声检测波形可以得知,缺陷显示波峰最高值为 24.2 mm,由于水层厚度 20 mm,实际深度值为 24.2-20=4.2(mm)。

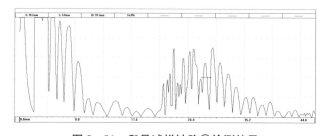

图 9-81　Ⅳ号试样缺陷④检测结果

4. 结论

通过对两种不同深度、不同型式的典型缺陷风机叶片试样的超声检测,可以得知,利用超声波检测技术检测风机叶片是可行的,具体结论如下:

（1）超声波检测风机叶片的内部孔隙缺陷、分层缺陷、粘接缺陷的位置与缺陷实际位置基本一致；

（2）叶片内部缺陷检测需采用水柱法耦合方式，粘接缺陷需采用水膜法耦合方式。

第 3 篇　电网侧设备

第 10 章　变压器

变压器是利用电磁感应的基本原理来改变交流电压的装置。变压器可以将电能转换成高电压低电流形式传输,因此减小了电能在输送过程中的损失,使得电能的经济输送距离增加。电力系统广泛使用油浸式电力变压器,其基本部件由铁心、绕组、油箱、冷却装置、绝缘套管和保护装置等组成。对于电力行业电网侧变压器设备或部件的超声检测,主要检测对象有变压器/电抗器连管对接焊缝、变压器箱体与接地体焊缝、变压器/换流变套管升高座绝缘纸板、变压器/换流器 GOE 套管瓷套等。

10.1　变压器/电抗器联管对接焊缝相控阵超声检测

某 500 kV 输变电工程,变压器冷却联管存在对接焊缝,联管的规格为 $\Phi 280\,\text{mm} \times 8\,\text{mm}$,材质为 Q235B,其结构形式如图 10 - 1 所示。要求采用相控阵超声检测技术

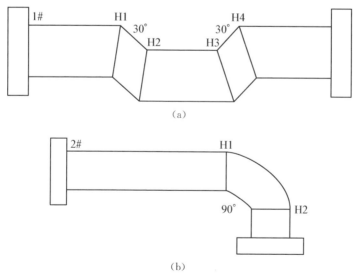

（a）

（b）

图 10 - 1　变压器冷却联管

（a)变压器冷却联管结构;（b)检测焊缝位置

对联管焊缝进行检测。检测依据为《电网设备金属材料选用导则　第2部分：变压器》(Q/GDW 12016.2—2019)、《承压设备无损检测　第15部分：相控阵超声检测》(NB/T 47013.15—2021)，相控阵超声检测技术等级为B级，质量等级Ⅰ级合格。

具体操作及检测过程如下。

1. 编制工艺卡

根据要求编制某500 kV变电站变压器联管对接焊缝相控阵超声检测工艺卡，如表10-1所示。

表10-1　某500 kV变电站变压器联管对接焊缝相控阵超声检测工艺卡

工件	部件名称	变压器联管对接焊缝	厚度	8 mm
	材料牌号	Q235B	检测时机	外观检查合格后
	检测项目	对接环焊缝	坡口型式	V型
	表面状态	打磨	焊接方法	氩弧焊+手工电弧焊
仪器探头参数	仪器型号	PhascanPA/XKZ-3	仪器编号	—
	探头型号	5L16-0.6-10-D1	楔块型号	SD1-N55S
	试块型号	PRB-Ⅰ	耦合剂	化学纤维素
	耦合剂	化学浆糊	表面耦合	4 dB
	通道名称	通道1	激发阵元数量	16
	角度范围	40°~70°	激发阵元起始位置	1
	角度步进	1°	聚焦深度	16 mm
	扫查方式	纵向垂直扫查	探头位置	距焊缝中心7 mm
	扫查步进	1 mm	扫描方式	扇扫描
	扫查灵敏度	Ø2×40—18 dB	耦合补偿量	4 dB
	合同要求	NB/T 47013.15—2021	检测比例	20%
	检测等级	NB/T 47013.15—2021 B级	验收等级	NB/T 47013.15—2021 Ⅰ级

检测位置示意图及缺陷评定：

(1) 不允许存在裂纹、未熔合、未焊透等危害性的缺陷；
(2) 反射波幅在Ⅰ区的缺陷，单个缺陷指示长度不得大于50 mm；
(3) 反射波幅在Ⅱ区的缺陷，单个缺陷指示长度不得大于10 mm；

（4）反射波幅在Ⅱ区的缺陷，在 $9t$（t 为工件厚度）范围内，多个缺陷累计长度不得大于 $150\,mm$；

（5）不允许存在反射波幅在Ⅲ区的缺陷。

编制/资格	×××	审核/资格	×××
日期	×××	日期	×××

2. 仪器与探头

（1）仪器：PhascanPA/XKZ－3 型相控阵超声检测仪。

（2）探头：5L16－0.6－10－D1。

3. 试块与耦合剂

（1）楔块：SD1－N55S。

（2）试块：PRB－Ⅰ对比试块，其形状、规格及尺寸如图 10－2 所示。

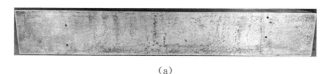

（a）

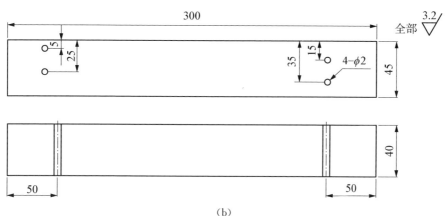

（b）

图 10－2　PRB－Ⅰ对比试块

（a）实物；（b）规格及尺寸

（3）耦合剂：化学纤维素。

4. 参数测量与仪器设定

用对比试块 PRB－Ⅰ对仪器进行楔块延迟校准；角度增益修正（angle corrected gain，ACG）；时间增益修正（time corrected gain，TCG）；灵敏度设置（扫查灵敏度、补偿灵敏度）；扫查步进设置；扫查范围设置；聚焦参数设置。校准深度范围应至少包括检测拟覆盖的深度范围,校准所使用的参考反射体不应少于3个不同深度点。

5. 距离-波幅曲线的绘制

利用 PRB-Ⅰ对比试块(Ø2横通孔)绘制 TCG 曲线,工件厚度 t 为 8 mm,验收等级为Ⅰ级,其灵敏度等级如表10-2所示。

表 10-2　灵敏度等级

试块型式	工件厚度 t/mm	评定线	定量线	判废线
PRB-Ⅰ	8	Ø2×40－18 dB	Ø2×40－12 dB	Ø2×40－4 dB

6. 扫查灵敏度设定

扫查灵敏度应不低于评定线灵敏度,并保证在检测范围内评定线高度不低于显示屏满刻度的20%。扫查灵敏度设置为 Ø2×40－18 dB(耦合补偿4 dB)。

7. 检测实施

扫查方式应为纵向垂直扫查,扫查时,若在焊缝长度方向进行分段扫查,则各段扫查区的重叠范围至少为 50 mm。对于环焊缝,扫查停止位置应越过起始位置至少 20 mm。

8. 缺陷定位及定量

经现场相控阵超声检测,发现该变压器冷却联管对接焊缝内存在一条深度为 5.9 mm、高度为 2.1 mm 的条形缺陷,长度为 880 mm,且缺陷波幅位于Ⅲ区,如图10-3所示。

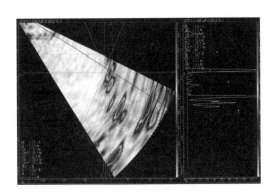

图 10-3　变压器冷却联管及焊缝相控阵超声波检测图形

9. 缺陷评定

依据标准 NB/T 47013.15—2021 相关规定评定。由于该变压器冷却联管对接焊缝内存在超标缺陷,经评定,该焊缝为不合格焊缝。

10. 检测记录与报告

根据相关技术标准要求,做好原始记录及检测报告的编制、审批、签发等。

10.2　变压器/换流器 GOE 套管瓷套相控阵超声检测

某 1000 kV 特高压变电站主变采用的 GOE 型套管,为油纸电容式变压器套管,型号是 BRDL1W‑1100/2500‑3,如图 10‑4 所示。下瓷套主要用于输变电设备引线的绝缘支撑,也可作为绝缘容器使用,是高压电力设备中的重要绝缘器件。单层瓷套往往会安装在变压器设备中,瓷套会浸没在变压器油当中,由于其材质为高强陶瓷,虽然具有很好的抗压强度,但其因是脆性材料,抗拉强度较差,一旦内部存在严重缺陷,在运行中可能引起陶瓷结构瞬间破裂,碎片飞溅会对周边的人及设备造成重大伤害。参照《支柱绝缘子及瓷套超声波检测规程》(DL/T 303—2014)、NB/T 47013.15—2021 等标准对该瓷套的等径体内部采用相控阵超声检测法进行检测。

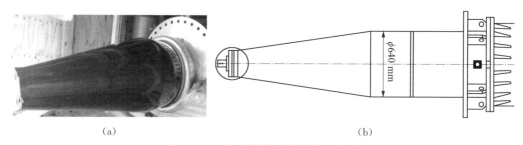

(a)　　　　　　　　　　　　　　(b)

图 10‑4　变压器/换流器套管下瓷套

(a)实物图;(b)结构图

具体操作及检测过程如下。

1. 仪器与探头

(1) 仪器:多浦乐 PhascanⅡ‑pro(32/128)相控阵超声波检测仪,具有 C 扫描成像及记录功能。

(2) 探头:根据被检瓷套的厚度、瓷套直径选择探头的频率、晶片尺寸、探头弧面。因本案例中受检的下瓷套外径为 640 mm,使用频率为 5 MHz、晶片尺寸 0.5×10 mm 的平面横波斜探头。

2. 试块与耦合剂

(1) 标准试块:CSK‑ⅠA(铝)试块,如图 10‑5 所示,用于测量仪器性能及探头参数。

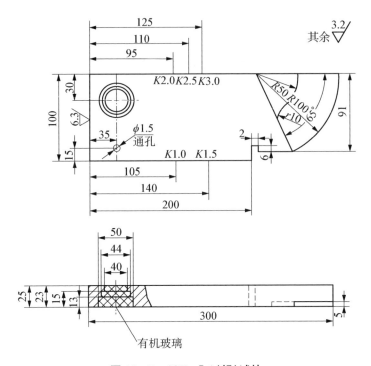

图 10 - 5　CSK - ⅠA(铝)试块

注:尺寸误差不大于±0.05 mm。

（2）参考试块:JYZ - BXⅡ试块、同材质的瓷套参考试块,用于确定检测灵敏度和探测范围,JYZ - BXⅡ试块如图 10 - 6 所示,参考试块如图 10 - 7 所示。

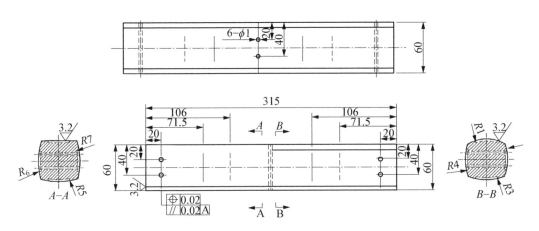

图 10 - 6　JYZ - BXⅡ试块

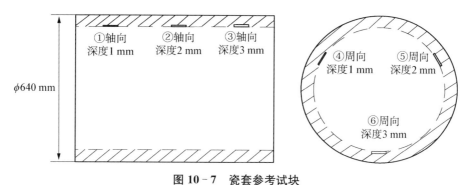

图 10 - 7　瓷套参考试块

（3）耦合剂：机油。

3. 参数测量与仪器设定

用标准试块 CSK－ⅠA（铝）测量探头的前沿以及校正角度等，依据检测套管瓷套的材质声速、厚度以及探头、楔块的相关技术参数对仪器进行设定。

4. 扫描时基线比例的调整

扫描时基线比例按深度定位法将时间轴（最大量程）调整为 60 mm。

5. 扫查灵敏度设定

采用 JYZ－BXⅡ试块调整扫查灵敏度。

（1）瓷套壁厚不大于 30 mm，将校准试块上深度为 20 mm 的 Ø1 mm 横通孔反射波高调到 80% 屏高，增益 2 dB；

（2）瓷套壁厚大于 30 mm，将校准试块上深度为 40 mm 的 Ø1 mm 横通孔反射波高调到 80% 屏高，增益 4 dB。

本案例采用上述（2）设定扫查灵敏度。

6. 角度增益补偿

在 JYZ－BXⅡ试块上进行角度增益补偿。选取深度为 40 mm 的 Ø1 mm 横孔，将入射角度调节为基准入射角度 55°，增益修正此时为 0，再依次调节其他入射角度的增益修正。

7. 检测实施

（1）扫描方式：扇扫描，选择角度范围应尽可能大，本案例中为 35°～70°。

（2）扫查速度：不应超过 150 mm/s（当采用自动报警装置扫查时不受此限制）。本案例中扫查速度采用 5～10 mm/s。

（3）设定参考线：参考线间距应确保各扫查之间的重叠至少为扇形扫描声束宽度的 10%。

（4）扫查方式。

手动轴向线性扫查或锯齿形扫查（双向）和周向线性扫查（双向），如图 10 - 8 所示。线性扫查应沿参考线进行扫查,同时保持探头位置与参考线位置的偏差不大于5%。

本案例采用轴向锯齿形扫查(双向)和周向线性扫查(双向)。锯齿形扫查时,相邻两次探头移动间隔应不超过晶片长度的50%。

探头移动时要求保持与检测面的良好耦合。扫查发现可疑缺陷信号后,需辅以前后、左右、转角、环绕四种基本扫查方式对其进行确定(见图2-4)。

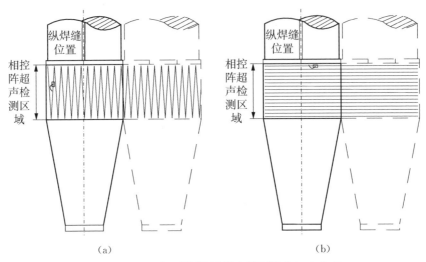

图 10-8 变压器/换流器套管下瓷套扫查方式

(a)轴向锯齿形扫查(双向);(b)周向线性扫查(双向)

8. 缺陷分析

1) 典型缺陷图

(1) 当直射波范围内未出现反射波时,应判定内部和内壁无缺陷,如图10-9(a)所示。

(2) 当瓷套内部存在杂质、气孔及裂纹等缺陷时,底波位置前会出现点状或丛状反射波,应判定内部有缺陷,如图10-9(b)所示。

(3) 当瓷套内壁存在杂质、气孔及裂纹等缺陷时,瓷套厚度位置会出现点状或丛状反射波,如图10-9(c)所示。

2) 现场检测结果图

经现场相控阵超声检测,发现该GOE套管下瓷套等径体存在两处应记录缺陷(缺陷①、缺陷②),缺陷图谱如图10-10所示。两处缺陷波的最高波幅分别为Ø1mm-3dB、Ø1mm-2dB,缺陷指示长度均约为2mm。

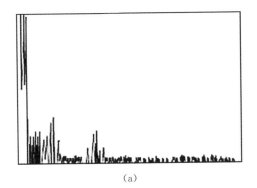

(a)

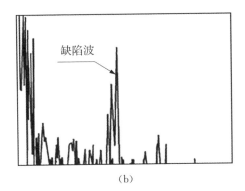

(b)

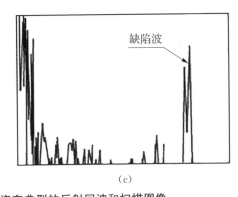

(c)

图 10 - 9　变压器/换流器套管下瓷套典型的反射回波和扫描图像

(a)无缺陷时 A 扫描图像；(b)内部缺陷 A 扫描图像；(c)内壁缺陷 A 扫描图像

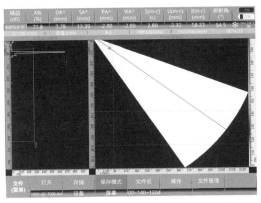

(a)

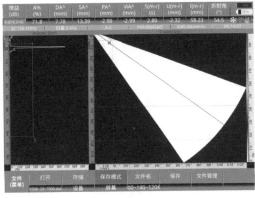

(b)

图 10 - 10　GOE 套管下瓷套扫查方式示意图

(a)缺陷①图谱；(b)缺陷②图谱

9. 缺陷评定

1）评定标准

（1）凡是判定为裂纹的缺陷为不合格。

（2）检测结果符合下列条件之一的评定为不合格：单个缺陷波大于或等 Ø1 mm 横通孔当量的缺陷；单个缺陷波小于 Ø1 mm 横通孔当量，且指示长度不小于 10 mm 的缺陷；单个缺陷波小于 Ø1 mm 横通孔当量，呈现多个（不小于 3 个）反射波或林状反射波的缺陷。

2）结果评定

根据标准规定，本案例中的 GOE 套管下瓷套等径体存在的两处应记录缺陷均未超标，因此，经评定，该套管的下瓷套内部相控阵超声检测合格。

10. 检测记录与报告

根据相关技术标准要求，做好原始记录及检测报告的编制、审批、签发等。

10.3 变压器/换流变套管升高座绝缘纸板相控阵超声检测

对某变电站 500 kV 变压器升高座内部结构进行隐患排查，要求在带电状态下检测升高座绝缘纸板漏装问题，套管结构如图 10-11 所示。要求采用相控阵超声检测方法对该出线装置进行检测。检测依据为《无损检测 超声检测 相控阵超声检测方法》（GB/T 3256—2016）。

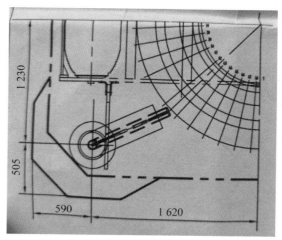

图 10-11 变压器套管实物图及内部结构尺寸

具体操作及检测过程如下。

1. 检测前的准备

查阅变压器套管原始资料,确定套管内部出线装置的结构、尺寸、安装位置等信息,确定检测位置,制定检测方案。

2. 仪器设备及探头

(1) 仪器设备:自主研制的声学成像测量仪。

(2) 探头:在保证系统灵敏度的情况下,相控阵探头频率一般选择 $2\sim5\,MHz$。本次选用探头型号 2.25L32 10×10。

3. 耦合剂与模拟油箱

(1) 耦合剂:化学浆糊或水。

(2) 模拟油箱:采用与变压器相同厚度箱体、绝缘油及内部绝缘材料组成。

4. 扫描速度的调节

为了保证扫描过程中探头表面的良好耦合,扫描速度不应大于 $20\,mm/s$。

5. 灵敏度的选择

利用油箱内与测量位同等距离 20 mm 宽支架回波调整检测灵敏度。调整相控阵超声检测仪增益,使支架回波高度达到 80%屏幕波高,以此作为基准灵敏度。因为实际检测的时候变压器油箱表面存在曲率,故实际检测灵敏度需在基准灵敏度基础上再增加 6 dB。

6. 扫查方式

根据出线装置结构、尺寸、安装位置等信息确定检测位置,绘制检测基准线及起始点。根据检测基准线及起始点将扫查器磁吸座吸附在检测位表面,连接电机及控制系统。设置沿柱面轴向为扫描轴,周向为步进轴,设置采样与步进间距均为 0.2 mm。

7. 检测实施

设置扫描深度和闸门位置。点击"开始"进行扫描,扫描完成后会得到一幅 A-S-B-C 扫描图,找到扫描图中超声回波幅度最高的显示线段,在软件中使用测量工具测量线段中间位置距离扫描起点的位置,并在筒体表面将该位置标注出来,用卷尺测量该位置与起始点的距离,并与图纸标注的位置进行对照。

8. 结果判定

(1) 现场检测结果。

将套管内部装置的结构、尺寸、安装位置关系与同扫描的图像进行比对,确定套管升高座结构是否存在异常。现场超声波声学成像测试数据如表 10-3 所示,现场相控阵超声检测数据及影像如图 10-12～图 10-17 所示。

表 10 - 3   超声波声学成像测试数据

变压器相别	绝缘纸板距离外表/mm	绝缘隔板下沿标高/mm
A 相	344	距离底板 2 086
B 相	330	距离底板 2 100
C 相	278	距离底板 2 098

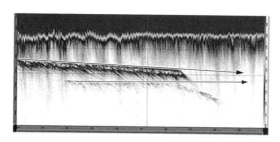

图 10 - 12   变压器 A 相检测结构异常图像

注：图中箭头代表绝缘纸板位置，位置存在偏移。

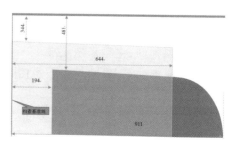

图 10 - 13   变压器 A 相检测数据

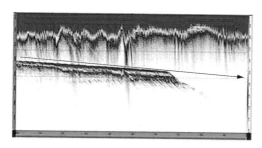

图 10 - 14   变压器 B 相检测异常图像

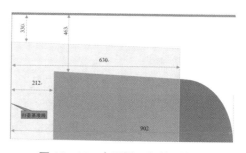

图 10 - 15   变压器 B 相检测数据

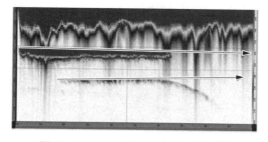

图 10 - 16   变压器 C 相检测正常图像

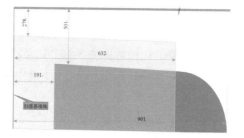

图 10 - 17   变压器 C 相检测数据

从图中可以看出，出线装置处的绝缘隔板均安装。图 10 - 12 所示为 A 相绝缘隔板 B 扫描图像，可以直观看到两层绝缘隔板成像。通过成像软件分析获取绝缘隔板与外表距离，图 10 - 13 为 A 相检测数据示意图。图 10 - 14～图 10 - 17 分别为 B 相和 C 相的检测图像及检测数据示意图。依据实际现场检测位置的高度和成像测量数据计算得出绝缘隔板下沿标高,相关数据如表 10-3 所示。通过与变压器安装图纸对比,判断隔板位置的偏移情况。

(2) 结构缺陷评定。

根据变压器套管升高座原始资料信息、检测数据和检测图像,判断出线装置的绝缘纸板正常安装,其中 C 相绝缘纸板位置正常,但 A 相和 B 相存在局部位置垂直方向和水平方向的偏移。

9. 检测记录与报告

根据相关技术标准要求,做好原始记录及检测报告的编制、审批、签发等。

10.4　变压器/换流变套管电容芯子相控阵超声检测

变压器套管电容芯子是特高压变压器、换流变干式套管的关键部件。电容芯子一般是同心圆柱形电容器,由绝缘层和金属层交替紧密排列。常见的电容芯子缺陷在制造过程中受制作过程或加工工艺的影响,容易形成分层、裂纹或微气孔等隐蔽性质量缺陷。利用相控阵相位干涉技术可以较准确测量电容芯子内部隐蔽性缺陷的大小和位置,快速发现电容芯子质量问题。

相位相干成像技术(phase coherence imaging, PCI)是一种全新的利用 A 扫描信号相位信息成像的技术,主要基于信号的相位叠加成像,不依赖振幅变化,即通过顺序激发相控阵探头中的每一个晶片,并在接收端让所有晶片均接收此次激励发射反馈回来的信号。因小缺陷的衍射信号或裂纹尖端相比于大的反射体,存在更高的相干信号,所以该技术对小缺陷检测灵敏度高,尤其适合检测电容芯子内部隐蔽性缺陷的检测。

某公司新研制的特高压干式套管电容芯子,材质为环氧树脂与铝箔交叠形成,截面如图 10-18 所示。

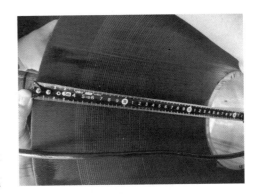

图 10-18　套管电容芯子截面图

具体操作及检测过程如下。

1. 检测前准备

查阅套管电容芯子相关资料,确定电容芯子材质和规格尺寸,制定检测方案。

2. 仪器及探头

(1) 仪器:奥林巴斯 Omniscan X3 超声相控阵检测仪。

（2）探头：1L64 - 96×22 - I5S/NX3683。

3. 耦合剂

采用变压器油。因电容芯子对质量要求比较严格，检测干式套管油端电容芯子时，必须采用与套管充油型号相同的变压器油作为耦合剂。

4. 声速校准

首先对其声速进行校准。采用电容芯子已知长度的底面作为基准面，利用 A 扫描波幅信号反馈，多次测量校准电容芯子声速，经多次测量校准后确定其声速为 2 480 m/s。

5. 灵敏度调节

根据电容芯子的形状，选择线性扫查方式，使用相位相干全聚焦法则，聚焦深度调节为 100 mm，检测范围调整为 0～120 mm，将无缺陷部位的电容芯子的底波调整至 A 扫描显示满幅波高的 80%，作为基准灵敏度，再增益 6 dB 作为检测灵敏度。本次检测灵敏度调节至 40 dB。

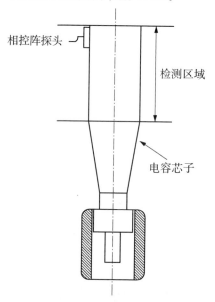

相控阵探头

检测区域

电容芯子

图 10 - 19　电容芯子检测示意图

6. 检测实施

对套管电容芯子进行相位相干成像检测。具体检测实施步骤如下：

（1）确定扫查起始点，将套管油端电容芯子按照探头一次扫描有效长度进行平均划分；

（2）测量开始时，保证探头与电容芯子外表面耦合良好，探头放置方向为晶片排列方向，与电容芯子轴向垂直；

（3）调节增益至 40 dB，沿电容芯子圆周方向移动探头。当发现有缺陷反射回波信号时，记录出现缺陷反射回波的位置，作为缺陷范围的起始点，再缓慢移动探头，确定缺陷反射回波消失的位置，作为缺陷范围的终止点。待检测完探头一次扫描的有效测量长度后，移动探头至下一段检测，直至扫查完整个油端电容芯子，如图 10 - 19 所示。

7. 缺陷深度与范围测定

（1）缺陷深度测定：将探头沿电容芯子圆周方向移动，由缺陷左右两端的反射波信号出现和消失确定周向上缺陷信号起始点和终止点，选择同灵敏度下反射波信号最强点，读取设备显示缺陷深度，如图 10 - 20 所示。

（2）缺陷范围测定：结合电容芯子周向缺陷信号起始点和终止点范围，上下移动探头，确定轴向的缺陷信号起始点和终止点。根据缺陷信号起始点和终止点对应的弧段位置,结合电容芯子外表面直径,对应计算出缺陷范围,如图 10 - 21 所示。

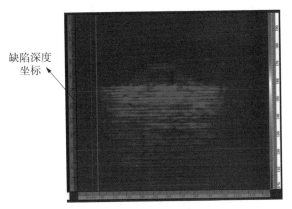

图 10 - 20　电容芯子正常反射信号

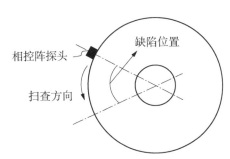

图 10 - 21　缺陷位置示意图

8. 检测结果

经现场相控阵超声检测,发现该变压器/换流变套管电容芯子内部存在两个分层缺陷,如图 10 - 22 所示,两个分层缺陷深度分别为 52 mm 和 78 mm,周向分布 15 cm,轴向分布 8 cm。

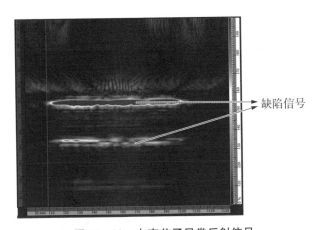

图 10 - 22　电容芯子异常反射信号

9. 检测记录与报告

根据相关技术要求,做好原始记录及检测报告的编制、审批、签发等。

10.5　变压器箱体与接地体 T 型焊缝脉冲反射法超声检测

某 750 kV 变电站 1 号主变 C 相变压器箱体与接地排 T 型焊缝防腐漆表面存在

开裂现象。该接地排为"L"型,规格为 40 mm×8 mm,上部水平端通过焊接方式与油箱箱体连接,油箱基体材质为碳钢,接地排基体和焊缝均为 18-8 系奥氏体不锈钢,下部垂直端通过螺栓与接地网连接,两端均为硬连接。现对 1 号主变 B 相变压器箱体与接地排 T 型焊缝进行脉冲反射法超声波检测。

具体操作及检测过程如下。

1. 仪器与探头

(1) 仪器:武汉中科汉威 HS610e 型数字式超声波检测仪。

(2) 探头:5P9×9K1 斜探头,探头前沿 10 mm。

2. 试块与耦合剂

(1) 试块:为模拟主变箱体与接地排 T 型焊缝,制作两个模拟试块,即 1 号模拟试块和 2 号模拟试块,如图 10-23 所示。箱体母材采用碳钢,接地排为奥氏体不锈

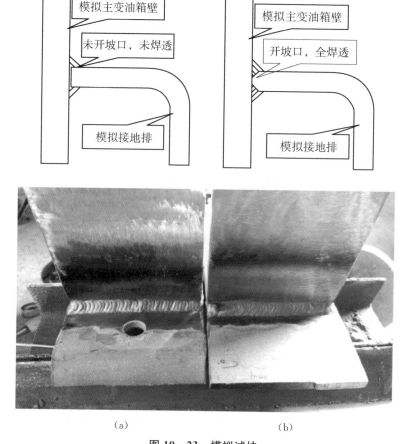

图 10-23 模拟试块

(a)1 号模拟试块;(b)2 号模拟试块

钢,使用不锈钢焊条进行焊接。其中,1 号模拟试块仅进行表面封焊,内部未焊透,2 号模拟试块全焊透。

（2）耦合剂：化学浆糊。

3. 灵敏度设定

探头置于模拟试块接地排表面,调节端角直射波高度为显示屏满刻度的 80％作为基准灵敏度。扫查灵敏度不低于基准灵敏度。

4. 检测实施

从接地排侧对变压器箱体与接地排角焊缝进行扫查,锯齿形前后移动探头,重点关注当一次波对准扫查面对侧焊缝根部和二次波对准扫查面侧焊缝根部时,示波屏上是否出现反射波信号。

5. 典型缺陷波形识别

（1）1 号模拟试块的超声波反射信号显示,如图 10 - 24 所示。当探头在不同位置移动时,可见未焊透结构明显的一次波及二次波反射波信号显示。

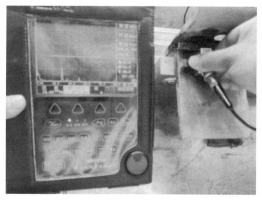 

（a）　　　　　　　　　　　　　　　　　　　（b）

图 10 - 24　1 号试块超声波反射信号

（a）一次波反射信号；（b）二次波反射信号

（2）2 号模拟试块的超声波反射信号显示,如图 10 - 25 所示。当探头在不同位置移动时,未见一次波及二次波反射信号显示,焊缝完全焊透。

6. 检测结果

对 1 号主变 B 相变压器箱体与接地排焊接部位（防腐漆表面未开裂）进行检测,结果与 1 号模拟试块超声波反射信号显示相同,如图 10 - 26 所示,均可发现一次波及二次波反射信号显示,由此判断 1 号主变 B 相变压器箱体与接地排焊接部位 T 型焊缝存在未焊透,存在与 C 相类似发生开裂甚至脱落的潜在风险。

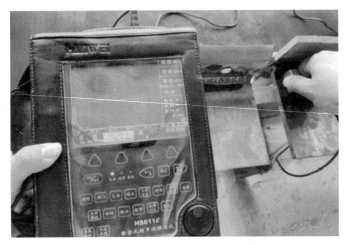

图 10 - 25　2 号试块超声波反射信号

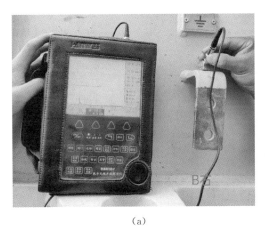

（a）

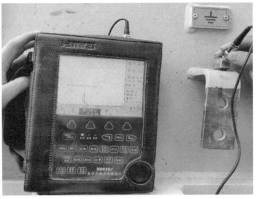

（b）

图 10 - 26　1 号主变 B 相接线排超声波检测反射信号显示

（a）一次波反射信号；（b）二次波反射信号

7．检测记录与报告

根据相关技术标准要求，做好原始记录及检测报告的编制、审批、签发等。

第11章 开关设备

开关设备,指主要用于与发电、输电、配电和电能转换有关的开关装置以及其与控制、测量、保护及调节设备的组合,包括由这些装置和设备以及相关联的内部连接、辅件、外壳和支撑件组成的总装。根据结构形式不同,开关设备可以分为敞开式开关设备、金属密闭气体绝缘开关设备(gas insulated switchgear,GIS)、开关柜等。对于电力行业电网侧开关设备或部件的超声检测,主要检测对象有隔离开关、断路器、气体绝缘全封闭组合电器的本体、焊缝及绝缘子等。

11.1 GIS筒体支架焊缝脉冲反射法超声检测

某330kV变电站110kV GIS设备发生SF6气体泄漏事故,检测发现110kV Ⅱ段母线筒体与支架连接处焊缝存在一处贯穿性裂纹缺陷,开裂漏气部位如图11-1所示,裂纹由筒体表面开裂并向内壁发展。经分析,造成GIS母线筒体与支架连接处焊缝产生裂纹的主要原因为母线筒体在环境温度变化下产生轴向变形,而支架固定于变电站地基基础,由于两者变形量不同,在母线筒体与支架连接处产生较大应力。长期的环境温度变化引起母线筒体的不断伸缩变形,从而容易在筒体与支架连接处焊缝位置产生疲劳裂纹。

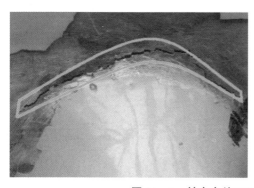 

图11-1 某变电站110kV GIS母线筒焊缝开裂

事故发生后,在该变电站 110 kV GIS 母线筒体与支架连接处焊缝位置检测发现 12 条表面裂纹缺陷,裂纹最大长度 65 mm,裂纹最大深度 8 mm(母线筒体壁厚为 8 mm)。为准确了解 GIS 设备裂纹缺陷情况,采用渗透检测首先发现裂纹(见图 11-2),再利用超声表面波检测方法进行裂纹深度测定(见图 11-3),为掌握裂纹深度及其发展趋势,对国网青海电力公司内其他变电站中同类型 GIS 设备进行裂纹缺陷隐患排查。超声表面波检测标准为《无损检测　超声表面波检测方法》(GB/T 23904—2009),检测依据为《承压设备无损检测　第 3 部分:超声检测》(NB/T 47013.3—2015)。

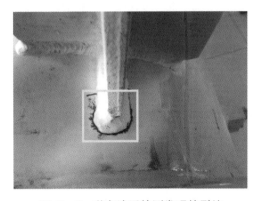

图 11-2　着色渗透检测发现的裂纹

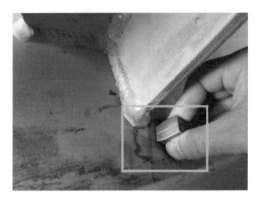

图 11-3　超声波检测裂纹深度

具体操作及检测过程如下。

1. 仪器设备及器材

(1) 仪器:USM35 型超声波探伤仪。

(2) 探头:4P8×9BM 表面波探头。

(3) 器材:H-ST 着色渗透探伤剂。

2. 试块与耦合剂

(1) 试块:SWB-1 型对比试块,对比试块厚度应大于 10 倍波长,其形状和尺寸如图 11-4、表 11-1 所示。

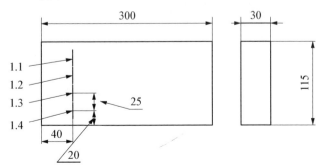

图 11-4　SWB-1 型对比试块

表 11 - 1　SWB - 1 型对比试块线槽尺寸

线槽编号	L1	L2	L3	L4
深度/mm	0.2	0.4	0.8	1.2
长度/mm	10			

（2）耦合剂：机油。

3. 参数测量及仪器设定

根据所使用的表面波探头频率，按表 11 - 2 推荐的参数，在对比试块上选择相应线槽，将探头放置在距线槽 100 mm 处，并使表面波主声束垂直于线槽。转动探头，使线槽反射回波幅度达到最大，然后将此最大幅度的线槽反射回波调节到满屏的 80% 波高，所得的 80% 波高为第一点，然后将探头至少放置于三个不同距离处，分别测得各距离处的最大波高。将不同距离处的最大波高点连成一平滑曲线，即表面波水平距离-波幅曲线，且最远点所测得的最大波高不应低于满屏的 10%。

表 11 - 2　对比试块法的推荐参数

线槽编号	L4	L3	L2	L1
频率/MHz	1	2～2.5	4	5

4. 扫查灵敏度设定

采用对比试块法绘制好距离-波幅曲线后，增益 2～4 dB 的耦合补偿后作为检测灵敏度。

5. 检测实施

1）检测原理

当超声波束以第二临界角入射时，可产生沿被检材料表面传播的超声横波，即表面波。使用表面波进行检测的超声波检测方法，称为超声表面波法。

表面波是一种对表面缺陷很有效的检测方法，特别是可以测量表面开口裂纹的深度。测深方法主要为时延法。其检测原理：表面波自探头发出，当其沿表面传播的过程中遇到表面裂纹时，一部分声波在裂纹开口处以表面波的形式被反射，并沿物体表面返回；一部分声波仍以表面波的形式沿裂纹表面继续向前传播，传播到裂纹尖端时，部分声波被反射并沿物体表面返回，如图 11 - 5 所示。假设传播至裂纹开口处反射回的声波信号在显示屏上的水平位置为 S_1，传到裂纹尖端返回的声波信号在荧光屏上的水平位置为 S_2，则裂纹的纵向尺寸（深度）h 可由 $h = S_2 - S_1$ 求得。

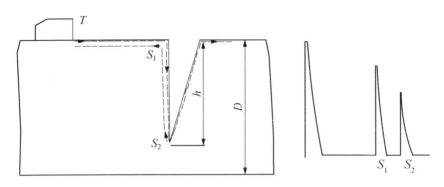

图 11-5 表面波测裂纹深度的原理

2）检测结果

用超声表面波法检测 GIS 母线筒焊缝某一裂纹深度时，超声波探伤仪显示屏上显示的回波信号如图 11-6 所示。其中，图 11-6(a)所示为裂纹开口处反射回来的表面波信号，其水平位置为 14.69 mm；图 11-6(b)所示为裂纹尖端处反射回来的表面波信号，其水平位置为 17.33 mm，两者水平位置的差值就是裂纹的深度，裂纹深度为 17.33 mm－14.69 mm＝2.64 mm。

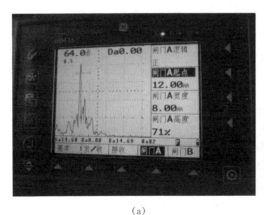
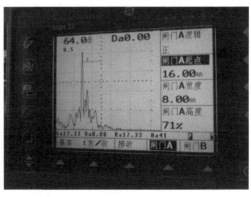

（a）　　　　　　　　　　　　　　　（b）

图 11-6 GIS 母线筒焊缝裂纹深度结果图

（a）裂纹开口处反射回波信号；（b）裂纹尖端处反射回波信号

根据裂纹深度占母线筒体厚度的比例就可以判定裂纹缺陷的危害程度，对超过 40%筒体厚度的裂纹缺陷所在母线筒体进行整体更换处理；对其他缺陷则定期监测其发展变化趋势，在缺陷发展成为贯穿性裂纹前进行预警。

6. 裂纹源产生部位的有限元分析

采用有限元分析的方法求解最大应力出现位置,如图 11-7 所示。有限元危险点分析的结果表明,焊接尖角处(端部)的应力最大,与现场实际运行过程中焊缝开裂部位相吻合。图 11-7 中的位置 1 表示加强筋板与筒体的焊缝端部,图 11-7 中的位置 2 表示支撑板与筒体的焊缝端部,颜色越深表示应力越大。

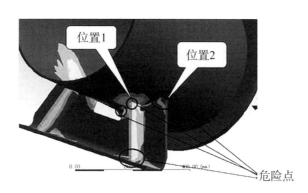

图 11-7　有限元的危险点分析

7. 开裂缺陷在 GIS 设备上的分布规律

国网青海公司通过对 17 座 110 kV 变电站 GIS 母线筒焊缝开裂缺陷分布规律统计,发现焊缝开裂一般在最两端的筒体支撑焊接处更易出现,图 11-8 是 330 kV 某变电站 110 kV 母线筒开裂缺陷位置示意图,从图中可看出,最两端的筒体支撑焊接处开裂缺陷分布较多。

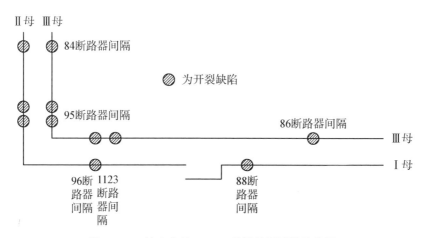

图 11-8　某变电站 110 kV 母线筒开裂缺陷位置

8. 两端筒体支撑焊接处易出现裂纹原因分析

在母线筒的热胀冷缩过程中,对于中间的母线过渡筒,由于两端都有母线,在温度变化时,两端同时产生膨胀力或收缩力,起到了一定程度的平衡作用。而最两端的母线过渡筒,只受到一边的膨胀力或收缩力,受力不平衡,因此受力条件更严酷。另外,最端头的过渡筒的一边还受到内部六氟化硫气体的压力(俗称盲板力),而中间的过渡筒两端都受到盲板力,这样中间过渡筒两端的盲板力相互抵消。综合上述原因,最两端的母线过渡筒只有一边受到温度变化引起的应力以及盲板力,因此在支腿固定的情况下,其母线筒与支腿的焊缝更容易出现裂纹。

青海电网该类型 GIS 设备母线筒体与支架连接处焊缝检测发现裂纹 248 条。通过对这些裂纹缺陷的定期监测,掌握其发展变化规律,防止了漏气事故的发生,保障了 GIS 设备的稳定运行。

9. 总结

通过超声表面波法在 GIS 设备表面裂纹缺陷检测中应用案例的介绍,说明了超声波检测技术可有效应用于金属封闭型电网设备的状态检测。同时,超声波检测方法的成功应用,有效补充了电网设备状态检测的方法,可更好地保障电网设备的安全稳定运行。而且超声波检测方法可实现电网设备带电检测,防止因设备解体和非正常停电造成重大经济损失。

11.2　GIS 设备筒体对接焊缝脉冲反射法超声检测

某 110 kV 输变电工程 GIS 筒体纵、环焊缝,筒体公称壁厚为 10 mm/8 mm,材质为 5083/5052 铝合金,如图 11 - 9 所示。要求采用 A 型脉冲反射法超声对该焊缝进行检测。GIS 筒体超声检测技术等级依据《铝制焊接容器》(JB/T 4734—2002)标准

图 11 - 9　GIS 设备筒体

规定,当使用超声检测实施局部抽检时,技术等级为 B 级,检测方法按《铝和铝合金制及钛承压设备对接接头超声检测方法和质量分级》(NB/T 47013.3—2015 附录 H)标准执行,合格级别为Ⅱ级。

具体操作及检测过程如下。

1. 仪器与探头

(1) 仪器:武汉中科 HS616e 数字式超声波检测仪。

(2) 探头:考虑 GIS 筒体厚度较薄,属于薄板,所以探头一般选用 70°及以上短前沿探头;考虑到 GIS 筒体为圆弧面,为了满足耦合效果,选用晶片尺寸较小为宜。本案例选择铝制专用 5P9×9K2.5 探头,探头前沿距离为 10 mm。

2. 试块与耦合剂

(1) 标准试块:5083 系铝制 CSK-ⅠA 试块,如图 11-10 所示。

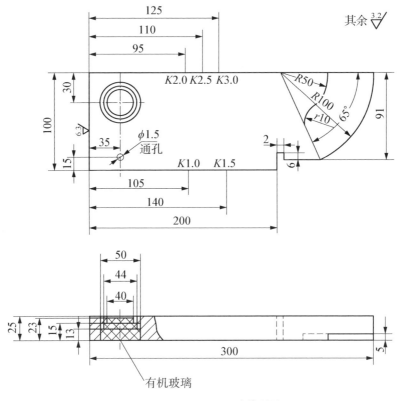

图 11-10　CSK-ⅠA 试块(铝)

注:尺寸误差不大于±0.05 mm。

(2) 对比试块:5083 系铝制 1 号试块,如图 11-11 所示,其规格尺寸如表 11-3

所示。

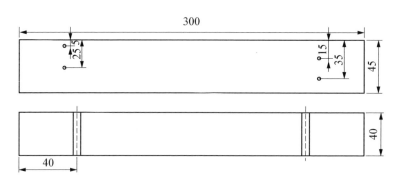

图 11-11 1号试块(铝)

表 11-3 对比试块的尺寸

试块编号	工件厚度 t/mm	试块厚度 T/mm	横孔位置/mm	横孔直径/mm
1	≥8~40	45	5、15、25、35	2.0
2	>40~80	90	10、30、50、70	2.0

(3) 耦合剂:化学浆糊或机油。

(4) 其他器材:钢板尺。

3. 参数测量与仪器设定

用标准试块 CSK-ⅠA(5083 系铝制)校验探头的入射点、K 值,校正零偏,依据检测 GIS 筒体的材质声速、厚度以及探头的相关技术参数对仪器进行设定。

4. 距离-波幅曲线的绘制

利用 5083 系铝制 1 号对比试块(Ø2 横通孔)绘制距离-波幅曲线,GIS 筒体厚度 t 为 8/10 mm,检测技术等级为 B 级。其灵敏度选择如表 11-4 所示。

表 11-4 距离-波幅曲线的灵敏度

试块型式	筒体厚度 t/mm	评定线	定量线	判废线
5083 系铝制 1 号试块	8/10	Ø2×40—18 dB	Ø2×40—12 dB	Ø2×40—4 dB

5. 扫查灵敏度设定

扫查灵敏度应不低于评定线灵敏度,并保证在检测范围内最大声程处评定线高度不低于显示屏满刻度的 20%,其灵敏度评定线为 Ø2×40—18 dB。

检测和评定横向缺陷时,应将各曲线灵敏度均再提高 6 dB。

6. 检测实施

(1) 常规检测。以锯齿形扫查方式在钢管的单面单侧进行初探,发现可疑缺陷信号后,再辅以前后、左右、转角、环绕四种基本扫查方式对其进行确定(见图 2 - 4)。

(2) 横向检测。依据标准 NB/T 47013.3—2015 第 6.3.9.1.2 条进行横向缺陷检测。

7. 缺陷定位及定量

(1) 缺陷定位。缺陷位置应以获得缺陷最大反射波幅的位置为准。标出缺陷距焊缝中心的距离。

(2) 缺陷定量。依据标准要求对缺陷的指示长度进行测定。当缺陷反射波只有一个高点,且位于Ⅱ区或Ⅱ区以上时,用 −6 dB 法测量其指示长度;当缺陷反射波峰值起伏变化,有多个高点,且均位于Ⅱ区或Ⅱ区以上时,以端点 −6 dB 法测量其指示长度;当缺陷最大反射波幅位于Ⅰ区,将探头左右移动,使波幅降到评定线,用评定线绝对灵敏度法测量缺陷的指示长度。

(3) 检测结果。对 GIS 体纵、环焊缝进行超声波检测,发现 7 处超标缺陷。缺陷的当量大小如表 11 - 5 所示,缺陷及检验部位如图 11 - 12 和图 11 - 13 所示。

表 11 - 5　缺陷当量及评定

焊缝编号	缺陷序号	深度/mm	距焊缝中心距离/mm	幅值/dB	缺陷指示长度/mm	评定级别
H2	Q1	6	−5	SL+8	20	Ⅲ
H2	Q2	6	−3	SL+10	18	Ⅲ
H5	Q3	6	−2	SL+9	35	Ⅲ
H9	Q4	6	−2	SL+7	30	Ⅲ
H9	Q5	7	−3	SL+8	25	Ⅲ
H10	Q6	5	−2	SL+11	15	Ⅲ
H10	Q7	6	−5	SL+12	28	Ⅲ

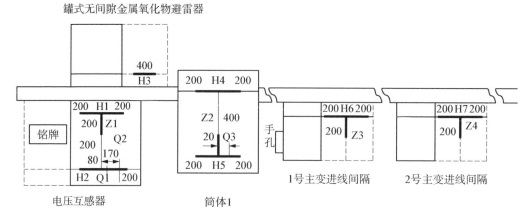

图 11 - 12　北河俅城一线 GIS 设备筒体焊缝检测位置

注:检测焊缝为 H1~H7、Z1~Z4,电压互感器壁厚 8 mm、筒体壁厚 10 mm。

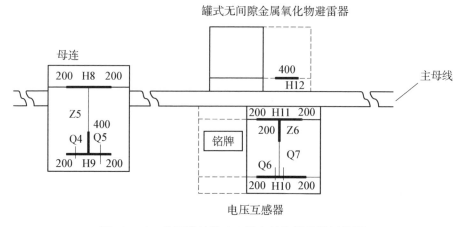

图 11 - 13　北河青坨线 GIS 设备筒体焊缝检测位置

注:检测焊缝为 H8~H12、Z5~Z6,母联壁厚 10 mm、电压互感器壁厚 8 mm。

8. 缺陷评定

依据 NB/T 47013.3—2015 对该缺陷进行评定:7 处缺陷经评定为Ⅲ级,缺陷所在焊缝判定为不合格焊缝。

9. 检测记录与报告

根据相关技术标准要求,做好原始记录及检测报告的编制、审批、签发等。

11.3　GIS 避雷器筒体焊缝相控阵超声检测

国网某公司 220 kV 输变电工程 12 间隔 C 相 GIS 避雷器如图 11-14 所示。该筒体为铝合金板卷制而成，纵焊缝坡口为 V 型坡口，规格为 $\Phi508$ mm（外径）$\times 8$ mm，材质为 5083 铝合金。检测和验收依据为《无损检测　超声检测　相控阵超声检测方法》（GB/T 32563—2016）、JB/T 4734—2002，采用声束的扫描、偏转与聚焦的特性，实现声束多角度扇形脉冲反射超声对该 GIS 避雷器筒体纵焊缝进行检测。

具体操作及检测过程如下。

1. 编制工艺卡

根据要求编制某公司 220 kV 输变电工程 12 间隔 C 相 GIS 避雷器焊缝相控阵超声检测工艺卡，如表 11-6 所示。

图 11-14　某公司 220 kV 输变电工程 12 间隔 C 相 GIS 避雷器

表 11-6　某公司 220 kV 输变电工程 12 间隔 C 相 GIS 避雷器焊缝相控阵超声检测工艺卡

工件	部件名称	GIS 避雷器	厚度	8 mm
	部件编号	—	规格	$\Phi508$ mm（外径）$\times 8$ mm
	材料牌号	5083 铝合金	检测时机	现场安装前
	检测项目	纵焊缝	坡口型式	V 型
	表面状态	原始	焊接方法	手工焊
仪器探头参数	仪器型号	武汉中科 HS PA20-Ae(BC)	仪器编号	—
	探头型号	5L16-1.0×10 楔块 SA3-55S 55°	试块种类	CSK-ⅠA(5083)
	检测面	单面双侧	扫查方式	横波倾斜入射的沿线扫查＋扇扫描
	耦合剂	化学浆糊	表面耦合	4 dB
	灵敏度设定	最大检测深度 $\Phi2$ mm×40 波高到 90%	参考试块	CSK-ⅡA-2(5083)
	合同要求	GB/T 32563—2016	检测比例	100%
	检测标准	GB/T 32563—2016	验收标准	JB/T 4734—2002　Ⅱ级

（续表）

检测位置示意图及缺陷评定：

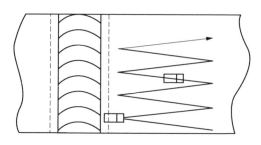

（1）不允许存在裂纹、未熔合和未焊透等缺陷。

（2）不允许存在波幅超过Ⅱ区，单个缺陷指示长度大于 2T/3 缺陷，最小为 12 mm，最大不超过 40 mm。

（3）不允许存在波幅在Ⅲ区的缺陷。

编制/资格	×××	审核/资格	×××
日期	×××	日期	×××

2. 仪器与探头

（1）仪器：武汉中科 HS PA20 - Ae(BC)相控阵超声检测仪。

（2）探头：5L16 - 1.0×10，楔块 SA3 - 55S 55°。

3. 试块与耦合剂

（1）标准试块：CSK - ⅠA(5083 铝合金)试块。

（2）对比试块：CSK - ⅡA - 2(5083 铝合金)试块，如图 11 - 15 所示。

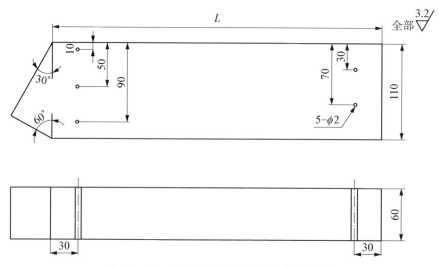

图 11 - 15　CSK - ⅡA - 2(5083 铝合金)试块

（3）耦合剂：化学浆糊。

4. 检测参数设置

1）激发孔径设置

可偏转方向上的激发孔径尺寸 D 与晶片宽度 b 之比应满足：$0.2 \leqslant D/b \leqslant 5$。根据不同的工件厚度推荐使用的可偏转方向上孔径尺寸范围如表 11-7 所示。

表 11-7　推荐采用的探头参数

最大探测厚度 T/mm	频率/MHz	晶片间距/mm	偏转方向孔径尺寸/mm
$6 \leqslant T < 15$	15～5	0.8～0.3	5～10
$15 \leqslant T < 50$	10～4	1.0～0.5	8～25
$50 \leqslant T < 100$	7.5～2	1.5～0.5	20～35
$100 \leqslant T < 200$	5～1	2.0～0.8	30～65

2）扇扫描设置

（1）横波斜声束扇扫描角度范围应不超出 $35° \sim 75°$，并在模块制造商推荐的角度范围内使用。特殊情况下，确需要应用超出该角度范围的声束检测时，应通过试验验证其灵敏度。

（2）当工件壁厚较小时，不宜采用过小角度声束，以免底面一次反射波进入模块产生干扰。

（3）角度步进设置应符合表 11-8 的要求。

表 11-8　推荐的扇扫描角度步进设置

最大检测深度 T/mm	角度步进范围/(°)
$T \leqslant 50$	$\leqslant 2$
$50 < T \leqslant 100$	$\leqslant 1$
$100 < T \leqslant 200$	$\leqslant 0.5$

3）线扫描设置

使用线扫描覆盖时，应保证对检测区域全覆盖，激发孔径移动的步进设置一般为 1。

4）聚焦设置

焊缝初始扫查的聚焦深度设置一般应避免在近场区内。当检测声程范围在 50 mm 以下时，聚焦深度可以设置在最大探测声程处；当检测声程范围在 50 mm 以上时，聚焦深度可以选择检测声程范围的中间值或其他适当深度。

在对缺陷进行精确定量时,或对特定区域检测需要获得更高的灵敏度和分辨率时,可将焦点设置在该区域。

5. 检测系统的设置和校准

1) 扇扫描的校准

采用扇扫描检测前,应对扇扫描角度范围内的每一条声束校准,校准的声程范围应覆盖检测范围。采用 CSK-ⅡA-2(5083 铝合金)试块进行 DAC 曲线和 TCG 曲线校准,校准后不同深度处相同反射体回波波幅应基本一致,且经最大补偿的声束对最大声程处横孔回波的信噪比应满足焊接接头不同技术等级的信噪比的要求。

2) 线扫描的校准

采用线扫描检测前,应对线扫描角度范围内的每一个声束校准,校准的声程范围应覆盖检测范围。采用 CSK-ⅡA-2(5083 铝合金)试块进行 DAC 曲线和 TCG 曲线校准,校准后不同深度处相同反射体回波波幅应一致,且经最大补偿的声束对最大声程处横孔回波的信噪比应满足焊接接头不同技术等级的信噪比的要求。

6. 扫查灵敏度设定

在 CSK-ⅡA-2(5083 铝合金)试块上制作距离-波幅曲线。将不同深度 $\varnothing 2 \times 40$ 横孔回波幅度调至满屏的适当高度(80%),作为扫查灵敏度,如表 11-9 所示。工件的表面耦合损失和材质衰减应与试块相同,否则应进行传输损失补偿,一般选择 2~4 dB。

表 11-9 距离-波幅曲线的灵敏度

试块型式	板厚/mm	评定线	定量线	判废线
CSK-ⅡA-2 (5083 铝合金)	8	$\varnothing 2 \times 40-18$ dB	$\varnothing 2 \times 40-12$ dB	$\varnothing 2 \times 40-4$ dB

7. 检测实施

采用线性扫查,线性扫查不可行时采用锯齿形扫查。

检测焊接接头横向缺陷时,相控阵探头在焊缝两侧作两个方向斜平行线性扫查,且与焊缝中心线夹角不大于 10°。如果焊缝余高磨平,相控阵探头应在焊接接头上作两个方向的平行线性扫查。

若对工件在长度方向进行分段扫查,各段扫查区的重叠范围至少为 20 mm。

8. 检测数据的分析和解释

1) 检测数据的要求

对扫查采集的检测数据进行保存,检测数据以 A 扫描信号和图像形式显示。检测数据至少应满足以下要求:

(1) 数据是基于扫查步进的设置而采集的;

（2）采集的数据量满足所检测焊缝长度的要求；

（3）数据丢失量不得超过整个扫查的 5%，且不准许相邻数据连续丢失；

（4）扫查图像中耦合不良不得超过整个扫查的 5%，且单个耦合不良长度不得超过 2 mm。

若数据无效，应重新进行扫查。

2）缺陷的测量

（1）回波幅度确定。

扇扫描时，找到不同位置扇扫描的不同角度 A 扫描中缺陷的最高回波幅度作为该缺陷的幅度。线扫描时，找到不同孔径组合时，缺陷最高回波幅度作为该缺陷的幅度。

（2）缺陷长度确定。

若缺陷最高幅度未超过满屏 100%，则以此幅度为基准，找到此缺陷不同角度 A 扫描回波幅度降低 6 dB 的最大长度作为该缺陷的长度。

若缺陷最高幅度超过满屏 100%，则找到此缺陷不同角度 A 扫描回波幅度降低到定量线时的最大长度作为该缺陷的长度。

9. 缺陷评定

1）缺陷评定标准

（1）不允许存在裂纹、未熔合和未焊透等缺陷。

（2）不允许存在波幅超过 Ⅱ 区，单个缺陷指示长度大于 2T/3 缺陷，最小为 12 mm，最大不超过 40 mm。

（3）不允许存在波幅在 Ⅲ 区的缺陷。

2）检测结果评定

在检测中，发现某公司 220 kV 输变电工程 12 间隔 C 相 GIS 避雷器焊缝存在一处缺陷信号，缺陷深度为 3.8 mm，长度为 5 mm，最高波幅为 SL+17.0 dB，如图 11 - 16 所示。

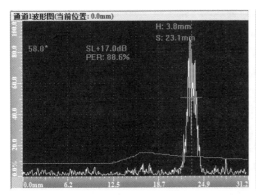
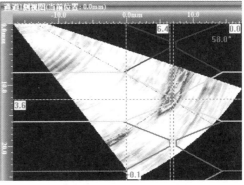

图 11 - 16　某公司 220 kV 输变电工程 12 间隔 C 相 GIS 避雷器焊缝相控阵超声检测缺陷波形

依据 GB/T 32563—2016 对该焊缝进行评定,缺陷波幅为 SL+17.0 dB,位于判废线以上,该焊缝为不合格焊缝。

10. 检测记录与报告

根据相关技术标准要求,做好原始记录及检测报告的编制、审批、签发等。

11.4 GIS 组合电器筒体环焊缝衍射时差法超声检测

气体绝缘组合电器(GIS)是由断路器、隔离开关等多种高压电器组合而成的成套装置,这些设备或部件全部封闭在金属筒体内部,充入一定压力的 SF$_6$ 气体作为绝缘和灭弧介质。一旦由于 GIS 筒体损伤而产生 SF$_6$ 泄漏,不但影响 GIS 乃至电力系统的可靠运行,同时也会污染周围环境,危及工作人员的生命安全。而焊缝渗漏是导致 SF$_6$ 泄漏的主要原因,因此,对 GIS 焊缝进行无损检测尤为重要。

GIS 筒体一般由卷板焊接而成,外形尺寸:筒体直径 400～1 000 mm,筒体厚度 8～16 mm,长 1 000～3 000 mm,材料一般为铝合金 5A02 - H112。筒体的纵缝为 V 型坡口,焊接方法是钨极氩弧(tungsten inert gas,TIG)焊,采用单面焊双面成型技术。

对于服役的 GIS 筒体,由于内部已经装满电器设备,无法进行射线检测及渗透检测。而常规超声检测无法实现缺陷的精确定位定量及数据保存,故采用超声衍射时差检测技术(time of flight diffraction,TOFD),对 GIS 筒体焊缝质量进行评估。

某供电公司 220 kV GIS 组合电器纵焊缝坡口为 V 型,规格为 Φ774 mm(外径)× 8 mm,材质为 5A02 - H112,执行标准为《承压设备无损检测 第 10 部分 衍射时差法超声检测》(NB/T 47013.10—2015)、JB/T 4734—2002,采用衍射时差法超声对该 GIS 组合电器纵焊缝进行检测。

具体操作及检测过程如下。

1. 编制工艺卡

根据要求编制某供电公司 220 kV GIS 组合电器纵焊缝衍射时差法超声检测工艺卡,如表 11 - 10 所示。

表 11 - 10　某供电公司 220 kV GIS 组合电器纵焊缝衍射时差法超声检测工艺卡

检测对象					
设备类别	220 kV GIS 组合电器	工件名称	纵焊缝	工件编号	——
规格尺寸	Φ774 mm×8 mm	材质	5A02 - H112	工作介质	——
热处理状态	焊后消除应力	设备状态	在役	检测部位	焊缝

（续表）

<table>
<tr><td colspan="10">检测对象</td></tr>
<tr><td colspan="3">坡口型式</td><td colspan="2">V 型</td><td colspan="2">焊接方法</td><td>钨极氩弧焊</td><td>焊缝宽度</td><td>外表面 20 mm</td></tr>
<tr><td colspan="10">检测设备和器材</td></tr>
<tr><td colspan="3">TOFD 检测仪型号</td><td colspan="4">HS810</td><td>试块种类</td><td colspan="2">GIS 焊缝模拟试块</td></tr>
<tr><td colspan="3">扫查装置</td><td colspan="4">原装配套</td><td>耦合剂</td><td colspan="2">化学浆糊</td></tr>
<tr><td colspan="3">探头型号</td><td colspan="4">10 MHzΦ3</td><td>楔块型号</td><td colspan="2">60°</td></tr>
<tr><td colspan="10">检测技术要求与工艺</td></tr>
<tr><td colspan="3">执行标准</td><td colspan="2">NB/T 47013.10—2015</td><td colspan="3">合格级别</td><td colspan="2">Ⅱ</td></tr>
<tr><td colspan="3">检测技术等级</td><td colspan="2">A 级</td><td colspan="3">扫查面</td><td colspan="2">外表面</td></tr>
<tr><td colspan="3">检测区域</td><td colspan="2">焊缝</td><td colspan="3">检测温度</td><td colspan="2">10～40℃</td></tr>
<tr><td colspan="3">表面状态</td><td colspan="2">油漆</td><td colspan="3">表面耦合补偿</td><td colspan="2">4 dB</td></tr>
<tr><td colspan="10">一、非平行扫查</td></tr>
<tr><td rowspan="2">探头及设置</td><td>通道</td><td>厚度分区</td><td>频率</td><td>晶片尺寸</td><td>探头编号</td><td>楔块角度</td><td>探头中心间距</td><td colspan="2">闸门</td></tr>
<tr><td>1</td><td>0～8 mm</td><td>10 MHz</td><td>Φ3 mm</td><td>875174、874486</td><td>60°</td><td>26 mm、51 mm</td><td colspan="2">直通波前 0.5 μs，底波一次转换后 0.5 μs</td></tr>
<tr><td colspan="3">灵敏度设置</td><td colspan="2">将直通射波波幅设置为满屏的 40%～80%</td><td colspan="2">深度校准</td><td colspan="3">直通波校准为 0，底面反射波校准为工件厚度</td></tr>
<tr><td colspan="3">扫查步进</td><td colspan="2">0.5 mm</td><td colspan="2">平均处理次数</td><td>1</td><td>扫查速度</td><td>≤200 mm/s</td></tr>
<tr><td colspan="3">位置传感器校准</td><td colspan="2">移动 500 mm、误差<5 mm</td><td colspan="2">底面盲区（计算值）</td><td>1 mm</td><td>是否需要偏置非平行扫查</td><td>不需要</td></tr>
<tr><td colspan="10">二、偏置非平行扫查</td></tr>
<tr><td colspan="3">偏置检测通道</td><td colspan="3">—</td><td colspan="2">偏置量</td><td colspan="2">—</td></tr>
<tr><td colspan="3">偏置扫查次数</td><td colspan="3">—</td><td colspan="2">底面盲区（计算值）</td><td colspan="2">—</td></tr>
<tr><td colspan="10">三、扫查面盲区检测</td></tr>
<tr><td colspan="3">扫查面盲区</td><td colspan="3">1 mm</td><td colspan="2">检测方法</td><td colspan="2">—</td></tr>
<tr><td colspan="10">四、横向缺陷检测</td></tr>
<tr><td colspan="3">检测方法</td><td colspan="7">—</td></tr>
</table>

（续表）

检测区域与探头布置图			
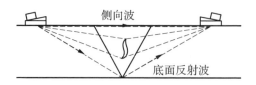			
编制/资格	×××	审核/资格	×××
日期	×××	日期	×××

2．设备与器材

（1）检测设备：武汉中科 HS810 型 TOFD 检测仪。

（2）探头：10 MHzΦ3，声束角度 60°。

（3）辅助器材：配套扫查装置、耦合剂、直尺、渗透剂等。

3．试块

带有人工缺陷的 GIS 焊缝模拟试块，其制作过程如下：在某 $\Phi774$ mm×8 mm 的 GIS 筒体的纵焊缝上加工 7 个人工缺陷，1#缺陷为焊缝上 Ø2 mm 的通孔；2#缺陷为筒体上 Ø2 mm 的通孔；3#缺陷为筒体上表面深 5 mm 的 Ø2 mm 盲孔；4#缺陷为筒体上 Ø3 mm 的通孔；5#缺陷为筒体上表面深 5 mm 的 Ø3 mm 盲孔；6#缺陷为焊缝下表面深 5 mm 的 Ø2 mm 盲孔；7#缺陷为筒体下表面深 5 mm 的 Ø2 mm 盲孔。

4．检测准备

（1）资料收集。检测前了解 GIS 筒体材质、尺寸等信息，查阅制造厂出厂和安装时有关质量资料，查阅检修记录。

（2）表面状态确认。检测面应无焊接飞溅、油污等。

5．仪器调整

（1）探头中心距 P_{CS}。为了提高声束分辨力及减少表面盲区，对 GIS 的 TOFD 检测，应尽可能减少 P_{CS}。将探头中心间距设置为使该探头对应的声束交点位于其所覆盖区域的 1/2 深度处，利用公式 $2S = T \times \tan\alpha$ 计算实际 P_{CS}（T 为壁厚，α 为探头声束的入射角，S 为 P_{CS} 值的一半）。

（2）A 扫描时间窗口设置。检测前应对检测通道的 A 扫描时间窗口进行设置，其时间窗口的起始位置应设置为直通波前至少 0.5 μs，时间窗口的终止位置应设置为工件底波的一次波型转换波后 0.5 μs。

（3）深度校准。为了准确测定缺陷的深度，检测之前应校准各检测通道的 A 扫描时基线与深度的对应关系,对于直通波和底面波同时可见,深度校准时,把直通波校准为0,底面反射波校准为工件厚度即可。

(4)灵敏度调整。检测前应直接在被检工件上进行灵敏度设置,将直通波(lateral wave)的波幅设定至满屏高的40%～80%即可。

(5)其他设置。在开始扫描之前,还需要对影响TOFD检测数据的一些主要参数进行设置,这些参数主要包括脉冲重复频率、脉冲宽度、扫描增量、信号平均化处理、触发电压和滤波等。通过这些参数的调整,可以进一步优化接收信号。

6. 工艺验证

调整好仪器后在对比试块上进行工艺验证,检测结果如图11-17所示。

(a)

(b)

(c)

(d)

(e)

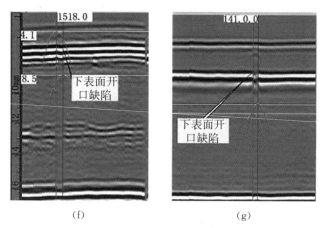

图 11‑17　对比试样缺陷图谱

(a)1♯缺陷;(b)2♯缺陷;(c)3♯缺陷;(d)4♯缺陷;(e)5♯缺陷;(f)6♯缺陷;(g)7♯缺陷

7. 数据采集

根据设置好的工艺参数,对焊缝进行扫查,保存合格的检测图谱,如图 11‑18 所示。

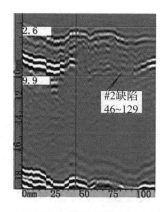

图 11‑18　GIS 组合电器纵焊缝 TOFD 检测缺陷图谱

从图谱中可以看出,在 46~129 mm 区域内的 2♯缺陷底面反射波减弱或消失,仅可以观察到一个端点(缺陷上端点)产生的衍射信号,且与直通波反相位。从光标指示中可以得出,上端点离上表面 5.4 mm,即距离下表面开口 2.6 mm。所以判断 2♯缺陷是长 83 mm,自身高度为 2.6 mm 的危险内表面开口缺陷(判断为根部未焊透)。

8. 拆解验证

对解体后的筒体做进一步确认,在筒体内部缺陷区域进行渗透检测(PT)。渗透检测结果如图 11‑19 所示,表明此次筒体纵缝 TOFD 检测的正确性。

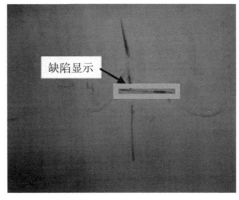

（a）　　　　　　　　　　　　　　　　（b）

图 11 - 19　GIS 拆解后验证

（a）拆卸后 GIS 筒体照片；（b）GIS 筒体焊缝内部渗透检测缺陷显示

9. 检测记录与报告

根据相关技术标准要求，做好原始记录及检测报告的编制、审批、签发等。

11.5　GIS 组合电器筒体焊缝超声导波检测

某 220 kV 变电站 GIS 组合电器，其筒体全长为 2 m，外径为 774 mm，壁厚为 8 mm，材质为 5A02 - H112。该筒体上有 2 条纵缝（前侧纵缝编号为 8），3 个内窥孔（编号分别为 3、4 和 5），2 个法兰端面（编号为 1 和 2），2 个支架（编号为 6 和 7），筒体内部各种电气设备已经安装完毕，SF_6 气体已经充好，如图 11 - 20 所示。现用超声导波检测技术对其进行无损检测评价。现场具备超声导波检测仪器及探头、耦合剂、对比试块。检测标准为《无损检测　超声导波检测　总则》（GB/T 31211—2014）。

图 11 - 20　GIS 组合电器

具体操作及检测过程如下。

1. 仪器设备及探头

选用 OmniScan MXI 导波检测仪及探头。

2. 试样

依据标准 GB/T 31211—2014 制作对比试样,要求对比试样与被检组合电器筒体材质一致,对比试样直径 774 mm,厚度 8 mm,在该试样上加工 Ø2 mm 的通孔。

3. 仪器调节及曲线制作

选择 S1 模态导波的超声导波成像系统,在对比试块调整好仪器的扫描速度,以 Ø2 mm 通孔绘制距离-波幅曲线。

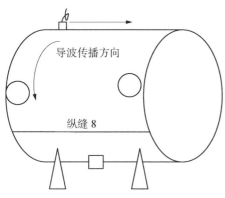

图 11 - 21　GIS 组合电器筒体焊缝超声导波扫查示意图

4. 检测实施

检测前,先对组合电器筒体进行外观检查,在外观合格基础上,对检测面上所有影响检测的损伤进行一定的修磨,保证其不影响检测结果的有效性。

使用超声导波成像系统对该筒体进行纵向扫查,如图 11 - 21 所示。

5. 缺陷定量

超声导波检测数据如图 11 - 22 所示,其横坐标表示探头扫查的轨迹,探头从左端法兰端面沿长度方向移动至右端法兰端面;纵坐标表示超声的声程(反射波离探头前沿的距离)。检测仪器自动给 A 扫描彩色编码,波幅高的赋予红色。

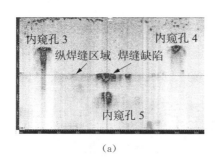

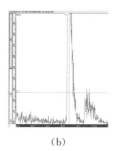

(a)　　　　　　　　　　　　　　(b)

图 11 - 22　GIS 组合电器筒体焊缝扫查数据图

(a)纵向扫查结果图;(b)A 扫描波形图

从横坐标可看出距离扫查起始点 240 mm 的内窥孔 3、900 mm 处内窥孔 5、1 620 mm 处内窥孔 4。从纵坐标可以看出内窥孔 3 和内窥孔 4 距离探头前沿 400 mm,焊缝区域距离探头前沿 700 mm,内窥孔 5 距离探头前沿 1 000 mm。这些都与实际参数吻合。此外,在焊缝区域,距离扫查起始点 911 mm 及 1 100 mm 处,清晰地显示了缺陷图像,该缺陷的 A 扫描波形如图 11 - 22(b)所示。

因此,采用超声导波成像检测技术,只经过两次纵向扫查,就得到了完整体现筒体状况的数据图,不仅显示了固有结构信息、焊缝区域,还显示了筒体上的损伤区域,相当于筒体的 C 扫描图。相对于传统超声技术的逐点检测,使用超声导波成像技术大大提高了检测效率。

11.6　断路器操动机构储能弹簧电磁超声导波检测

某供电公司断路器操动机构储能弹簧如图 11 - 23 所示,其规格为 $\Phi160$ mm × 8 500 mm,材质为 60Si2Mn。现用电磁超声导波检测技术对其进行质量评价。检测标准为《断路器操动机构储能弹簧电磁超声导波检测技术规范》(T/SMA 0003 - 2019)。

具体操作及检测过程如下。

1. 仪器与探头

(1) 仪器:武汉中科创新 HS900L 型电磁超声低频导波仪。

图 11 - 23　断路器操动机构储能弹簧

(2) 探头:检测频率 0.3~1 MHz。宜选择工作频率为 1 MHz 的探头,对于内、外壁有腐蚀的断路器储能弹簧宜选择更低频率的探头。

2. 试块

人工缺陷试块,缺陷为在弹簧远端倒数第 2 圈处深 1.0 mm 的切割槽,刻槽宽度不大于 0.5 mm,如图 11 - 24 所示。不同直径截面损失率公式如下:

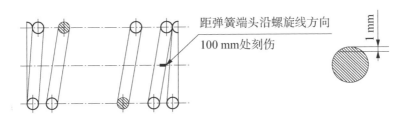

距弹簧端头沿螺旋线方向
100 mm处刻伤

1 mm

图 11 - 24　储能弹簧对比试块人工缺陷

$$\frac{S_{\rm s}}{S_{\rm y}} = \frac{\cos^{-1}\left(1 - \frac{h}{R}\right) - \left(1 - \frac{h}{R}\right)\sqrt{2\frac{h}{R} - \left(\frac{h}{R}\right)^2}}{\pi} \times 100\%$$

式中,$S_{\rm s}$ 为截面损失面积,$S_{\rm y}$ 为截面圆面积,h 为刻槽深度,R 为截面半径。

3. 参数测量与仪器设定

根据储能弹簧的材料和规格选择激发线圈,主要包括激发频率选择、线圈类型选择以及超声导波模态选用。

4. 距离–波幅曲线的绘制

根据被检储能弹簧的材料和规格,绘制距离–波幅曲线。该曲线族由评定线和判废线组成,判废线由人工反射体反射信号波幅绘制而成。评定线为判废线高度的一半。评定线及其以下区域为Ⅰ区,评定线与判废线之间为Ⅱ区,判废线及其以上区域为Ⅲ区,如图 11-25 所示。

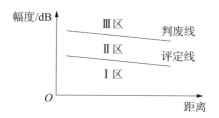

图 11-25　距离–波幅曲线

5. 扫查灵敏度设定

将探头置于人工缺陷试块端头上,测定最大声程处切割槽的反射回波高度,当切割槽反射回波高度达到满刻度的 80% 时,记下波高的 dB 值。以此作为检测灵敏度。设定记录灵敏度为 20% 满屏高。

6. 检测实施

调整导波声速设置,使切割槽定位偏差小于 10 mm。由于电磁导波是通过点激励和接收超声波信号来实现检测的,选择一个端头能够放置传感器位置,固定好传感器,不需移动即可完成对整根储能弹簧的检测。

在检测灵敏度下,对于屏幕上始波之后出现的明显高于正常杂波的反射波(排除外部电磁等引起的干扰后)应视为相关指示信号。发现有相关指示信号的时候,可将探头沿储能弹簧螺旋方向移动,随之移动的反射波视为相关指示信号,或采用试块标定超声波的声速确定相关指示的位置。

7. 缺陷评定

图 11-26 所示为储能弹簧的检测结果,图中虚线方框所示信号为检测缺陷信号,依据标准 T/SMA 0003-2019,该缺陷评定为Ⅲ级,为不允许缺陷。

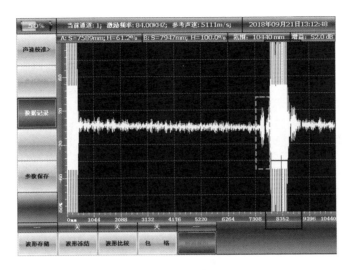

图 11 - 26　储能弹簧检测结果

11.7　隔离开关支柱瓷绝缘子脉冲反射法超声检测

支柱瓷绝缘子作为发电厂和变电站的重要设备,起着支撑输电导线、断路器、高压开关和绝缘的作用。绝缘子在运行中遭受冷、热和机械应力,在恶劣的工作环境下,其机械性能会逐渐下降甚至劣化,最终造成脆断。绝缘子的老化及裂纹产生是一个渐变的过程,如果不及时发现,在绝缘子运行及操作过程中就可能发生断裂,从而引发突发性的电力事故,甚至造成在附近工作的人员伤亡,从而造成巨大的经济损失。电网高压支柱瓷绝缘子的断裂故障频繁发生,严重影响电网的安全稳定运行。对于高压支柱瓷绝缘子运行以后的无损检测,一直以来广泛采用脉冲反射法超声波检测,该方法能有效检测法兰胶装部位开裂及机械强度降低等缺陷,从而避免事故的发生。

某 500 kV 变电站隔离开关瓷支柱绝缘子,如图 11 - 27 所示,其结构形式如图 11 - 28 所示。该批支柱绝缘子与法兰接头规格分别为 $\Phi 180$ mm、$\Phi 140$ mm,材质为高强瓷绝缘子。要求采用 A 型脉冲反射法超声技术对该接头连接处支柱绝缘子外表面损伤与否进行检测。检测依据为《支柱绝缘子及瓷套超声波检测规程》(DL/T 303—2014)。

具体操作及检测过程如下。

1. 编制工艺卡

根据要求编制某 500 kV 变电站隔离开关支柱瓷绝缘子与法兰接头脉冲法超声

检测工艺卡,如表 11-11 所示。

图 11-27 支柱瓷绝缘子支撑
结构图

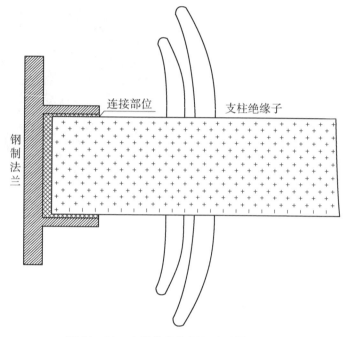

图 11-28 支柱瓷绝缘子与法兰接头结构

表 11-11 某 500 kV 变电站隔离开关支柱瓷绝缘子与法兰接头脉冲反射法超声检测工艺卡

工件	部件名称	500 kV 变电站隔离开关支柱绝缘子与法兰接头	直径	Φ180 mm、Φ140 mm
	材料牌号	高强瓷	检测时机	安装前后
	检测项目	接口处绝缘子	表面状态	清理
仪器探头参数	仪器型号	HS612E	仪器编号	61e4858
	探头型号	GR90、GR70 专用 2.5P10×12 爬波双晶探头	试块种类	JYZ-BX I
	检测面	支柱绝缘子外表面	扫查方式	周向
	耦合剂	化学浆糊	表面耦合	2 dB
	灵敏度设定	5 mm 深切槽 DAC 增益(声速每降 100 mm/s,增加 2 dB)	参考试块	JYZ-G 试块
	合同要求	DL/T 303—2014	检测比例	100%
	技术等级	DL/T 303—2014	检测等级	DL/T 303—2014

（续表）

检测位置示意图检测及要求：

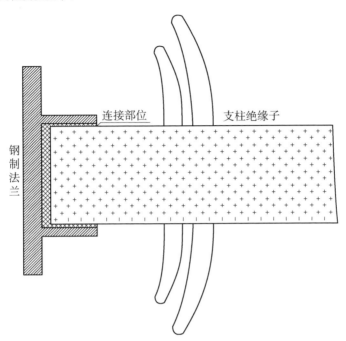

1. 采用卡尺测量支柱瓷绝缘子直径。

2. 采用千分尺测量支柱瓷绝缘子或瓷套伞裙厚度。

3. 采用 5 MHzΦ8 直探头,测定被测点实际厚度,将厚度值输入仪器,将无缺陷处第一和二次反射波调节到 80% 屏高,并将回波限制在闸门内,仪器将自动进行测试并显示出声速值。

4. 在基准灵敏度下,当声速为 6 700 m/s 时,增益为 0,此时,基准灵敏度就是扫查灵敏度,而每当声速下降 100 m/s 时,应在基准灵敏度基础上提高增益 2 dB 作为扫查灵敏度。

5. 凡超过距离-波幅曲线高度的反射波均判定为缺陷波。缺陷最大反射波幅与距离-波幅曲线高度的差值,记为 DAC±（　　）dB。低于距离-波幅曲线高度的反射波采用半波高度法(6 dB 法)测定其指示长度。

6. 移动探头,找到缺陷最强反射波,将波高调到 80% 屏高,向左(或向右)移动探头,当波高降到 40% 屏高时,在探头中心线所对应的瓷体上作好标记,然后向右(或向左)移动探头,同样使波高降到 40% 屏高并作好标记,两标记间的距离即缺陷的指示长度。爬波检测凡以下缺陷为不合格：
(1) 凡反射波幅超过距离-波幅曲线高度的缺陷；
(2) 反射波幅等于或低于距离-波幅曲线高度,且指示长度不小于 10 mm 的缺陷。

编制/资格	×××	审核/资格	×××
日期	×××	日期	×××

2. 仪器与探头

(1) 仪器:武汉中科汉威 HS612e 超声探伤仪。

(2) 探头:探头应选用与试件曲面相匹配的探头。一般可在支柱瓷绝缘子及瓷套直径变化 20 mm 范围内选用一种规格弧度的探头，但仅允许曲率半径大的探头探测曲面半径小一档的试件（一档为 20 mm）。探头的弧面直径分为 Φ100 mm、Φ120 mm、Φ140 mm、Φ160 mm、Φ180 mm、Φ200 mm、Φ220 mm、Φ240 mm、Φ260 mm、Φ280 mm、Φ300 mm、Φ400 mm、Φ500 mm、Φ600 mm 以及平面，共 15 种规格。

此案例中选择探头：5 MHzΦ8 直探头，GR90、GR70 专用 2.5P10×12 双晶爬波探头。

3. 试块与耦合剂

（1）校准试块：JYZ - BX I，参考试块：JYZ - G，试块形状分别如图 11 - 29 和图 11 - 30 所示。

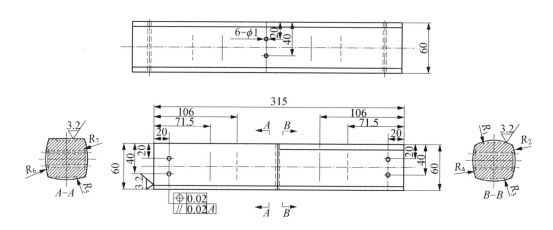

试块	R_1/mm	R_2/mm	R_3/mm	R_4/mm	R_5/mm	R_6/mm	R_7/mm	R_8
JYZ - BX I	50	60	70	80	90	100	110	平面

图 11 - 29　支柱绝缘子校准试块 JYZ - BX I

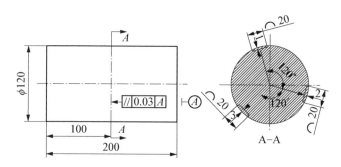

图 11 - 30　支柱绝缘子参考试块 JYZ - G

（2）耦合剂：化学浆糊。

4. 参数测量与仪器设定

首先用钢卷尺或千分尺测量被检绝缘子的直径或厚度，再用 5 MHzΦ8 直探头对绝缘子进行声速测定，确定被检绝缘子的声速值。依据检测绝缘子的规格以及探头的相关技术参数对仪器进行设定。

5. 检测准备

（1）检测前应了解设备的名称、支柱瓷绝缘子及瓷套的外形结构形式、尺寸、材质等；查阅制造厂出厂和安装时有关质量资料；查看被检支柱瓷绝缘子及瓷套上的产品标识，如无，则做好不易去除的唯一性编号标识等。

（2）确定检测区域。支柱瓷绝缘子及瓷套检测区域是上、下瓷件端头与法兰胶装整个区域，重点是法兰口内外 3 mm 与瓷体相交区域。

6. 距离-波幅曲线（DAC 曲线）的绘制

将探头置于 JYZ - BX I（铝制）试块上，探头前沿距离深度 5 mm 模拟裂纹 10 mm，测出最强反射波，调到 80％屏高，然后依次测出距离分别为 20 mm、30 mm、40 mm、50 mm 处模拟裂纹波高，在示波屏上绘制出一条距离-波幅曲线。

7. 扫查灵敏度设定

采用校准试块调整扫查灵敏度。将探头置于试块上，找出距探头前沿 10 mm、深度为 5 mm 模拟裂纹的最强反射波，调整到 80％屏高，作为基准灵敏度。再根据实测的声速确定扫查灵敏度，具体如下：根据已测定被检绝缘子的声速值，在基准灵敏度下，当声速为 6 700 m/s 时，增益为 0，此时，基准灵敏度就是扫查灵敏度，而每当声速下降 100 m/s 时，应在基准灵敏度基础上提高增益 2 dB 作为扫查灵敏度，该检测灵敏度即支柱瓷绝缘子 1 mm 深度模拟裂纹的等效灵敏度。

本次检测实测绝缘子声速为 6 209 m/s，调节制作完成距离-波幅曲线后，根据标准要求，再增益 10 dB 作为检测灵敏度。

8. 检测实施

爬波法检测时，探头前沿对准法兰侧，并保证探头与检测面的良好耦合。扫查速度不得超过 150 mm/s（当采用自动报警装置扫查时不受此限制），扫查覆盖率应大于探头宽度的 10％。探头应尽可能向法兰侧前移，保持稳定接触，作 360°周向扫查。

9. 缺陷定位及定量

1）缺陷定位

移动探头，找到缺陷最强反射波，将波高调到 80％屏高，向左（或向右）移动探头，当波高降到 40％屏高时，在探头中心线所对应的瓷体上作好标记，然后向右（或向左）移动探头，同样使波高降到 40％屏高并作好标记，两标记间的距离即缺陷的指示长度。

2）缺陷定量

超过距离-波幅曲线高度的反射波均判定为缺陷波。缺陷当量的大小为缺陷最大反射波幅与距离-波幅曲线高度的差值。当支柱瓷绝缘子或瓷套外壁存在裂纹时，裂纹波前基本无杂波，移动探头，距离裂纹越近，反射波高越强。

10. 检测结果

如图 11-31 所示为检测 $\Phi 180\,\mathrm{mm}$ 的支柱绝缘子，发现其中一件支柱绝缘子上端法兰部位存在一处超标缺陷波形显示，缺陷最大反射波幅记录为 DAC+3.2 dB，用 6 dB 法沿周向测量长度 $L=25\,\mathrm{mm}$。

如图 11-32 所示为检测 $\Phi 140\,\mathrm{mm}$ 支柱绝缘子，发现其中一件支柱绝缘子上端法兰部位存在一处超标缺陷波形显示，缺陷最大反射波幅记录为 DAC+7.2 dB，用 6 dB 法沿周向测量长度 $L=30\,\mathrm{mm}$。根据探头在探测面上的位置和最高反射波在显示屏上的水平位置来确定缺陷的周向和轴向位置，并做好记录。

 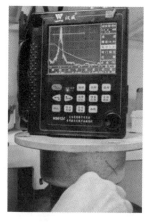

图 11-31　$\Phi 180\,\mathrm{mm}$ 支柱绝缘子缺陷波形　　图 11-32　$\Phi 140\,\mathrm{mm}$ 支柱绝缘子缺陷波形

11. 缺陷评定

1）评定依据

依据标准 DL/T 303—2014 对该缺陷进行评定，爬波法检测结果符合下列条件之一的评定为不合格：

（1）凡反射波幅超过距离-波幅曲线高度的缺陷；

（2）反射波幅等于或低于距离-波幅曲线高度，且指示长度不小于 10 mm 的缺陷。

2）结果评定

因该两件支柱绝缘子上端法兰部位检测缺陷长度分别为 25 mm、30 mm，最高波幅差值分别为 DAC+3.2 dB、DAC+7.2 dB,根据标准要求评定,该两件绝缘子与法兰接头处有超标缺陷存在,即判定为不合格。

12. 检测记录与报告

根据相关技术标准要求,做好原始记录及检测报告的编制、审批、签发等。

11.8　盆式绝缘子大功率脉冲反射法超声检测

环氧树脂类盆式绝缘子主要用于气体绝缘开关设备(gas insulated switchgear,GIS)、气体绝缘金属封闭输电线路(gas-insulated metal-enclosed transmission line,GIL)等各种组合电器中,如图 11-33 所示。对于运行中的环氧浇注材料,重点关注裂纹的萌生和发展。环氧浇注材料固化工艺存在偏差或镶嵌件处内应力较大时,会产生微裂纹,并逐步扩大,导致电场畸变。利用大功率脉冲反射法超声检测可以检测绝缘子较大尺寸的裂纹缺陷。

图 11-33　盆式绝缘子

具体操作及检测过程如下。

1. 检测前准备

查阅盆式绝缘子原始资料,确定盆式绝缘子结构、尺寸和镶嵌面等信息,确定检测位置,制定检测方案。

2. 仪器设备、试块及耦合剂

(1) 仪器:Pangolin-39 型大功率超声波发射器,采用 1 000 V 发射电压。

(2) 探头:在保证系统灵敏度的情况下,选用 1C24-Ⅰ(DKK001)纵波大晶片传感器和自主设计的可变角度传感器。

(3) 试块:环氧浇注绝缘件试块,如图 11-34 所示;CSK-ⅢA 试块,如图 11-35 所示。

(4) 耦合剂:纵波大晶片传感器采用可拆卸软膜耦合,可不用涂抹耦合剂。

3. 灵敏度设置

由于盆式绝缘子是非金属高分子环氧树脂材料和氧化铝粉末混合物,超声波检测衰减大,且不同批次的盆式绝缘子超声波声速存在一定差异,因此,需首先测量盆式绝缘子的声速大小。

首先,利用 CSK-ⅢA 试块的 30 mm 平面,将系统的探头延迟测出来,为 0.805 ms,调节仪器显示延迟,延迟设置为零。然后,利用环氧浇注绝缘件试块进行

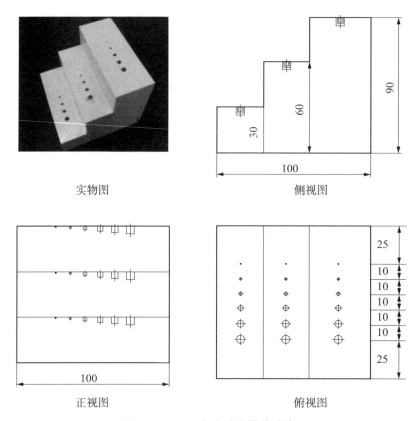

实物图　　　　　　　　　　　　侧视图

正视图　　　　　　　　　　　　俯视图

图 11-34　环氧浇注绝缘件试块

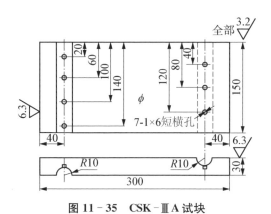

图 11-35　CSK-ⅢA 试块

声速测量与校准,将 30 mm 厚度平台的底波调整到屏高的 80%,把仪器闸门位置调整至底波位置,再调整仪器厚度显示为 30 mm。此时,该声速就是盆式绝缘子所用的环氧绝缘材料纵波声速,为 3 106 m/s。通过试块的 60 mm 台阶厚度进行纵波声速验证,结果准确。利用可变角度斜探头测试绝缘材料横波声速为 1 809 m/s,如

图 11 - 36 所示。

图 11 - 36   30 mm 台阶测试纵波声速

调整平台底波高度达到 80% 屏幕波高,作为基准灵敏度。在实际检测时灵敏度比基准灵敏度再增加 6 dB。

4. 检测实施

检测时,探头沿盆式绝缘子的圆周面进行检测,设置扫描深度和闸门位置,最大深度可扫描 60 mm,标记在 60 mm 底波之前出现的波位置,如图 11 - 37 所示,记录该处闸门所对应的距离和深度,根据端点半波高度法测定缺陷的边界,确定缺陷范围。随后,移动纵波探头完成对整个平面区域的扫查。

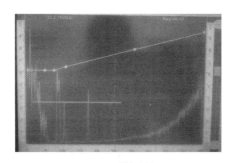

图 11 - 37   检测结果图

5. 结果判定

根据检测中所记录的缺陷信息,确定该盆式绝缘子平面区域内存在 12 mm 长的裂纹,深度位于 27 mm 处。

6. 检测记录与报告

根据相关技术标准要求,做好原始记录及检测报告的编制、审批、签发等。

第12章 无功补偿设备

无功补偿装置是电网中补偿和平衡无功功率的装置。无功补偿装置的发展，从最早出现的同步调相机，发展到如今应用广泛的并联电容器、并联电抗器，以及静止无功补偿器(static var compensator，SVC)、静止无功发生器(static var generator，SVG)等，把具有容性功率负荷的装置与感性功率负荷并联接在同一电路中，能量在两种负荷之间相互交换。无功补偿设备可以提高电力系统的功率因数，减少线路和变压器因输送无功功率造成的电能损耗，改善供电环境，提高供电效率。对于电力行业电网侧无功补偿设备或部件的超声检测，主要检测对象有互感器接线端子角焊缝、电抗器支柱绝缘子及电抗器油路连管对接焊缝等。

12.1 变电站电压互感器接线端子角焊缝脉冲反射法超声检测

某±800 kV换流站高端滤波器场电压互感器接线端子，材质为6061铝合金，采用焊接结构，实物照片如图12-1所示，结构尺寸如图12-2所示，焊缝坡口型式如图12-3所示。要求采用A型脉冲反射超声对该焊缝进行检测。检测依据为《承压

图12-1 电压互感器接线端子

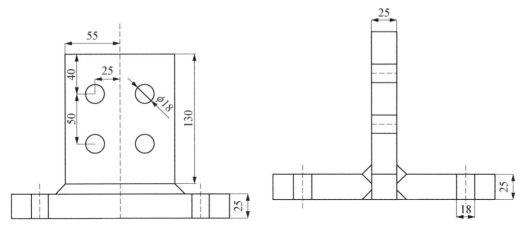

图 12-2　接线端子结构尺寸

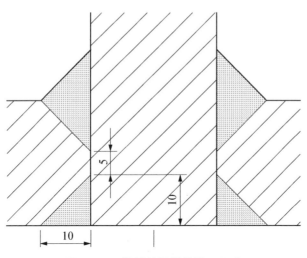

图 12-3　接线端子焊缝坡口尺寸

设备无损检测　第 3 部分：超声检测》(NB/T 47013.3—2015)，检测技术等级为 B 级检测，验收等级Ⅱ级合格，厚度按照 25mm 计算。

具体操作及检测过程如下。

1. 编制工艺卡

根据要求编制某±800kV 换流站高端滤波器场电压互感器接线端子焊缝脉冲法超声检测工艺卡，工艺卡如表 12-1 所示。

表 12－1　某±800 kV 换流站高端滤波器场电压互感器接线端子焊缝脉冲法超声检测工艺卡

工件	部件名称	电压互感器接线端子	厚度	25 mm
	材料牌号	6061 铝合金	检测时机	焊接冷却后
	检测项目	角焊缝	坡口型式	Y 型
	表面状态	原始状态	焊接方法	钨极氩弧焊
仪器探头参数	仪器型号	HS700	仪器编号	—
	探头型号	2.5P9×9K1	试块种类	CSK－ⅠA
	检测面	见扫查示意图	扫查方式	锯齿形扫查
	耦合剂	化学浆糊	表面耦合	4 dB
	灵敏度设定	Ø2－18 dB	参考试块	1 号（铝）试块
	合同要求	NB/T 47013.3—2015	检测比例	100%
	检测等级	NB/T 47013.3—2015 B 级	验收等级	NB/T 47013.3—2015 Ⅱ级

检测位置示意图及缺陷评定：

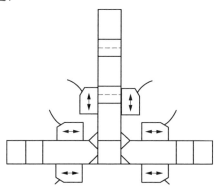

（1）按照左边示意图的 6 个探头位置进行扫查，扫查方向如箭头方向。

（2）缺陷指示长度测量按照端点 6 dB 法或 6 dB 法。

（3）沿缺陷长度方向相邻的两缺陷，其长度方向间距小于其中较小的缺陷长度且两缺陷在与缺陷长度相垂直方向的间距小于 5 mm 时，应作为一条缺陷处理，以两缺陷长度之和作为其指示长度（间距计入）。如果两缺陷在长度方向投影有重叠，则以两缺陷在长度方向上投影的左、右端点间距离作为其指示长度。

质量分级表

等级	反射波所在区域	允许的单个缺陷指示长度
Ⅰ	Ⅰ	≤20 mm
	Ⅱ	≤10 mm
Ⅱ	Ⅰ	≤30 mm
	Ⅱ	≤15 mm

（续表）

等级	反射波所在区域	允许的单个缺陷指示长度
Ⅲ	Ⅱ	超过Ⅱ级者
	Ⅲ	所有缺陷
	Ⅰ	超过Ⅱ级者

编制/资格	×××	审核/资格	×××
日期	×××	日期	×××

2. 仪器与探头

（1）仪器：武汉中科 HS700 型数字式超声探伤仪。

（2）探头：2.5P9×9K1 斜探头。

3. 试块与耦合剂

（1）标准试块：CSK-ⅠA（铝）试块，如图 12-4 所示。

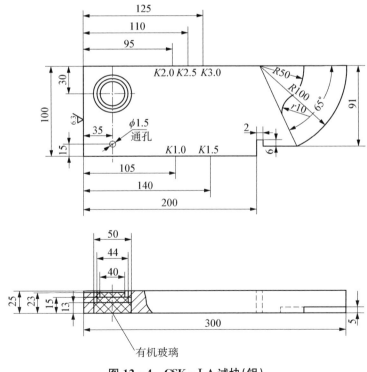

图 12-4　CSK-ⅠA 试块（铝）

注：尺寸误差不大于±0.05 mm。

（2）对比试块：1号（铝）试块，如图12-5所示，尺寸如表12-2所示。

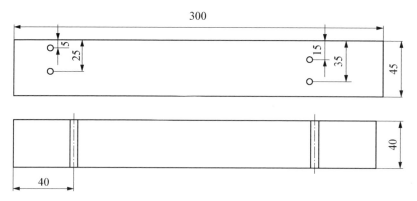

图12-5　1号（铝）试块

表12-2　对比试块的尺寸

试块编号	工件厚度 t/mm	试块厚度 T/mm	横孔位置/mm	横孔直径/mm
1	≥8~40	45	5、15、25、35	2.0
2	>40~80	90	10、30、50、70	2.0

（3）耦合剂：化学浆糊。

4. 参数测量与仪器设定

用标准试块 CSK-ⅠA（铝）校验探头的入射点、K值，校正时间轴，修正原点，依据检测电压互感器接线端子的材质声速、厚度以及探头的相关技术参数对仪器进行设定，实测探头 K 值为 1.06，前沿为 9mm。

5. 距离-波幅曲线的绘制

利用1号（铝）对比试块（Ø2横通孔）绘制距离-波幅曲线，电压互感器接线端子厚度 t 为 25mm，距离-波幅曲线的灵敏度如表12-3所示。

表12-3　距离-波幅曲线灵敏度

试块型式	端子厚度 t/mm	评定线	定量线	判废线
1号（铝）	25	Ø2-18dB	Ø2-12dB	Ø2-4dB

6. 扫查灵敏度设定

扫查灵敏度应不低于评定线灵敏度，并保证在检测范围内最大声程处评定线高度不低于显示屏满刻度的 20%。扫查灵敏度为 Ø2-18dB（耦合补偿 4dB）。

7. 检测实施

以锯齿形扫查方式在检测位置进行初探，发现可疑缺陷信号后，再辅以前后、左右、转角、环绕四种基本扫查方式对其进行确定（见图 2-4）。

8. 缺陷定位

在现场超声检测中发现存在一处缺陷，缺陷显示的深度为 19.5 mm（一次波），水平为 11.7 mm，此时探头位于编号侧，探头前沿距离接线板编号侧表面 16 mm，首先在坡口示意图（见图 12-6）中标示出缺陷在截面上的位置，并记录缺陷距离 0 点的距离 $h=5.5$ mm（h 始终为＋）和 $s=-17$ mm（缺陷在 0 点靠编号侧时为－，否则为＋）。

然后在工件俯视图（见图 12-7）中标示出缺陷的位置（缺陷起点 $X=13$ mm、终点 $Y=51$ mm）和长度（$L=Y-X=38$ mm）。

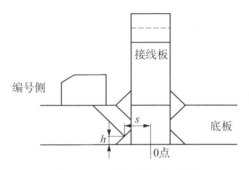

图 12-6　焊缝坡口示意图　　　　图 12-7　工件俯视图

9. 缺陷定量

如图 12-8 所示为该±800 kV 换流站电压互感器接线端子焊缝现场超声检测中发现的一个典型缺陷波形。闸门锁定的回波显示有一深度为 19.5 mm（一次波）的缺陷，缺陷波幅为 Ø2 mm＋0.5 dB，用 6 dB 法测定缺陷指示长度，将探头向左右两个方向移动，且均移至波高降到 Ø2 mm－5.5 dB 上，此两点间的距离即缺陷的指示长度，测出长度为 38 mm。

10. 缺陷评定

依据标准 NB/T 47013.3—2015 对该缺陷进行评定。

因缺陷长度为 38 mm，最高波幅为

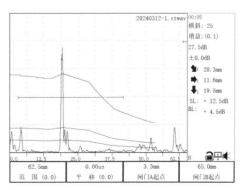

图 12-8　某±800 kV 换流站电压互感器接线端子焊缝缺陷波形图

注：图中三条线自上而下分别为 Ø2 mm－4 dB、Ø2 mm－12 dB、Ø2 mm－18 dB。

Ø2 mm＋0.5 dB,位于Ⅲ区,根据质量分级表判断,该焊缝为Ⅲ级,不合格。

11. 检测记录与报告

根据相关技术标准要求,做好原始记录及检测报告的编制、审批、签发等。

12.2 电抗器支柱绝缘子脉冲反射法超声检测

某±1 100 kV 换流站新建工程 500 kV 滤波器场电抗器支柱绝缘子,直径为 120 mm 和 140 mm(分别为上下法兰胶装部位的直径),如图 12-9 所示。采用 A 型脉冲反射超声法对支柱绝缘子法兰结合部位进行检测,检测及评定标准为《支柱绝缘子及瓷套超声波检测规程》(DL/T 303—2014)。

图 12-9 某±1 100 kV 换流站新建工程 500 kV 滤波器场电抗器支柱绝缘子

具体操作及检测过程如下。

1. 编制工艺卡

根据要求编制某±1 100 kV 换流站新建工程 500 kV 滤波器场电抗器支柱绝缘子脉冲反射法超声检测工艺卡,如表 12-4 所示。

表 12-4 某±1 100 kV 换流站新建工程 500 kV 滤波器场电抗器支柱绝缘子脉冲反射法超声检测工艺卡

	部件名称	支柱绝缘子	直径	120 mm、140 mm
工件	材质	高强瓷	检测部位	绝缘子和法兰胶装部位
	表面状态	涂覆 RTV		
仪器探头参数	仪器型号	HS700	仪器编号	—
	探头型号	爬波:2.5P10×12×2(120)、2.5P10×12×2(140);	试块种类	JYZ-BX Ⅰ

(续表)

	小角度纵波:5P8×10(120)16°、5P8×10(140)16°			
检测面	见扫查示意图	扫查方式	爬波:周向平移扫除;小角度纵波:周向锯齿形扫查	
耦合剂	化学浆糊	参考试块	JYZ-BX Ⅰ	
检测灵敏度设定	爬波:1 mm 深模拟裂纹;小角度纵波:Ø1 mm 横通孔	检测比例	100%	
检测标准	DL/T 303—2014	验收标准	DL/T 303—2014	

检测位置示意图及缺陷评定:

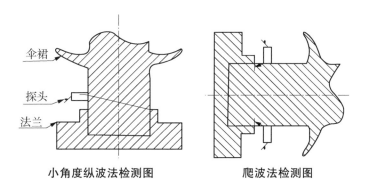

小角度纵波法检测图　　　　爬波法检测图

小角度纵波的缺陷评定:
(1) 当扫查发现缺陷回波时,将最大回波与相近声程的 Ø1 mm 横通孔进行当量比较,记录缺陷回波波幅为 Ø1±××dB。
(2) 使用半波法测量缺陷的长度,并根据缺陷所在深度进行修正。
爬波的缺陷评定:
(1) 当扫查发现缺陷回波时,记录最大缺陷回波波幅为 DAC±××dB。
(2) 使用半波法测量缺陷的长度,并根据缺陷所在深度进行修正。

编制/资格	×××	审核/资格	×××
日期	×××	日期	×××

2. 仪器与探头

(1) 仪器:武汉中科 HS700 型数字式超声探伤仪。

(2) 爬波探头:2.5P10×12×2(120)、2.5P10×12×2(140)。

(3) 小角度纵波探头:5P8×10(120)16°、5P8×10(140)16°。

3. 试块与耦合剂

(1) 标准试块:JYZ-BX Ⅰ,其实物如图 12-10 所示,规格尺寸如图 12-11 及

表12-5所示。

图 12-10 JYZ-BX I 试块

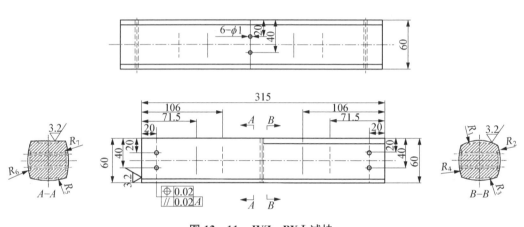

图 12-11 JYZ-BX I 试块

表 12-5 JYZ-BX I 试块尺寸

试块	R_1	R_2	R_3	R_4	R_5	R_6	R_7	R_8
JYZ-BX I	50	60	70	80	90	100	110	平面

（2）试块处理：按照支柱绝缘子生产厂家的RTV涂覆工艺，在JYZ-BX I 试块表面涂覆一层与支柱绝缘子RTV厚度相同的RTV。

（3）耦合剂：化学浆糊。

4. 参数测量与仪器设定

使用纵波直探头在一个剥去RTV的支柱绝缘子上测量支柱绝缘子的纵波声速。实测声速为6 935 m/s。

5. 灵敏度的调节

1）爬波探头

（1）制作DAC曲线。

将爬波探头置于涂了RTV的JYZ-BX I 试块表面，找出距探头前沿10 mm、深度为 5 mm 模拟裂纹的最强反射波,调整到 80% 满屏高,然后依次测出距离分别为 20 mm、30 mm、40 mm、50 mm 处模拟裂纹波高,绘制出 DAC 曲线。

（2）调整扫查灵敏度。

当被检测绝缘子的纵波声速为 6 700 m/s 时,DAC 曲线即 1 mm 深模拟缺陷的等效灵敏度,即将仪器上的表面补偿设为 0 dB。

当被检测绝缘子的纵波声速 c 低于 6 700 m/s 时,此时将仪器上的表面补偿设为 $2\times(6\,700-c)/100$ dB,作为 1 mm 深模拟缺陷的等效灵敏度。

当被检测绝缘子的纵波声速 c 高于 6 700 m/s 时,由于仪器无法设置负数的表面补偿,可以在制作 DAC 曲线前,设定仪器的表面补偿为 $2\times(c-6\,700)/100$ dB,制作完成 DAC 曲线后,再将表面补偿设为 0 dB,作为 1 mm 深模拟缺陷的等效灵敏度。

根据该批支柱绝缘子的实测声速,在制作 DAC 曲线前,将表面补偿设置为 4 dB。

2）小角度纵波探头

将探头置于涂了 RTV 的 JYZ-BXⅠ试块表面,找出试块上深 40 mm、Ø1 mm 横通孔最强反射波,调到 80% 波高,此灵敏度相当于外径 40 mm 支柱瓷绝缘子的扫查灵敏度。

支柱瓷绝缘子的外径每增大 10 mm,扫查灵敏度提高增益 2 dB,当支柱瓷绝缘子声速小于 6 100 m/s 时,应在外径差补偿的基础上再提高增益 2～4 dB。

根据支柱绝缘子的直径和声速,检测绝缘子上法兰时,表面补偿需设为 16 dB,检测绝缘子下法兰时,表面补偿需设为 20 dB。

6. 检测实施

1）爬波法检测

将探头置于支柱绝缘子上下法兰旁边的颈部,进行周向平行扫查,扫查速度不大于 150 mm/s。当发现缺陷回波时,对其进行定位和定量。

2）小角度纵波法检测

将探头置于支柱绝缘子上下法兰旁边的颈部,进行周向锯齿扫查,扫查速度不大于 150 mm/s。当发现缺陷回波时,对其进行定位和定量。

7. 缺陷定位

1）爬波法检测

找到缺陷最大回波后,根据探头前沿的位置和仪器显示的水平位置,计算出缺陷距离法兰表面的距离 L,并在图 12-12 中标明,实际检测发现上法兰有一处缺陷回波,$L=21$ mm。

再将缺陷的起点和终点记录在图 12-13 中,以出线侧为 0 点,从上向下观察绝缘子,顺时针记录缺陷起点 X 和终点 Y 的位置,实测 X 距离 0 点为 75 mm,Y 距离 0 点为 103 mm。

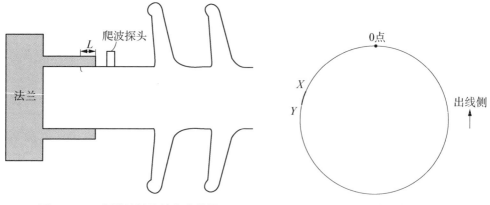

图 12-12 爬波法缺陷轴向定位图　　　　　图 12-13 爬波法缺陷周向定位图

2）小角度纵波法检测

找到缺陷最大回波后，根据探头前沿的位置和仪器显示的水平位置，计算出缺陷距离法兰表面的距离 L，并记录缺陷回波的深度位置 H，并在图 12-14 中标明，实际检测发现上法兰有一处缺陷回波，与爬波发现的回波位置基本一致，$L=23\,\mathrm{mm}$，$H=116\,\mathrm{mm}$。

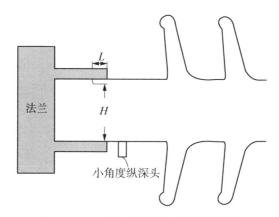

图 12-14 小角度纵波缺陷轴向定位图

再将缺陷的起点和终点记录在图 12-13 中，以出线侧为 0 点，从上向下观察绝缘子，顺时针记录缺陷起点 X 和终点 Y 的位置，由于小角度纵波探头检测的内部或对侧缺陷，因此，缺陷的实际起点和终点需用 CAD 画图确定。

8. 缺陷定量

经现场超声波检测，爬波探头、小角度纵波探头发现的某 ±1 100 kV 换流站

500 kV 滤波器场电抗器支柱绝缘子缺陷波形如图 12-15 所示。

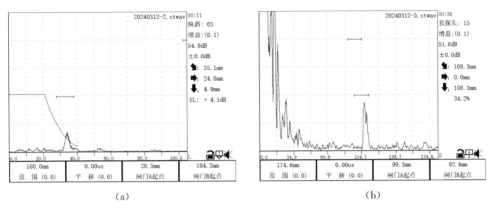

图 12-15　某±1 100 kV 换流站 500 kV 滤波器场电抗器支柱绝缘子缺陷波形图

(a)爬波法;(b)小角度纵波法

1)爬波法检测

记录其最高回波为 DAC+4.1 dB,再采用半波法测量其指示长度为 28 mm。

2)小角度纵波法检测

找到其最高回波,再将回波增益至 80%,记录此时仪器的增益为 56.4 dB,再采用半波法测量其指示长度为 26 mm。

将探头放置在涂了 RTV 的 JYZ-BX Ⅰ 试块表面,找出试块上深 40 mm、Ø1 mm 横通孔最强反射波,调到 80% 波高,记录此时仪器的增益为 46.0 dB,由于缺陷回波的深度为 116 mm,该深度处 Ø1 mm 横通孔调到 80% 波高时仪器的增益理论上为 46.0+2×(116-40)/10 dB≈46.0+16 dB。因此,缺陷回波的当量应记录为 Ø1+[(46.0+16)-56.4]dB=Ø1+5.6 dB。

9. 缺陷评定

1)标准规定

(1)爬波法检测结果符合下列条件之一的评定为不合格:①凡反射波幅超过距离-波幅曲线高度的缺陷;②反射波幅等于或低于距离-波幅曲线高度,且指示长度不小于 10 mm 的缺陷。

(2)小角度纵波检测结果符合下列条件之一的评定为不合格:①单个缺陷波大于或等于 Ø1 mm 横通孔当量的缺陷;②单个缺陷波小于 Ø1 mm 横通孔当量,且指示长度不小于 10 mm 的缺陷;③单个缺陷波小于 Ø1 mm 横通孔当量,呈现多个(不小于 3 个)反射波或林状反射波的缺陷。

2）检测结果评定

（1）采用爬波法检测时，缺陷回波大于 DAC 曲线，且长度大于 10 mm，因此判为不合格。

（2）采用小角度纵波法检测时，缺陷回波大于 Ø1 mm 横通孔回波，且长度大于 10 mm，因此判为不合格。

综上所述，该绝缘子评定为不合格。

10. 缺陷解剖

根据检测结果显示的缺陷位置，将法兰切开，找到了缺陷，为连续的气孔，如图 12 - 16 所示。

图 12 - 16　缺陷解剖后

11. 检测记录与报告

根据相关技术标准要求，做好原始记录及检测报告的编制、审批、签发等。

12.3　电抗器油路联管对接焊缝脉冲反射法超声检测

某 1000 kV 事故排油系统管路，管道规格 168 mm（外径）×6 mm，材质为 Q235，实物如图 12 - 17 所示，管道焊缝如图 12 - 18 所示。要求采用 A 型脉冲反射法超声对该管道环焊缝进行检测。检测依据为 NB/T 47013.3—2015，检测技术等级为 B 级，质量等级 Ⅱ 级合格。

图 12 - 17　油路联管图

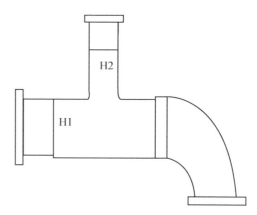

图 12 - 18　油路联管焊缝示意图

具体操作及检测过程如下。

1. 编制工艺卡

根据要求编制某 1000 kV 事故排油系统管路环向对接接头脉冲反射法超声检测工艺卡,如表 12 - 6 所示。

表 12 - 6　某 1000 kV 事故排油系统管路环向对接接头脉冲反射法超声检测工艺卡

工件	部件名称	某 1000 kV 事故排油系统管路	厚度	6 mm
	材料牌号	Q235	检测时机	安装前
	检测项目	对接环焊缝	坡口型式	Y 型
	表面状态	油漆	焊接方法	埋弧焊
仪器探头参数	仪器型号	HS700	仪器编号	—
	探头型号	5P9×9K3	试块种类	CSK - I A
	检测面	钢管侧单侧双面	扫查方式	锯齿形扫查
	耦合剂	机油	表面耦合	3 dB
	灵敏度设定	评定线	参考试块	CSK - II A - 1(钢)
	合同要求	NB/T 47013.3—2015	检测比例	100%
	技术等级	B 级	验收等级	II 级

检测方法及缺陷评定:
(1) 在焊缝外表面单面双侧用一、二次波对焊缝进行检测,用锯齿形和斜平行扫查。
(2) 当缺陷只有一个峰值时,采用 6 dB 法测长;当缺陷有多个峰值时,采用端点 6 dB 法测长。
(3) 当缺陷最大波幅位于 I 区时,允许的缺陷长度为 60 mm。

（4）当缺陷最大波幅位于Ⅱ区时，允许的缺陷长度≤2/3T（最小可为10 mm，最大不能超过40 mm）。

（5）允许的累计长度小于或等于周长的15%，且小于40 mm。

注：T 为工件厚度。

编制/资格	×××	审核/资格	×××
日期	×××	日期	×××

2. 仪器与探头

（1）仪器：武汉中科汉威 HS700 型数字式超声探伤仪。

（2）探头：5P9×9K3 斜探头。

3. 试块与耦合剂

（1）标准试块：CSK-ⅠA（钢）试块。

（2）对比试块：CSK-ⅡA-1（钢）试块，如图 12-19 所示。

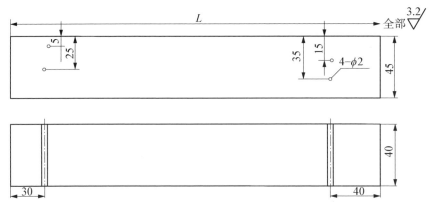

图 12-19 CSK-ⅡA-1(钢)试块

（3）耦合剂：化学浆糊。

4. 参数测量与仪器设定

用标准试块 CSK-ⅠA（钢）校验探头的入射点、K 值，校正时间轴，修正原点，依据检测事故排油系统管的材质声速、厚度以及探头的相关技术参数对仪器进行设定。

5. 距离-波幅曲线的绘制

利用 CSK-ⅡA-1（钢）对比试块（Ø2 横通孔）绘制距离-波幅曲线，油管管壁厚度 t 为 6 mm，技术等级为 B 级，其灵敏度等级如表 12-7 所示。

表 12 - 7　灵敏度等级

试块型式	管壁厚度 t/mm	评定线	定量线	判废线
CSK-ⅡA-1(钢)	6	Ø2×40−18 dB	Ø2×40−12 dB	Ø2×40−4 dB

6. 扫查灵敏度设定

扫查灵敏度应不低于评定线灵敏度,并保证在检测范围内最大声程处评定线高度不低于显示屏满刻度的 20%。扫查灵敏度为 Ø2×40−21 dB(耦合补偿 3 dB)。

7. 检测实施

以锯齿形扫查方式在钢管的双面单侧进行初探,发现可疑缺陷信号后,再辅以前后、左右、转角、环绕四种基本扫查方式对其进行确定,如图 2 - 4 所示。

8. 缺陷定位

标出缺陷距探测 0 点(环缝周向的固定参照物)的环向位置、偏离焊缝轴线距离及缺陷深度的三向位置。

9. 缺陷定量及评定

1) 检测结果

如图 12 - 20 所示为某 1 000 kV 事故排油系统管路检测示意图,管道规格 168 mm(外径)×6 mm。经现场超声检测发现焊缝 H3 及 H4 存在 4 处超标缺陷信号显示,缺陷详细信息如表 12-8 所示。典型缺陷波形如图 12 - 21 所示,最大反射波幅为 Ø2×40＋3.8 dB;缺陷深度为 3.6 mm;水平位置距离探头前沿 0.9 mm;用 6 dB 法测定缺陷指示长度,将探头向左右两个方向移,且均移至波高降到 Ø2×40−3.8 dB,此两点间的距离即缺陷的指示长度,该缺陷的指示长度为 8 mm。

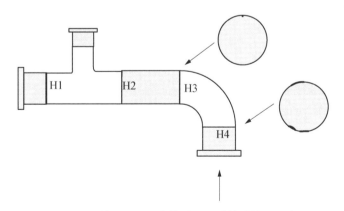

图 12 - 20　某 1 000 kV 事故排油系统管路检测示意图

图 12 - 21　缺陷波形图

表 12-8 某 1000 kV 事故排油系统管路焊缝缺陷清单

编号	缺陷位置描述	距探测面距离/mm	水平位置/mm	指示长度/mm	最大波幅/dB	评定级别	结论
1	H3 焊缝正上方	4	焊缝中心	2	Ø2×40-3.5	Ⅲ	不合格
2	H4 焊缝正下方	4	直管侧焊缝边缘	5	Ø2×40+0.4	Ⅲ	不合格
3	H4 焊缝下偏左 100~108 mm	3.6	直管侧焊缝边缘	8	Ø2×40+3.8	Ⅲ	不合格
4	H4 焊缝上偏左 0~15 mm	4	直管侧焊缝边缘	15	Ø2×40-0.4	Ⅲ	不合格

2）缺陷评定

根据标准 NB/T 47013.3—2015，该 1000 kV 事故排油系统管路环向对接接头 H3 及 H4 存在 4 处超标缺陷信号显示，因此，评定为不合格焊缝。

10. 缺陷解剖

经打磨后，从管道内壁观察，发现 H3 焊缝的缺陷是气孔，H4 焊缝的缺陷是未焊透，如图 12-22、图 12-23 所示。

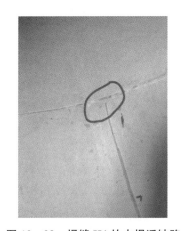

图 12-22 焊缝 H3 的气孔缺陷　　　图 12-23 焊缝 H4 的未焊透缺陷

11. 检测记录与报告

根据相关技术标准要求，做好原始记录及检测报告的编制、审批、签发等。

第 13 章　输电线路

　　输电线路是电力系统重要环节,主要起到连接电源与用电设备、建立变电站之间的电气联系的作用。架空输电线路主要由线路杆塔、杆塔基础、导线、绝缘子、线路金具、拉线以及接地装置等构成,架设在地面之上。按照输送电流的性质,输电分为交流输电和直流输电。输电铁塔则是架空输电线路的支撑点,通常由角钢、钢管通过螺栓、焊接等形式连接起来,按照结构类型可以分为角钢塔、钢管杆、钢管塔等。每一类输电铁塔均通过螺栓连接、铆钉连接、焊缝连接等方式组合在一起,在长期服役过程中不仅要承受塔材及导线的自重,还要承受风载荷、严寒天气结冰带来附加的载荷,以及大气污染物导致的塔材腐蚀减薄等,以上这些因素都会导致铁塔的承载力下降。因此,铁塔的连接部位可靠性检测是现场检测的重点。目前,在现场利用超声波检测手段就可以非常方便和可靠地检测塔材焊接质量、地脚螺栓腐蚀、紧固件螺栓应力、钢管腐蚀、线夹及绞线等重要金属部件,从而保证电网输电线路铁塔结构的可靠性和运行安全。对于电力行业电网侧输电线路设备或部件的超声检测,主要检测对象有钢管杆及钢管塔的焊接质量、地脚螺栓腐蚀、紧固件螺栓应力、钢管腐蚀、线夹及绞线等。

13.1　输电线路钢管杆超声导波检测

　　架空输电线路角钢塔、钢管杆等在服役过程中,不仅受到正常载荷和电力负荷的作用,还受到风雪、雷电、大气污染物等影响。特别是近地水线附近更易发生电化学腐蚀,表现为镀锌层减薄、局部红锈、腐蚀麻点等,角钢塔及钢管杆外壁的腐蚀在巡检过程中容易发现。钢管杆杆体通过法兰连接或套接,雨水会沿缝隙进入钢管杆内部,若底部无疏水孔,易造成雨水长期积滞,钢管杆内壁的腐蚀减薄在巡线过程中难以发现,危害极大。

　　超声导波因其具有单点激励、全截面覆盖、传播距离远等特点,可实现大尺寸构件的快速无损检测。基于磁致伸缩的超声导波 B 扫描检测方法,可实现两个法兰之间的钢管杆本体全覆盖检测,而且可以对危害缺陷及腐蚀部位的周向位置和高度位置进行二维定位。

基于磁致伸缩超声导波 B 扫描检测技术的检测流程为将磁致伸缩带材在钢管杆底部沿圆周布置一圈,然后使用导波 B 扫描检测探头沿着磁致伸缩带作 360°扫查,同时将探头在钢管杆的位置信息、导波声程、回波幅值收集、处理并融合成一个三维数据矩阵,最后将导波回波幅值通过 RGB(red、green、blue)颜色绘制成一个导波 B 扫描图像,其检测模型如图 13-1 所示。

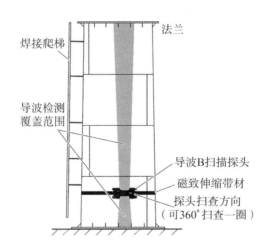

图 13-1　基于磁致伸缩原理的钢管杆导波 B 扫描检测示意图

具体操作及检测过程如下。

1. 仪器设备及器材

(1) 仪器:杭州浙达精益机电技术股份有限公司生产的 MSGW30 超声导波检测仪及其扫查器。

(2) 探头:磁致伸缩超声导波探头,128 kHz,局部载荷长度为 120 mm。

(3) 辅助器材:超声导波用耦合剂、磁化器、磁致伸缩带材等。

2. 灵敏度设定

1) 导波传播仿真计算

目前超声导波主要用于管道或板材的检测,用于钢管杆检测时应首先考虑适用性。管道与钢管杆最大的不同在于钢管杆是带有一定锥度的拔梢型结构,且横截面为多边形。因此需要对钢管杆中导波传播进行仿真计算。

基于磁致伸缩超声导波 B 扫描检测技术在对钢管杆检测过程中,将会在多边形钢管杆的平面处或转角处激励超声导波,故针对这两种情况进行数值仿真,以分析两种情况的差异性。

仿真基于 ABAQUS 平台,钢管杆设置为 12 边型,最大外径为 608 mm,壁厚为 14 mm,钢管杆的拔梢斜度为 1/40,长度为 2 m,材质为 Q235 碳钢。导波激励频率为 128 kHz,周期数为 5,导波激励长度为 120 mm,所激励的导波均为水平剪切波。加载位置分别在端面的平面处和转角处激励,如图 13-2 所示。

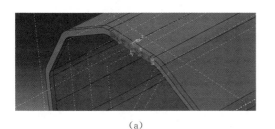

(a) 　　　　　　　　　　　　　　　(b)

图 13-2　钢管杆超声导波激励示意图

(a)平面位置处激励导波示意图;(b)转角位置处激励导波示意图

在平面和转角位置激励超声导波,在钢管杆中传播仿真结果分别如图 13-3 和图 13-4 所示,可以看出,超声导波在平面与转角两个位置激励产生的导波在多边形钢管杆上传播特性基本一致,都是在传播过程中发生了合理的扩散,并未发生明显的波包分离等现象,也未产生其他模态的超声导波。但是在转角处激励的超声导波,其圆角处的超声导波能量相比其他平面部位更集中,检测灵敏度在弯角处更高。

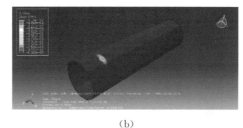

(a) 　　　　　　　　　　　　　　　(b)

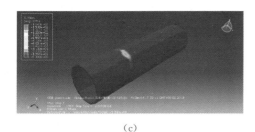

(c) 　　　　　　　　　　　　　　　(d)

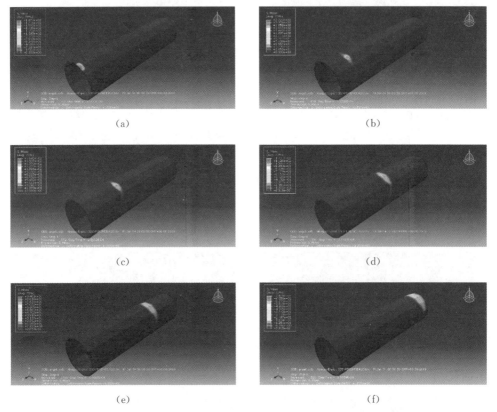

图 13 - 3 钢管杆在平面处激励的导波在不同距离下的云图

(a)2 μs;(b)12 μs;(c)25 μs;(d)37 μs;(e)50 μs;(f)65 μs

图 13 - 4 钢管杆在转角处激励的导波在不同距离下的云图

(a)2 μs;(b)12 μs;(c)25 μs;(d)37 μs;(e)50 μs;(f)65 μs

2)试验验证

在利用导波 B 扫描检测技术对钢管杆进行检测时,由于导波 B 扫描探头激励的长度相对于钢管杆尺寸来说很小,需要进行模拟试验来验证其检测可行性及灵敏度。采用基于局部加载的超声导波 B 扫描检测技术对钢管杆进行检测,其本质就是利用

SH 模态的超声导波在一有弧度的金属板上进行检测，因此利用平板来代替钢管杆进行模拟试验。

试验选用 MSGW30 型超声导波检测仪，采用基于磁致伸缩原理的超声导波 B 扫描检测技术对试验样板进行检测。考虑到实际检测中，某些钢管杆环形焊缝较多，因此进行了最高灵敏度和过焊缝后的灵敏度实验。

（1）内壁腐蚀检测最高灵敏度。

检测对象为长 800 mm、宽 500 mm、厚 5 mm 的 Q235 钢板。利用人工刻伤的方式模拟实际的腐蚀缺陷，模拟缺陷为锥度 120° 的盲孔。

换能器安装在钢板正面，盲孔缺陷设置在钢板背面，缺陷距离换能器位置 500 mm，采用局部载荷长度为 120 mm，频率为 128 kHz，周期数为 4 的导波进行检测。在钢板的背面从没有缺陷开始采集数据，并分别进行刻伤，其锥孔的直径分别为 3 mm、4 mm、5 mm 和 6 mm，依次扩大，其对应横截面损失比分别为 0.2%、0.38%、0.6% 和 0.86%，每次扩大时采集一次数据，原理如图 13-5 所示。

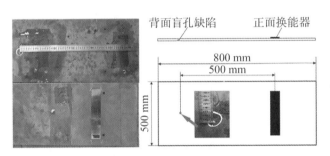

图 13-5　内壁腐蚀检测最高灵敏度测试原理图

将每次采集到的导波 A 扫描信号取上包络并绘制在一张图中进行对比，如图 13-6 所示。通过对比可知，当反面的锥孔缺陷达到横截面损失比为 0.38% 时，即锥孔的孔径达到 4 mm 时，导波信号开始有明显的回波，当缺陷横截面损失比达到

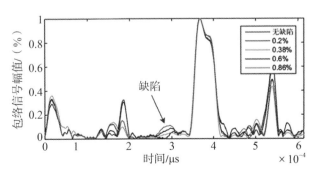

图 13-6　不同锥孔缺陷的导波包络信号对比图

0.86%时,缺陷回波已经非常明显。因此,基于磁致伸缩的超声导波 B 扫描检测技术可检测横截面损失比大于 0.86%的钢管杆内壁腐蚀缺陷。

（2）过焊缝后的导波 B 扫描检测灵敏度。

检测对象为长 5 400 mm、宽 1 200 mm、厚 12 mm 的 Q235 钢板。换能器安装在钢板正面,缺陷为人工刻伤的通孔,缺陷距离换能器位置分别为 2 660 mm 和 3 790 mm,2 700 mm 处有搭接焊缝,其实验平台布置如图 13-7 所示。试验采用了 MSGW30 超声导波检测仪及其扫查器,探头的检测频率设置为 128 kHz,周期为 4,局部载荷长度为 120 mm。

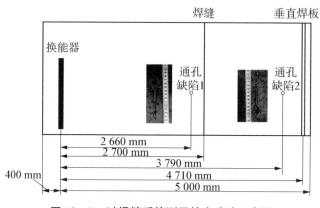

图 13-7 过焊缝后检测灵敏度试验示意图

试验采用钢板来模拟钢管杆,使用人工刻伤的方式模拟现实钢管杆的缺陷。为了明确焊缝对导波灵敏度的影响,在焊缝两侧分别设置了一个缺陷,为了更好地定量化缺陷,本试验采用通孔缺陷,缺陷的孔径从 3.4 mm 扩大至 5 mm,相当于横截面损失比从 1.7%升至 2.5%,每扩一次孔就采集一次数据,检测结果如图 13-8、图 13-9 所示。

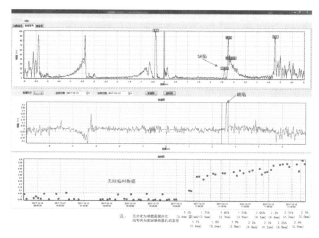

图 13-8 2 660 mm 处缺陷的导波数据分析图

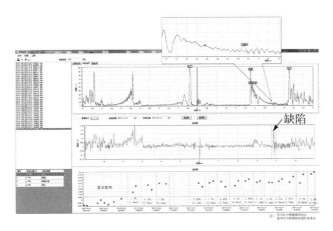

缺陷

图 13-9　3790mm 处缺陷的导波数据分析图

采用对比的方法对试验数据进行处理。首先对采集到的导波信号取上包络,如图 13-8 第一行图所示,然后将每个带有缺陷导波信号和无缺陷的导波信号做差值处理,如图 13-8 第二行所示。随着缺陷的增大,两者之间差值越大,将缺陷位置的差值变化绘制在一幅趋势图中,获得图 13-8 的第三行趋势图。

通过采集到数据分析可得,在距离探头 2660 mm 处,缺陷横截面损失比达到 1% 时缺陷信号就可分辨,当缺陷横截面损失比达到 1.7% 时,可以明显分辨出人工设置的缺陷。在距离探头 3790 mm 处,缺陷横截面损失比达到 1.7% 时缺陷信号可分辨,当缺陷横截面损失比达到 1.8% 时,人工缺陷信号明显。通过对比分析可知,经过焊缝后,导波检测灵敏度有所降低,但经过一道焊缝后,横截面损失比为 2% 左右的缺陷仍然能够清晰识别出来。

3. 检测实施

对江苏某在役的 110 kV 线路钢管杆内外壁腐蚀进行超声导波检测,钢管杆底部直径为 1100 mm,壁厚为 18 mm,材质为 Q235。

检测前对钢管杆表面进行适当清理。采用磁化器对磁致伸缩带材进行磁化,并使用专用耦合剂将带材在钢管杆适当高度粘附一周。最后使用带有编码器的探头沿着带材进行数据采集,如图 13-10 所示。

4. 检测结果分析

经超声导波 B 扫描成像检测发现,杆塔内部存在腐蚀,在距离检测点负向 0.7～1.2 m 处,钢管杆的西北 323°方向,存在密集型内腐蚀坑的异常回波信号。经其

图 13-10　钢管杆导波 B 扫描检测现场图

他检测技术复检可知,腐蚀坑分布区域的尺寸为 $50\,cm\times30\,cm$,其中局部内腐蚀坑的最大腐蚀深度超过壁厚 18%。

图 13-11 为钢管杆内外壁腐蚀超声导波 B 扫描检测结果的 B 扫描图及 A 扫描信号图,图中所示各钢管杆的环焊缝特征明显,腐蚀区域集中在两个环焊缝中间,呈草状波分布,且缺陷信噪比也比较高。

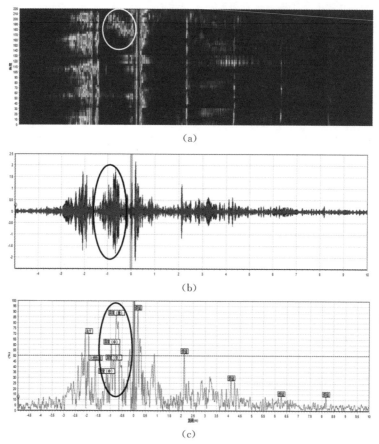

(a)

(b)

(c)

图 13-11 钢管杆的超声导波 B 扫描检测结果

(a)频率扫描图谱;(b)发射频率 136 kHz 原信号;(c)包络信号

综上,通过上述现场钢管杆检测,验证了超声导波 B 扫描检测技术应用在钢管杆检测的可行性和有效性。

13.2 输电线路钢管杆焊接接头相控阵超声检测

对某 220 kV 线路工程钢管杆对接焊缝,进行超声检测。3 号主杆材质为 Q355B,

壁厚为 14 m、焊缝宽度为 25 mm、焊接坡口型式为 V 型坡口,焊接方法为 CO_2 气体保护焊;4 号主杆材质为 Q355B,壁厚为 18 m、焊缝宽度为 25 mm、焊接坡口型式为 V 型坡口,焊接方法为 CO_2 气体保护焊。检测标准为《焊缝无损检测 超声检测 技术、检测等级和评定》(GB/T 11345—2013);验收标准为《焊缝无损检测 超声检测 验收等级》(GB/T 29712—2013)。检测技术等级为 B 级,验收等级为 2 级合格。

具体操作及检测过程如下。

1. 仪器与探头

(1) 仪器:武汉中科汉威 HSPA20 - Fe 型相控阵检测仪。

(2) 探头:5L32×1.0×13 - A2 - P 型探头,SA2 - 55S 35°型楔块。

2. 试块与耦合剂

(1) 标准试块:CSK - ⅠA 试块,如图 13 - 12 所示,用于调节检测设备的零偏及声速等。

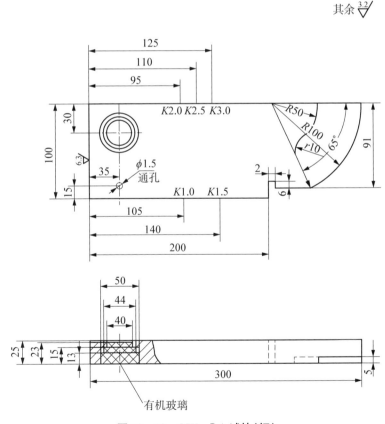

图 13 - 12 CSK - ⅠA 试块(钢)

注:尺寸误差不大于±0.05 mm。

457

（2）对比试块：RB-2试块，如图 13-13 所示。

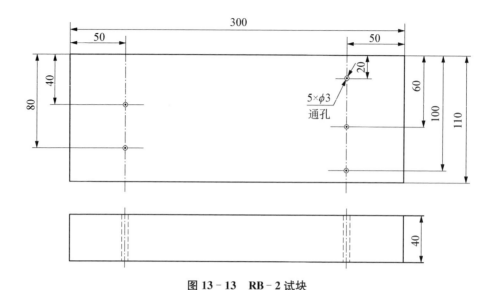

图 13-13 RB-2 试块

（3）耦合剂：化学浆糊。

3. 参数测量与仪器设定

1）声速校准

首先用 CSK-ⅠA 标准试块对设备进行声速校准，扇形扫描的声束入射到试块上两半径为 50 mm 与 100 mm 同心圆弧面，前后移动探头找到两个同心圆弧面的最大反射回波，完成声速校准。

2）角度补偿

利用 CSK-ⅠA 标准试块，找出 R50、R100 圆弧面回波，前后移动探头分别找出所有角度的最高波，仪器自动获取整个扇扫角度范围内的波高包络线，生成各角度增益曲线，完成每个晶片的补偿。

3）距离补偿

利用 RB-2 对比试块，前后移动探头找出不同深度 $\varnothing 3 \times 40$ mm 孔的回波，进行 TCG 补偿，绘制 TCG 曲线。

4）编码器校准

利用 3 号主杆对编码器进行校准，首先在 3 号主杆上选取 0～100 mm 的距离作为起始点，进入仪器编码器校准主界面，完成校准。

4. 检测实施

受焊缝余高的影响，超声一次波声束只能覆盖焊缝根部区域，如图 13-14(a)扇扫图所示,为了使得波束能完全覆盖整个焊缝区域,必须使用一次波和二次波进行检测,才能保证焊缝的全覆盖。

检测前对钢管杆表面进行适当清理,将扫查架吸附在钢管杆上,量出探头与焊缝中心线设定的距离,划一条与焊缝平行的直线,沿着划定的直线进行数据采集,且在对侧进行同样操作采集数据,完成检测。

5. 检测结果

经现场相控阵超声检测,3 号、4 号主杆对接焊缝存在缺陷情况如下。

(1)3 号主杆对接焊缝存在内表面气孔,不可验收。3 号主杆对接焊缝气孔缺陷相控阵超声检测结果如图 13 - 14(b)所示,3 号主杆对接焊缝气孔缺陷位置及局部放大图如图 13 - 15 所示。

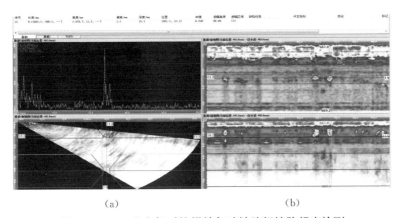

（a）　　　　　　　　　　　　　　（b）

图 13 - 14　3 号主杆对接焊缝气孔缺陷相控阵超声检测

(a)声波覆盖焊缝区域显示及 A 超气孔波形;(b)气孔相控阵超声检测波形

图 13 - 15　3 号主杆对接焊缝气孔缺陷位置及局部放大图

(2)4 号主杆对接焊缝存在未焊透缺陷,缺陷长度 91.2 mm,不可验收。4 号主杆对接焊缝未焊透缺陷位置及局部放大图如图 13-16 所示,4 号主杆对接焊缝未焊透缺陷相控阵超声检测结果如图 13-17 所示。

图 13-16　4 号主杆对接焊缝未焊透缺陷位置及局部放大图

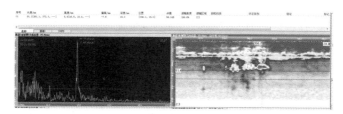

图 13-17　4 号主杆对接焊缝未焊透缺陷相控阵超声检测结果

6. 检测记录与报告

根据相关技术标准要求,做好原始记录及检测报告的编制、审批、签发等。

13.3　输电线路钢管塔环向对接焊缝相控阵超声检测

图 13-18　某线路钢管塔

钢管塔是主要部件用钢管,其他部件用钢管或型钢等组成的格构式塔架,具有构件风压小、刚度大、受力合理、结构简洁等特点,在特高压线路中应用较多。钢管塔管件体型系数小,约为其他型钢构件的 60%,钢管塔相比于角钢塔可以减小塔身风荷载 30% 以上,与角钢塔相比,大荷载的高塔采用钢管塔结构可以节约钢材15%～20%。

钢管塔塔身主要由直缝焊管、法兰、连接板以及筋板等组成。某 220 kV 线路钢管塔如图 13-18 所示。在钢管塔制造过程中,一般情况下,直径 159～325 mm、壁厚 4～6 mm 的钢管采用熔化极气体保护电弧焊(gas metal arc welding，GMAW)单面焊双面成型工艺，直径 273～660 mm、壁厚 7～12 mm 的钢管采用 GMAW 双面焊接工艺，壁厚较大的可采用埋弧焊(submerged arc welding，SAW)或 GMAW＋SAW 工艺。根据《钢管塔焊接技术导则》(DL/T 1762—2017)规定，钢管与锻造带颈法兰环向对接焊缝、连接挂线板的对接焊缝、变坡处钢管对接焊缝为一级焊缝；变坡处钢管有筋板的对接焊缝、豁口的对接焊缝为二级焊缝。应对一、二级焊缝内部质量进行检验。

对某 220 kV 钢管塔的钢管对接焊缝进行相控阵超声检测，钢管规格为 Φ700 mm ×14 mm，材质为碳钢，检测依据《承压设备无损检测　第 15 部分：相控阵超声检测》(NB/T 47013.15—2021)相关规定进行。

具体操作及检测过程如下。

1. 编制工艺卡

根据标准 NB/T 47013.15—2021 规定，工艺验证可以采用超声仿真的方式替代，但所采用的仿真技术应经技术验证且现场试验符合实际检测要求。输电线路钢管塔环向对接焊缝相控阵超声检测工艺卡如表 13－1 所示。

表 13－1　输电线路钢管塔环向对接焊缝相控阵超声检测工艺卡

工件	部件名称	输电线路钢管塔	规格	Φ700 mm×14 mm
	材料牌号	碳钢	检测时机	停电检修期间
	检测项目	对接环焊缝	坡口型式	V 型
	表面状态	机械打磨	焊缝宽度	上表面 25 mm
仪器探头参数	检测标准	NB/T 47013.15—2021	合格等级	Ⅰ级
	仪器型号	多浦乐 Phascan 型	标准试块	CSK-ⅠA 标准试块
	探头型号	5L32-0.6×10	对比试块	CSK-ⅡA-1
	编码器	鼠标式编码器	扫查方式	单面单侧
	耦合剂	机油	检测等级	A 级
	检测方式	横波扇扫	工艺验证	模拟试块、CIVA 仿真
	灵敏度	Φ2-18 dB	耦合补偿	4 dB
	角度范围	40°～70°	角度步进	0.5°
	探头偏置	15.0 mm	聚焦方式	深度聚焦 30 mm

(续表)

检测位置示意图及缺陷评定：

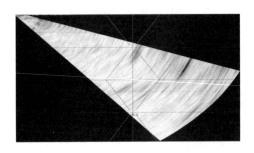

编制/资格	×××	审核/资格	×××
日期	×××	日期	×××

2. 检测设备与器材

（1）检测设备：多浦乐 Phascan 型便携式相控阵超声检测仪。

（2）探头：5L32—0.6×10 线阵探头。

（3）辅助器材：耦合剂、编码器等。

3. 试块及耦合剂

（1）标准试块：CSK-ⅠA（钢）试块。

（2）对比试块：CSK-ⅡA-1（钢）试块，如图 13-19 所示。

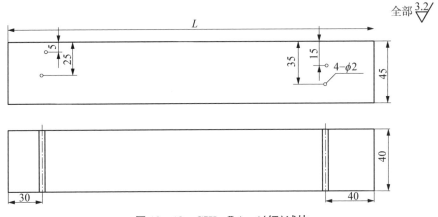

图 13-19　CSK-ⅡA-1（钢）试块

（3）耦合剂：机油。

4. 检测准备

（1）资料收集。检测前了解钢管塔材质、尺寸等信息，查阅制造厂出厂和安装时有关质量资料，查阅检修记录。

（2）表面状态确认。检测前对检测面进行机械打磨，露出金属光泽，表面应无焊接飞溅、油污等。

5. 仪器调整

（1）仪器设置。在相控阵检测仪中进行钢管塔厚度、焊缝宽度、坡口型式、材质等参数的设置，钢管壁厚为 14 mm，焊缝宽度为 25 mm，坡口型式为 V 型，材质为碳钢。

（2）探头及楔块选择。根据现有的探头及楔块型号，在相控阵检测仪中选择对应的探头及器材，本案例选择 D2-5L32 探头及 SD2-N55S 楔块。

（3）聚焦法则。楔块自然折射角为 55°，扇扫时声束角度一般不超过自然折射角的 ±20°，即扇扫角度范围不宜超过 35°～75°，在本次检测中扇扫角度选择 40°～70°，真实深度聚焦，聚焦深度 30 mm，调整前端距使得焊缝可以全覆盖。

（4）TCG 校准。采用 CSK-ⅡA-1 对比试块进行 TCG 校准，钢管壁厚为 14 mm，聚焦深度为 30 mm，因此，可以选择深度为 10 mm、20 mm、30 mm 的 Ø2 横通孔进行 TCG 校准，检测灵敏度设置如表 13-2 所示。

表 13-2　输电线路钢管塔环向对接焊缝检测灵敏度

试块型式	管壁厚度 t/mm	评定线	定量线	判废线
CSK-ⅡA-1	14	Ø2-18 dB	Ø2-12 dB	Ø2-4 dB

6. 数据采集

根据设置好的工艺参数，对焊缝进行扫查，扫查过程中需要使用编码器，扫查结束后保存合格的焊缝缺陷检测图谱，如图 13-20 所示。

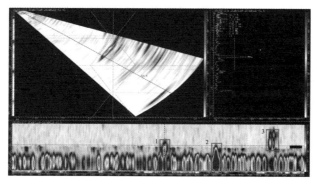

图 13-20　焊缝缺陷检测图谱

7. 缺陷评定

1) 检测结果

采用仪器配套的离线分析软件对检测数据进行评定,评定过程中手动排除结构干扰信号。评定发现,输电线路钢管塔环向对接焊缝中存在 3 处缺陷,其中 2 处为超标缺陷,1 处为 Ⅰ 级缺陷。检测缺陷详细信息如表 13-3 所示。

表 13-3　缺陷信息表

序号	缺陷深度/mm	缺陷高度/mm	缺陷长度/mm	缺陷波幅/dB	缺陷波幅所在区域	评级
1	7.4	4.1	7.0	SL+6	Ⅱ	Ⅰ
2	12.2	7.9	15.5	SL+14	Ⅲ	Ⅲ
3	5.2	4.5	15.5	SL+3	Ⅱ	Ⅱ

2) 缺陷评定

根据标准 NB/T 47013.15—2021 相关规定要求,该钢管塔焊缝存在超标缺陷,不合格,需要进行消缺处理。

8. 检测记录与报告

根据相关技术标准要求,做好原始记录及检测报告的编制、审批、签发等。

13.4　输电线路钢管杆环向对接焊缝衍射时差法超声检测

架空输电线路钢管杆以其占地小、结构强度高、基础不影响其他管线的敷设、附件设计灵活多样、塔材不易被盗等优点,在电力系统内得到广泛的应用。钢管杆通常由钢板卷制成多边形结构焊接而成,不同段之间通过法兰结构连接,其制造质量应符合《输变电钢管结构制造技术条件》(DL/T 646—2021)标准的相关要求。根据标准要求,钢管与钢管、钢管与法兰的对接焊缝为一级焊缝;钢管纵向焊缝为三级焊缝(应完全熔透)。一、二级焊缝内部质量宜采用脉冲反射式超声进行检测,不能对缺陷进行判断时,可辅以其他方法。

对于制造阶段的钢管杆来说,采用脉冲反射法超声对焊缝内部质量进行检测相对比较容易实施。对于在役线路,由于钢管杆高度较大,脉冲反射法超声检测需要使用斗臂车、脚手架等辅助,检测效率较低。因此,可以采用钢管杆爬行器携带 TOFD、相控阵等超声成像检测设备对焊缝进行检测,可有效提高检测效率,降低作业风险。本项目采用了加拿大 MTC200 型磁力爬行器,如图 13-21 所示,该爬行器具有四个高强度钕铁硼永磁轮,最大垂直载荷为 20 kg,70 mm 以上管径可以作环向扫查,

305 mm管径可以作纵向扫查,并能适合不同曲率。通过控制手柄,可对爬行器进行5~254 mm/s速度的精准设置,并可以对其行进的距离进行毫米级的路线行程设置。采用高性能耦合泵送装置为检测探头稳定、持续地输送耦合剂,一般采用水作为耦合剂。

(a)　　　　　　　　　　　　　　　(b)

图 13 - 21　爬行器检测钢管杆

(a)纵缝检测;(b)环缝检测

近年来,江苏方天电力技术有限公司陆续对江苏省内在役老旧钢管杆焊缝开展质量抽检,检测项目包括钢管杆内外壁腐蚀减薄超声导波检测、焊缝内部质量 TOFD检测等。TOFD检测采用爬行器对第一节法兰以下部分杆体焊缝开展检测,检测依据参考《承压设备无损检测　第 10 部分:衍射时差法超声检测》(NB/T 47013.10—2015)标准重点相关规定执行。

具体操作及检测过程如下。

1. 编制检测工艺

根据标准要求编制某线路钢管杆焊缝衍射时差法(TOFD)超声检测工艺卡,如表 13 - 4所示。

表 13-4 某线路钢管杆焊缝衍射时差法(TOFD)超声检测工艺卡

检测对象						
设备类别	钢管杆	工件名称	焊缝	工件编号	—	
规格尺寸	$T=20\,mm$	材 质	碳钢	工作介质	—	
热处理状态	焊后消除应力	设备状态	在役	检测部位	焊缝	
坡口型式	V 型	焊接方法	—	焊缝宽度	外表面 25 mm	

检测设备和器材			
TOFD 检测仪型号	HS810	试块种类	TOFD-A 对比试块
扫查装置	RIT MTC200 型爬行器	耦合剂	水
探头型号	5 MHzΦ6	楔块型号	60°

检测技术要求与工艺			
执行标准	NB/T 47013.10—2015	合格级别	Ⅱ
检测技术等级	B 级	扫查面	外表面
检测区域	焊缝	检测温度	10~40℃
表面状态	镀锌	表面耦合补偿	4 dB

一、非平行扫查

探头及设置	通道	厚度分区	频率	晶片尺寸	探头编号	楔块角度	探头中心间距	楔块对总延迟	楔块前沿	−12 dB 声束扩散角
	1	0~20 mm	5 MHz	Φ6 mm	875174 874486	60°	46 mm	4.81 μs	9 mm	90°~49.5°

灵敏度设置	将直通射波波幅设置为满屏的 40%~80%	深度校准	找到对比试块上 4 mm、40 mm 深度侧孔，误差小于 1 mm		
扫查步进	0.5 mm	平均处理次数	1	扫查速度	≤200 mm/s
位置传感器校准	移动 500 mm 误差<5 mm	底面盲区（计算值）	≤1 mm	是否需要偏置非平行扫查	不需要

二、偏置非平行扫查

偏置检测通道	—	偏置量	—
偏置扫查次数	—	底面盲区（计算值）	—

（续表）

检测区域与探头布置图：
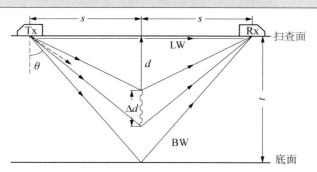 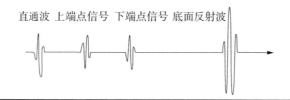

2. 检测设备与器材

（1）设备：武汉中科 HS810 型 TOFD 检测仪。

（2）探头：5 MHzΦ6，声束角度 60°。

（3）辅助器材：加拿大 RIT MTC200 型爬行器、耦合剂（水）、水泵、发电机等。

3. 试块

（1）对比试块：TOFD-A 试块，如图 13-22 所示。

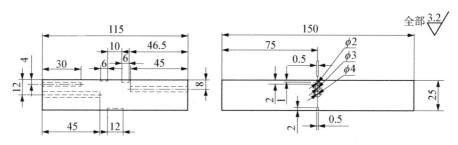

图 13-22 TOFD-A 试块

注：孔径误差不大于±0.02 mm，开孔垂直度偏差不大于±0.1°，其他尺寸误差不大于±0.05 mm。

（2）钢管杆焊缝模拟试块，如图 13-23 所示。

4. 检测准备

（1）资料收集。检测前了解钢管杆材质、尺寸等信息，查阅制造厂出厂和安装时

图 13 - 23　钢管杆焊缝模拟试块

有关质量资料,查阅检修记录。

(2) 表面状态确认。检测前确认表面应无焊接飞溅、油污等影响爬行器爬行和检测的异物。

5. 仪器调整

1)探头设置

将探头安装在楔块上后,两个探头楔块对接接触,测量出此时信号第一个正向波峰的时间值 t_0,即探头楔块的延时。

在平板工件上涂抹少许耦合剂,将两个探头正向对接放在工件上,测量此时信号第一个正向波幅的时间值 t_1,采用公式 $5.9 \times (t_1 - t_0)/2$ 计算出楔块的前沿。

使用公式 $2S = 4/3 \cdot T \tan\alpha$ 计算实际 P_{CS}(其中,T 为壁厚,α 为探头声束的入射角,S 为 P_{CS} 值的一半)。

2)编码器校准

编码器行走 $500\,\text{mm}$,偏差不超过 5%,否则应进行编码器校准。

3)灵敏度设置

将探头置于焊缝两侧,调整平移和范围,使得直通波在横坐标满屏 10% 左右,变形波在横坐标满屏 90% 左右。调整增益,将直通射波波幅设置为满屏的 $40\% \sim 80\%$。

6. 检测实施

将探头装在爬行器上,待爬行到待检测焊缝位置后在 TOFD 检测仪上点击"开始"键开始检测,打开循环水泵,操作爬行器沿着焊缝行走一圈完成检测,保存检测图谱,如图 13-24 所示。

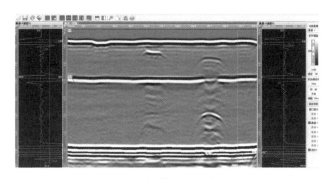

图 13-24　焊缝 TOFD 检测图谱

7. 缺陷评定

1) 检测结果

采用仪器配套的离线分析软件对检测数据进行评定,评定过程中手动排除结构干扰信号。评定发现环向对接焊缝中存在 3 处超标缺陷,缺陷的详细信息如表 13-5 所示。

表 13-5　缺陷信息表

序号	缺陷深度/mm	缺陷高度/mm	缺陷长度/mm	评级
1	0	4.2	19.9	Ⅲ
2	1.7	8.8	23.4	Ⅲ
3	13.2	6.8	24.9	Ⅲ

2) 缺陷评定

根据标准 NB/T 47013.10—2015 的相关规定要求,该钢管杆焊缝存在超标缺陷,不合格,需要进行消缺处理。

8. 检测记录与报告

根据相关技术标准要求,做好原始记录及检测报告的编制、审批、签发等。

13.5　架空输电线路用镀锌钢绞线电磁超声导波检测

架空输电线路用镀锌钢绞线为铁磁性材料,可用直接激励法磁致伸缩导波检测。

利用钢绞线自身的磁致伸缩效应直接激励和接收导波,其检测原理如图 13-25 所示。传感器包括激励线圈、接收线圈和提供偏置磁场的磁化器三个部分,结构形式如图 13-26 所示。两种线圈为用排线制作的与被检钢绞线同轴的螺线管,用于实现交变磁场和应力波之间的能量与信号转换。偏置磁场沿轴线方向,其作用主要有两方面,一是提高磁能与声能的换能效率,二是选择导波模态,偏置磁场可以采用电磁或永磁方式加载。在进行检测时,首先向激励线圈通入大电流脉冲信号,产生交变磁场;激励线圈附近的铁磁材料由于磁致伸缩效应受到交变应力作用,从而激励出超声波脉冲;超声脉冲沿钢绞线轴线传播时,不断在钢绞线内部发生反射、折射和模式转换,经过复杂的干涉与叠加,最终形成稳定的导波模态。当钢绞线内部存在缺陷时,导波将在缺陷处被反射返回;当反射回来的应力波通过接收线圈时,由于逆磁致伸缩效应会引起通过接收线圈的磁通量发生变化,接收线圈将磁通量变化转换为电动势变化;通过测量接收线圈的感应电动势就可以间接测量反射回来的超声导波信号的时间和幅度,从而获取缺陷的位置和大小等信息。

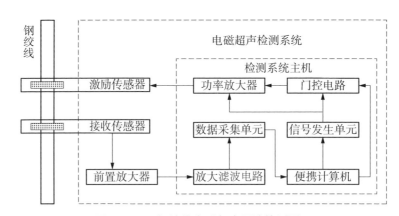

图 13-25 钢绞线电磁超声导波检测原理

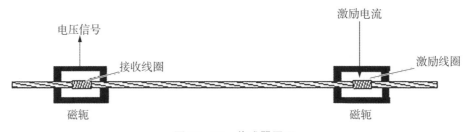

图 13-26 传感器原理

某供电公司 110kV 架空输电线路用镀锌钢绞线,其型号为 JLB40-80,断面结构

为 1×19,线路跨距 100 000 mm 左右,如图
13-27 所示。在检修现场,对其更换下来长
6 300 mm 范围内部存在可疑缺陷(断股)的
钢绞线用电磁超声导波检测技术进行检测、
验证。

具体操作及检测过程如下。

1. 仪器与探头

(1)仪器:武汉中科创新 HS900L 电磁
超声导波检测仪。

(2)探头:镍钴合金带缠绕磁化激发电
磁导波。

图 13-27 待更换的架空输电线路用镀锌钢绞线

2. 校准试样和对比试样

校准试样用于对检测设备进行灵敏度和各种功能的测试。校准试样选用长度
3 m、直径 10 mm、材料为♯45 的圆钢,有 2%、4%和 6%截面损失率的横向线切割槽
各一个,切槽的宽度在 0.5~2.0 mm,深度方向的公差±0.2 mm。校准试样的长度、
厚度和切槽位置的要求如图 13-28 所示。

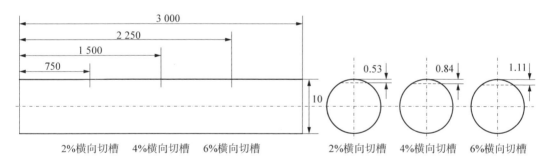

图 13-28 校准试样示意图

对比试样用于对被检测镀锌钢绞线缺陷截面损失率当量进行评定。对比试样应
采用与被检测钢绞线规格相同的材料制作,试样的长度不小于 12 m 或实际检测的范
围,每处断丝的数量按截面损失率的 15.9%制作缺陷,端部断丝位置距试样端部至少
0.5 m。

3. 距离-波幅曲线的绘制

根据被检测镀锌钢绞线的材料和规格,利用对比试样,绘制距离-波幅曲线。该
曲线族由评定线和判废线组成,判废线由 15.9%截面损失率的人工缺陷反射波幅直
接绘制而成。评定线为判废线高度的一半,即-6 dB。评定线及其以下区域为Ⅰ区,

评定线与判废线之间为Ⅱ区,判废线及其以上区域为Ⅲ区,如图 13 - 29 所示。

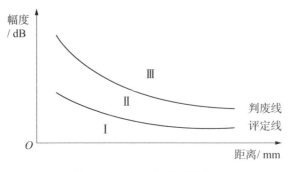

图 13 - 29　距离-波幅曲线

4. 参数测量与仪器设定

依据被检钢绞线的材质声速、直径以及探头的相关技术参数对仪器进行设定。根据被检钢绞线的材质和规格实测应选择的激励频率、激励脉冲数及偏置磁场等。通过调节仪器的参数设置使仪器能够清晰显示被检钢绞线上端部的反射波信号,并进行记录,同时应用这些信号及其与传感器的距离来测量导波传播的速度。

5. 检测实施

由于电磁导波是通过点激励和接收超声波信号来实现检测的,因此选择一个端头能够放置传感器位置即可。将探头放置在被检钢绞线一端的端头,固定好传感器不需移动即可完成对跨度范围的钢绞线的检测。将仪器检测显示灵敏度由测试距离-波幅曲线时的灵敏度提高 12 dB 进行检测,一旦发现缺陷反射信号,就降低 12 dB 并调出已存储好的距离-波幅曲线进行比对,凡处于Ⅱ区和Ⅲ区的信号,需要进行信号记录,并测量出在被检钢绞线上的具体位置,并在示意图和实物上作出标识。检测中应确认相邻长度有效范围之间的重叠,确保不引起漏检。

6. 缺陷定量

如图 13 - 30 所示,在 2 137 mm 处出现的闸门反射回波信号为此次检测钢绞线缺陷信号,在 6 251 mm 闸门出现的反射回波信号为钢绞线端头信号。缺陷信号位于Ⅲ区。

7. 检测结果的验证及检测缺陷的处理

电磁超声导波检测给出的是缺陷当量,由于磨损、腐蚀缺陷的大小和形状与人工缺陷不同,检测结果显示的缺陷当量值与真实缺陷会存在一定的差异。因此,一旦发现Ⅱ级和Ⅲ级的信号,应采用目视方法进行检查,用以分辨是位于外部还是内部。

根据前述对比试样,截面损失率超过了 15.9%,且经验证发现,现场截取的该段钢绞线里面有断股现象存在,此次更换非常及时。

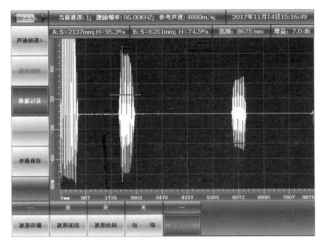

图 13－30　架空输电线路镀锌钢绞线电磁超声导波检测结果

13.6　输电线路杆塔地脚螺栓腐蚀相控阵超声检测

某 220 kV 输电线路工程,该工程地脚螺栓规格为 M36,材质为 Q345,去除保护帽后地脚螺栓如图 13－31 所示。要求采用超声相控阵技术对输电线路地脚螺栓腐蚀状况进行检测。检测依据《无损检测　超声检测　相控阵超声检测方法》(GB/T 32563—2016)。

图 13－31　去除保护帽后的地脚螺栓

具体操作及检测过程如下。

1. 编制工艺卡

根据要求编制某 220 kV 输电线路地脚螺栓相控阵超声检测工艺卡,如表 13 - 6 所示。

表 13 - 6　某 220 kV 输电线路地脚螺栓相控阵超声检测工艺卡

工件	部件名称	某 220 kV 输电线路地脚螺栓		
	部件规格	M36	部件材质	Q345
	检测部位	螺纹	表面状态	打磨
	部件温度	5～25℃	—	—
仪器探头参数	仪器型号	Phascan(32/128 配置)相控阵检测仪	探头编号	5L32 - 0.5 - 10 - D2
	探头频率	5 MHz	晶片数量	32
	晶片间距	0.5 mm	晶片组	1
	试块	螺栓对比试块	扫描方法	S 扫描＋A 扫描
	灵敏度	最大声程处螺纹齿根回波达到满屏 30％	耦合剂	化学纤维素
	聚焦深度	150 mm	角度范围	0°～25°
	表面补偿	4 dB	检测面	螺栓端面
	扫查方式	探头沿螺栓端面边缘扫查一周		
	检验标准	参考标准 GB/T 32563—2016		

缺陷评定:
(1) 当缺陷回波高度小于满屏的 45％时,缺陷腐蚀当量深度小于 3 mm;
(2) 当缺陷回波高度在满屏的 45％～80％时,缺陷腐蚀当量深度为 3～5 mm;
(3) 当缺陷回波高度大于满屏的 80％时,缺陷腐蚀当量深度大于 5 mm。

编制/资格	×××	审核/资格	×××
日期	×××	日期	×××

2. 仪器与探头

(1) 仪器:Phascan(32/128 配置)相控阵超声检测仪。

(2) 探头:多浦乐 5L32 - 0.5 - 10 - D2 探头,探头频率 5 MHz,32 晶片,晶片间距 0.5 mm,单个晶片长度 10 mm,不加装楔块,在探头晶片位置粘贴探头专用保护薄膜。

3. 试块与耦合剂

1) 标准试块:特制 A、B 试块

选取 2 根圆柱型试块 A、B,A、B 两试块材料与现场螺栓材料相同,A、B 试块直径均为 56 mm，长均为 500 mm。在距 A 试块端面 100 mm、200 mm、300 mm 处制作深 3 mm、长 30 mm、宽 30 mm 的弧形凹槽，在距 B 试块端面 100 mm、200 mm、300 mm 处制作深 5 mm、长 30 mm、宽 30 mm 的弧形凹槽，如图 13-32 所示。圆柱型试块 A、B 实物如图 13-33 所示。

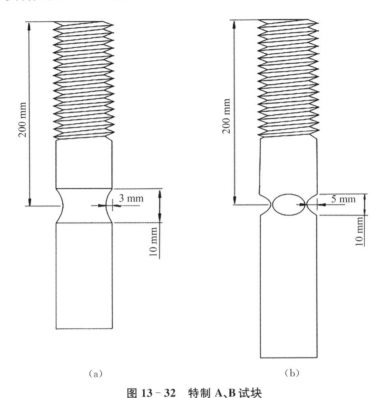

(a)　　　　　　　　　　　　　　　(b)

图 13-32　特制 A、B 试块

(a)试块 A 规格尺寸；(b)试块 B 规格尺寸

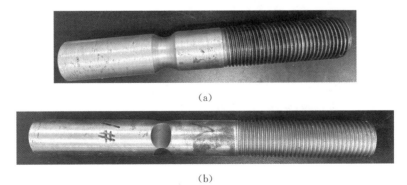

(a)

(b)

图 13-33　圆柱型试块

(a)试块 A 实物图；(b)试块 B 实物图

2）耦合剂

（1）应采用有效且适用于被检工件的介质作为超声耦合剂。耦合剂的材料应具有良好的透声性和适宜的流动性，对被检工件、人体、环境无损害，同时便于检测后清理。

（2）实际检测采用的耦合剂应与检测系统设置和校准时的耦合剂相同。此次检测采用的耦合剂为化学纤维素。

4. 参数测量与仪器设定

采用扇扫描检测前，应对扇扫描角度范围内的每一个声束校准，校准的声程范围应包含检测拟使用的声程范围。相控阵仪器调节步骤：楔块延迟校准；聚焦法则的设置；角度增益修正（ACG）；时间增益修正（TCG）、灵敏度（扫查灵敏度、补偿灵敏度）设置；扫查步进设置；扫查范围设置；聚焦参数设置。

1）聚焦法则

（1）晶片数量：32 晶片。

（2）角度范围：$0°\sim15°$；当对螺纹检测时，角度范围设置为 $0°\sim25°$。

（3）角度步进：$1°$。

（4）聚焦深度：200 mm。

2）TCG 曲线的绘制

手动调节 TCG 曲线。采用试块 A 和 B 调节探头，实验中发现同声程处，3 mm 深的凹槽比 5 mm 深的凹槽灵敏度低约 5 dB，利用不同深度的 5 mm 凹槽制作 TCG 曲线。将 5 mm 深的凹槽回波高度设置为满屏的 80%，利用分贝与奈培 $\Delta = \ln(P_2/P_1) = \ln(H_2/H_1)(NP)/NP = 8.86\,dB$ 公式计算，满屏的 45% 波高与 3 mm 深的凹槽回波高度约相等。此时显示的灵敏度设置为扫查灵敏度。

5. 检测实施

（1）检测前的准备。检测区域重点为螺栓垫片下部、铁塔支座与水泥接触部位。检测面应使用角磨机打磨平整，便于探头移动，机加工表面粗糙度（Ra）不大于 $6.3\,\mu m$。

（2）探头沿螺栓端面边缘扫查一周，完成整个圆周上的螺栓检测。可采用平楔块或贴探头保护膜。

6. 缺陷指示长度测定

采用半波高度（6 dB）法测定缺陷指示长度：移动探头，找到缺陷最强反射波，将波高调整到 80% 屏高，沿螺栓圆周方向顺时针（或逆时针）移动探头，当波高降到 40% 屏高时，在探头中心线所对应的螺栓圆周上做好标记，然后逆时针（或顺时针）移动探头，同样使波高降到 40% 屏高并做好标记，两标记间的距离即缺陷指示长度。

7. 缺陷定量

1）标准规定

（1）当缺陷回波高度小于满屏的 45％时,缺陷腐蚀当量深度小于 3 mm;

（2）当缺陷回波高度在满屏的 45％～80％时,缺陷腐蚀当量深度为 3～5 mm;

（3）当缺陷回波高度大于满屏的 80％时,缺陷腐蚀当量深度大于 5 mm。

2）检测结果

如图 13 - 34 所示为某 220 kV 输电线路地脚螺栓相控阵检测 S 扫描＋A 扫描图像,检测结果显示:缺陷位置距端面 155 mm,波幅高度 3 mm 凹槽＋9.7 dB,缺陷当量大于 5 mm,结果评定为塔脚部位腐蚀。

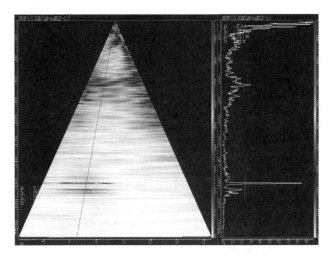

图 13 - 34　某 220 kV 输电线路地脚螺栓相控阵检测 S 扫描＋A 扫描图像

8. 检测记录与报告

根据相关技术标准要求,做好原始记录及检测报告的编制、审批、签发等。

13.7　输电线路地脚螺栓裂纹超声导波检测

某供电公司 110 kV 输电线路杆塔,该铁塔地脚螺栓规格为 Φ30 mm×415 mm,如图 13 - 35 所示。根据相关标准要求,现采用超声导波检测技术对螺栓内部缺陷进行检测。本案例超声导波检测技术采用的是压电激发方式。

具体操作及检测过程如下。

1. 仪器与探头

（1）仪器:武汉中科 HSPA20 - Ae(Bolt)螺栓导波相控阵检测仪。

图 13-35 输电线路地脚螺栓

（2）探头：一维环形线阵 64 阵元相控阵探头，频率为 5～10 MHz。一般情况下，不同螺栓规格选择不同尺寸的相控阵探头，并且所选的探头外径应小于螺栓外径 2～5 mm，可使检测效果达到最佳。

2. 试块与耦合剂

（1）试块：相控阵 B 型（钢）标准试块，如图 13-36 所示，用于仪器系统的性能测试。

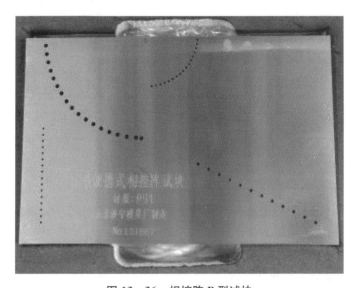

图 13-36 相控阵 B 型试块

（2）对比试块：采用人工裂纹螺栓对比试块，其形状和尺寸应符合如图 13-37 所示中的要求。其中，试块的直径应与被检螺栓外径相近，采用与被检工件声学性能相同或近似的材料制成，该材料内部不应有大于或等于 Ø1 mm 平底孔当量直径的缺陷。对比试块缺陷如表 13-7 所示。在满足灵敏度要求时，对比试块上的人工裂纹根据检测需要可采取其他布置形式或添加，也可采用其他类型的等效试块。

表 13-7　对比试块缺陷

试块号	1	2	3	4	5	6	7	8	9
人工裂纹 1：深度/mm	0.5	1.0	1.5						
人工裂纹 2：深度/mm				0.5	1.0	1.5			
人工裂纹 3：深度/mm							0.5	1.0	1.5

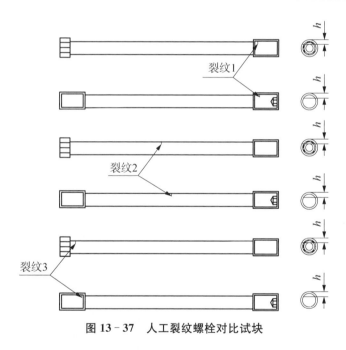

图 13-37　人工裂纹螺栓对比试块

（3）耦合剂：化学浆糊。

3. 灵敏度的设定

在对比试块上，探头放置在螺栓外露一侧，如图 13-38 所示。使 0.5 mm 深度人工裂纹 1 和 0.5 mm 深度人工裂纹 2 的线扫描图像清晰可见，并标定颜色色标，且 A 扫描信号幅度不低于满屏幕的 20%。

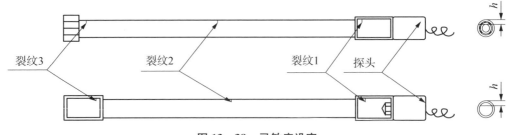

图 13 - 38　灵敏度设定

4. 参数测量与仪器设定

依据被检螺栓材质的声速、长度以及探头的相关技术参数对仪器进行设定。

5. 检测实施

螺栓检测时,探头中心线应与螺栓中心重合,放置在螺栓检测面上,保证耦合良好,无需移动和转动。

6. 缺陷定量

缺陷长度可以在检测过程中实时测量,也可在电脑分析软件上进行离线测量。首先,移动光标找到缺陷的最高反射点,将 A 扫描信号调节至满屏的 80% 高度。其次,向左移动光标,当 A 扫描信号降低至 40% 时,光标对应点即缺陷左端点;同样向右移动光标,当 A 扫描信号降低至 40% 时,光标对应点即缺陷右端点。左右端点之间的距离即缺陷的指示长度。如图 13 - 39 所示,测出缺陷指示长度为 15mm。

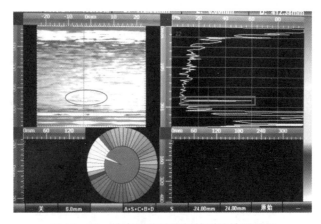

图 13 - 39　输电线路地脚螺栓裂纹检测结果

7. 缺陷评定

1) 评定依据

出现以下情况时应评定为不允许缺陷:B 扫描图像缺陷的色标深度大于等于

0.5 mm 人工裂纹颜色色标；缺陷长度大于 10 mm；检测人员判定缺陷为裂纹。

2）缺陷评定

由于此地脚螺栓现场超声导波检测缺陷指示长度为 15 mm，大于 10 mm，因此，该输电线路地脚螺栓评定为不合格。

8. 检测记录与报告

根据相关技术标准要求，做好原始记录及检测报告的编制、审批、签发等。

13.8　输变电铁塔螺栓应力超声纵波声时测量

输变电铁塔作为空间桁架结构，一般选用多螺栓连接结构实现节点连接。但在铁塔服役过程中，受环境载荷作用，容易发生连接螺栓的预紧力减小乃至松动问题，无法保证足够的连接刚度和阻尼条件，导致结构的静强度降低甚至失效。利用超声测量方法可以较准确测量在役螺栓的预紧力大小，快速发现结构隐患。

在一定的应力条件下，超声纵波、横波具有不同的声弹因子。利用横纵波一体探头，同时发射超声横波、纵波，纵波螺栓预紧力测量仪无须对每个被测螺栓进行零应力状态下的初始长度标定，可直接对已经安装好的螺栓测量预紧力。使用横纵波一体探头时，在螺栓头部发射沿螺杆传播的横波、纵波，通过计算就可以得到预紧力大小，如图 13-40 所示。

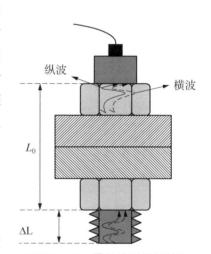

图 13-40　横纵波测量螺栓预紧力原理

根据声弹力学，螺栓预紧力可由式（13-1）求得

$$\frac{T_{\mathrm{T}}}{T_{\mathrm{L}}} = \frac{T_{\mathrm{T0}}}{T_{\mathrm{L0}}}(1 + K \times \beta \times F) \qquad (13-1)$$

式中，T_{T} 为应力状态下横波回波时间；T_{T0} 为无应力状态下横波回波时间；T_{L} 为应力状态下纵波回波时间；T_{L0} 为无应力状态下纵波回波时间；K 为声弹常量；β 为装夹长度和螺栓总长的比值；F 为螺栓预紧力。

具体操作及检测过程如下。

1. 检测前的准备

1）查阅铁塔安装原始资料

确定螺栓的结构、尺寸、材质、规格等信息，制定检测方案，本次针对 M20/45G/6.8 级螺栓进行检测，总共 20 只。

2）检测准备与标定

检测前，选取与被检测螺栓规格和工艺条件相同的螺栓进行标定试验。并对螺栓外端面进行处理，避免凹凸面影响检测结果。具体标定过程如下：

（1）取待测紧固螺栓试样，记录紧固螺栓的生产厂家、螺栓规格、螺栓级别、螺栓材质等原始信息。

（2）安装紧固螺栓试样，在松弛状态下测量并记录紧固螺栓公称直径、夹紧长度、声时值 T_{T0} 和 T_{L0}。

（3）采用微机控制电子万能试验机对螺栓试样进行拉伸，在不同拉力下测量声时值 T_T 和 T_L，记录声时值 T_T、T_L 和对应的拉力值。

（4）采用多项式数值拟合算法，用测量的纵横波声时与紧固螺栓预紧力变化拟合螺栓预紧力-超声纵横波声时的关系函数。并通过数据处理软件建立声时-预紧力关系模型曲线，将该曲线代入超声波检测软件中。

2. 仪器及探头

（1）仪器：输电线路铁塔螺栓应力检测样机，如图 13-41 所示。

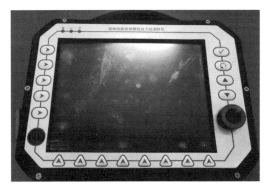

图 13-41　螺栓应力检测样机

（2）探头：纵横波直探头，探头频率 2.5 MHz，直径 8 mm，如图 13-42 所示。

图 13-42　纵横波探头实物

3. 试块及耦合剂

（1）试块：与被检测螺栓规格和工艺相同的无缺陷螺栓。

（2）耦合剂：专用高性能横波凝胶耦合剂。

4. 灵敏度设定

以相同工艺条件下的同规格螺栓测量时底波波幅的 80% 作为检测灵敏度。

5. 检测实施

检测时，将探头垂直放置于螺栓端面，在软件界面点击测试，读取载荷并记录，测试 3 次后，取 3 次数据的平均值作为最终载荷记录值，如图 13－43 所示。

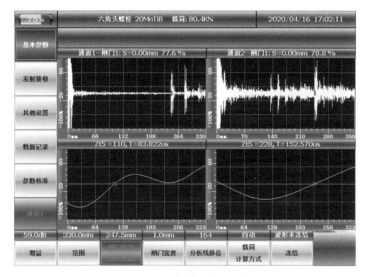

图 13－43　螺栓预紧力检测

6. 检测结果及评定

1）检测结果

经对某一级铁塔的 20 个规格为 M20/45G/6.8 级螺栓的预紧力测试，拟合结果显示：螺栓预紧力离散性较大，有 15 支螺栓预紧力低于理论值，3 支螺栓略高于理论值，如图 13－44 所示。

2）评定

根据设计中的规定要求，该型号螺栓的预紧力约为 $3.5×10^4$ N，经评定，实际检测结果为该级铁塔的螺栓有轻微松动。

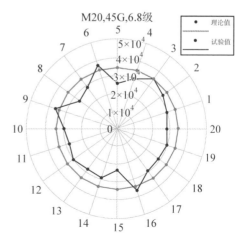

图 13－44　螺栓预紧力测试结果分布

7. 检测记录与报告

根据相关技术标准要求,做好原始记录及检测报告的编制、审批、签发等。

13.9 输电线路钢管塔焊缝脉冲反射法超声检测

1. 输电线路钢管塔结构环向对接焊缝脉冲反射法超声检测

某 500 kV 输变电钢管塔线路工程,该钢结构主体有钢管与带颈法兰环向对接接头,钢管的规格为 Φ529 mm(外径)×12 mm,材质为 Q345B,钢管塔如图 13-45 所示,其结构形式如图 13-46 所示。要求采用 A 型脉冲反射法超声对该焊缝进行检测。检测及评定依据为 GB/T 11345—2013、GB/T 29712—2013,检测等级为 B 级,验收等级 2 级。

图 13-45 筒型铁塔的钢管结构实物　　图 13-46 钢管与带颈法兰环向对接接头结构

具体操作及检测过程如下。

1) 编制工艺卡

根据要求编制某 500 kV 输变电钢管塔环向对接接头脉冲反射法超声检测工艺卡,如表 13-8 所示。

表 13-8 某 500 kV 输变电钢管塔环向对接接头脉冲反射法超声检测工艺卡

工件	部件名称	钢管塔环向对接焊缝	厚度	12 mm
	材料牌号	Q345B	检测时机	焊接冷却后
	检测项目	对接环焊缝	坡口型式	Y 型
	表面状态	打磨	焊接方法	埋弧焊

（续表）

仪器探头参数	仪器型号	CTS-1002GT	仪器编号	—
	探头型号	2.5P9×9K2.5	试块种类	CSK-ⅠA
	检测面	钢管侧单侧双面	扫查方式	锯齿形扫查
	耦合剂	化学浆糊	表面耦合	4 dB
	灵敏度设定	H_0-14 dB	参考试块	RB-2
	合同要求	GB/T 11345—2013	检测比例	100%
	技术等级	GB/T 11345—2013 技术 1	检测等级	GB/T 11345—2013 B 级
	参考等级	GB/T 29712—2013 H_0	验收等级	GB/T 29712—2013 2 级

检测位置示意图及缺陷评定：

(1) 单个缺陷长度小于等于 T 时，缺陷当量不得大于 H_0-4 dB；

(2) 单个缺陷长度大于 T 时，缺陷当量不得大于 H_0-10 dB；

(3) 评定等级为 H_0-14 dB，记录等级为验收等级降低 4 dB；

(4) $6T$ 焊缝长度范围内，超过记录等级的所有单个合格缺陷显示的最大累计指示长度不得超出该长度（验收等级 2）的 20%；

(5) 当相邻指示符合 $d_y \leqslant 5$ mm，$d_z \leqslant 5$ mm 时，可作线状连续指示；

(6) 当线状连续指示间距小于两倍较长指示长度时，作单一指示处理。

注：T 为工件厚度。

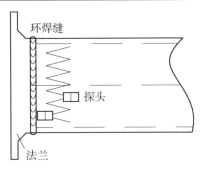

编制/资格	×××	审核/资格	×××
日期	×××	日期	×××

2）仪器与探头

(1) 仪器：汕超 CTS-1002GT 型数字式超声探伤仪。

(2) 探头：2.5P9×9K2.5 斜探头，探头前沿 10 mm。

3）试块与耦合剂

(1) 标准试块：CSK-ⅠA（钢）试块。

(2) 对比试块：RB-2（钢）试块。

(3) 耦合剂：化学浆糊。

4）参数测量与仪器设定

用标准试块 CSK-ⅠA（钢）校验探头的入射点、K 值，校正时间轴，修正原点，依据检测工件的材质声速、厚度以及探头的相关技术参数对仪器进行设定。

5）距离-波幅曲线的绘制

利用 RB－2（钢）对比试块（Ø3 横通孔）绘制距离-波幅曲线，钢管壁厚 T 为 12 mm，验收等级为 2 级，其灵敏度等级如表 13－9 所示。

表 13－9　灵敏度等级

缺陷长度 l	验收等级	记录等级	评定等级
$l \leqslant T$	Ø3－4 dB	Ø3－8 dB	Ø3－14 dB
$L > T$	Ø3－10 dB	Ø3－14 dB	

6）扫查灵敏度设定

扫查灵敏度应不低于评定线灵敏度，并保证在检测范围内最大声程处评定线高度不低于荧光屏满刻度的 20%。扫查灵敏度为 Ø3×40－14 dB（耦合补偿 4 dB）。

7）检测实施

以锯齿形扫查方式在钢管的双面单侧进行初探，发现可疑缺陷信号后，再辅以前后、左右、转角、环绕四种基本扫查方式对其进行确定（见图 2－4）。

8）缺陷定位

标出缺陷距探测 0 点（环缝与钢管纵缝的交叉点）距离、偏离焊缝轴线距离及与探测面距离的三向位置。

9）缺陷定量

如图 13－47 所示为检测 529 mm（外径）×12 mm 钢管与带颈法兰环向对接接头中出现的一典型缺陷波形，闸门锁定的回波显示有一深度为 8.1 mm（一次波）的缺陷，缺陷波幅为 H_0（母线）－6.3 dB，用绝对灵敏度法测定缺陷指示长度，将探头向左右两个方向移动，且均移至波高降到评定线（$H_0 － 14$ dB）上，此两点间距离即缺陷指示长度，测出长度为 15 mm。

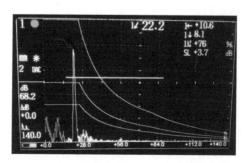

图 13－47　某 500 kV 输变电钢管塔环向对接接头超声检测缺陷波形

注：图中三条线自上而下分别为 $H_0 － 4$ dB、$H_0 － 10$ dB、$H_0 － 14$ dB。

10）缺陷评定

依据标准 GB/T 29712—2013 对该缺陷进行评定:因缺陷长度为 15 mm,最高波幅为 H_0－6.3 dB,根据表 13－9 判断,该焊缝为不合格焊缝,不可验收。

11）检测记录与报告

根据相关技术标准要求,做好原始记录及检测报告的编制、审批、签发等。

2. 输电线路塔材对接焊缝脉冲反射法超声检测

某 110 kV 输变电工程钢管杆纵向对接焊缝到货验收阶段,要求采用 A 型脉冲反射超声对该批钢管杆纵向对接焊缝进行检测。钢管杆规格:壁厚 $T = 10$ mm,材质为 Q345。抽检该钢管杆焊缝两条,每条焊缝两端各抽检 1 500 mm 长,检验发现焊缝根部整条未焊透缺陷。检测按照标准 DL/T 646—2021 规定执行,检测和验收按照标准 GB/T 11345—2013 和 GB/T 29712—2013 执行。检测等级为 B 级,验收等级 2 级。某 110 kV 输变电工程钢管杆结构如图 13－48 所示。

图 13－48　某 110 kV 输变电工程钢管杆

具体操作及检测过程如下。

1）仪器与探头

（1）仪器:武汉中科汉威 HS616e 型数字式超声探伤仪。

（2）探头:5P9×9K2.5,前沿 10 mm。

2）试块与耦合剂

（1）标准试块:CSK－ⅠA(钢)试块。

（2）对比试块:RB－2(钢)试块。

（3）耦合剂:化学浆糊。

3）参数测量与仪器设定

用标准试块 CSK－ⅠA(钢)校验探头的入射点、K 值,校正时间轴,修正原点,依据检测钢管杆的材质声速、厚度以及探头的相关技术参数对仪器进行设定。

4）距离-波幅曲线的绘制

利用 RB－2(钢)对比试块(Ø3 横通孔)绘制距离-波幅曲线,钢管杆壁厚 T 为 10 mm,验收等级为 2 级,板厚为 8~15 mm 时,其灵敏度等级如表 13－10 所示。

表 13‑10　灵敏度等级

缺陷长度 l	验收等级	记录等级	评定等级
$l \leq T$	Ø3－4 dB	Ø3－8 dB	Ø3－14 dB
$l > T$	Ø3－10 dB	Ø3－14 dB	

5）扫查灵敏度设定

扫查灵敏度应不低于评定线灵敏度，并保证在检测范围内最大声程处评定线高度不低于显示屏满刻度的 20%。扫查灵敏度为 Ø3×40－14 dB（耦合补偿 4 dB）。

6）检测实施

以锯齿形扫查方式在钢管的双面单侧进行初探，发现可疑缺陷信号后，再辅以前后、左右、转角、环绕四种基本扫查方式对其进行确定。钢管杆焊缝的实际检测部位如图 13‑49 所示。

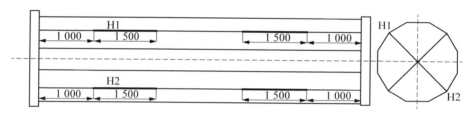

图 13‑49　钢管杆焊缝检测部位

注：粗实线为 UT 检验部位

7）缺陷定位

标出缺陷距探测起始点的距离、偏离焊缝轴线距离以及距探测面的深度等。

8）缺陷定量

采用绝对灵敏度法测定缺陷的指示长度，将探头向左右两个方向移，且均移至波高降到评定线（H_0－14 dB）上，此两点间的距离即缺陷的指示长度。

9）缺陷评定

（1）标准规定。

根据标准 DL/T 646—2021 的第 7.3.1 条焊缝质量等级相关要求规定，钢管的纵向焊缝为三级焊缝，应完全熔透。

（2）检测结果。

经现场超声检测，发现该钢管杆焊缝存在 4 条缺陷，且为根部未焊透，如图 13‑50 所示，缺陷（根部未焊透）具体信息如表 13‑11 所示。

表 13-11　缺陷当量及评定

焊缝编号	缺陷序号	深度/mm	与焊缝中心距离/mm	幅值/dB	缺陷指示长度/mm	评定级别	备注
H1	Q1	9	−1	H_0-2	1500	不合格	根部未焊透
H1	Q2	8	0	H_0-4	1500	不合格	根部未焊透
H2	Q3	9	−1	H_0-3	1500	不合格	根部未焊透
H2	Q4	8	0	H_0-2	1500	不合格	根部未焊透

图 13-50　钢管杆焊缝根部未焊透

（3）缺陷评定

因该缺陷性质为根部未焊透，长度为 1500mm，最高波幅为 H_0-2 dB，所以，该钢管杆焊缝为不合格焊缝，不可验收。

10）检测记录与报告

根据相关技术标准要求，做好原始记录及检测报告的编制、审批、签发等。

13.10　输电线路耐张线夹脉冲反射法超声检测

某公司 110kV 输电线路耐张线夹，规格为 NY400/35BG，如图 13-51 所示。各参数代表的含义如下：N 代表耐张线夹；Y 代表压接型；400/35 代表铝截面/钢截面；BG 代表铝包钢，即钢芯铝绞线。耐张线夹主要用来将导线或避雷线固定于非直线杆塔耐张绝缘子串，起锚作用，也用于固定拉线杆塔的拉线，长期承受着较大的机械载荷，尤其是在风力、雨雪等恶劣条件下，容易发生断裂，造成电力的中断，甚至引发事故，从而造成较大的损失。因此，耐张线夹压接质量如何，直接影响电网设备的安全，传统的线夹质量检测采用 X 射线检测,存在诸多不利因素,目前在电网金属检测中,B 型脉冲反射超声法对耐张线夹压接质量的检测也非常成熟。

图 13-51　某公司 110 kV 输电线路耐张线夹

具体操作及检测过程如下。

1. 仪器与探头

(1) 仪器:武汉中科 HSXJ-Ⅰ型电力行业耐张线夹专用检测仪,具有 B 扫描成像功能。

(2) 探头:高频率窄脉冲探头,应根据被检耐张线夹套管的厚度选择探头的频率、晶片尺寸。本案例中使用 Φ5 mm、10 MHz 的窄脉冲纵波探头。

(3) 定制拉线编码器、卡扣(固定编码器)应用的范围:15~55 mm,卡扣可以根据现场输电线耐张线夹的尺寸来调节松紧,卡扣放置位置如图 13-52 所示。

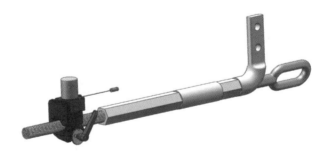

图 13-52　卡扣放置

2. 试块与耦合剂

(1) 标准试块:CSK-ⅠA(铝),用于测量仪器性能及探头参数。

（2）参考试样：用于确定检测灵敏度和检测范围，参考试样应选取与检测对象具有相同制作工艺及流程的耐张线夹，且规格应基本相同，参考试样如图 13 – 53 所示。

（3）耦合剂：化学浆糊。

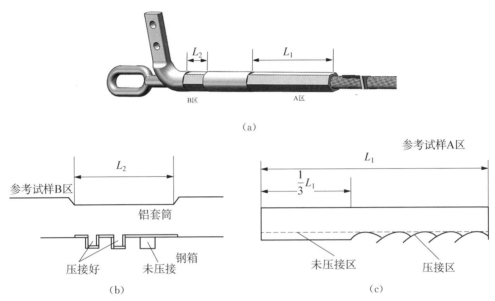

（a）

图 13 – 53　耐张线夹参考试样

（a）耐张线夹参考试样整体示意图；（b）参考试样 B 区；（c）参考试样 A 区

3. 参数测量与仪器设定

用标准试块 CSK – ⅠA（铝）调节仪器的扫查速度，测量探头的前沿与 K 值，依据检测耐张线夹的材质声速、厚度以及探头的相关技术参数对仪器进行设定。

4. 扫描时基线比例的调整

应将耐张线夹套管与导线、钢锚材料结合部位第一次界面反射波调整为时基线满刻度的 20%～30%。

5. 扫查灵敏度设定

探头应置于参考试块耐张线夹套管与导线、钢锚材料未压结合部位，将底波调整至满屏的 80%。

6. 检测实施

图 13 – 54 中耐张线夹 A 侧是铝套管与钢芯铝绞线通过压接方式连接，B 侧是铝套管与钢锚通过压接方式连接。由于两侧压接部位为六边形，表面较为平整，适合超声波入射，因此，采用任意一面作为检测面均可。检测应在耐张线夹压接平面上进行，将探头与拉线编码器连接，探头应与检测面耦合良好，沿耐张线夹轴向进行直线

扫查,扫查速度应不超过 100 mm/s。

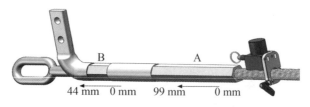

图 13 - 54 扫查耐张线夹 A 侧和 B 侧

7. 缺陷评定

1) 判断标准

A 区检测 B 扫描图像上一次底波出现平直线型显示的区域[见图 13 - 55(a)]为导线与铝合金套管未压接完好的区域 L_0,一次底波出现曲线显示且曲线波动范围大于 1/3 周期的区域[见图 13 - 55(a)]为压接完好区域 L_1。L1 应大于耐张线夹安装工艺要求。否则判为不合格。

B 区检测 B 扫描图像上一次底波出现平直线型显示,铝合金套管凹陷数量与钢锚凹槽数量不符或凹陷尺寸小于凹槽深度 80% 时[见图 13 - 55(b)]为钢锚与铝合金套管未压接完好的区域 L_0;一次底波出现凹槽形状,铝合金套管凹陷数量与钢锚凹槽数量相符,并且凹陷尺寸大于凹槽深度 80% 时[见图 13 - 55(b)]为钢锚与铝合金套管压接完好的区域 L_1。L_1 应大于耐张线夹安装工艺要求,否则判为不合格。

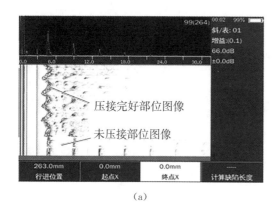
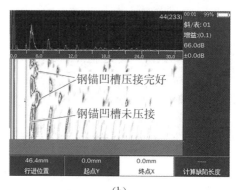

(a)   (b)

图 13 - 55 耐张线夹典型的反射回波和扫描图像

(a)A 区超声 B 扫描图像;(b)B 区超声 B 扫描图像

2) 检测结果

图 13 - 56(a)是耐张线夹 A 侧超声检测 B 扫描图,因铝套管底部与钢芯铝绞线

接触部分通过压接会发生形变,形变部分正好充分填充钢芯铝绞线两铝丝之间的缝隙,检测结果反映铝套管底部反射信号,B 扫描图呈现"波浪"形状;图 13 – 56(b)所示是铝套管与钢锚连接部分,钢锚圆柱形中间有两处凹槽,B 扫描图靠左部分是工装压接后,铝套管与钢锚圆柱压接形变相对减薄反射信号,右部分是铝套管形变填充钢锚两处凹槽,铝套管厚度未变。图 13 – 56(b)可看成两段滞后的信号,并与邻近反射信号断开产生一定距离,达到上述要求说明压接良好且合格。

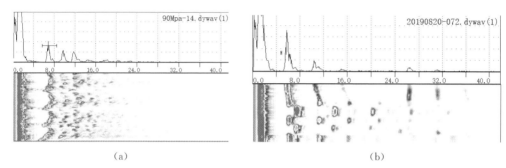

图 13 – 56　压接合格的耐张线夹检测结果

(a)A 侧检测结果;(b)B 侧检测结果

图 13 – 57(a)的上方是耐张线夹铝管的 A 扫描信号,图下方的 B 扫描图成一条直线,说明耐张线夹 A 侧铝管未与钢芯铝绞线接触,铝管底部较为平整。图 13 – 57(b)是耐张线夹 B 侧压接检测结果,钢锚中有两个凹槽,压接后铝管会将钢锚的凹槽填充,图中呈现一条直线,说明 B 侧的铝管未填充钢锚凹槽。

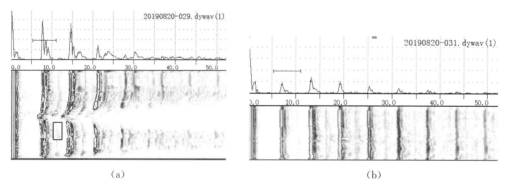

图 13 – 57　压接不合格的耐张线夹检测结果

(a)A 侧检测结果;(b)B 侧检测结果

3) 缺陷评定

根据现场超声检测结果,结合判断标准,判定该公司 110 kV 输电线路耐张线夹的压接质量为不合格。

8. 检测记录与报告

根据相关技术标准要求,做好原始记录及检测报告的编制、审批、签发等。

13.11 输电线路角钢塔焊缝脉冲反射法超声检测

对某 750 kV 输电线路工程角钢塔进行检测,该角钢塔塔脚的塔脚底板与靴板的 T 接焊缝、靴板与靴板的连接焊缝为二级焊缝。其规格如下:塔脚底板 2961H 为 Q355B—34 mm,靴板 2962H 为 Q355B—14 mm,2693H 为 Q355B—14 mm,2964H 为 Q355B—14 mm,其结构形式如图 13 - 58 所示,焊缝编号分别为 1♯、2♯、3♯、4♯、5♯。要求采用 A 型脉冲反射法超声对该焊缝进行检测。检测依据为 GB/T 11345—2013、GB/T 29712—2013,检测等级为 B 级,验收等级 3 级。

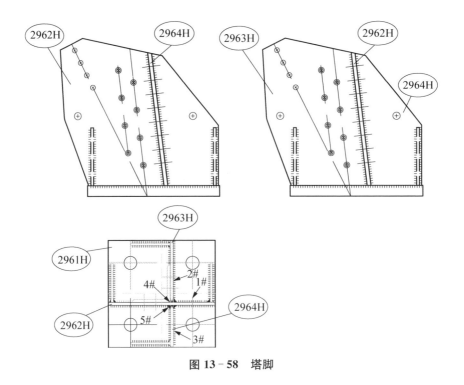

图 13 - 58　塔脚

对某 750 kV 输电线路工程角钢塔进行检测,该角钢塔挂点的挂线板与主材连接焊缝为一级焊缝。其规格如下:主材角钢 3 - 102H 为 Q355B—L200×14 mm,挂线板 3 - 104H 为 Q355B—22 mm,其结构形式如图 13 - 59 所示,焊缝编号分别为 1♯、2♯、3♯、4♯。要求采用 A 型脉冲反射法超声对该焊缝进行检测。检测依据为 GB/

T 11345—2013、GB/T 29712—2013,检测等级为 B 级,验收等级 2 级。

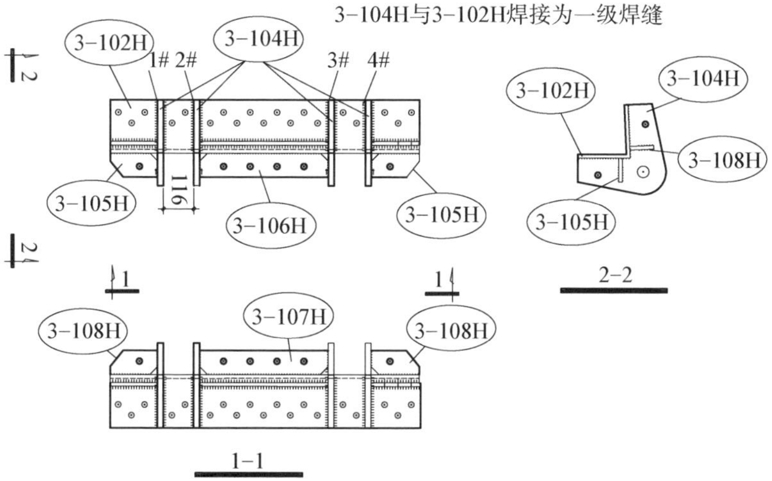

图 13-59　挂点

具体操作及检测过程如下。

1. 编制工艺卡

根据要求编制输电线路角钢塔焊缝脉冲反射法超声检测工艺卡,如表 13-12、表 13-13 所示。

表 13-12　输电线路塔角焊缝脉冲反射法超声检测工艺卡

工件	部件名称	塔脚	厚度	14 mm/34 mm
	部件编号	—	规格	—
	材料牌号	Q355B	检测时机	焊接冷却后
	检测项目	T 型焊缝	坡口型式	K 型
	表面状态	打磨	焊接方法	气保焊
仪器探头参数	仪器型号	CTS-1002GT	仪器编号	—
	探头型号	2.5P9×9K2.5,5PΦ20	标准试块	CSK-ⅠA
	检测面	靴板单侧双面底板侧	扫查方式	锯齿形扫查
	耦合剂	化学浆糊	表面耦合	4 dB
	灵敏度设定	技术1:H_0-10 dB 技术2:H_0-4 dB	对比试块	RB-2 Ø5 平底孔试块
	合同要求	GB/T 11345—2013	检测比例	100%

（续表）

技术等级	技术 1/技术 2	检测等级	B 级
参考等级	GB/T 29712—2013 中的 H_0	验收等级	GB/T 29712—2013 中的 3 级

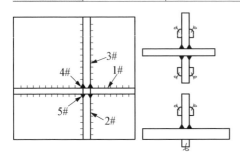

检测位置示意图及缺陷评定：

（1）技术 1：单个缺陷长度小于等于 t 时，缺陷当量不得大于 H_0 dB；单个缺陷长度大于 t 时，缺陷当量不得大于 $H_0 - 6$ dB。

（2）技术 2：单个缺陷长度小于等于 t 时，缺陷当量不得大于 $H_0 + 6$ dB；单个缺陷长度大于 t 时，缺陷当量不得大于 H_0 dB。

（3）技术 1 的评定等级为 $H_0 - 10$ dB，记录等级为验收等级降低 4 dB；技术 2 的评定等级为 $H_0 - 4$ dB，记录等级为验收等级降低 4 dB。

（4）100 mm 焊缝长度范围内，超过记录等级的所有单个合格缺陷显示的最大累计指示长度不得超出该长度（验收等级 3）的 30%。

（5）当相邻指示符合 $d_y \leqslant 5$ mm，$d_z \leqslant 5$ mm 时，可作线状连续指示。

（6）当线状连续指示间距小于两倍较长指示长度时，作单一指示处理。

注：t 为工件厚度。

编制/资格	×××	审核/资格	×××
日期	×××	日期	×××

表 13‑13　挂点焊缝脉冲反射法超声检测工艺卡

工件	部件名称	挂点	厚度	22 mm
	部件编号	—	规格	—
	材料牌号	Q345B	检测时机	焊接冷却后
	检测项目	T 型焊缝	坡口型式	K 型
	表面状态	打磨	焊接方法	气体保护焊
仪器探头参数	仪器型号	CTS‑1002GT	仪器编号	
	探头型号	2.5P9×9K2.5	标准试块	CSK‑ⅠA
	检测面	挂线板单侧双面	扫查方式	锯齿形扫查
	耦合剂	化学浆糊	表面耦合	4 dB
	灵敏度设定	技术 1：$H_0 - 14$ dB	对比试块	RB‑2
	合同要求	GB/T 11345—2013	检测比例	100%
	技术等级	技术 1	检测等级	B 级
	参考等级	GB/T 29712—2013 中的 H_0	验收等级	GB/T 29712—2013 中的 2 级

（续表）

检测位置示意图及缺陷评定：

(1) 单个缺陷长度小于等于 $0.5t$ 时，缺陷当量不得大于 H_0 dB；单个缺陷长度大于 $0.5t$ 小于等于 t 时，缺陷当量不得大于 H_0-6 dB；单个缺陷长度大于 t 时，缺陷当量不得大于 H_0-10 dB。

(2) 评定等级为 H_0-14 dB，记录等级为验收等级降低 4 dB。

(3) 100 mm 焊缝长度范围内，超过记录等级的所有单个合格缺陷显示的最大累计指示长度不得超出该长度（验收等级 2）的 20%。

(4) 当相邻指示符合 $d_y \leqslant 5$ mm，$d_z \leqslant 5$ mm 时，可作线状连续指示。

(5) 当线状连续指示间距小于两倍较长指示长度时，作单一指示处理。

注：t 为工件厚度。

编制/资格	×××	审核/资格	×××
日期	×××	日期	×××

2. 仪器与探头

(1) 仪器：汕超 CTS-1002GT 型数字式超声探伤仪。

(2) 探头：2.5P9×9K2.5，5PΦ20。

3. 试块与耦合剂

(1) 试块：CSK-ⅠA(钢)标准试块。

(2) 对比试块：RB-2(钢)试块；Ø5 平底孔试块(钢)，如图 13-60 所示。

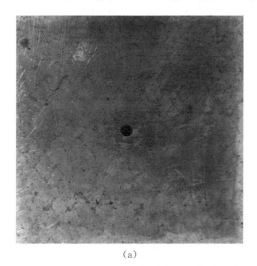

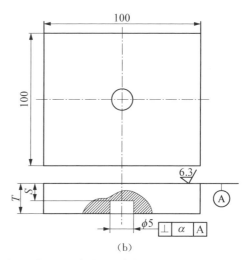

(a)　　　　　　　　　　(b)

T—试样厚度；S—检测面到平底孔的距离；α—平底孔的垂直度。

图 13-60　Ø5 平底孔试块(钢)

(a)实物；(b)规格尺寸

（3）耦合剂：化学浆糊。

4. 参数测量与仪器设定

用标准试块 CSK-ⅠA（钢）校验探头的入射点、K 值，校正时间轴，修正原点，依据检测塔脚和挂点的材质声速、厚度以及探头的相关技术参数对仪器进行设定。

5. 距离-波幅曲线的绘制

技术 1：利用 RB-2（钢）对比试块（Ø3 横通孔）绘制距离-波幅曲线；

技术 2：利用 Ø5 平底孔对比试块（钢）绘制距离-波幅曲线，根据同距离不同孔径的平底孔的回波差可计算得出，同距离的 Ø5 平底孔和 Ø2 平底孔的回波差 $\Delta = 40\lg(5 \div 2) = 16$（dB），增益 16 dB，得到 Ø2 平底孔灵敏度的距离-波幅曲线。

（1）当塔脚厚度 t 为 14 mm 时，验收等级为 3 级，其灵敏度等级如表 13-14 所示。

表 13-14　灵敏度等级

技术	缺陷长度 l	验收等级	记录等级	评定等级
技术 1（横孔）	$l \leqslant t$	Ø3 dB	Ø3−4 dB	Ø3−10 dB
	$l > t$	Ø3−6 dB	Ø3−10 dB	
技术 2（平底孔）	$l \leqslant t$	D2+6 dB	D2+2 dB	D2−4 dB
	$l > t$	D2 dB	D2−4 dB	

（2）当挂点厚度 t 为 22 mm 时，验收等级为 2 级，其灵敏度等级如表 13-15 所示。

表 13-15　灵敏度等级

技术	缺陷长度 l	验收等级	记录等级	评定等级
技术 1（横孔）	$l \leqslant 0.5t$	Ø3 dB	Ø3−4 dB	Ø3−14 dB
	$0.5t < l \leqslant t$	Ø3−6 dB	Ø3−10 dB	
	$l > t$	Ø3−10 dB	Ø3−14 dB	
技术 2（平底孔）	$l \leqslant t$	D2+6 dB	D2+2 dB	D2−8 dB
	$0.5t < l \leqslant t$	D2 dB	D2−4 dB	
	$l > t$	D2−4 dB	D2−8 dB	

6. 扫查灵敏度设定

扫查灵敏度应不低于评定线灵敏度，并保证在检测范围内最大声程处评定线高度不低于显示屏满刻度的 20%。扫查灵敏度如表 13-16 所示（耦合补偿 4 dB）。

表 13-16　扫查灵敏度

技术	验收等级 2	验收等级 3
技术 1(横孔)	$\varnothing 3 \times 40 - 14\,dB$	$\varnothing 3 \times 40 - 10\,dB$
技术 2(平底孔)	$D2 - 8\,dB$	$D2 - 4\,dB$

7. 检测实施

1) 塔脚

塔脚实物如图 13-61 所示。塔脚焊缝质量为二级。

技术 1:使用斜探头以锯齿形扫查方式在塔脚靴板的单侧双面对焊缝 1♯、2♯、3♯、4♯、5♯进行检测,发现可疑缺陷信号后,再辅以前后、左右、转角、环绕四种基本扫查方式对其进行确定。

检测时发现 4♯焊缝上端面处有一缺陷波如图 13-62 所示:深度为 10 mm,波幅为 H_0(母线 $\varnothing 3$)$+0.7\,dB$,用绝对灵敏度法测定缺陷指示长度,将探头向左右方向移动,且均移至波高降到评定线(二级焊缝为

图 13-61　塔脚

$H_0 - 10\,dB$)上,此两点间距离即缺陷指示长度,测出长度为 20 mm。依据标准 GB/T 29712—2013 对该缺陷进行评定:因缺陷长度为 20 mm,最高波幅为 $H_0 + 0.7\,dB$,根据表 13-14 判断,该焊缝为不合格焊缝,需进行返修处理。

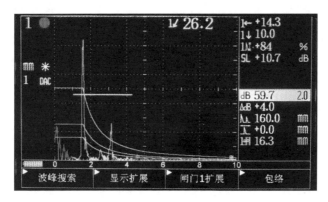

图 13-62　缺陷波形

注:图中三条曲线自上而下分别为 $H_0 - 4\,dB$、$H_0 - 10\,dB$、$H_0 - 14\,dB$;SL 为中间线 $H_0 - 10\,dB$。

技术 2：使用直探头以锯齿形扫查方式在塔脚底板侧对 1♯、2♯、3♯ 焊缝进行检测。

检测时发现 1♯ 焊缝与 2♯ 和 3♯ 焊缝交叉处有一缺陷波如图 13 - 63 所示：深度为 34.3 mm，波幅为 H_0（母线 D2）$+6.8$ dB，用绝对灵敏度法测定缺陷指示长度，将探头向左右方向移动，且均移至波高降到评定线（二级焊缝为 H_0-4 dB）上，此两点间距离即缺陷指示长度，测出长度为 25 mm。依据标准 GB/T 29712—2013 对该缺陷进行评定：因缺陷长度为 25 mm，最高波幅为 $H_0+6.8$ dB，根据表 13 - 14 判断，该焊缝为不合格焊缝，需进行返修处理。

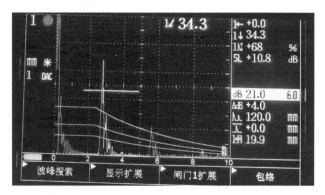

图 13 - 63 缺陷波形

注：图中三条曲线自上面下分别为 H_0+2 dB、H_0-4 dB、H_0-8 dB，SL 为中间线 H_0-4 dB。

2）挂点

挂点实物如图 13 - 64 所示。挂点焊缝质量为Ⅰ级。

图 13 - 64 挂点

使用斜探头以锯齿形扫查方式在挂线板的单侧双面对 1♯、2♯、3♯、4♯ 焊缝进行检测，发现可疑缺陷信号后，再辅以前后、左右、转角、环绕四种基本扫查方式对其进行确定。

检测时发现 1♯ 焊缝上端面处有一缺陷波如图 13 - 65 所示:深度为 12 mm,波幅为 H_0(母线 Ø3)-7.5 dB,用绝对灵敏度法测定缺陷指示长度,将探头向左右方向移动,且均移至波高降到评定线(一级焊缝为 H_0-14 dB)上,此两点间距离即缺陷指示长度,测出长度为 20 mm。依据标准 GB/T 29712—2013 对该缺陷进行评定:因缺陷长度为 20 mm,最高波幅为 $H_0-7.5$ dB,根据表 13 - 15 判断,该焊缝为合格焊缝。

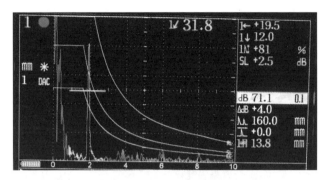

图 13 - 65　缺陷波形

注:图中三条曲线自上而下分别为 H_0-4 dB、H_0-10 dB、H_0-14 dB;SL 为中间线 H_0-10 dB。

检测时发现 3♯ 焊缝上端面处有一缺陷波如图 13 - 66 所示:深度为 13 mm,波幅为 H_0(母线 Ø3)-2.7 dB,用绝对灵敏度法测定缺陷指示长度,将探头向左右方向移动,且均移至波高降到评定线(一级焊缝为 H_0-14 dB)上,此两点间距离即缺陷指示长度,测出长度为 15 mm。依据标准 GB/T 29712—2013 对该缺陷进行评定:因缺陷长度为 15 mm,最高波幅为 $H_0-2.7$ dB,根据表 13 - 15 判断,该焊缝为不合格焊缝,需进行返修处理。

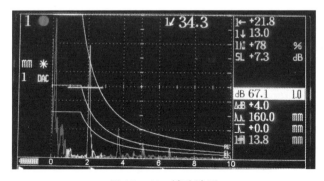

图 13 - 66　缺陷波形

注:图中三条曲线自上而下分别为 H_0-4 dB、H_0-10 dB、H_0-14 dB;SL 为中间线 H_0-10 dB。

检测时发现 4♯ 焊缝上端面处有一缺陷波如图 13-67 所示:深度为 11.6mm,波幅为 H_0(母线 Ø3)$+7.5$ dB,用绝对灵敏度法测定缺陷指示长度,将探头向左右方向移动,且均移至波高降到评定线(一级焊缝为 H_0-14 dB)上,此两点间距离即缺陷指示长度,测出长度为 10mm。依据标准 GB/T 29712—2013 对该缺陷进行评定:因缺陷长度为 10mm,最高波幅为 $H_0+7.5$ dB,根据表 13-15 判断,该焊缝为不合格焊缝,需进行返修处理。

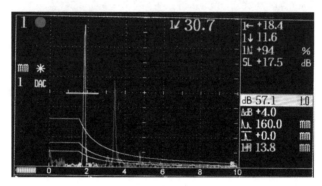

图 13-67 缺陷波形

注:图中三条曲线自上而下分别为 H_0-4 dB、H_0-10 dB、H_0-14 dB;SL 为中间线 H_0-10 dB。

8. 检测记录与报告

根据相关技术标准要求,做好原始记录及检测报告的编制、审批、签发等。

第 14 章　电力电缆

电力电缆是在电力系统主干线路中用于传输和分配电能的电缆,常用于城市的地下电网、变电站引出线路、工矿企业内部供电及过江海水下输电线。电缆在安装和运行过程中,容易出现铅封松脱以及缓蚀层烧蚀等问题,影响电力系统的稳定,因此,需要定期对其开展检测。对于电力行业电网侧电力电缆设备或部件的超声检测,主要有检测钎焊型铜铝过渡线夹钎焊的质量。

14.1　钎焊型铜铝过渡线夹钎焊质量相控阵超声检测

铜铝过渡线夹大量用在连接母线引下线的出线端子上。目前,铜铝过渡线夹连接方式主要有对接式和搭接式。现有电网运行中主要采用搭接式线夹,一般通过钎焊方式焊接,焊接后接头强度较高。

某公司新研制的钎焊型铜铝过渡线夹,如图 14 - 1 所示,材质分别为 T2 铜和 1050A 系铝材,要求采用相控阵超声检测方法对钎焊面进行检测。检测的标准依据

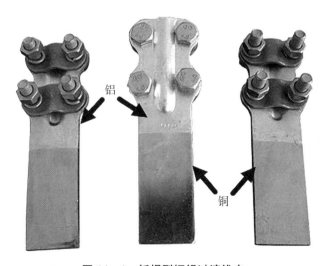

图 14 - 1　钎焊型铜铝过渡线夹

是《钎焊型铜铝过渡设备线夹超声波检测导则》(DL/T 1622—2016)和《无损检测 超声检测　相控阵超声检测方法》(GB/T 32563—2016),检测结果应符合《电力金具 通用技术条件》(GB/T 2314—2008)标准的相关规定要求。

具体操作及检测过程如下。

1. 检测前准备

查阅线夹原始资料,确定线夹尺寸、规格和钎焊方式,制定检测方案。

2. 仪器及探头

(1)仪器:CTS-602 超声相控阵检测仪。

(2)探头:采用 TL4T8 型号探头,由 16 晶片组成,晶片之间不大于 5 mm,探头频 率为 13~15 MHz。配合 8A1 型号楔块,30°~70°横波楔块,探头尺寸为 8 mm× 9 mm,楔块角度为 36°。

3. 试块及耦合剂

(1)标准试块:CSK-1A 型试块,如图 14-2 所示,用于相控阵超声检测仪器及 探头的校准。

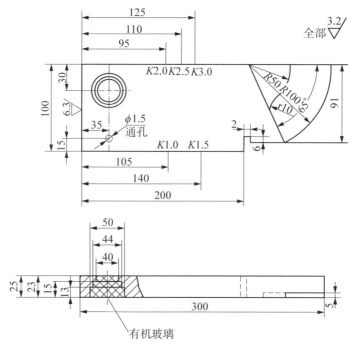

图 14-2　CSK-1A 型试块

注:尺寸误差不大于±0.05 mm。

（2）对比试块：即铜铝过渡线夹探伤对比试块，用于检测校准。由 T2 铜和 1050A 系铝材加工制作而成，结构尺寸如图 14 - 3 所示。

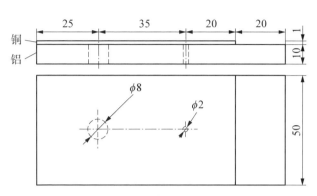

图 14 - 3　铜铝过渡线夹探伤对比试块

（3）耦合剂：机油。

4. 灵敏度的调节

首先，对探头和仪器灵敏度进行校准。根据选择的探头和楔块种类，输入仪器参数，对准 CSK - ⅠA 试块标准孔，调整聚焦法则，确认标准孔位置、尺寸和大小能否在设备上完整反映。在最大检测位置处，探头和仪器的组合灵敏度余量不小于 10 dB，探头和仪器组合分辨率不小于 10 dB。

然后调节检测灵敏度。根据工件厚度选择铜铝线夹的对比试块，对准对比试块加工的 Ø2 mm 平底孔，将对比试块上检测最大声程处深 Ø2 mm 平底孔的最大反射波调整至 A 扫描显示满幅波高的 80%，作为基准灵敏度，再增益 6 dB 作为检测灵敏度，根据工件表面状况，可对表面进行 3 dB 的表面补偿。

5. 检测实施

根据选择的设备、探头进行调校后，对铜铝过渡线夹进行超声相控阵检测。将探头与铜铝过渡线夹接头的铜侧表面耦合好，适当调整增益以及闸门位置，来回缓慢移动探头，如图 14 - 4 所示，以钎焊面的左上顶点为起始点，右下顶点为结束点，对整个钎焊结合面进行检测，记录缺陷反射回波位置点，在快速扫查完整个钎焊面后，最后再对有反射回波的位置进行精确扫查，以最终确定是否是缺陷及缺陷面积、当量大小等参数。

6. 缺陷测量

（1）缺陷测长。采用端点半波高度法测定。将探头沿焊缝长度方向移动，由缺陷左右两端的最大波幅降低一半时的移动距离确定。同时，对缺陷的形状进行测定。

（2）缺陷测高。采用 -6 dB 法，根据 B 扫描图像测定。寻找缺陷最高波，调至基准波高（80%），然后移动探头，并适当改变探头角度，找到半波高位置（40%），并通过

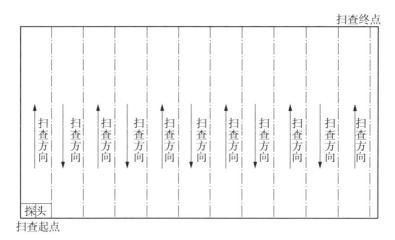

图 14 - 4　铜铝过渡线夹钎焊面检测示意图

软件的闸门线进行测量。

　　根据检测图像，判定铜铝过渡线夹钎焊面的缺陷情况。铜铝过渡线夹钎焊中常见的缺陷有气孔、裂纹、未焊透、未熔合、夹渣等。裂纹、未熔合等缺陷为不允许缺陷，而对于非危害性缺陷，如表面夹渣、气孔等，单个缺陷的直径不能大于 2 mm，若有小于 2 mm 的缺陷，其长度不允许超过 5 mm。

　　同时对钎焊接头的结合面积（钎着率）也需要判定，一般钎着率应不小于 85%。钎着率是实际钎焊面积与理论钎焊面积之比，可表示为 $r_b = A_b/A_f \times 100\%$，其中，$A_b$ 为实际钎焊面积，mm^2；A_f 为理论钎焊面积，mm^2。

　　7. 检测结果及判定

　　检测结果如图 14 - 5 所示。本次检测发现，在工件深 2.3 mm 处有一条长约 8 mm 的缺陷，位于钎焊面中心位置，缺陷最高幅值 27.0 dB，在钎焊面边缘位置也存在未焊透缺陷，整体面积约 1900 mm^2，计算其钎着率约为 89.24%。整体不满足标准 GB/T 2314—2008 的规定，因此，判定该线夹不满足使用要求。

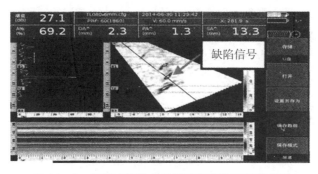

图 14 - 5　铜铝过渡线夹相控阵超声检测缺陷信号

8. 检测记录与报告

根据相关技术标准要求，做好原始记录及检测报告的编制、审批、签发等。

14.2　钎焊型铜铝过渡线夹脉冲反射法超声检测

设备线夹是指电网变电站母线引下线及电气设备间连接用的金属器具，由紧固绞线部分和与电气设备相连部分组成。常用引下（出）线多为铝绞线或钢芯铝绞线，绞线端部设备线夹多为铝材质。由于变压器、断路器、互感器、隔离开关、穿墙套管等出线端子为铜板，铝设备线夹与铜端子连接，两种金属的接触面在水分、二氧化碳和其他杂质作用下极易产生电化学腐蚀，造成铜铝连接处的接触电阻增大，运行中会引起温度升高，高温下腐蚀氧化加剧，导致接触点温度过高甚至发生烧毁等事故。为避免电化学腐蚀，目前采用铜铝过渡设备线夹。

按照《设备线夹》（DL/T 346—2010）规定，铜与铝的连接可采用闪光焊、摩擦焊、爆炸焊、钎焊等焊接方式或铜铝过渡复合片，形成铜铝过渡板。

本案例中的铜铝过渡线夹采用钎焊的方式。钎焊采用液相线温度比母材固相线温度低的金属材料作钎料，将零件和钎料加热到钎料融化温度，利用液态钎料润湿母材、填充接头间隙并与母材发生原子扩散，随后，液态钎料结晶凝固，从而实现零件的连接。

1. 钎焊型铜铝过渡线夹铜侧脉冲反射法超声检测

某供电公司新采购的钎焊型铜铝过渡线夹，线夹型号为 SYG - 400A - 100×100，如图 14 - 6 所示。采用 A 型脉冲反射法超声对铜铝过渡线夹钎焊结合面缺陷进行检测，检测及评定标准为 DL/T 1622—2016，缺陷面积与检测面积的比值大于 25% 判定为不合格。

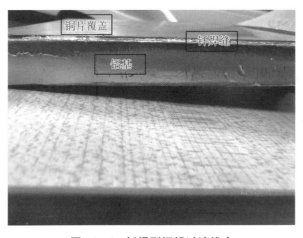

图 14 - 6　钎焊型铜铝过渡线夹

具体操作及检测过程如下。

1）仪器与探头

（1）仪器：武汉中科 HS700 数字式超声波检测仪。

（2）探头：由于线夹整体厚度相对较薄，铜片及钎焊层的厚度更薄，采用普通直探头时，始波宽度较大，检测盲区较大，而组合双晶直探头在该区域不能聚焦，难以识别该处缺陷信号。采用增加延迟技术的高频窄脉冲直探头能提供较高的近表面分辨力，使得铜铝界面钎焊层产生的界面波和工件底波易于分辨。推荐选用带延迟块的单晶高频窄脉冲直探头，且探头频率选择 15 MHz，晶片直径应不大于 5 mm。本案例选用的探头频率为 15 MHz，晶片直径为 4 mm。

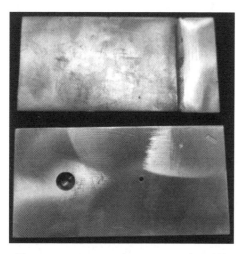

图 14 - 7   XJ - Cu Ⅰ 和 XJ - Cu Ⅱ 对比试块

2）试块

本案例选择由铜侧表面进行检测，因此选用 XJ - Cu Ⅰ 和 XJ - Cu Ⅱ 对比试块，如图 14 - 7 所示。该系列对比试块为标准 DL/T 1622—2016 规定的对比试块，由材质为 T2 的铜薄片和材质为 1050A 的铝板块经钎焊制成，在铝块上开有不同直径的平底孔。

3）灵敏度设定

探头置于试块铜覆层钎缝完好部位，调节第一次底波高度为显示屏满刻度的 80% 作为基准灵敏度。扫查灵敏度不低于基准灵敏度。

4）检测准备

（1）线夹外表面目视检测：钎缝焊口不得有开口缺陷。

（2）检测表面要求：检测表面不得有影响检测的氧化皮、油污及锈蚀等影响检测的异物，保证探头与检测面耦合良好。

（3）耦合剂：本案例采用无腐蚀、透声性能好、润湿能力强的水基耦合剂。检测完毕立即去除。油脂类耦合剂不易清除，易粘灰尘，不建议使用。

（4）测量线夹尺寸：用游标卡尺测量线夹超声检测区域的相关尺寸，包括长度、宽度、检测区部分厚度和铝材部分的厚度。

（5）划网格线：用铅笔在检测区按一定间隔尺寸划分网格线，一般以 5 mm 间隔为宜。

5）扫描速度调整

扫描速度的调整分两步进行。

（1）测定铝试块的声速。将探头置于试块无铜覆层的表面,调整数字式超声检测仪,将探头延迟块的界面波调到显示屏水平刻度的"0"位,再将铝试块的第一次反射波调整到水平时基线满刻度的 50％处,将第二次反射底波调整到水平时基线满刻度的 100％处,此时仪器显示的声速就是铝试块的声速。

（2）将探头置于试件铜覆层钎焊完好部位表面,调整仪器将探头延迟块的界面波调整到显示屏水平刻度"0"位,再将试件的第一次反射底波调整到时基线满刻度的 70％～80％处或按 1∶1 调整扫描速度。

6）检测范围及扫查方式

（1）检测范围:整个铜覆层的所有钎焊区域,边缘部分应重点检测。

（2）扫查方式:手动扫查,先沿线夹边缘和螺孔边缘扫查,再沿网格水平线逐行扫查。

（3）扫查速度:由于探头直径较小,为保证探头与检测面耦合良好,扫查速度应不大于 40 mm/s。当发现钎焊层界面波异常时,做边界测定,并做好记录和记号。

7）典型缺陷波形识别

（1）钎缝完好区的波形,如图 14-8 所示。钎缝完好区指钎料完全填充、铜铝钎焊良好的区域。超声波直接穿透钎焊层,底面回波信号强,波形尖锐,铜铝界面回波信号小。其中,图 14-8(a)所示为探头在铜侧检测面检测钎缝完好区的回波波形,始脉冲与钎缝处界面波有可能粘连或被湮没,界面波信号较弱,波幅低于满屏的 40％,铝材侧底波信号强烈,波幅高于或等于满屏的 80％;图 14-8(b)所示为探头在铝侧检测面检测钎缝完好区的回波波形,钎缝处界面波很弱,波幅低于满屏的 20％,位于铜侧底波的前部,铜侧底波信号强烈,波幅高于或者等于满屏的 80％。

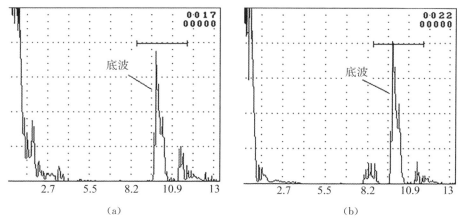

图 14-8　钎缝完好区的波形

(a)基板(铜)侧检测时钎缝完好区波形;(b)基板(铝)侧检测时钎缝完好区波形

（2）钎缝脱焊区的波形，如图 14 - 9 所示。钎缝脱焊区指钎料稀少、中间存在空气层的钎焊区域。超声波无法穿透钎缝，在钎缝处发生全反射，铜铝界面回波信号强烈。因为钎缝后无超声波，所以底波完全消失。其中，图 14 - 9(a)所示为探头在铜侧检测面检测钎缝脱焊区的回波波形，超声波穿过铜片在钎焊处发生全反射，第一个界面波波幅一般高于或等于满屏的 80%，显示在钎焊处出现多次界面反射波，波高呈依次递减的特征，铝材底波消失；图 14 - 9(b)所示为探头在铝侧检测面检测钎缝脱焊区的回波波形，超声波穿过铝材，在钎缝处发生全反射，显示在钎缝处有强烈的一次界面回波信号，波幅高达满屏的 80%，铜材底波彻底消失。

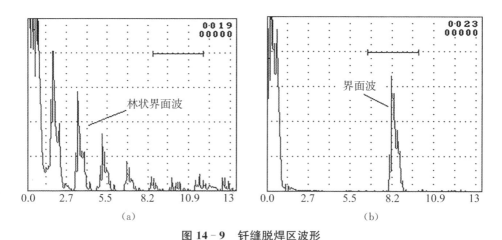

图 14 - 9　钎缝脱焊区波形

(a)基板(铜)侧检测时钎缝脱焊区波形；(b)基板(铝)侧检测时钎缝脱焊区波形

（3）钎缝不良区波形，如图 14 - 10 所示。钎缝不良区指铜铝界面间隙未被钎料填满的呈现不连续分布的区域。超声波部分穿透钎缝，钎焊处界面回波和底面回波同时存在。其中，图 14 - 10(a)所示为探头在铜侧检测面检测钎缝不良区的回波波形，既有呈林状指数衰减的钎缝处界面波，又有铝侧底波，底波高度在满屏的 30%～40%；图 14 - 10(b)所示为探头在铝侧检测面检测钎缝不良区的回波波形，钎焊处界面波和铜材底波同时出现，波幅高度较接近，底波高度在满屏的 30%～40%。

8）缺陷的评定

（1）缺陷面积的测定方法。以缺陷延伸方向探头中心为边界点，连线围成的面积为缺陷面积。

a. 从铜侧检测时，采用多次反射法检测缺陷，根据图 14 - 9(a)及图 14 - 10(a)的波形，移动探头以多次界面回波即将消失时探头中心点缺陷分界点，众多探头中心点围成的面积即缺陷面积。

b. 从铝侧检测时，采用一次底波法检测缺陷，根据图 14 - 9(b)及图 14 - 10(b)的

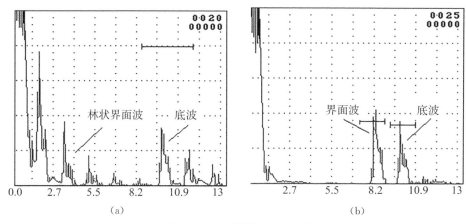

图 14－10　钎缝不良区波形

(a)基板(铜)侧检测时钎缝不良区波形；(b)基板(铝)侧检测时钎缝不良区波形

波形,采用绝对灵敏度法进行测量,移动探头使铜铝界面回波幅度降至检测灵敏度下满屏高度 20％时的探头中心点为缺陷的分界点,众多探头中心点围成的面积即缺陷面积。

(2) 缺陷面积的计算。根据标准 DL/T 1622—2016 附录 C 的规定,测定检测面中的缺陷总面积。

a. 确定线夹的检测面积(S_j)。线夹铜铝结合面的面积为检测面积,即线夹铜铝结合面的长边(a)和短边(b)之积。线夹如果有开孔,应减去开孔面积(S_k)。

b. 确定单个缺陷的面积。

c. 在线夹坐标系中标出各个缺陷占据的网格面积。

d. 计算缺陷总面积。

(3) 缺陷的评定。根据标准 DL/T 1622—2016 第 5 条的规定对缺陷进行评定。

a. 铜铝结合面边缘存在开口性缺陷的线夹判定为不合格。若检测中发现线夹四周边缘及开孔孔缘的任一钎焊处存在开口缺陷,判为不合格。

b. 缺陷总面积大于 25％的线夹判定为不合格。

9) 验收

经超声检测,本案例中的 SYG－400A－100×100 铜铝过渡线夹的缺陷面积 $S = 1\,925\,\text{mm}^2$,如图 14－11 所示,$S \div S_j = 1\,925 \div 10\,000 = 19.25\% < 25\%$,检测结果为合格。

图 14－11　线夹钎缝缺陷检测实物图(不规则黑圈部分)

2. 钎焊型铜铝过渡线夹双侧(铜侧、铝侧)脉冲反射法超声检测

现有某市供电公司新到铜铝过渡线夹一组,应要求需对线夹钎焊区域进行抽检。送检的线夹铜覆盖区域为 100 mm×100 mm(长×宽),铝层厚度为 12 mm,铜层厚度为 1.5 mm。

具体操作及检测过程如下。

1) 编制工艺卡

根据要求编制某供电公司铜铝过渡线夹脉冲反射法超声检测工艺卡,如表 14-1 所示。

表 14-1 某供电公司铜铝过渡线夹脉冲反射法超声检测工艺卡

部件名称	铜铝过渡线夹		规格	$T=12\,mm$
材质	铜+铝		检验部位	钎焊部位
焊接方法	钎焊		表面状态	表面修磨光滑
检测时机	外观检查合格后		检测标准	DL/T 1622—2016
仪器型号	HS616e+		对比试块	XJ 系列试块
检测比例	100%		耦合剂	CG-98 专用耦合剂
基准灵敏度	探头置于线夹钎焊完好部位,将一次底面回波幅度调整至满屏的 80%			
检测面	铜侧		铝侧	
探头型号	15 MHzΦ4(有延时块)		15 MHzΦ4(有延时块)	
仪器设备调节	将探头置于线夹无铜覆盖层的表面,调整数字式超声仪,将探头延时块的界面波调到显示屏水平刻度"0"位,再调节声速,使铝试块的第一次反射底波显示数值与工件厚度一致,调节量程,使铝试块的第一次反射底波调整到水平时基线满刻度的 50%处。			
检测过程质量控制	1. 检测过程 (1) 检测范围为整个铜覆层的所有钎焊区域,边缘部位为检测重点。 (2) 用铅笔在检测区域按一定间隔尺寸划分网格线,一般以 5 mm 为宜。 (3) 扫查时先沿线夹边缘和螺孔边缘扫查,再沿网格水平线逐行扫查,避免漏检。 (4) 扫查时应保证探头与检测面耦合良好,扫查速度应不大于 40 mm/s,当发现钎焊层界面波异常时,应作边界测定、标记和记录。 (5) 可从铜侧检测也可从铝侧检测,优先选择铜侧检测。若两侧都检测,以检测结果较严重侧的结果作为最终结果。 2. 缺陷测定 (1) 缺陷的确定。焊接脱焊区和焊接不良区的铜铝结合强度不够,不能满足使用要求,当检测中波形符合焊接脱焊区波形和焊接不良区波形时,均应判定为缺陷。 (2) 缺陷尺寸的确定。若在检测扫查中发现焊接脱焊区波形和焊接不良区波形,要对缺陷的尺寸进行测定,测定方法一般为当量法、绝对灵敏度法和相对灵敏度法。			

（续表）

	（3）缺陷位置的记录。缺陷平面位置可建 X - Y 坐标系确定，以线夹覆盖铜片下边缘为 X，以线夹覆盖铜片左边缘为 Y，按比例划网格用以记录缺陷在线夹中的位置。 （4）当检测到的缺陷直径小于等于探头直径时，采用当量法确定。先测定缺陷，记录下缺陷波高，再将探头分别置于 Ø2、Ø3、Ø4 平底孔位置，调节仪器增益，确定平底孔波高，与缺陷波高对比，从而对缺陷定量。 3. 缺陷的评定 （1）铜侧检测时，采用多次反射法检测缺陷，移动探头以多次界面回波即将消失时探头中心点为缺陷的分界点，众多探头中心点围成的圈内面积即缺陷面积。 （2）铝侧检测时，采用一次底波法检测缺陷，采用绝对灵敏度法进行测量，移动探头使铜铝界面回波幅度降低至检测灵敏度下满屏高度的 20% 时的探头中心点为缺陷的分界点，众多探头中心点围成的圈内面积即缺陷面积。 确定缺陷的检测面积 S_j。铜铝线夹结合面的面积为线夹结合面长边 a 与短边 b 的乘积，若有开孔，应减去开孔面积 S_k，即 $S_j = a \times b - S_k$。 确定单个缺陷的面积。以缺陷延伸方向探头中心为边界点，众多边界点连线围成的面积即缺陷面积。 　单个点状缺陷采用当量法测定，对比相应的平底孔。 （3）累积各个缺陷面积之和 S_z。 4. 评定 （1）铜铝结合面边缘存在开口性缺陷的线夹判定为不合格。 （2）缺陷总面积大于 25% 的线夹判定为不合格，即缺陷总面积/检测面积＞25%。
检测示意图	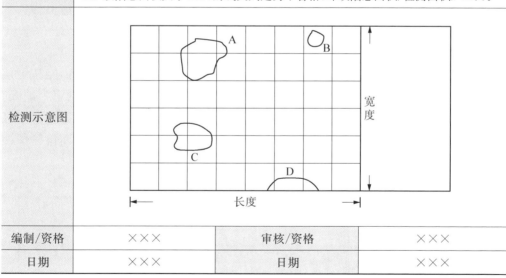
编制/资格	×××　　审核/资格　　×××
日期	×××　　日期　　×××

2）仪器设备与探头

（1）仪器：武汉中科 HS616e＋型数字式超声探伤仪。

（2）探头：15 MHzΦ4。

3) 试块与耦合剂

(1) 试块:XJ 系列试块。当检测到的缺陷直径小于等于探头直径时,采用 XJ 系列试块,用当量法确定缺陷的大小。

(2) 耦合剂:耦合剂应具有良好的透声性和适宜的流动性,对被检工件、人体和环境无害,同时便于检测后清理。此次检测选用 CG - 98 专用耦合剂。

4) 仪器设定与灵敏度的调整

(1) 仪器设定。将探头置于待检线夹无铜覆盖层的表面,调整超声检测仪,将探头延时块的界面波调到显示屏水平刻度"0"位,再调节声速,使铝试块的第一次反射底波显示数值与工件厚度一致,调节量程,使铝试块的第一次反射底波调整到水平时基线满刻度的 50% 处。

(2) 灵敏度确定。将探头置于线夹钎焊完好部位,将一次底面回波幅度调整至满屏的 80%,以此作为检测灵敏度。

5) 检测实施

(1) 检测范围为整个铜覆层的所有钎焊区域,边缘部位为检测重点。

(2) 用铅笔在检测区域按一定间隔尺寸划分网格线,一般以 5 mm 为宜。

(3) 扫查时先沿线夹边缘和螺孔边缘扫查,再沿网格水平线逐行扫查,避免漏检。

(4) 扫查时应保证探头与检测面耦合良好,扫查速度应不大于 40 mm/s,当发现钎焊层界面波异常时,应作边界测定、标记和记录。

6) 缺陷测定

(1) 缺陷的判定。焊接脱焊区和焊接不良区的铜铝结合强度不够,不能满足使用要求,当检测中波形符合焊接脱焊区波形和焊接不良区波形时,均应判定为缺陷。钎焊完好区域从不同检测面超声检测波形如图 14 - 12、图 14 - 13 所示;钎焊脱焊区域从不同检测面检测超声波形如图 14 - 14、图 14 - 15 所示;从不同检测面检测焊接不良区域超声波形如图 14 - 16、图 14 - 17 所示。

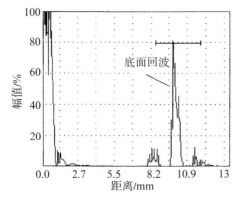

图 14 - 12　钎焊完好区域波形(铝侧)

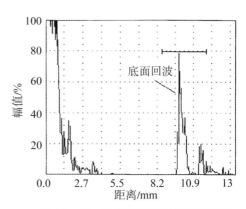

图 14 - 13　钎焊完好区域波形(铜侧)

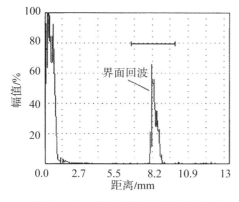

图 14-14　钎焊脱焊区域波形(铝侧)

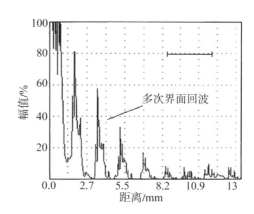

图 14-15　钎焊脱焊区域波形(铜侧)

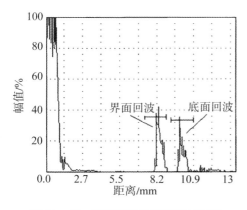

图 14-16　焊接不良区域波形(铝侧)

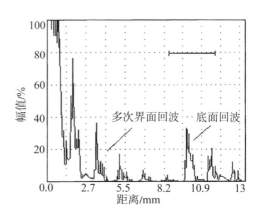

图 14-17　焊接不良区域波形(铜侧)

（2）缺陷尺寸的确定。若在检测扫查中发现焊接脱焊区波形和焊接不良区波形,要对缺陷的尺寸进行测定,测定方法一般为当量法、绝对灵敏度法和相对灵敏度法。

（3）缺陷位置的记录。缺陷平面位置可建 $X-Y$ 坐标系确定,以线夹覆盖铜片下边缘为 X,以线夹覆盖铜片左边缘为 Y,按比例划网格用以记录缺陷在线夹中的位置。

（4）当检测到的缺陷直径小于等于探头直径时,采用当量法确定。先测定缺陷,记录下缺陷波高,再将探头分别置于 $\varnothing2$、$\varnothing3$、$\varnothing4$ 平底孔位置,调节仪器增益,确定平底孔波高,与缺陷波高对比,从而对缺陷定量。

7）缺陷的评定

（1）铜侧检测时,采用多次反射法检测缺陷,移动探头以多次界面回波即将消失时探头中心点为缺陷的分界点,众多探头中心点围成的圈内面积即缺陷面积。

（2）铝侧检测时，采用一次底波法检测缺陷，采用绝对灵敏度法进行测量，移动探头使铜铝界面回波幅度降低至检测灵敏度下满屏高度的20％时的探头中心点为缺陷的分界点，众多探头中心点围成的圈内面积即缺陷面积。

确定缺陷的检测面积 S_j。铜铝线夹结合面的面积为线夹结合面长边 a 与短边 b 乘积，若有开孔，应减去开孔面积 S_k，即 $S_j = a \times b - S_k$。

确定单个缺陷的面积。以缺陷延伸方向探头中心为边界点，众多边界点连线围成的面积即缺陷面积。

单个点状缺陷采用当量法测定，对比相应的平底孔。

（3）累积各个缺陷面积之和 S_Z。

（4）铜铝结合面边缘存在开口性缺陷的线夹判定为不合格。缺陷总面积大于25％的线夹判定为不合格，即缺陷总面积/检测面积＞25％。

8）检测结果

经对送检的线夹超声波检测，发现其存在焊接不良，共有三处区域（边缘未检测到开口缺陷），面积分别为 135 mm²、307 mm²、875 mm²，共计 1 317 mm²。而铜覆盖层总面积为 10 000 mm²。缺陷总面积/检测面积＝1 317/10 000＝13.17％，小于25％，该线夹合格。如图 14-18 所示为分别从铜侧和铝侧检测线夹的缺陷波形图。

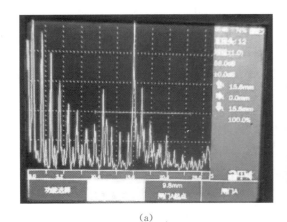 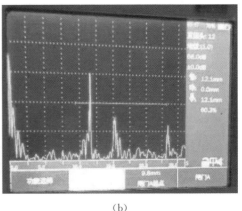

（a）   （b）

图 14-18　线夹缺陷波形

（a）铜侧检测缺陷波形；（b）铝侧检测缺陷波形

9）检测记录与报告

根据相关技术标准要求，做好原始记录及检测报告的编制、审批、签发等。

第 15 章　调相机

调相机是一种用于调整电网电压相位的特殊装置,主要由电机、调整电路、传感器和控制系统等部分组成,它的主要功能是实时监测电网和发电设备的电压和相位信息,然后通过控制电机的运转来调整电网相位,用于维护电网与发电设备之间的同步运转,以确保电力系统的稳定和可靠运行。在电力系统中,电压和频率的稳定性非常重要,如果发电厂和电网之间存在频率偏差或相位失调,会导致电力传输和分配的不协调,最终影响到电网的稳定性和可靠性。

调相机通常安装在发电设备侧或电网侧,通过实时监测电网和发电设备的电压和相位信息,来调整电网相位,以保持同步。近年来,特高压直流输电技术发展迅速,在能量的正常传输过程中,换流站的无功消耗量可达传输容量的 40%~60%,换流站必须具备足够的无功支撑才能应对系统可能受到的扰动。因此,特高压直流输电系统常在换流站配套建设大容量调相机。特高压换流站采用的调相机本质是一种不带原动机也不带机械负载、并入电网时处于空转状态的旋转同步电机,在特高压直流输电系统受端发生换相失败等故障导致电网电压大幅降低时,可以短时间内提供大量无功功率,维持系统电压稳定;在系统发生突然甩负荷等故障导致电压严重升高时,调相机可以消耗大量无功功率,抑制系统电压升高。同步调相机和发电机结构类似,主要部件包括定子、转子、刷架、冷却器、轴承、测温元件及测振元件等,它们通常运行在过励状态,容量较大的型号常采用氢气冷却以应对较大的损耗和发热问题,因此,需要定期对调相机设备重要部件进行检测评估。对于电力行业电网侧调相机设备或部件的超声检测,主要检测对象有水系统水管焊缝、油系统油管焊缝、发电机转子风冷扇叶、调相机转子轴瓦、调相机转子护环、调相机转子轴颈以及调相机滑环等。

15.1　水系统水管焊缝脉冲反射法超声检测

某特高压换流站调相机水系统水管♯1 机电动滤水器进水管,规格为 $\Phi159\,mm \times 4\,mm$、$\Phi359\,mm \times 6\,mm$,基材材质为 304 不锈钢,如图 15-1 所示。要求采用 A 型脉冲反射超声对调相机水系统水管进行检测。检测方法参照《管道焊接接头超声

波检测技术规程 第 2 部分:A 型脉冲反射法》(DL/T 820.2—2019)第 7 条奥氏体钢小径管、中径薄壁管焊接接头检测,缺陷评定依据 DL/T 820.2—2019 第 7.8 条,检测结果分为允许存在和不允许存在。

图 15-1 ♯1 机电动滤水器进水管

具体操作及检测过程如下。

1. 编制工艺卡

根据要求编制某特高压换流站调相机水系统♯1 机电动滤水器进水管焊缝脉冲反射法超声检测工艺卡,如表 15-1 所示。

表 15-1 ♯1 机电动滤水器进水管焊缝脉冲反射法超声检测工艺卡

	部件名称	♯1 机电动滤水器进水管	规格	Φ159 mm×4 mm/Φ359 mm×6 mm
工件	材料牌号	304 不锈钢	基材厚度	4/6 mm
	检测项目	焊缝	坡口型式	V 型
	表面状态	光洁	焊接方法	手工焊
仪器探头参数	仪器型号	HS610e	仪器编号	—
	探头型号	2.5P6×6K3、2.5P6×8K2.5	试块种类	DL-1 型专用试块
	检测面	水管直管段	扫查方式	单面单侧、锯齿形扫查
	耦合剂	机油	表面耦合	0 dB
	灵敏度设定	DAC 曲线	参考试块	Φ159 内外壁刻槽(1×2)厚度 5 mm、Φ400 内外壁刻槽(1.5×2)厚度 6 mm

(续表)

检测标准	参照 DL/T 820.2—2019	检测比例	100％
评定标准	DL/T 820.2—2019	合格条件	无缺陷或允许存在

检测位置示意图及缺陷评定：

水系统水管焊缝检测位置

(1) 由于水系统水管布局结构原因，基本为弯头焊缝和三通焊缝，而位于弯头侧和三通侧无法实施检测或 100％检测，因此仅能从焊缝连接的直管段实施单面单侧 100％检测。

(2) 缺陷指示长度测量：①当缺陷反射波信号只有一个高点时，用 6 dB 法测量；②当缺陷发射信号存在多个高点时，缺陷两端发射波极大值之间探头移动距离确定缺陷指示长度，用端点峰值法。

(3) 缺陷指示长度的横向投影长度，根据水平距离的变化测算。

(4) 当环焊缝的缺陷埋藏深度与外径比大于 0.1 时，应

按公式 $\Delta l = \Delta l_0 \dfrac{D - 2H}{D}$ 对纵向缺陷的指示长度进行几何修正（Δl 为修正后的指示长度；Δl_0 为修正前的指示长度；D 为管道外径；H 为缺陷埋藏深度）。

缺陷的评定

允许存在的缺陷	不允许存在的缺陷
单个缺陷回波幅度＜DAC＋4 dB，且指示长度≤5 mm	单个缺陷回波幅度≥DAC dB，且指示长度或它的横向投影长度＞5 mm
—	单个缺陷回波幅度≥DAC＋4 dB
—	判定为裂纹，坡口为熔合，层间未熔合及密集性缺陷

编制/资格	×××	审核/资格	×××
日期	×××	日期	×××

2. 仪器与探头

(1) 仪器：中科 HS610e 型数字式超声探伤仪。

(2) 探头：2.5P6×6K3 斜探头，前沿长度 5 mm；2.5P6×8K2.5 斜探头，前沿长度 5 mm。

3. 试块与耦合剂

(1) 标准试块：DL-1 型专用试块（5 号试块）。DL-1 系列试块在标准 DL/T

820—2002 及标准 DL/T 820.2—2019 中的规格尺寸有所不同,主要体现在圆弧面的半径及 Ø1 mm 通孔的深度有区别,在本案例制作 DAC 曲线时采用的是标准 DL/T 820—2002 中规定的 DL-1 系列试块,规格尺寸及实物如图 15-2 所示,DL-1 系列试块适用范围如表 15-2 所示。

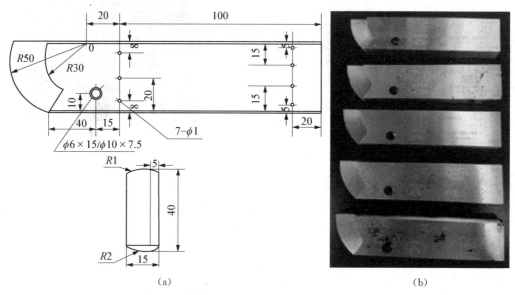

(a)　　　　　　　　　　　　　　　　　(b)

图 15-2　DL-1 系列试块

(a)规格尺寸;(b)实物

注:尺寸公差±0.1mm,各边垂直度不大于0.1mm,表面粗糙度不大于6.3 μm,标准孔加工面的平行度不大于0.05mm。

表 15-2　DL-1 系列试块适用范围

试块编号	$R1$/mm	适用管径 φ 的范围/mm	$R2$/mm	适用管径 φ 的范围/mm
1	16	32～35	17.5	35～38
2	19	38～41	20.5	41～44.5
3	22.5	44.5～48	24	48～60
4	30	60～76	38	76～79
5	50	90～133	70	133～159

(2) 对比试块:Φ159 内外壁刻槽(1×2)厚度 5 mm;Φ400 内外壁刻槽(1.5×2)厚度 6 mm。对比试块刻槽布局的形状如图 15-3 所示,试块规格尺寸如表 15-3 所示。

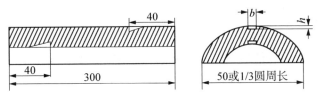

图 15-3　对比试块

表 15-3　试块尺寸

管壁厚度/mm	短槽尺寸($b\times h$)/mm
4~5.5	1×2
>5.5~7.5	1.5×2
>7.5~8	2×2

（3）耦合剂：机油。

4. 参数测量与仪器设定

在 DL-1 型专用试块上校验探头的前沿、始脉冲占宽、探头分辨力，K 值在对比试块 Φ159 内外壁刻槽（1×2）厚度 5mm、Φ400 内外壁刻槽（1.5×2）厚度 6mm 上测定。依据检测工件的材质声速、厚度以及探头的相关技术参数对仪器进行设定，实测 5P6×6K3 探头的 K 值为 3.13，前沿长度为 5.2mm；2.5P6×8K2.5 探头的 K 值为 2.46，前沿长度为 5.1mm。

5. 距离-波幅曲线的绘制

利用对比试块 Φ159 内外壁刻槽（1×2）厚度 5mm、Φ400 内外壁刻槽（1.5×2）厚度 6mm，电动滤水器进水管壁厚 T 为 4mm 和 6mm，距离-波幅曲线的灵敏度如表 15-4 所示。

表 15-4　距离-波幅曲线灵敏度

对比试块/mm	内壁短槽尺寸（宽×高）/mm	外壁短槽尺寸（宽×高）/mm
Φ159×5	1×2	1×2
Φ400×6	1.5×2	1.5×2
波高	80%	80%

6. 扫查灵敏度设定

扫查灵敏度以 DAC 曲线为灵敏度。检测范围内最大声程处检测灵敏度曲线高度不低于满屏的 20%。

7. 检测实施

以锯齿形和沿线扫查方式在表15-1中检测位置示意图的位置进行初探,发现可疑缺陷信号后,再辅以前后、左右、转角、环绕四种基本扫查方式对其进行确定(见图2-4)。

8. 缺陷定位

抽查检测中发现焊缝根部存在2处缺陷,从3个方向进行定位,即①距离检测面的深度H;②距离焊缝中心线位置L;③缺陷最大回波在焊缝圆周的方向S,如图15-4所示。

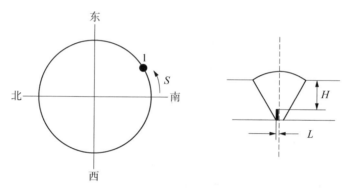

图15-4 缺陷定位

9. 缺陷评定

1) 缺陷检测结果

经现场超声波检测,某特高压换流站调相机水系统♯1机电动滤水器进水管焊缝存在2条缺陷,缺陷波形如图15-5所示。结合该进水管焊缝结构,初步判断图15-5(a)为未焊透、图15-5(b)未熔合。缺陷具体信息如表15-5所示。

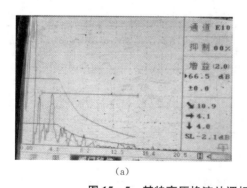
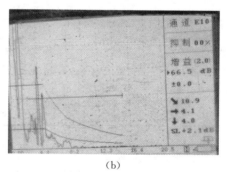

(a)   (b)

图15-5 某特高压换流站调相机水系统水管焊缝缺陷波形

(a)未焊透;(b)未熔合

表 15－5　缺陷信息表

缺陷序号	缺陷定位 1(S)	缺陷定位 2(H、L)	缺陷当量	指示长度	评级	发现缺陷探头 K 值
1	南偏东 68 mm	H:4 mm,L:1 mm	SL＋2 dB	15 mm	不允许	2.5
2	西偏南 12 mm	H:4 mm,L:0 mm	SL＋6 dB	10 mm	不允许	2.5

2）缺陷评定

依据标准 DL/T 820.2—2019 的规定对焊缝缺陷进行评定。评定结果为该焊缝缺陷为不允许存在的缺陷。

10. 检测记录与报告

根据相关技术标准要求，做好原始记录及检测报告的编制、审批、签发等。

15.2　油系统油管焊缝脉冲反射法超声检测

某特高压换流站调相机油系统♯1 机润滑油油管，其规格为 Φ226 mm×8 mm，材质为 Q345，如图 15－6 所示，要求采用 A 型脉冲反射法超声对调相机油系统油管进行检测。因运行过程中存在一定油压，故检测方法参照标准 DL/T 820.2—2019 执行，缺陷评定依据标准 DL/T 820.2—2019 中的第 6.5.4 条，缺陷分为允许存在和不允许存在两类。

图 15－6　♯1 机润滑油油管

具体操作及检测过程如下。

1. 编制工艺卡

根据要求编制某特高压换流站调相机油系统♯1 机润滑油油管焊缝脉冲反射法超声检测工艺卡，如表 15－6 所示。

表 15－6　♯1 机润滑油油管焊缝脉冲反射法超声检测工艺卡

	部件名称	♯1 机油系统油管	规格	Φ226×8 mm
工件	材料牌号	Q345	检测时机	停机检修
	检测项目	焊缝	坡口型式	V 型
	表面状态	打磨光洁	焊接方法	手工焊
仪器探头参数	仪器型号	HS610e	仪器编号	—
	探头型号	5P8×8K2.5、2.5P6×6K3	试块种类	DL－1 型专用试块
	检测面	油管直管段	扫查方式	单面单侧、锯齿形扫查
	耦合剂	机油	表面耦合	4 dB
	灵敏度设定	DAC－13 dB	对比试块	DL－1 型专用试块
	检测标准	参照 DL/T 820.2—2019	检测比例	100%
	评定标准	DL/T 820.2—2019	合格条件	无缺陷或允许存在

检测位置示意图及缺陷评定：

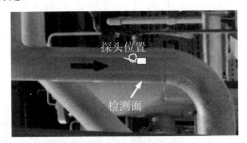

油系统油管焊缝检测位置

(1) 由于调相机油系统油管布局结构原因，基本为弯头焊缝、法兰及三通焊缝，而位于弯头侧及三通侧无法实施有效检测，因此，仅能从焊缝连接的直管段实施单面单侧 100%检测，并且打磨宽度不小于 100 mm。

(2) 缺陷指示长度测量：①当缺陷反射波信号只有一个高点时，用 6 dB 法测量；②当缺陷发射信号存在多个高点时，缺陷两端发射波极大值之间探头移动距离确定缺陷指示长度，用端点峰值法。

(3) 缺陷指示长度的横向投影长度，根据水平距离的变化测算。

(4) 当环焊缝的缺陷埋藏深度与外径比大于 0.1 时，应按公式 $\Delta l = \Delta l_0 \dfrac{D-2H}{D}$ 对纵向缺陷的指示长度进行几何修正（Δl 为修正后的指示长度；Δl_0 为修正前的指示长度；D 为管道外径；H 为缺陷埋藏深度）。

(5) 修正后缺陷指示长度≤5 mm 记为点状缺陷。

（续表）

缺陷的评定	
允许存在的缺陷	**不允许存在的缺陷**
单个缺陷回波幅度＜DAC－6 dB,且指示长度≤5 mm	单个缺陷回波幅度≥DAC－10 dB,且指示长度或它的横向投影长度＞5 mm
—	单个缺陷回波幅度≥DAC－6 dB
—	性质判定为裂纹,坡口为熔合,层间未熔合、未焊透及密集性缺陷

编制/资格	×××	审核/资格	×××
日期	×××	日期	×××

2. 仪器与探头

(1) 仪器:武汉中科 HS610e 型数字式超声探伤仪。

(2) 探头:5P8×8K2.5 斜探头,探头前沿长度 8 mm;2.5P6×6K3 斜探头,探头前沿长度 5 mm。

3. 试块与耦合剂

(1) 标准试块:DL-1 型专用试块(5 号试块)。

(2) 耦合剂:机油。

4. 参数测量与仪器设定

在 DL-1 型专用试块上校验探头的入射点、K 值,校正时间轴,修正原点,依据检测油管的材质声速、厚度以及探头的相关技术参数对仪器进行设定,实测斜探头 5P8×8K2.5 的 K 值为 2.51,探头的前沿长度为 8.6 mm,斜探头 2.5P6×6K3 的 K 值为 3.09,探头的前沿长度为 5.9 mm。

5. 距离-波幅曲线的绘制

利用 DL-1 型专用试块 $\varnothing 1$ 通孔绘制距离-波幅曲线,油管壁厚 t 为 8 mm,距离-波幅曲线的灵敏度如表 15-7 所示。

表 15-7　距离-波幅曲线的灵敏度

试块型式	管壁厚度 t/mm	评定线	定量线	判废线
DL-1 型专用试块	8	$\varnothing 1 \times 15 - 13$ dB	$\varnothing 1 \times 15 - 10$ dB	$\varnothing 1 \times 15 - 6$ dB

6. 扫查灵敏度设定

扫查灵敏度不低于 DAC 曲线－13 dB 为灵敏度。检测范围内最大声程处检测灵敏度曲线高度不低于满屏的 20%。

7. 检测实施

以锯齿形和沿线扫查方式在表 15－6 中检测位置示意图的位置进行初探,发现可疑缺陷信号后,再辅以前后、左右、转角、环绕四种基本扫查方式对其进行确定。

8. 缺陷定位及定量

1) 缺陷定位

缺陷定位如图 15－4 所示。若发现焊缝存在缺陷需进行定位,分别为①距离检测面的深度 H;②距离焊缝中心线位置 L;③缺陷最大回波在焊缝圆周的方向 S。

2) 缺陷定量

缺陷定量采用两个数据,一是缺陷指示长度,二是缺陷回波高度。

9. 缺陷评定

1) 检测结果

经现场超声波检测,♯1 机润滑油油管焊缝在检测范围内未发现不允许存在缺陷。

2) 缺陷评定

依据标准 DL/T 820.2—2019 中的第 6.5.4 条对焊缝检测结果进行评定。评定结论为该批焊缝合格。

10. 检测记录与报告

根据相关技术标准要求,做好原始记录及检测报告的编制、审批、签发等。

15.3 发电机转子风冷扇叶脉冲反射法超声检测

图 15－7 调相机发电转子风冷扇叶

某特高压换流站调相机发电机转子风冷扇叶,其规格为长 98～99 mm、宽 77～99 mm,材质为铝合金,如图 15－7 所示。要求采用 A 型脉冲反射法超声对调相机发电机转子风冷扇叶进行检测。检测参照标准为《无损检测 超声表面波检测方法》(GB/T 23904—2009),缺陷评定依据为 GB/T 23904—2009,若有裂纹则为不合格。

具体操作及检测过程如下。

1. 编制工艺卡

根据要求编制某特高压换流站调相机发电机转子风冷扇叶脉冲反射法超声检测工艺卡,如表 15-8 所示。

表 15-8　某特高压换流站调相机发电机转子风冷扇叶脉冲反射法超声检测工艺卡

工件	部件名称	调相机发电机转子	规格	长 98~99 mm、宽 77~99 mm
	材料牌号	铝合金	厚度	—
	检测项目	叶片	表面状态	光洁
仪器探头参数	仪器型号	HS610e	仪器编号	—
	探头型号	5P8×12 72°	试块种类	SWB-1
	检测面	叶片表面	扫查方式	双面单侧、沿线扫查且呈 10°~15°转动
	耦合剂	机油	表面耦合	0 dB
	灵敏度设定	对比试块 DAC 曲线+4 dB	对比试块	SWB-1
	检测标准	参照 GB/T 23904—2009	检测比例	100%
	评定标准	GB/T 23904—2009	合格条件	无裂纹

检测位置示意图及缺陷评定:

(1) 探头检测位置只能在叶片端部的叶面上对叶片叶面纵深方向实施检测。

(2) 缺陷定量:当在扫描路径上移动并转动探头,找到缺陷最大反射波,然后降低增益,将回波高度降低到距离-波幅曲线记录高出的 dB 差值,定量表示为"DAC+ΔdB"。

(3) 缺陷测长:采用渗透检测的方法测其长度。

(4) 检测中应注意超声波信号是否为裂纹所形成,如果不能判断,则应采用渗透检测方法作综合判定,尤其是位于距离-波幅曲线下的超声波信号。

调相机发电转子风冷叶片检测位置

缺陷的评定

合格	不合格
无裂纹	裂纹

编制/资格	×××	审核/资格	×××
日期	×××	日期	×××

2. 仪器与探头

(1) 仪器:武汉中科 HS610e 型数字式超声探伤仪。

(2) 探头:5P8×12 72°表面波探头。

3. 试块与耦合剂

(1) 对比试块:SWB-1试块,其形状及规格尺寸如图15-8及表15-9所示。

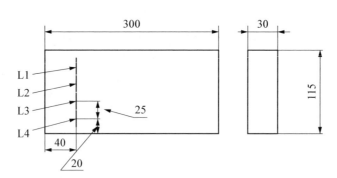

图 15-8　SWB-1 对比试块

表 15-9　SWB-1 试块线槽尺寸

线槽编号	L1	L2	L3	L4
深度/mm	0.2	0.4	0.8	1.2
长度/mm	10			

(2) 耦合剂:机油。

4. 参数测量与仪器设定

在 SWB-1 试块的端角处调节零偏并校准探头。

5. 距离-波幅曲线的绘制

由于叶片长度不足 100 mm,利用对比试块 SWB-1 试块线槽标号 L1 人工缺陷,取距 L1 线槽 50 mm、100 mm 处两点作 DAC 曲线。

6. 扫查灵敏度设定

扫查灵敏度以 SWB-1 试块制作 DAC 曲线+4 dB。

7. 检测实施

在叶片双面单侧、沿线扫查且呈 10°~15°转动的扫查方式进行初探,发现可疑缺陷信号后,再辅以渗透检测方法对其进行确定。

8. 缺陷定位及定量

1) 缺陷定位

检测中发现若存在缺陷,则调整探头使缺陷波幅达到最大,根据仪器显示距离值用钢板尺进行位置确定。

2) 缺陷定量

缺陷定量采用两个数据,一是缺陷位置,二是缺陷回波高度,找到缺陷最大反射波,然后降低增益,将回波高度降低到距离-波幅曲线记录高出的 dB 差值,定量表示为"DAC+ΔdB"。

9. 缺陷评定

1)检测结果

经现场超声波检测,该调相机发电机转子风冷扇叶在检测范围内未发现缺陷。超声检测波形如图 15-9 所示。

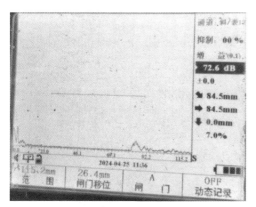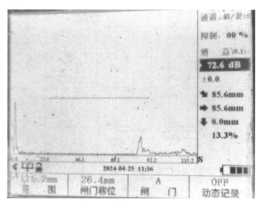

图 15-9　调相机发电转子风冷叶片现场超声检测波形

2)结果评定

依据标准 GB/T 23904—2009 进行评定。结合现场超声波检测情况,评定结果为本次检测叶片合格。

10. 检测记录与报告

根据相关技术标准要求,做好原始记录及检测报告的编制、审批、签发等。

15.4　调相机转子轴瓦脉冲反射法超声检测

对某特高压换流站调相机转子轴瓦进行检测,其规格为大径 Φ787 mm $\times$ 160 mm、小径 Φ710 mm$\times$130 mm、内径 459 mm、长 430 mm,基材材质为铸钢,合金层为锡基巴氏合金(钨锡合金),如图 15-10 所示,结合面结合的形式如图 15-11 所示。要求采用 A 型脉冲反射超声对该轴瓦基材与覆材(合金层)界面结合状态进行检测。检测方法参照《汽轮发电机合金轴瓦超声波检测》(DL/T 297—2011)和《承压设备无损检测　第 3 部分:超声检测》(NB/T 47013.3—2015)的第 5.4 条承压设备用复合板超声检测方法和质量分级,缺陷评定依据为 DL/T 297—2011,承载区Ⅰ级合格,其他区域Ⅲ级合格。

图 15‑10　调相机轴瓦实物

图 15‑11　基材与覆材结合面实物

具体操作及检测过程如下。

1. 编制工艺卡

根据要求编制某特高压换流站调相机转子轴瓦结合面脉冲反射法超声检测工艺卡,如表 15‑10 所示。

表 15‑10　某特高压换流站调相机转子轴瓦结合面脉冲反射法超声检测工艺卡

工件	部件名称	调相机转子轴瓦	轴瓦	160/130 mm
	材料牌号	铸钢/锡基巴氏合金	基材厚度	140～157 mm/110～127 mm
	检测项目	结合面	覆材厚度	3 mm、7 mm、15 mm、20 mm
	表面状态	光洁	结合形式	热浇筑覆盖镶嵌式
仪器探头参数	仪器型号	HS610e	仪器编号	—
	探头型号	5PΦ14、5PΦ8	试块种类	ZW‑HJ
	检测面	基材、覆材(合金层)	扫查方式	轴向、周向

（续表）

耦合剂	机油	表面耦合	0 dB
灵敏度设定	基材侧：结合面 1 次底波 80%−6 dB 覆材侧：$\leqslant$ 5 mm，DAC−12 dB；$>$5 mm，DAC−6 dB	参考试块	ZW-Ⅱ
检测标准	参照 NB/T 47013.3—2015、DL/T 297—2011	检测比例	基材抽查/覆材（合金层）100%
验收标准	DL/T 297—2011	验收等级	承载区Ⅰ级合格，其他区域Ⅲ级合格

检测位置示意图及缺陷评定：

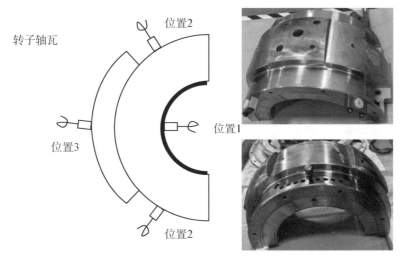

（1）由于调相机转子轴瓦结构原因，基材侧位置 2 和位置 3 局部无法实施检测，因此，基材侧采取抽查方式；覆材侧位置 1 表面光洁平整，可 100% 实施检测。

（2）检测结果的评定，应只计入面积不小于晶片面积 50% 的结合处缺陷。

（3）用半波高度法（6 dB 法）确定缺陷的边界，相邻缺陷间距不大于 10 mm 视为连续缺陷。

缺陷的评级

缺陷级别	结合面	
	单个缺陷面积不大于/mm²	全部缺陷所占面积不大于/%
Ⅰ	0	0
Ⅱ	$L_1 b_a$	1
Ⅲ	$L_2 b$	1

（续表）

缺陷级别	结合面	
	单个缺陷面积不大于/mm²	全部缺陷所占面积不大于/%
IV	$L_2 b$	2
V	$L_3 b$	5

注：1. 若单个缺陷面积所占的百分比超过表中规定全部缺陷所占面积允许的百分比，则按照后者评级。

2. $^a b$ 的单位是 mm，指径向轴瓦或推力轴瓦的宽度，$L_1 = 0.75$ mm，$L_2 = 2$ mm，$L_3 = 4$ mm。

编制/资格	×××	审核/资格	×××
日期	×××	日期	×××

2. 仪器与探头

（1）仪器：武汉中科 HS610e 型数字式超声探伤仪。

（2）探头：5PΦ14、5PΦ8 直探头。

3. 试块与耦合剂

（1）校准试块：ZW-HJ 试块，如图 15-12 所示，用于校核 5PΦ8 探头声束会聚中心深度、仪器时基线调整及对其系统性能进行测试。

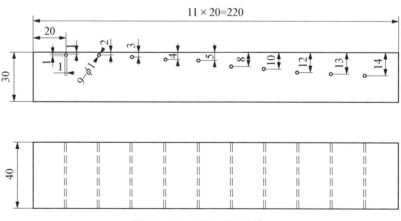

图 15-12　ZW-HJ 试块

（2）参考试块：ZW-Ⅱ 试块，如图 15-13 所示，用于确定 5PΦ8 直探头检测灵敏度。

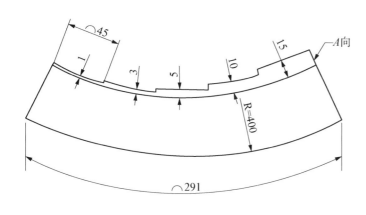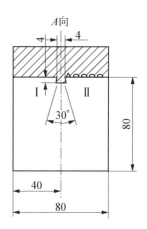

图 15 - 13　ZW - Ⅱ试块

（3）耦合剂：机油。

4. 扫描时基线调整

（1）基材侧检测：将 5PΦ14 探头置于轴瓦结合面完全结合部位，调节第一次底面回波高都为显示屏满刻度的 80%，以此为基准灵敏度。

（2）合金层（覆材）侧：将 5PΦ8 探头置于合金层厚度小于等于 5 mm 的表面，调节基材底面第四次或以上反射波，并调整该反射波至基线满刻度的 20%；合金层大于 5 mm 时，将探头置于合金层与基材结合面完全结合部位，调节结合完好部位界面发射波至基线满刻度的 20%。

5. 距离-波幅曲线的绘制（合金层侧）

利用 ZW - Ⅱ参考试块（不同厚度合金层与基材界面反射波）绘制距离-波幅曲线，距离-波幅曲线的灵敏度如表 15 - 11 所示。

表 15 - 11　距离-波幅曲线灵敏度

合金层厚度/mm	1	3	5	10	15	20（仪器延长）	25（仪器延长）
界面反射波幅/%	80	80	80	80	80	80	80

6. 扫查灵敏度设定

（1）基材侧检测：扫查灵敏度应比基准灵敏度提高 6 dB。

（2）覆材（合金层）侧检测：当合金层厚度小于等于 5 mm 时，DAC 曲线提高 12 dB；当合金层厚度大于 5 mm 时，DAC 曲线提高 6 dB。

7. 检测实施

检测时，首先采用渗透检测技术对转子轴瓦周向接触端的结合面进行检测，检测端面结合完好程度。再以周向、轴向平行扫查方式按照表 15 - 10 中检测位置示意图的位置进行初探,发现可疑缺陷信号后,再辅以前后、左右、环绕四种基本扫查方式对其进行确定。

8. 未结合区确定

基材侧检测中若发现界面波明显上升、底波急剧下降,该部位则为未结合缺陷区,移动探头使第一次底面回波由波幅低于显示屏满刻度的 5% 升高到显示屏满刻度的 40%,此时的探头中心点为未结合缺陷区的边界。

覆材(合金层)侧检测中若发现界面波急剧上升,则移动探头找到未结合区域最高波,继续移动探头使最高波波幅降低 6 dB 时,探头中心点为未结合缺陷区的边界。

9. 缺陷定量

缺陷定量采用两个数据,一是缺陷指示面积,二是缺陷指示面积占轴瓦合金层表面积百分比。

10. 结果评定

1)检测结果

经现场超声波检测,该转子轴瓦承载区域及其他区域未发现结合不良现象。超声检测结果波形和实物如图 15 - 14 所示。

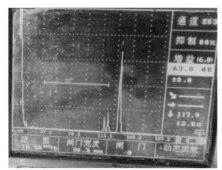

图 15 - 14 某特高压换流站调相机转子轴瓦结合完好处波形和实物

2)结果评定

依据标准 DL/T 297—2011 中的相关规定要求进行评定。其评定结果为该调相机转子轴瓦结合面合格。

11. 检测记录与报告

根据相关技术标准要求,做好原始记录及检测报告的编制、审批、签发等。

15.5 调相机转子护环脉冲反射法超声检测

对某特高压换流站调相机转子护环进行检测,其规格为 Φ1 100 mm×90/73/

40 mm,材质为 Mn18Cr18,如图 15‐15 所示。要求采用 A 型脉冲反射超声对该特高压换流站调相机转子护环进行检测。检测方法参照标准《在役发电机护环超声波检测技术导则》(GB/T 1423—2015),缺陷评定依据为标准 GB/T 1423—2015 中的第 5 条,若缺陷为裂纹,则判为不合格。

图 15‐15 某特高压换流站调相机转子护环

具体操作及检测过程如下。

1. 编制工艺卡

根据要求编制某特高压换流站调相机转子护环脉冲法超声检测工艺卡,如表 15‐12 所示。

表 15‐12 某特高压换流站调相机转子护环脉冲反射法超声检测工艺卡

工件	部件名称	调相机转子护环	规格	Φ1 100 mm×120/73/40 mm
	材料牌号	Mn18Cr18	结构形式	嵌套式
	检测项目	内部裂纹	仪器型号	HS610e
	表面状态	光洁	仪器编号	—
	探头型号	2.5P13×13K1	试块种类	HH‐I
	检测面	外表面	扫查方式	轴向、周向
	耦合剂	机油	表面耦合	0 dB
	灵敏度设定	90 mm 厚护环端角反射波 80% 波高提高 6 dB	对比试块	HH‐I
	检测标准	GB/T 1423—2015	检测比例	100%
	验收标准	GB/T 1423—2015	验收等级	无裂纹

检测位置示意图及缺陷评定：

位置1

位置2

（1）根据游标卡尺和测厚仪测定调相机转子护环 Mn18Cr18 的声速为 5 720 m/s。

（2）调相机转子护环检测位置 1 和位置 2 整体实施轴向和周向。

（3）发现缺陷，读出缺陷波的刻度值乘以被检护环声速值对应的修正系数，5 720 m/s 对应的修正系数为 0.96。

缺陷的评级

合格	不合格	
无裂纹	内表面存在裂纹	缺陷波比界面波高 18 dB，且指示长度≥10 mm，并判定为裂纹

编制/资格	×× ×	审核/资格	×× ×
日期	×× ×	日期	×× ×

2. 仪器与探头

（1）仪器：武汉中科 HS610e 型数字式超声探伤仪。

（2）探头：2.5P13×13K1 斜探头。

3. 试块与耦合剂

（1）对比试块：护环 HH-Ⅰ型试块，其实物及规格尺寸如图 15-16 所示。

（2）耦合剂：机油。

4. 参数测量与仪器设定

用 HH-Ⅰ型对比试块校验探头的入射点、K 值，校正时间轴，修正原点，依据检测护环的材质声速、厚度以及探头的相关技术参数对仪器进行设定，实测 2.5P13×13K1 探头 K 值为 0.98，前沿为 12 mm。

5. 横波检测灵敏度确定

利用护环最大厚度的端角反射波调整。护环最大厚度 T 为 90 mm，以 90 mm 处

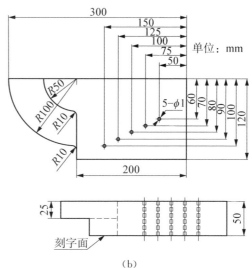

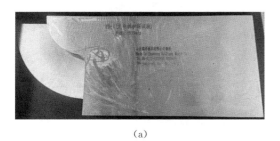

（a）　　　　　　　　　　　　　　　　（b）

图 15‑16　护环 HH‑Ⅰ 型试块

（a）实物；（b）规格尺寸

厚的护环端角反射波 80% 波高提高 6 dB。

6. 扫查灵敏度设定

扫查灵敏度应不低于检测灵敏度。检测范围内最大声程处检测灵敏度曲线高度不低于满屏的 20%。

7. 检测实施

以轴向和周向扫查方式在检测位置示意图的位置进行初探,发现可疑缺陷信号后,再辅以前后、左右、转角、环绕四种基本扫查方式对其进行确定,如图 2‑4 所示。

8. 波形分析

（1）等于壁厚声程的信号,可能为裂纹或压痕发射波,从对称侧核实并测定指示长度。

（2）大于壁厚声程的信号,多为透射入绝缘材料的发射波。

（3）小于壁厚声程的信号,可能为等间距、有规律型的齿槽固有反射波,也可能为护环内部冶金缺陷、粗大晶粒等异常反射信号。

9. 缺陷定量

缺陷定量采用两个数据,一是缺陷指示长度,二是缺陷反射波幅。

10. 缺陷评定

1）检测结果

经现场超声波检测,没有发现该转子护环存在缺陷。现场超声检测结果波形如

图 15‑17 所示。

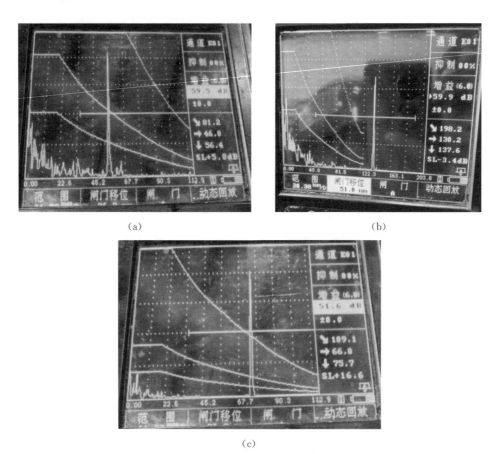

(a)

(b)

(c)

图 15‑17　护环现场超声检测波形

（a）周向检测嵌套应力产生的超声波形；（b）轴向检测 120 mm 处台阶超声波形；（c）轴向检测 73 mm 台阶处超声波形

2）结果评定

依据标准 GB/T 1423—2015 中的相关规定要求进行评定。评定结果为该调相机转子护环检测合格。

11. 检测记录与报告

根据相关技术标准要求，做好原始记录及检测报告的编制、审批、签发等。

15.6　调相机转子轴颈脉冲反射法超声检测

对某特高压换流站调相机转子大轴进行检测，如图 15‑18 所示，其规格为

Φ4 500 mm、长度 615 mm,材质为低合金钢。要求采用 A 型脉冲反射超声对该特高压换流站调相机转子的轴颈进行检测。检测方法参照《汽轮机、汽轮发电机转子和主轴锻件超声检测方法》(JB/T 1581—2014)及标准 GB/T 23904—2009。内部缺陷评定依据为标准 NB/T 47013.3—2015 的第 5.5.8 条,验收等级为Ⅰ级合格;表面缺陷评定依据为标准 GB/T 23904—2009,若缺陷为裂纹,则判为不合格。

图 15 - 18　某特高压换流站调相机转子大轴

具体操作及检测过程如下。

1. 编制工艺卡

根据要求编制某特高压换流站调相机转子大轴脉冲反射法超声检测工艺卡,如表 15 - 13 所示。

表 15 - 13　某特高压换流站调相机转子大轴脉冲反射法超声检测工艺卡

	部件名称	调相机转子大轴	规格	直径 450 mm,长 615 mm
工件	材料牌号	低合金钢	结构形式	锻造
	检测项目	内部裂纹	仪器型号	HS610e
	表面状态	光洁	仪器编号	—
	探头型号	2.5PΦ14/5P8×12 72°	标准试块	—
	检测面	外表面	扫查方式	轴向/周向
	耦合剂	机油	表面耦合	0 dB
	灵敏度设定	直探头:Ø2 平底孔 DAC 曲线＋6 dB 或轴径底波 20％－44 dB/表面波探头:DAC 曲线	对比试块	CS - 2/SWB - 1
	检测标准	JB/T 1581—2014、GB/T 23904—2009	检测比例	100%

（续表）

验收标准	NB/T 47013.3—2015、 GB/T 23904—2009	验收等级	Ⅰ级/无裂纹

检测位置示意图及缺陷评定：

（1）表面波探头检测位置位于大轴轴面，对大轴纵深方向实施检测。

（2）表面波缺陷定量：当在扫描路径上移动并转动探头，找到缺陷最大反射波，然后降低增益，将回波高度降低到距离-波幅曲线记录高出的 dB 差值，定量表示为"DAC＋ΔdB"。

（3）表面波检测缺陷测长：采用磁粉检测方法测其长度。

（4）检测中应注意超声波信号是否为裂纹所形成，如果不能判断，则应采用磁粉检测方法作综合判定，尤其是位于距离-波幅曲线下的超声波信号。

（5）直探头轴径方向实施，轴面全覆盖。

（6）缺陷当量测量按照相应距离 CS‐2 的 Ø2、Ø3、Ø4 孔 AVG 曲线。

（7）当缺陷距离大于近场区时也可采用波幅降低量（BG/BF）。

（8）无中心孔大轴也可采用计算增益取 Ø2 当量平底孔，由公式 $\Delta = 20\lg\dfrac{2\lambda T}{\pi\phi^2}$ 计算选取。

表面缺陷的评定

合格	不合格
无裂纹	裂纹

内部缺陷的评级

等级	Ⅰ	Ⅱ	Ⅲ	Ⅳ	Ⅴ
单个缺陷当量平底孔直径	≤Ø4	≤Ø4+6 dB	≤Ø4+12 dB	≤Ø4+18 dB	＞Ø4+18 dB
密集区缺陷当量直径	≤Ø2	≤Ø3	≤Ø4	≤Ø4+4 dB	＞Ø4+4 dB
由缺陷引起底波降低量 BG/BF	≤6 dB	≤12 dB	≤18 dB	≤24 dB	＞24 dB

注：白点、裂纹等危害缺陷为Ⅴ级。

编制/资格	×××	审核/资格	×××
日期	×××	日期	×××

2. 仪器与探头

(1) 仪器:武汉中科 HS610e 型数字式超声探伤仪。

(2) 探头:2.5PΦ14 直探头、5P8×12 72°表面波探头。

3. 试块与耦合剂

(1) 对比试块:SWB－1 试块、CS－2 试块,其实物及规格尺寸如图 15－19、表 15－14 所示。

（a）

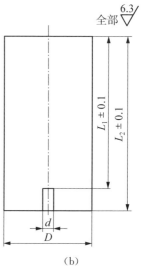

（b）

图 15－19　CS－2 试块

（a）实物；（b）规格尺寸

表 15－14　CS－2 试块规格及尺寸

试块编号	试块规格	d/mm	L₁/mm	L₂/mm	D/mm	试块编号	试块规格	d/mm	L₁/mm	L₂/mm	D/mm
1	25/2	2	25	50	≥35	18	150/4	4	150	175	≥85
2	25/3	3	25	50	≥35	19	200/2	2	200	225	≥100
3	25/4	4	25	50	≥35	20	200/3	3	200	225	≥100
4	50/2	2	50	75	≥50	21	200/4	4	200	225	≥100
5	50/3	3	50	75	≥50	22	250/2	2	250	275	≥110
6	50/4	4	50	75	≥50	23	250/3	3	250	275	≥110
7	75/2	2	75	100	≥60	24	250/4	4	250	275	≥110
8	75/3	3	75	100	≥60	25	300/2	2	300	325	≥120

（续表）

试块编号	试块规格	d/mm	L_1/mm	L_2/mm	D/mm	试块编号	试块规格	d/mm	L_1/mm	L_2/mm	D/mm
9	75/4	4	75	100	≥60	26	300/3	3	300	325	≥120
10	100/2	2	100	125	≥70	27	300/4	4	300	325	≥120
11	100/3	3	100	125	≥70	28	400/2	2	400	425	≥140
12	100/4	4	100	125	≥70	29	400/3	3	400	425	≥140
13	125/2	2	125	150	≥80	30	400/4	4	400	425	≥140
14	125/3	3	125	150	≥80	31	500/2	2	500	525	≥155
15	125/4	4	125	150	≥80	32	500/3	3	500	525	≥155
16	150/2	2	150	175	≥85	33	500/4	4	500	525	≥155
17	150/3	3	150	175	≥85						

（2）耦合剂：机油。

4. 参数测量与仪器设定

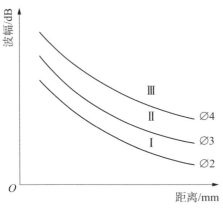

图 15 - 20　Ø2、Ø3、Ø4 距离-波幅 (DAC)曲线

表面波探头 5P8×12 72°在 SWB-1 试块端角处调节零偏并校准探头。

经计算，2.5PΦ14 近场长度为 20.7 mm，利用阶梯平底试块或其他厚度大于 21 mm 的规则平面试块进行直探头校准，并设定检测参数。

5. 距离-波幅曲线的绘制

表面波检测，利用对比试块 SWB-1 试块线槽标号 L1 人工缺陷，取距 L1 线槽 50 mm、100 mm 处两点作 DAC 曲线。

2.5PΦ14 直探头采用 CS-2 对比试块（Ø2、Ø3、Ø4 盲孔）绘制距离-波幅曲线（DAC 曲线），如图 15-20 所示。

6. 扫查灵敏度设定

（1）表面波检测扫查灵敏度的设定：以距 SWB-1 试块端角 100 mm 处80%波高提高 12 dB。

（2）直探头扫查灵敏度的设定：①利用公式 $\Delta = 20\lg\dfrac{2\lambda T}{\pi\phi^2}$ 计算并选取扫查灵敏

度,经计算的增益值为 44 dB,大轴检测扫查灵敏度为 Ø2 平底孔提高 44 dB;②取用 Ø2 平底孔 DAC 曲线提高 6 dB。

7. 检测实施

表面检测,在大轴面单侧、沿轴线扫查且呈 0°～5°转动的扫查方式进行初探,发现可疑缺陷信号后,再辅以磁粉检测方法对其进行确定。

大轴内部检测,以轴向/周向扫查方式按照表 15 - 13 中检测位置示意图的位置进行初探,发现可疑缺陷信号后,再辅以前后、左右、转角、环绕四种基本扫查方式对其进行确定。

8. 缺陷测量与记录

1) 表面检测

检测过程中,若发现存在缺陷,则调整探头,使缺陷波幅达到最大,根据仪器显示距离值用钢板尺进行缺陷的位置确定。

2) 内部检测

(1) 单个缺陷。记录其当量直径和最大波幅位置。

(2) 密集缺陷。测定缺陷深度范围、轴向分布范围和几何修正的边界,以及密集区尺寸、最大缺陷当量直径和位置。

(3) 条状缺陷。采用半波高度法测量长度,测定缺陷宽度并进行几何修正,记录缺陷长度、宽度、最大当量直径及位置。

9. 缺陷定量

(1) 表面检测。缺陷定量采用两个数据,一是缺陷位置,二是缺陷回波高度,找到缺陷最大反射波,然后降低增益,将回波高度降低到距离-波幅曲线记录高出的 dB 差值,定量表示为"DAC+ΔdB"。

(2) 内部检测。缺陷定量采用两个数据,一是缺陷当量直径或指示长度,二是缺陷反射波幅。

10. 缺陷评定

1) 检测结果

经现场超声波检测,该调相机大轴在检测范围内未发现存在缺陷。现场超声检测波形及检测位置如图 15 - 21 所示。

2) 结果评定

依据标准 GB/T 23904—2009 及标准 NB/T 47013.3—2015 中的第 5.5.8 条对该调相机转子大轴进行评定。评定结果为该调相机转子大轴验收等级为 Ⅰ 级,验收结果为合格。

11. 检测记录与报告

根据相关技术标准要求,做好原始记录及检测报告的编制、审批、签发等。

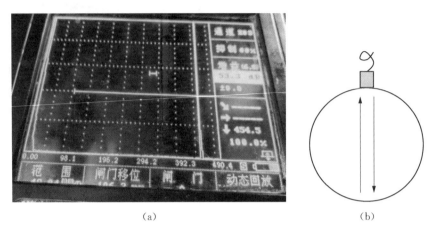

图 15－21　调相机转子大轴轴径方向超声检测

（a）现场超声检测波形图；（b）现场检测示意图

15.7　调相机滑环脉冲反射法超声检测

某特高压换流站调相机滑环，其规格为 Φ338 mm、滑环厚度 60 mm、通气孔与外径距离 30 mm、滑环宽度 200 mm，材质为低合金钢，如图 15－22 所示。要求采用 A 型脉冲反射法超声对该特高压换流站调相机转子进行检测。检测方法参照标准 JB/T 1581—2014 执行，缺陷依据 JB/T 1581—2014 及其波形信号评定，若判定为非结构产生的异常信号和裂纹波形信号，则不合格。

图 15－22　某特高压换流站调相机转子滑环

具体操作及检测过程如下。

1. 编制工艺卡

根据要求编制某特高压换流站调相机转子滑环脉冲反射法超声检测工艺卡,如表 15 - 15 所示。

表 15 - 15　某特高压换流站调相机转子滑环脉冲反射法超声检测工艺卡

<table>
<tr><td rowspan="11">工件</td><td>部件名称</td><td>调相机转子滑环</td><td>规格</td><td>直径 338 mm、滑环厚度 60 mm、通气孔与外径距离 30 mm、滑环宽度 200 mm</td></tr>
<tr><td>材料牌号</td><td>低合金钢</td><td>结构形式</td><td>锻造</td></tr>
<tr><td>检测项目</td><td>滑环内壁及通气孔周边裂纹等缺陷</td><td>仪器型号</td><td>HS610e</td></tr>
<tr><td>表面状态</td><td>打磨光洁</td><td>仪器编号</td><td>—</td></tr>
<tr><td>探头型号</td><td>2.5PΦ10、2.5P8×8 7°</td><td>试块种类</td><td>阶梯平底试块、HH - I 型超声对比试块</td></tr>
<tr><td>检测面</td><td>外表棱面</td><td>扫查方式</td><td>周向</td></tr>
<tr><td>耦合剂</td><td>机油</td><td>表面耦合</td><td>0 dB</td></tr>
<tr><td>灵敏度设定</td><td>直探头:内径底波 80%－6 dB;
小角度纵波直探头:DAC 曲线</td><td>对比试块</td><td>阶梯平底试块、HH - I 型试块</td></tr>
<tr><td>检测标准</td><td>参照 JB/T 1581—2014</td><td>检测比例</td><td>抽查</td></tr>
<tr><td>验收标准</td><td>JB/T 1581—2014</td><td>验收等级</td><td>无裂纹</td></tr>
</table>

检测位置示意图及缺陷评定:

(1) 由上述检测位置示意图可见,滑环两端端面没有可放置探头的检测面,只有滑环周向的棱条环状面可放置小晶片探头,并且由于结构原因仅能进行局部检测,而达不到 100% 检测效果。

(2) 异常信号排除为结构引起的,均记录。

缺陷的评级

合格	结构波、无裂纹
不合格	异常信号、裂纹

编制/资格	×××	审核/资格	×××
日期	×××	日期	×××

2. 仪器与探头

(1) 仪器:武汉中科 HS610e 型数字式超声探伤仪。

(2) 探头:2.5P8×8 7°小角度纵波直探头/2.5PΦ10 直探头。

3. 试块与耦合剂

(1) 对比试块:HH-Ⅰ型试块、阶梯平底试块,如图 15-23 所示。

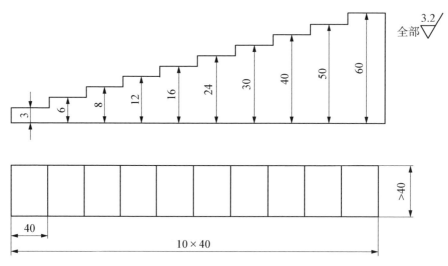

图 15-23 阶梯平底试块

(2) 耦合剂:机油。

4. 参数测量与仪器设定

小角度纵波直探头 2.5P8×8 7°在 HH-Ⅰ型试块 5-Φ1 处调节零偏并校准探

头,同时利用 5—Ø1 的 20 mm、30 mm、40 mm、50 mm、60 mm 深度绘制距离-波幅 (DAC)曲线。

经计算 2.5PΦ10 近场长度为 10.6 mm,并利用阶梯平底试块 8 mm 和 12 mm 确定近场区长度,近场区长度小于 12 mm,同时在阶梯平底试块的 16～60 mm 任意高度阶梯试块上进行直探头校准,并设定检测参数。

5．扫查灵敏度设定

小角度纵波检测扫查灵敏度以距离-波幅曲线提高 6 dB。

2.5PΦ10 直探头利用滑环最大厚度的内径底面反射波调整。滑环最大厚度 T 为 60 mm,60 mm 厚内径底面反射波 80% 波高提高 6 dB。

6．检测实施

以周向扫查方式按照表 15－15 中检测位置示意图的位置进行初探,发现可疑缺陷信号后进行确定。

7．波形分析

(1)结构反射波,有规律或等间距出现的固有反射信号。

(2)缺陷反射波,无规律或非等间距出现的异常反射信号,测定深度和位置。

8．缺陷定量

缺陷定量采用两个数据,一是缺陷位置,二是缺陷反射波幅。

9．缺陷评定

1)检测结果

经现场超声波检测,该调相机转子滑环在检测范围内未发现缺陷。超声检测结果波形如图 15－24 所示。

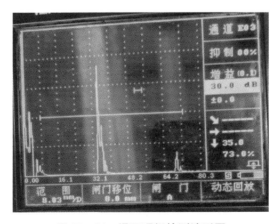

图 15－24　滑环现场检测波形图

2）结果评定

依据标准 JB/T 1581—2014 中的相关规定,并结合现场检测的超声波波形信号进行评定。评定结果为该调相机转子滑环符合标准要求,合格。

10. 检测记录与报告

根据相关技术标准要求,做好原始记录及检测报告的编制、审批、签发等。

第 16 章　其他设备

电网设备除了变压器设备、开关设备、无功补偿类设备、输电线路设备及电力电缆五大类主设备及调相机外,还有构成电网设备所必需的一些其他辅助设备设施,如结构支撑类的设备构支架、龙门架及水泥天桥等;用于电流传输的导电部件,如管母线、导电铜排及变电金具等;用于保护的接地装置,如接地引下线和接地网等。对于电力行业电网侧其他设备或部件的超声检测,主要检测对象有变电站铝合金管母线焊接接头以及接地网圆钢腐蚀状态等。

16.1　变电站铝合金管母线焊接接头相控阵超声检测

某新建 220 kV 变电站的管母线,材质为铝合金,规格为 Φ250 mm $\times$ 10 mm、Φ170 mm $\times$ 8 mm,采用环向对接焊,如图 16-1 所示。根据相关部门的要求,需要采用相控阵超声技术对该管母线焊缝进行检测。检测依据参考《承压设备无损检测 第 15 部分:相控阵超声检测》(NB/T 47013.15—2021),检测技术等级为 B 级,验收等级 Ⅱ 级合格。

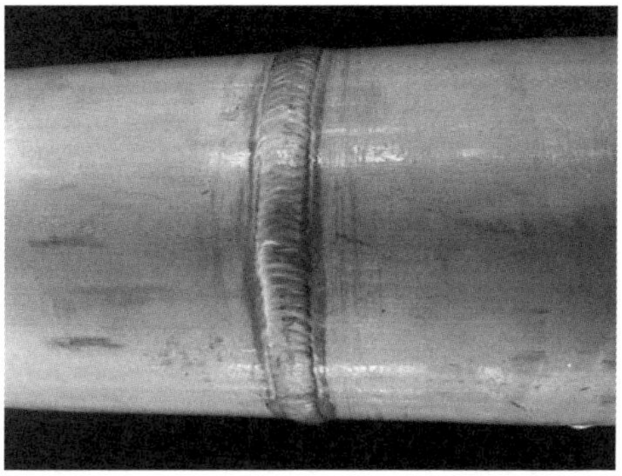

图 16-1　铝合金管母线环向对接接头

具体操作及检测过程如下。

1. 仪器、探头及楔块

(1) 仪器:多浦乐 PhascanⅡ32/64 型相控阵超声检测仪。

(2) 探头:7.5S16—0.5×10。

(3) 楔块:SD10-N60S-IH。

2. 试块与耦合剂

(1) 标准试块:CSK-ⅠA(铝合金)试块,如图 16-2 所示。

其余 $\overset{3.2}{\triangledown}$

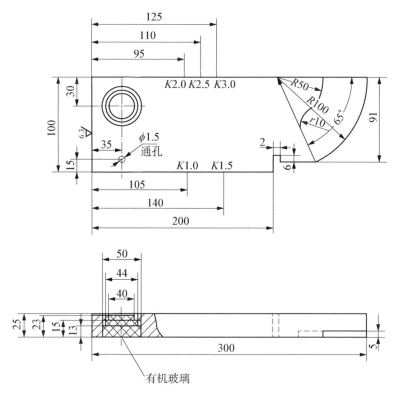

图 16 - 2 CSK - ⅠA(铝合金)试块

注:尺寸误差不大于±0.05 mm。

(2) 对比试块:1 号(铝合金)试块,如图 16 - 3 所示,其规格尺寸如表 16 - 1 所示。

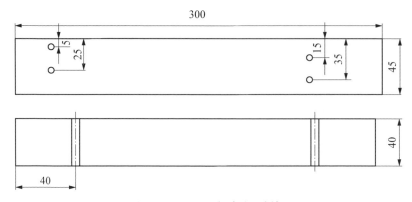

图 16 - 3 1 号(铝合金)试块

表 16 - 1　1 号试块的尺寸

试块编号	工件厚度 t/mm	试块厚度 T/mm	横孔位置	横孔直径/mm
1	≥8~40	45	5、15、25、35	2.0
2	>40~80	90	10、30、50、70	2.0

(3) 耦合剂:机油。

3. 参数选择和校准

(1) 声速校准。采用 CSK - ⅠA(铝合金)标准试块对设备进行声速校准,扇形扫描的声束入射到试块上两半径为 50 mm 与 100 mm 的同心圆弧面,前后移动探头找到两个同心圆弧面的最大反射回波,完成声速校准。

(2) 角度补偿。采用 CSK - ⅠA(铝合金)标准试块,找出 R50、R100 圆弧面回波,前后移动探头分别找出所有角度的最高波,仪器自动获取整个扇扫角度范围内的波高包络线,生成各角度增益曲线,完成每个角度的补偿。

(3) 编码器校准。将编码器移动 0~200 mm 的距离,编码器校准主界面所显示的数值与实际移动位置相比较,误差小于 1‰ 时校准完成。

4. 扫查方式

选择相控阵超声检测仪的扇形扫查功能对焊缝进行 100% 覆盖扫查。扇扫角度范围的最大或最小声束角与实测楔块折射角的差值不应大于 20°,楔块边缘与被检工件接触面间隙不应大于 0.5 mm,扫查时探头移动速度不应超过 150 mm/s。

5. 灵敏度调整

(1) 采用时间增益修正(time corrected gain,TCG)方式进行灵敏度设置。使用 1 号对比试块(铝合金)进行灵敏度设置,校准的深度或者声程范围应至少包括检测覆盖的深度或声程范围,校准所使用的参考反射体不少于 3 个不同深度点。由于铝母管壁厚较薄,通常采用深度为 5 mm、10 mm、15 mm 横通孔进行。

(2) 扫查灵敏度的确定。扫查灵敏度应由工艺试验确定,此次将 Ø2 mm × 40 mm -18 dB 设置为满屏高度的 80% 作为扫查灵敏度,耦合补偿 3 dB。

6. 检测实施

检测前应对铝母管表面的焊接飞溅、油污及其他杂质进行清理。由于铝母管没有磁性,检测过程中可使用履带链条固定探头。

7. 缺陷指示长度的测量

(1) 当缺陷反射波只有一个高点时,用 -6 dB 法测量其指示长度。

(2) 当缺陷反射波峰值起伏变化,有多个高点时,应以端点 -6 dB 法测量其指示长度。

8. 缺陷评定

1）评定依据

（1）凡判定为裂纹、坡口未熔合及未焊透等危害性的缺陷显示，评为Ⅲ级。

（2）凡在判废线（含判废线）以上的缺陷显示，评为Ⅲ级。

（3）凡在评定线（不含评定线）以下的缺陷显示，评为Ⅰ级。

2）结果评定

（1）经相控阵超声检测，Φ250 mm×10 mm 管母线对接焊缝根部存在整圈未焊透，缺陷显示如图 16-4 所示，评定为Ⅲ级。

（2）经相控阵超声检测，Φ170 mm×8 mm 管母线对接焊缝根部存在长度为110 mm 的未焊透，如图 16-5 所示，评定为Ⅲ级。

根据标准规定，该新建 220 kV 变电站的管母线焊缝不合格，需按照相关要求进行更换。

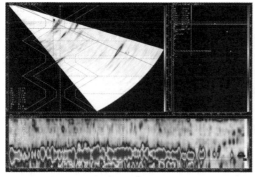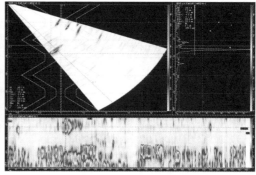

图 16-4　Φ250 mm×10 mm 管母线焊缝缺陷显示 图 16-5　Φ170 mm×8 mm 管母线焊缝缺陷显示

9. 检测结果的验证

为了更进一步对所检测结果的确认，对该新建 220 kV 变电站的管母线焊缝进行X 射线数字平板探测器成像（digital radiography，DR）检测验证，DR 射线检测结果与相控阵超声检测结果相符，如图 16-6、图 16-7 所示。

10. 检测记录与报告

根据相关技术标准要求，做好原始记录及检测报告的编制、审批、签发等。

图 16‑6 Φ250 mm×10 mm 管母线焊缝缺陷 DR 影像　　图 16‑7 Φ170 mm×8 mm 管母线焊缝缺陷 DR 影像

16.2 接地网圆钢腐蚀状态超声导波检测

某公司变电站杆塔位于农田中,土壤环境较为湿润,如图 16‑8 所示。接地网圆钢直径为 14 mm。利用接地电阻测试仪对其接地电阻进行测量,测量结果符合要求。根据要求,对该杆塔进行超声导波检测,以进一步确定其埋在土壤下面的腐蚀情况。

图 16‑8 某公司变电站杆塔概貌

具体操作及检测过程如下。

1. 仪器与传感器

(1) 仪器:接地网超声导波检测专用仪。

(2) 传感器:采用三磁路的侧面加载电磁声传感器。

2. 仪器设定与传感器安装

传感器安装如图 16‑9 所示,接地网地线分布如图 16‑10 所示。

接地网圆钢直径为 14 mm，A 点与上端点距离为 710 mm，B 点与上端点距离为 450 mm，与下端点距离为 750 mm，激励信号采用汉宁窗调制的 5 周期正弦信号，激励电压为 250 V，增益为 80 dB。

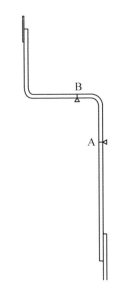

图 16-9　传感器安装图　　　　　　图 16-10　地线分布图

3. 检测及结果分析

激励信号采用汉宁窗调制的 5 周期正弦信号，激励电压为 250 V，增益为 80 dB。检测结果如图 16-11 和图 16-12 所示。同样对 0.3~1.2 ms 的检测信号进行分析。对于检测点 A，计算得出该时间范围内信号的有效值为 0.135 V。对于检测点 B，计算得出该时间范围内信号的有效值为 0.152 V。从检测结果看，整个范围内密集分布

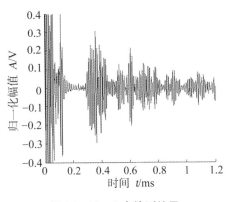

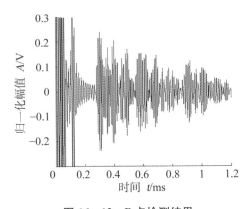

图 16-11　A 点检测结果　　　　　　图 16-12　B 点检测结果

了多处检测回波,与前面端面回波幅值相当,且信号有效值整体较高,分析认为应该存在较强腐蚀。

4. 检测结果验证

为验证以上结果,对该杆塔接地网进行了局部开挖,并对开挖点进行检测。开挖后地线局部图及分布图如图 16‐13、图 16‐14 所示。开挖后发现,接地网存在腐蚀,且多处局部腐蚀严重,直径明显变小,且腐蚀物与土壤形成的复合物已紧密包裹在圆钢外部,形成致密包裹层,如图 16‐15 所示。图中标出 8 处出现严重腐蚀的位置。

图 16‐13　接地网地线实物图

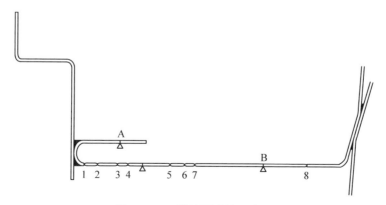

图 16‐14　接地网地线示意图

图 16-15 腐蚀点局部放大图

在 A、B 两个检测点，使用接地网超声导波检测仪采用自发自收方式进行检测。由于此处地线腐蚀情况比较严重，三磁路无法安装，故传感器采用两磁路式磁致伸缩传感器。接地网地线 A 点距端面 130 mm，B 点距右侧焊接处 590 mm，激励信号采用汉宁窗调制的 5 周期正弦信号，激励电压为 250 V，增益为 80 dB。

A 点检测结果如图 16-16 所示。同样对 0.3~1.2 ms 的检测信号进行分析。对于检测点 A，计算得出该时间范围内信号的有效值为 0.184 V。进一步对较大回波进行定位分析，波包 1 到达的时间为 0.249 ms，计算出的距离恰好是 A 点与腐蚀点 4 距离的 2 倍，可以判断其为腐蚀点 4 的回波。

B 点检测如图 16-17 所示。计算得出该时间范围内信号的有效值为 0.141 V。进一步对较大回波进行定位分析，波包 1 到达的时间为 0.429 ms，计算出的距离恰好是 B 点与腐蚀点 8 距离的 2 倍，可以判断其为腐蚀点 8 的回波。

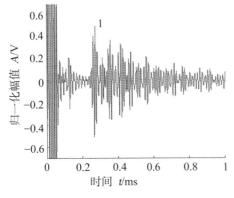

图 16-16 A 点检测结果

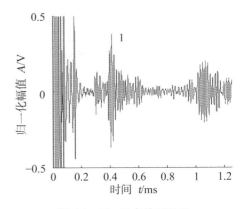

图 16-17 B 点检测结果

5. 结论

以上检测结果表明，由于该杆塔处于湿润地质条件下，虽然利用常规电阻测量接地网合格，但超声导波检测结果表明其存在严重腐蚀。开挖后发现，实际情况与检测结果相吻合。

参 考 文 献

［1］黄松岭.电磁无损检测新技术［M］.北京:清华大学出版社,2014.

［2］黄松岭,王珅,赵伟.电磁超声导波理论与应用［M］.北京:清华大学出版社,2013.

［3］骆国防.电网设备超声检测技术与应用［M］.上海:上海交通大学出版社,2021.

［4］丁守宝,刘富君.无损检测新技术及应用［M］.北京:高等教育出版社,2012.

［5］郑辉,林树青.超声检测［M］.北京:中国劳动社会保障出版社,2009.

［6］骆国防.电网设备金属材料检测技术基础［M］.上海:上海交通大学出版社,2020.

［7］罗斯.固体中的超声导波［M］.高会栋,崔寒茵,王继锋,译.北京:科学出版社,2019.

［8］全国无损检测标准化技术委员会.无损检测　术语　超声检测:GB/T 12604.1—2020
［S］.北京:中国标准出版社,2020.

［9］全国钢标准化技术委员会.金属材料　电磁超声检测方法　第1部分:电磁超声换能器
指南:GB/T 20935.1—2018［S］.北京:中国标准出版社,2018.

［10］全国无损检测标准化技术委员会.无损检测　超声导波检测　总则:GB/T 31211—2014
［S］.北京:中国标准出版社,2014.

［11］全国索道与游乐设施标准化技术委员会.游乐设施无损检测　第11部分:超声导波检
测:GB/T 34370.11—2020［S］.中国标准出版社,2020.

［12］全国无损检测标准化技术委员会.无损检测　电磁超声检测　总则:GB/T 34885—2017
［S］.北京:中国标准出版社,2017.

［13］全国电工术语标准化技术委员会.电工术语　高压开关设备和控制设备:GB/T 2900.
20—2016［S］.北京:中国标准出版社,2017.

［14］王晓雷.无损检测相关知识［M］.中国特种设备检验协会组织编写,2016.

索　引